Hauptgruppen

	I	II	III	IV	V	VI	VII	VIII
								2 He Helium 4,003
			5 B 2,0 Bor 10,811	6 C 2,6 Kohlenstoff 12,011	7 N 3,0 Stickstoff 14,007	8 O 3,4 Sauerstoff 15,999	9 F 4,0 Fluor 18,998	10 Ne 3,2 Neon 20,180
			13 Al 1,6 Aluminium 26,982	14 Si 1,9 Silicium 28,086	15 P 2,2 Phosphor 30,974	16 S 2,6 Schwefel 32,065	17 Cl Cl	18
i 1,9 el 593	29 Cu 1,9 Kupfer 63,546	30 Zn 1,7 Zink 65,38	31 Ga 1,8 Gallium 69,723	32 Ge 2,0 Germanium 72,630	33 As 2,2 Arsen 74,922	34 Se Selen 78,971		2,2 Krypton 83,798
d 2,2 dium ,42	47 Ag 1,9 Silber 107,868	48 Cd 1,7 Cadmium 112,414	49 In 1,8 Indium 114,818	50 Sn 2,0 Zinn 118,710	51 Sb 2,1 Antimon 121,760	52 Te 2,1 Tellur 127,60	53 I 2,7 Iod 126,905	54 Xe 2,0 Xenon 131,293
t 2,3 n 084	79 Au 2,5 Gold 196,967	80 Hg 2,0 Quecksilber 200,592	81 Tl 2,0 Thallium 204,383	82 Pb 2,3 Blei 207,2	83 Bi 2,0 Bismut 208,980*	84 Po 2,0 Polonium 209,983*	85 At 2,2 Astat 209,987*	86 Rn 2,0 Radon 222,018
s nstadtium	111 Rg Roentgenium 281*	112 Cn Copernicium 285*	113 Nh Nihonium 286*	114 Fl Flerovium 289*	115 Mc Moscovium 289*	116 Lv Livermorium 293*	117 Ts Tenness 294*	118 Og Oganesson 294*

u 1,2 pium 964	64 Gd 1,2 Gadolinium 157,25	65 Tb 1,2 Terbium 158,925	66 Dy 1,2 Dysprosium 162,500	67 Ho 1,2 Holmium 164,930	68 Er 1,2 Erbium 167,259	69 Tm 1,3 Thulium 168,934	70 Yb 1,3 Ytterbium 173,045	71 Lu 1,3 Lutetium 174,967
m 1,3 ricium ,061*	96 Cm 1,3 Curium 247,070*	97 Bk 1,3 Berkelium 247,070*	98 Cf 1,3 Californium 251,080*	99 Es 1,3 Einsteinium 252,083*	100 Fm 1,3 Fermium 257,095*	101 Md 1,3 Mendelevium 258,098*	102 No 1,3 Nobelium 259,101*	103 Lr Lawrencium 262,110*

Übersicht: Laborgeräte

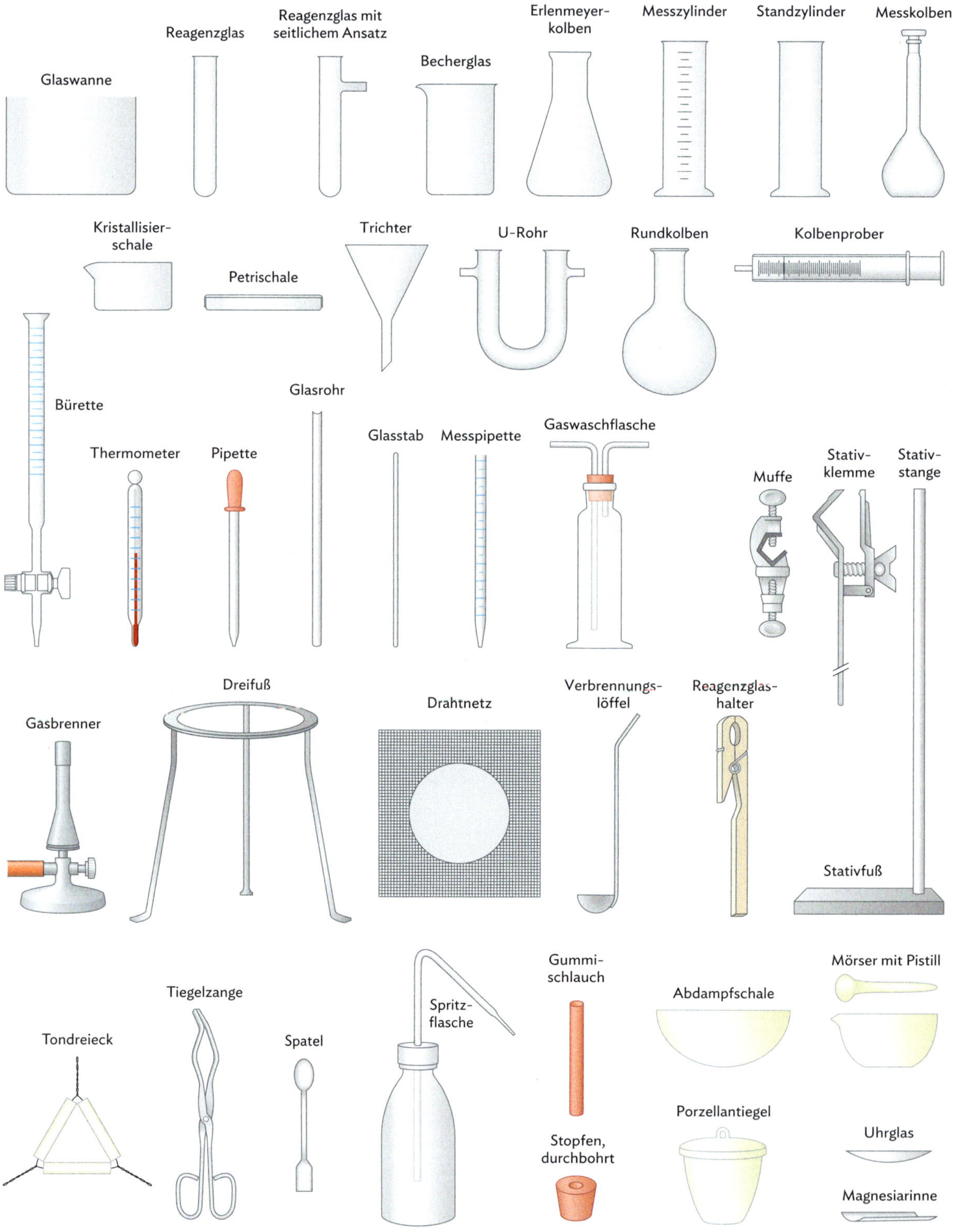

Chemie 13

Chemie für die Oberstufe in Bayern

Gymnasium Bayern

C.C.BUCHNER

Chemie Bayern – Sek II
Herausgegeben von Ernst Hollweck und Thomas Weingand

Chemie 13
Chemie für die Oberstufe in Bayern

Bearbeitet von Nadine Boele, Dominik Diekemper, Tobias Fröhlich, Simon Haselbauer, Alina Hermann, Ernst Hollweck, Simon Kleefeldt, Bernhard Lieske, Tina Müller, Jean Marc Orth, Lena Pfeifer, Kerstin Reichenberger, Harald Steinhofer, Timo Wachter, Sebastian Weidenthaler, Thomas Weingand, Philipp Weyer und Anna-Lena Wieland unter Verwendung von Beiträgen der Autorinnen und Autoren folgender Werke:

- ISBN 978-3-661-06011-8
- ISBN 978-3-661-06022-4
- ISBN 978-3-661-06041-5
- ISBN 978-3-661-06002-6
- ISBN 978-3-661-06015-6
- ISBN 978-3-661-06042-2

Zu diesem Lehrwerk ist erhältlich:
• Digitales Schulbuch **click & study**, Einzellizenz, WEB-Bestell-Nr. 060431
• Digitales Lehrermaterial **click & teach**, Einzellizenz, WEB-Bestell-Nr. 060461
Weitere Lizenzformen (Einzellizenz flex, Kollegiumslizenz) und Materialien unter www.ccbuchner.de.

Die enthaltenen Links verweisen auf digitale Inhalte, die der Verlag bei verlagsseitigen Angeboten in eigener Verantwortung zur Verfügung stellt. Links auf Angebote Dritter wurden nach den gleichen Qualitätskriterien wie die verlagsseitigen Angebote ausgewählt und bei Erstellung des Lernmittels sorgfältig geprüft. Für spätere Änderungen der verknüpften Inhalte kann keine Verantwortung übernommen werden.

Dieses Lehrwerk folgt den aktuellen Regelungen für Rechtschreibung und Zeichensetzung. Ausnahmen bilden Texte, bei denen künstlerische, philologische oder lizenzrechtliche Gründe einer Änderung entgegenstehen. Teile des Lehrwerks wurden mithilfe gängiger Large Language Models erstellt oder bearbeitet. Sämtliche Inhalte wurden anschließend redaktionell geprüft, überarbeitet und verantwortet. Weitere Informationen finden Sie auf www.ccbuchner.de/ki-leitlinie.

An keiner Stelle im Schülerbuch dürfen Eintragungen vorgenommen werden.

Haftungshinweis: Die Versuchsvorschriften in diesem Buch wurden sorgfältig, auf praktischen Erfahrungen beruhend, entwickelt. Da Fehler aber nie ganz ausgeschlossen werden können, übernehmen der Verlag und die Autorinnen und Autoren keine Haftung für Folgen, die auf beschriebene Versuche zurückzuführen sind. Mitteilungen über eventuelle Fehler und Vorschläge zur Verbesserung werden dankbar angenommen.

1. Auflage, 1. Druck 2025
Alle Drucke dieser Auflage sind, weil untereinander unverändert, nebeneinander benutzbar.

produktsicherheit@ccbuchner.de

Redaktion: Thomas Juli, Verena Schiller
Layout und Umschlag: Petra Michel, Amberg
Satz: mgo360 GmbH & Co. KG, Bamberg
Illustrationen: Stefan Dangl, München; Helmut Holtermann, Dannenberg;
Stelzner Illustration & Grafikdesign, Frankfurt; Angelika Kramer, Stuttgart
Druck und Bindung: Firmengruppe Appl, aprinta Druck, Wemding

www.ccbuchner.de

ISBN 978-3-661-**06043**-9

Liebe Schülerin, lieber Schüler,

dieses Buch rundet abschließend die Buchreihe Chemie des C.C. Buchner Verlags für das Gymnasium in Bayern ab. Einigen von Ihnen wird es ein treuer Begleiter auf dem Weg zum Chemie-Abitur sein.
Mit diesem Buch können Sie Ihr bisher erworbenes Grundlagenwissen der Chemie auffrischen, ausweiten und in neuen Bereichen wie u.a. der Nanotechnologie anwenden.
Sie werden sich Grundlagen zum Thema Farbigkeit und zu Farbstoffen in Alltagsprodukten aneignen. Sie werden Ihr Wissen und Können zur Säure-Base-Chemie wieder aufgreifen und im Zusammenspiel mit dem chemischen Gleichgewicht ausbauen.
Proteine und Kunststoffe – beides Stoffklassen aufgebaut aus Makromolekülen – werden ein weiterer Schwerpunkt in diesem Schuljahr sein. Über das Thema Enzyme wird eine Brücke zum Fach Biologie geschlagen. Auch dem Umgang mit Kunststoffabfällen ist im Sinne des Umweltschutzes ein eigenes Unterkapitel gewidmet.
Das abschließende Kapitel befasst sich mit Chemie und Nachhaltigkeit. Sie werden sich mit einem der wichtigsten biochemischen Prozesse für das Leben auf der Erde – der Fotosynthese – beschäftigen und damit, wie die Forschenden in der Chemie versuchen, diese Prozesse in anderen technischen Bereichen nachzubauen und nutzbar zu machen.

Mit dem neu erworbenen Wissen werden Sie Fragen wie z. B. die folgenden beantworten können:
Wie entsteht ein Farbeindruck?
Warum leitet destilliertes Wasser elektrischen Strom?
Wie lässt sich die Stärke von Säuren bestimmen?
Warum sind Puffersysteme lebensnotwendig?
Wie sind Proteine strukturell aufgebaut?
Beeinflusst ein Enzym eine chemische Reaktion?
Wie werden Kunststoffe hergestellt?
Was ist ein Biopolymer?
Wie funktioniert die Fotosynthese?
Warum rostet ein Fahrrad und was kann man dagegen tun?

Außerdem erarbeiten Sie sich grundlegende Techniken des modernen wissenschaftlichen Arbeitens in der Chemie wie z. B. den sinnvollen Einsatz von künstlicher Intelligenz (KI) sowie die digitale Messwerterfassung bei Experimenten.
Wir wünschen Ihnen aufs Neue Freude an der Beschäftigung mit dem Fach Chemie. Das hier erarbeitete Wissen und Können ist für viele Ausbildungsberufe und Studiengänge im Hinblick auf den späteren Beruf sehr hilfreich. Manchmal ist dies sofort ersichtlich wie beim Fach Medizin, manchmal liegt die Notwendigkeit im Verborgenen wie beim Fach Jura. Hier ist es von Vorteil, wenn man z. B. ein Gutachten einer bzw. eines Sachverständigen grundlegend nachvollziehen kann.

Bei all Ihren Vorhaben für Ihre Zukunft wünschen wir Ihnen viel Erfolg!
Die Herausgeber

So können Sie mit diesem Buch arbeiten ...

Ihr neues Chemiebuch enthält fünf Kapitel. Jedes Kapitel ist in mehrere Untereinheiten unterteilt und enthält eine Reihe verschiedener Seitentypen. Hier erfahren Sie, wie Sie mit diesen Seitentypen arbeiten können.

1. Los geht's

Um festzustellen, ob Sie fit für ein Kapitel sind, können Sie sich auf den Seiten **Startklar?** zunächst selbst einschätzen und anschließend Ihre Einschätzung anhand von Aufgaben überprüfen. Unter den jeweiligen QR- bzw. Mediencodes können Sie die passenden Arbeitsblätter sowie digitale Lernanwendungen zu den gefragten Kompetenzen abrufen (vgl. Info unten). Die Lösungen finden Sie im Anhang des Buches. Schneiden Sie in einem Bereich nicht so gut ab, bekommen Sie im Auswertungskasten Informationen, an welchen Stellen Sie noch einmal nachlesen sollten.

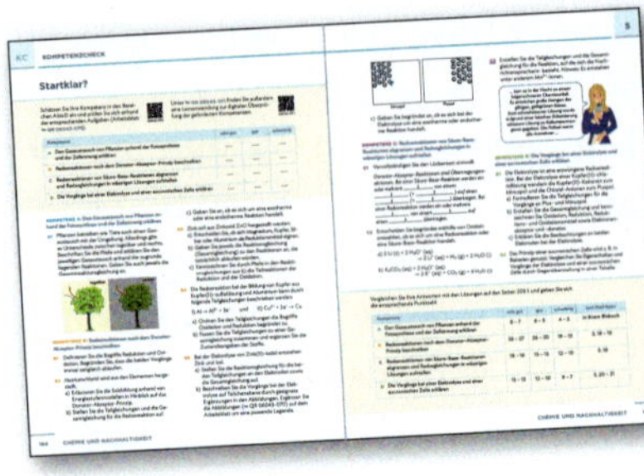

2. Die Untereinheiten

Die Seiten **Versuche und Material** sind der Ausgangspunkt für Ihren Erkenntnisgewinn. Wie alle Wissenschaftlerinnen und Wissenschaftler führen Sie Versuche durch, um neues Wissen zu erlangen. Kleinschrittige Auswertungsaufgaben helfen Ihnen dabei. Gefahrenpiktogramme sowie Entsorgungshinweise (vgl. S. 208 und 209) unterstützen Sie und Ihre Lehrkraft bei der sicheren Durchführung der Versuche.

INFO
Im Buch finden Sie **QR-Codes** und **Mediencodes**, die zu Videos, chemischen Programmen, Arbeitsblättern u. Ä. führen.

Die QR-Codes können Sie direkt mit Ihrem Smartphone einscannen. Alternativ können Sie den jeweils darunter stehenden Mediencode auf www.ccbuchner.de/medien eingeben.

06043-001

V Schülerversuch

LV Lehrerversuch

M Arbeitsmaterialien

Auf den **Textseiten** können Sie Neues in leicht verständlichen Texten nachlesen. Dort finden Sie auch Querverweise (z. B. **V1**) zu den Seiten **Versuche und Material**. Ausgehend von den Versuchen werden neue Inhalte aufgearbeitet und erklärt.
Das Wichtigste finden Sie in gelb hinterlegten Merkkästen am Ende jeder Text-Doppelseite. Die wichtigsten Fachbegriffe sind auf diesen Seiten jeweils hervorgehoben. Kleine Infokästen bieten Zusatzinformationen zum Text.
Zudem gibt es auf jeder Doppelseite passende Aufgaben.

A1 anspruchsvolle Aufgabe

A2 Aufgabe zu prozessbezogenen Kompetenzen

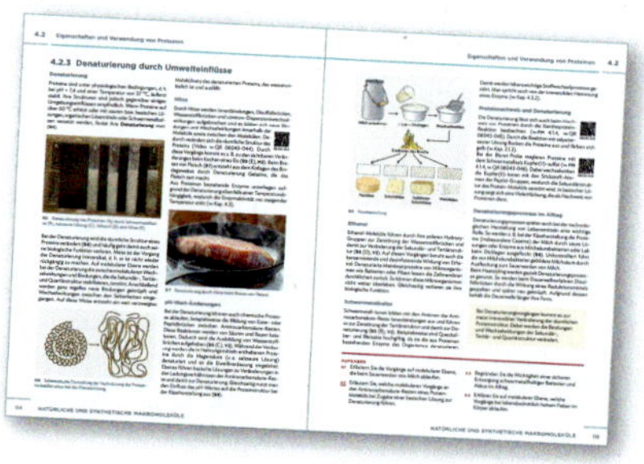

3. Am Ende des Kapitels

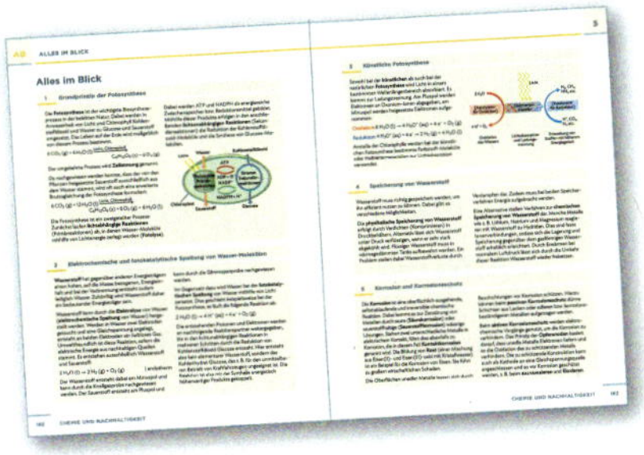

Die wichtigsten Inhalte aus jedem Kapitel werden auf den Seiten **Alles im Blick** kompakt zusammengefasst. Damit können Sie sich gut auf eine Prüfung vorbereiten.

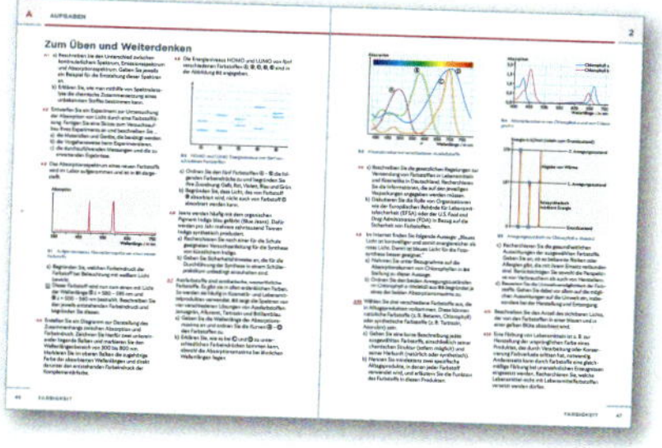

Zudem wartet am Kapitelende auf den Seiten **Zum Üben und Weiterdenken** eine große Anzahl bunt gemischter Aufgaben darauf, gelöst zu werden.

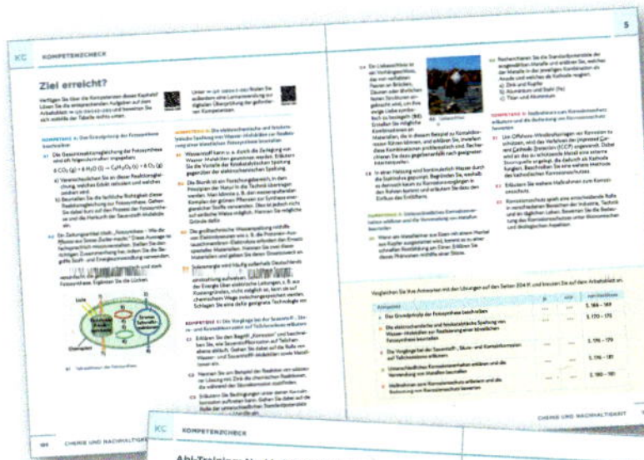

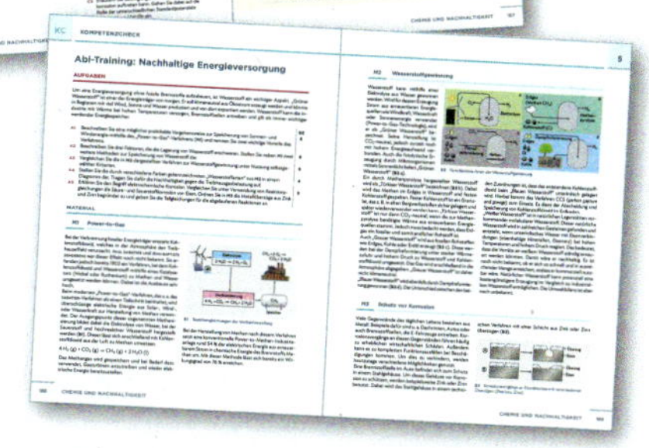

Mit den Seiten **Ziel erreicht?** können Sie überprüfen, ob Sie die neuen Inhalte des Kapitels verstanden haben. Das entsprechende Arbeitsblatt können Sie unter dem linken QR- bzw. Mediencode herunterladen und Ihre Antworten mit den Lösungen im Anhang abgleichen. Zudem finden Sie auch hier digitale Lernanwendungen sowie Seitenverweise zum Nachlesen im Buch.

Auf den Seiten **Abi-Training** finden Sie eine beispielhafte Abituraufgabe, welche ideal für die Vorbereitung auf die anstehende Abiturprüfung ist. Sie ermöglicht es Ihnen, sich mit dem Aufgabenformat und dem Anforderungsniveau der schriftlichen Abiturprüfung vertraut zu machen.

Sonderseiten

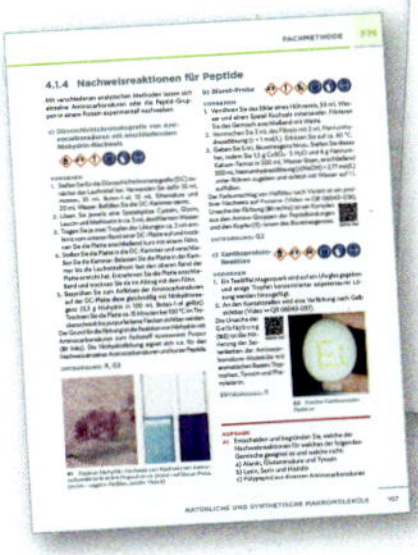

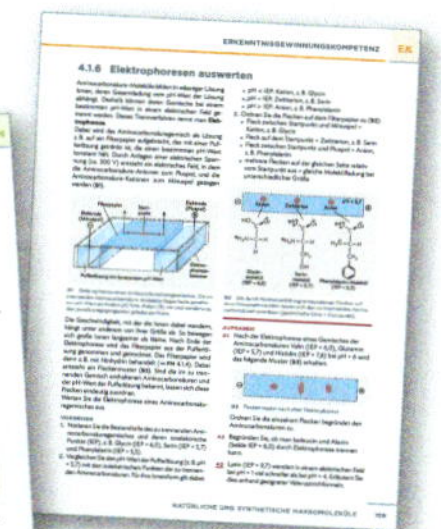

Fachmethoden der Chemie sind Werkzeuge, deren Handhabung gelernt sein will. Auf den Seiten **Fachmethode (FM)** wird Schritt für Schritt erklärt, wofür eine Methode gut ist und wie man sie anwendet. Zudem gibt es Seiten zu **Erkenntnisgewinnungskompetenzen (EK)**, **Kommunikationskompetenzen (KK)** und **Bewertungskompetenzen (BK)**. Auch hier werden Schritt für Schritt die entsprechenden Kompetenzen an konkreten Beispielen erläutert und veranschaulicht. Natürlich spielen digitale Medien dabei fast immer eine wichtige Rolle.

Keine Wissenschaft kommt heute noch ohne andere Wissenschaften aus. Auf den Seiten **Exkurs** können Sie „über den Tellerrand blicken". Spannende Themen, z. B. aus Biologie, Physik, Medizin, Umwelt oder Geografie, werden wie in einer Zeitschrift vorgestellt.

INFO

Hier und da finden Sie kleine Fachmethoden- und Exkurs-Kästen in der entsprechenden Farbe auch auf anderen Seitentypen.

2 Farbigkeit

5 Chemie und Nachhaltigkeit 162

Anhang 190

INFO

Im Buch finden Sie **QR-Codes** und **Mediencodes**, die zu Videos, chemischen Programmen, Arbeitsblättern u. Ä. führen.

Die QR-Codes können Sie direkt mit Ihrem Smartphone einscannen. Alternativ können Sie den jeweils darunter stehenden Mediencode auf www.ccbuchner.de/medien eingeben.

06043-001

eA Hier finden Sie das digitale Zusatzmaterial zu den Inhalten für das erhöhte Anforderungsniveau.

06043-100

1 Grundlagen für die 13. Jahrgangsstufe

1 Die Elektronenpaarbindung

Ein Valenzelektron ist durch einen Punkt und ein Valenzelektronenpaar ist durch einen Strich symbolisiert.

Elektronenpaare, die nicht an der Ausbildung der **Elektronenpaarbindung** beteiligt sind, werden als **nichtbindende Elektronenpaare** bezeichnet.

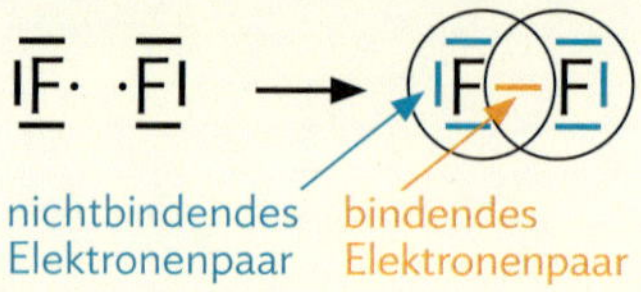

Rechnet man wechselweise das Bindungselektronenpaar den beiden Bindungspartnern zu, so ist deren **Edelgaskonfiguration** zu erkennen.

Die Edelgaskonfigurationen können Atome auch durch die Ausbildung von Mehrfachbindungen in Form von Doppel- und Dreifachbindungen erhalten. Dies gilt für Moleküle aus gleichen oder aus ungleichen Atomarten.

2 Der räumliche Bau von Molekülen

Die Grundlage zur Ermittlung des räumlichen Baus von Molekülen liefert das **Elektronenpaarabstoßungsmodell (EPA-Modell)**. Es geht davon aus, dass sich Atome räumlich um ein Zentralatom anordnen. Deren negativ geladene Elektronenpaare stoßen sich ab und werden daher den größtmöglichen Abstand zueinander einnehmen.

Dabei ergeben sich unterschiedliche Molekülgeometrien. Mehrfachbindungen werden formal wie Einfachbindungen behandelt. Nichtbindende Elektronenpaare am Zentralatom haben einen größeren Raumbedarf. Es kommt zu einer Verzerrung des geometrischen Grundkörpers, bei der die Bindungswinkel vom Tetraederwinkel mit 109,5° abweichen.

Beispielmolekül	Methan	Methanal	Kohlenstoffdioxid	Ammoniak	Wasser
Valenzstrichformel	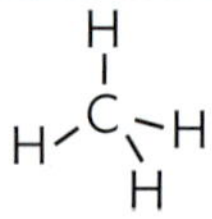	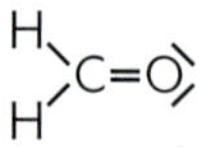	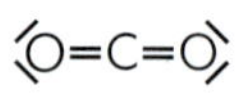	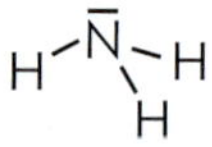	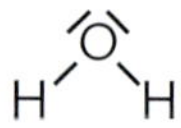
Kugelstabmodell mit Bindungswinkel	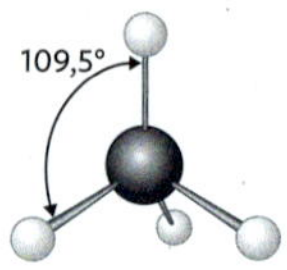	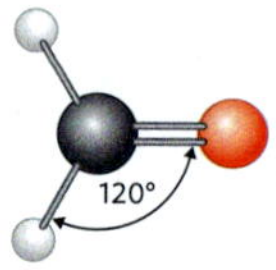	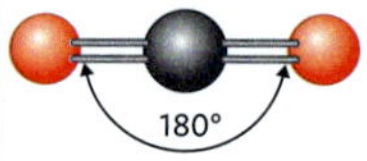	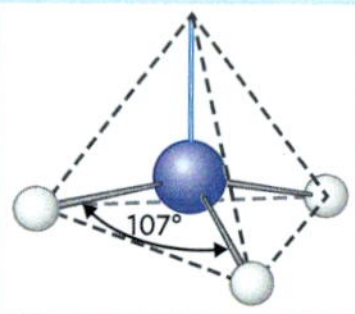	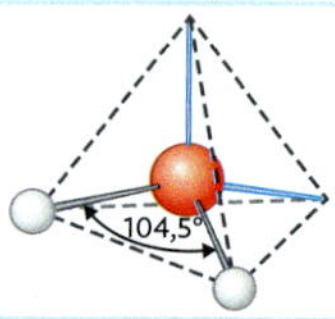
Strukturbezeichnung	tetraedrisch	trigonal-planar	linear	trigonal-pyramidal	gewinkelt

3 Formalladungen und Grenzformeln

Beim Erstellen einer Valenzstrichformel vergleicht man die Anzahl an Valenzelektronen eines ungeladenen Atoms mit der Anzahl an Valenzelektronen, die dem gleichen Atom formal in einer Valenzstrichformel zugeordnet sind. Die Differenz wird als **Formalladung** am Atomartensymbol angegeben. Die Summe der Formalladungen ergibt die tatsächlich vorhandene Ionenladung.

Kann die tatsächliche Elektronenverteilung im Molekül oder Molekül-Ion nur mithilfe mehrerer Valenzstrichformeln wiedergegeben werden, handelt es sich um **Mesomerie**. In solchen Fällen müssen mehrere **Grenzformeln** formuliert werden, um die tatsächliche Elektronenverteilung darzustellen.

4 Das Orbitalmodell und die Molekülorbital-Theorie

Orbitale sind **Elektronenwolken**, in denen sich maximal zwei Elektronen mit 90 %-iger Wahrscheinlichkeit aufhalten. Die Elektronenpaarbindung kommt nach dem **Orbitalmodell** dadurch zustande, dass zwei einfach (= mit je einem Elektron) besetzte **Atomorbitale** (**AOs**) zu einem doppelt (= mit zwei Elektronen) besetzten **Molekülorbital** (**MO**) verschmelzen. Hierfür müssen energetisch niedrig liegende, bindende MOs mit Elektronen besetzt werden.

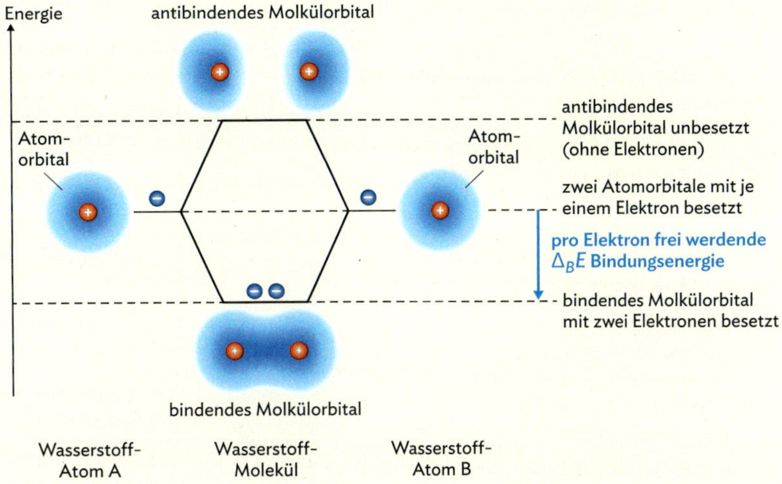

Durch die größere Aufenthaltswahrscheinlichkeit der Bindungselektronen zwischen den Atomkernen kommt es zu elektrostatischen Anziehungskräften, welche die Atome in Molekülen aneinanderbinden. Es wird **Bindungsenergie** freigesetzt.

Bei der **Molekülorbital-Theorie** (**MO-Theorie**) werden **Molekülorbitale** durch **Linearkombination von Atomorbitalen** (**LCAO**) gebildet. Dadurch werden die wahrscheinlichsten Aufenthaltsorte von Elektronen zwischen zwei Atomen bestimmt. Ist die Aufenthaltswahrscheinlichkeit gleich null, entsteht ein **antibindendes σ*-Molekülorbital,** das bindungslockernd wirkt. Sind zwischen den beiden Atomkernen Elektronen anzutreffen, bildet sich ein **bindendes σ-Molekülorbital**. Für jedes Molekül werden genau so viele Molekülorbitale gebildet, wie die beteiligten Atome insgesamt Atomorbitale besitzen (**Orbitalerhalt**). Bei der Besetzung der MOs mit Elektronen müssen die **Besetzungsregeln** beachtet werden.

Das energetisch am höchsten gelegene, besetzte MO eines Moleküls wird als **HOMO** (*highest occupied molecular orbital*) bezeichnet, das energetisch am niedrigsten gelegene, unbesetzte MO als **LUMO** (*lowest unoccupied molecular orbital*).

5 Das Hybridisierungsmodell

Die **Hybridisierung** ist eine mathematische Operation, bei der Atomorbitale miteinander vermischt werden, um die reale Struktur von Molekülen korrekt zu beschreiben. Sie ist nur dann einsetzbar, wenn die zu vermischenden Orbitale gut überlappen und wenn ihre Energien ähnlich groß sind.

Anzahl Bindungspartner	Hybridisierung	Anzahl p-Orbitale	räumliche Struktur (Bindungswinkel)
4	sp^3	0	tetraedrisch (109,5°)
3	sp^2	1	trigonal-planar (120°)
2	sp	2	linear (180°)

Bei mehreren C=C-Doppelbindungen in einem Molekül hat deren Position Einfluss auf die Bindungsverhältnisse. Liegen zwei oder mehr Einfachbindungen zwischen den Doppelbindungen von Kohlenstoff-Atomen, sind diese voneinander **isoliert** und ihre π-Orbitale wechselwirken nicht miteinander.

Sind zwei C=C-Doppelbindungen nicht durch andere Bindungen unterbrochen, sind sie **kumuliert**. Die Kohlenstoff-Atome sind entlang der kumulierten Doppelbindungen linear angeordnet, die π-Orbitale sind ausgehend vom zentralen Kohlenstoff-Atom senkrecht zueinander.

Liegt genau eine Einfachbindung zwischen den Doppelbindungen, sind diese **konjugiert**. Es bildet sich ein π-Bindungssystem aus, das sich über die entsprechenden Kohlenstoff-Atome im Molekül erstreckt. Es handelt sich um **Mesomerie**.

Die Einfachbindung zwischen zwei C=C-Doppelbindungen wird kürzer und hat einen leichten Doppelbindungscharakter. Umgekehrt haben die Doppelbindungen bis zu einem gewissen Grad Eigenschaften von Einfachbindungen.

6 Kohlenwasserstoffe und Isomerie bei Kohlenwasserstoff-Molekülen

Alkane, **Alkene** und **Alkine** sind **Kohlenwasserstoffe**. Die Moleküle von Alkanen enthalten ausschließlich Einfachbindungen zwischen den Kohlenstoff-Atomen. Sie haben die allgemeine Molekülformel C_nH_{2n+2}. Die Moleküle von Alkenen enthalten eine Doppelbindung zwischen zwei Kohlenstoff-Atomen. Sie haben die allgemeine Molekülformel C_nH_{2n}. In Alkin-Molekülen liegt eine Dreifachbindung zwischen zwei Kohlenstoff-Atomen vor. Ihre allgemeine Molekülformel lautet C_nH_{2n-2}.

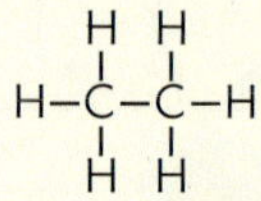

Alkan-Molekül (Ethan)

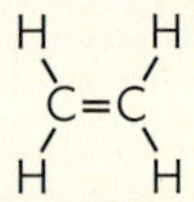

Alken-Molekül (Ethen)

$H{-}C{\equiv}C{-}H$

Alkin-Molekül (Ethin)

Mehrfachbindungen können mithilfe der **Bromwasserprobe** nachgewiesen werden. Bromwasser entfärbt sich, da die Brom-Moleküle mit den Mehrfachbindungen reagieren.

Es gibt **aliphatische** Kohlenwasserstoffe mit unverzweigten oder verzweigten kettenförmigen Molekülen sowie **cyclische** Kohlenwasserstoffe mit ringförmigen Molekülen.

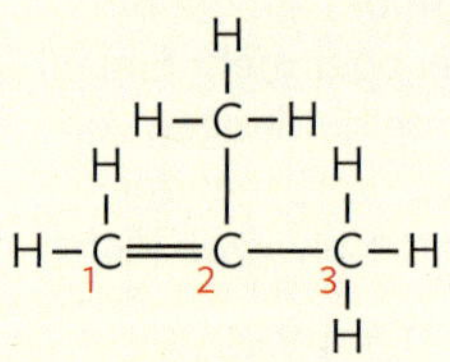

verzweigtes Alken-Molekül (2-Methylpropen)

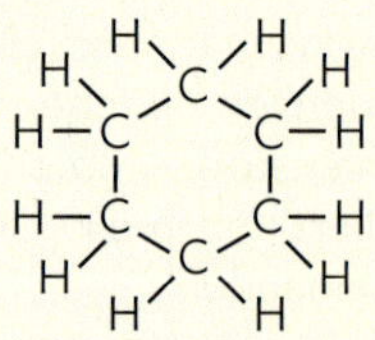

ringförmiges Alkan-Molekül (Cyclohexan)

Das Auftreten mehrerer Moleküle mit gleicher Molekülformel, aber unterschiedlichem Molekülbau, wird als **Isomerie** bezeichnet. Es gibt verschiedene Isomeriearten, z. B.:

Konstitutionsisomerie: mehrere Moleküle mit gleicher Molekülformel, aber unterschiedlicher Verknüpfung der Atome im Molekülbau

Beispiele für Konstitutionsisomerie:

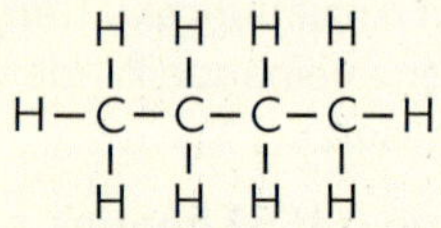

unverzweigt: *n*-Butan-Molekül

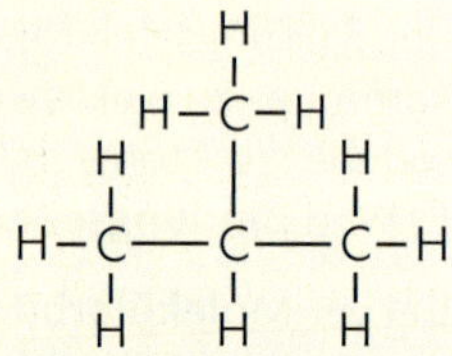

verzweigt: Isobutan- bzw. 2-Methylpropan-Molekül

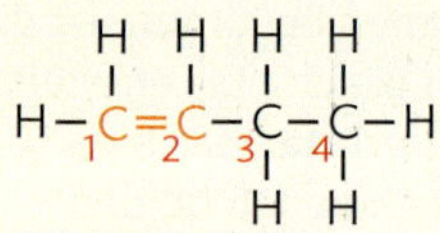

But-1-en-Molekül

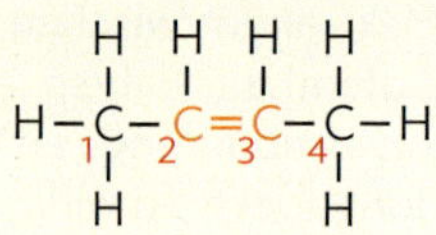

But-2-en-Molekül

***E/Z*-Isomerie**: unterschiedliche räumliche Anordnung von Atomen in einem Molekül aufgrund der fehlenden Drehbarkeit um eine Doppelbindung zwischen zwei Kohlenstoff-Atomen

Beispiel für *E/Z*-Isomerie:

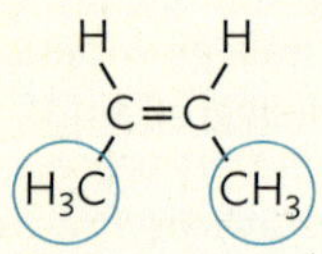

(*Z*)-But-2-en-Molekül

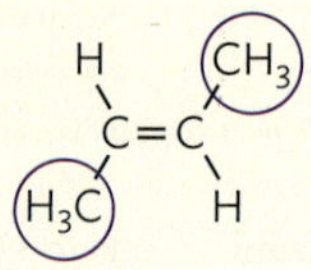

(*E*)-But-2-en-Molekül

7 Alkohole, Aldehyde, Ketone und Carbonsäuren

Die **funktionellen Gruppen** ihrer Moleküle verleihen Stoffen bestimmte physikalische und chemische Eigenschaften. So enthalten **Alkohol-Moleküle Hydroxy-Gruppen**, **Aldehyd-Moleküle Aldehyd-Gruppen**, **Keton-Moleküle Keto-Gruppen** und **Carbonsäure-Moleküle Carboxy-Gruppen**.

Alkohole lassen sich mit Ammoniumcer(IV)-nitrat nachweisen, Aldehyde und Ketone mit 2,4-Dinitrophenylhydrazinlösung. Ein spezifischer Nachweis für Aldehyde ist die **SCHIFFsche Probe** (Farbumschlag von farblos nach rosa/violett). Lösungen von Carbonsäuren lassen sich mit Säure-Base-Indikatoren nachweisen.

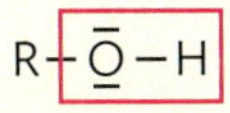

Alkohol-Molekül

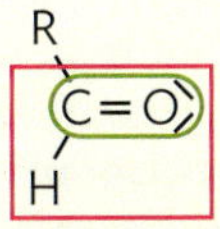

Aldehyd-Molekül

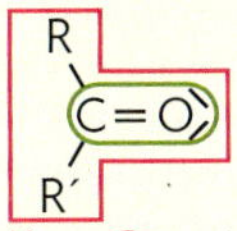

Keton-Molekül

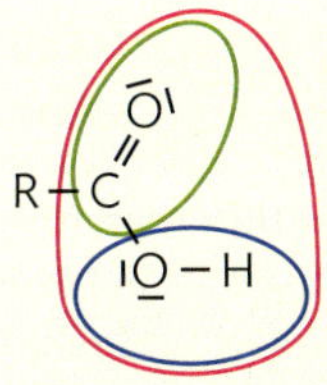

Carbonsäure-Molekül

8 Zwischenmolekulare Wechselwirkungen und ...

Die Eigenschaften von Stoffen werden maßgeblich von Wechselwirkungen (WW) zwischen den Teilchen bestimmt (**Struktur-Eigenschafts-Konzept**).

Wasserstoffbrücken sind besonders starke WW zwischen einem partiell positiv geladenen H-Atom (δ^+), das an ein O-, N- oder F-Atom gebunden ist, und einem nichtbindenden Elektronenpaar eines partiell stark negativ geladenen O-, N- oder F-Atoms (δ^-) eines anderen Moleküls.

Dipol-Dipol-Wechselwirkungen treten zwischen Molekülen mit permanenten Dipolen auf, die keine Wasserstoffbrücken bilden.

LONDON-Dispersionswechselwirkungen treten zwischen allen Teilchen auf. Sie beruhen auf der elektrostatischen Anziehung zwischen temporären Dipolen und sind die schwächsten WW.

Zwischen Ionen und den Partialladungen der Atome in Dipol-Molekülen kommt es zu sehr starken **Ion-Dipol-Wechselwirkungen**.

9 ... physikalische Eigenschaften

Starke WW zwischen gleichartigen Molekülen führen zu hohen **Schmelz-** und **Siedetemperaturen**. Bei schwachen WW sind die entsprechenden Werte bei ähnlicher Molekülgröße deutlich niedriger.

Die **Löslichkeit** eines Stoffes in einem Lösemittel hängt von den WW zwischen unterschiedlichen Molekülen ab. Je stärker sich die Moleküle in ihren Polaritäten ähneln, umso mehr WW sind untereinander möglich und umso besser sind die jeweiligen Stoffe ineinander löslich. **Hydrophile Stoffe** lösen sich besonders gut in Wasser, **lipophile Stoffe** in Kohlenwasserstoffen, Fetten und Ölen. **Amphiphile Stoffe** enthalten Moleküle mit sowohl polaren als auch unpolaren Anteilen und sind daher mit beiden Lösemitteltypen mischbar.

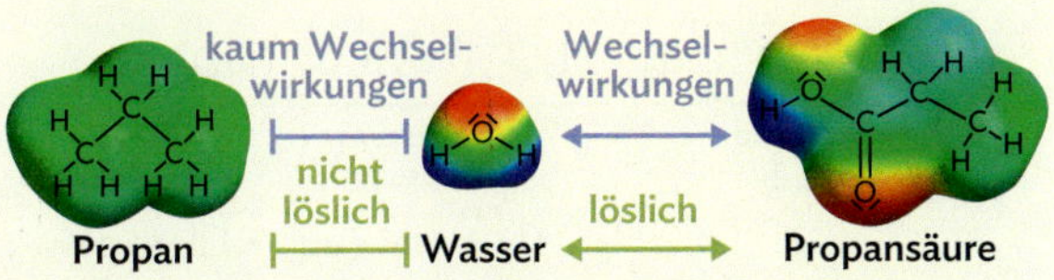

10 Saure und basische Lösungen: Stoff- und Teilchenebene

Stoffebene: (Säure-Base-)**Indikatoren** sind Farbstoffe, die den sauren, neutralen oder basischen Charakter einer Lösung durch entsprechende Farbänderung anzeigen. Der **pH-Wert** ist ein Maß für den Charakter einer Lösung. Saure Lösungen haben einen pH-Wert unter 7 und basische Lösungen einen pH-Wert über 7. Eine Lösung mit einem pH-Wert von 7 wird als **neutrale Lösung** bezeichnet. Ein pH-Wert-Unterschied von 1 entspricht einer 10-fachen Verdünnung oder 10-fachen Konzentrationserhöhung einer sauren bzw. basischen Lösung. Ein **Universalindikator** zeigt je nach pH-Wert unterschiedliche Farben:

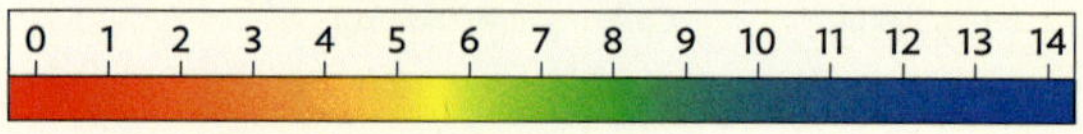

Für jede Körperflüssigkeit eines Lebewesens existiert ein pH-Wert, bei dem Lebensvorgänge optimal verlaufen. Schwankungen des pH-Wertes können drastische Auswirkungen für Mensch und Umwelt haben.

Teilchenebene: **Säuren** sind **Protonendonatoren**, also Teilchen, die Protonen abgeben. **Basen** sind **Protonenakzeptoren**, also Teilchen, die Protonen aufnehmen. Bei einer **Säure-Base-Reaktion** (= **Protolysereaktion**) findet ein **Protonenübergang** von einer Säure auf eine Base statt. Säure-Base-Reaktionen sind reversibel. Die Hin- und Rückreaktion stellt man mithilfe eines **Gleichgewichtspfeils** dar.

Bei der Reaktion einer Säure mit einem Wasser-Molekül entsteht ein **Oxonium-Ion H_3O^+**. Bei der Reaktion einer Base mit einem Wasser-Molekül entsteht ein **Hydroxid-Ion OH^-**. Dies sind die charakteristischen Teilchen saurer bzw. basischer Lösungen.

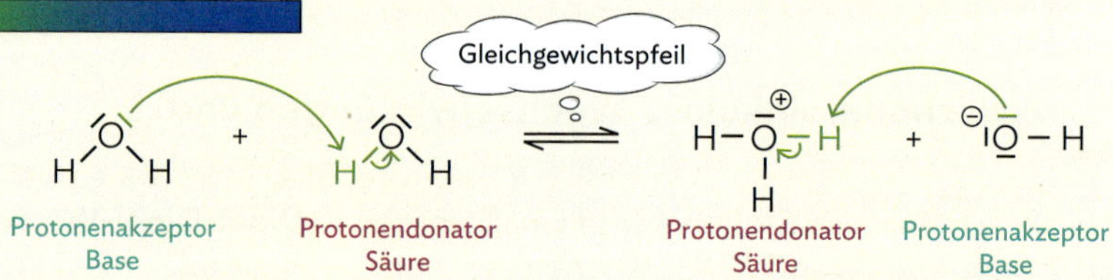

11 Neutralisation und Konzentrationsbestimmung durch Titration

Bei einer **Neutralisationsreaktion** reagieren gleiche Stoffmengen Hydroxid- und Oxonium-Ionen in einer stark exothermen Reaktion zu Wasser-Molekülen:

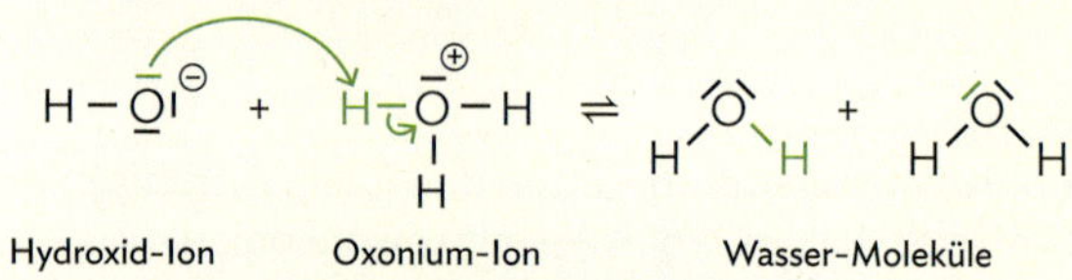

Dampft man die entstehende Lösung ein, erhält man ein Salz:

$$\underbrace{Na^+ (aq) + OH^- (aq)}_{\text{Natriumhydroxidlösung}} + \underbrace{H_3O^+ (aq) + Cl^- (aq)}_{\text{salzsaure Lösung}}$$

$$\rightleftharpoons 2\,H_2O\,(l) + \underbrace{Na^+ (aq) + Cl^- (aq)}_{\text{Natriumchloridlösung}}$$

Die Neutralisation kann zur Bestimmung der **Stoffmengenkonzentration c** einer sauren oder basischen Lösung genutzt werden. Die Stoffmengenkonzentration ist der Quotient aus der Stoffmenge *n* des gelösten Stoffs x und dem Gesamtvolumen *V* der Lösung:

$$c(x) = \frac{n(x)}{V(\text{Lösung})}$$

Soll die Stoffmengenkonzentration z. B. einer sauren Probenlösung mittels **Titration** bestimmt werden, wird ein bestimmtes Volumen der Lösung (**Vorlage**) mit einem passenden Indikator versetzt. Anschließend wird so lange eine basische **Maßlösung** bekannter Stoffmengenkonzentration zugetropft, bis es zum vollständigen Farbumschlag des Indikators kommt. Dieser zeigt den **Äquivalenzpunkt** an, an dem gleiche Stoffmengen von Oxonium- und Hydroxid-Ionen miteinander reagiert haben. Aus dem verbrauchten Volumen der Maßlösung kann die Konzentration der Probenlösung berechnet werden.

12 Quantitative Aspekte chemischer Reaktionen

Messbare Größen (**Quantitätsgrößen**) können direkt im Experiment gemessen und mithilfe von **Umrechnungsgrößen** ineinander überführt werden. Mithilfe dieser Größen kann z. B. die Masse eines Produkts einer chemischen Reaktion ermittelt werden. Es gelten u. a. folgende Beziehungen:

$$N_A(\text{Stoff}) = \frac{N(\text{Stoff})}{n(\text{Stoff})} \quad (\text{Einheit: } \frac{1}{\text{mol}})$$

$$M(\text{Stoff}) = \frac{m(\text{Stoff})}{n(\text{Stoff})} \quad (\text{Einheit: } \frac{\text{g}}{\text{mol}})$$

$$V_m(\text{Gas}) = \frac{V(\text{Gas})}{n(\text{Gas})} \quad (\text{Einheit: } \frac{\text{L}}{\text{mol}})$$

$$\rho(\text{Stoff}) = \frac{m(\text{Stoff})}{V(\text{Stoff})} \quad (\text{Einheit: } \frac{\text{g}}{\text{cm}^3})$$

N_A ist die AVOGADRO-Konstante. Sie beträgt $N_A = 6{,}022 \cdot 10^{23} \frac{1}{\text{mol}}$. Das **molare Volumen V_m** beträgt bei Standardbedingungen (298,15 K, 101,325 kPa) für (ideale) Gase 24,466 $\frac{\text{L}}{\text{mol}}$.
M bezeichnet die **molare Masse**. Sie besitzt für jeden Reinstoff einen charakteristischen Wert.
Die **Stoffmenge *n*** wird in mol angegeben.
Ein Mol ist die Stoffmenge, in der $6{,}022 \cdot 10^{23}$ Teilchen enthalten sind.

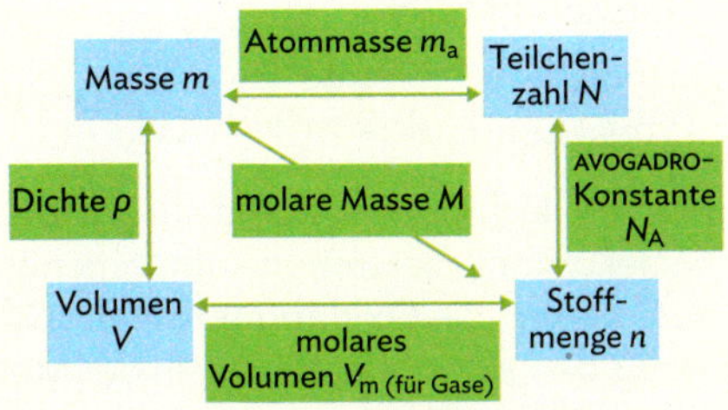

13 Die Salzbildung

Bei der **Salzbildung** werden Atome zu Ionen. Dadurch erreichen sie eine **Edelgaskonfiguration**. Atome werden **ionisiert**, indem Valenzelektronen aufgenommen oder abgegeben werden. Die Ionisierung lässt sich gut mit Energiestufenmodellen zeigen.

Bei der Salzbildung läuft eine Redoxreaktion meist **freiwillig** ab. Metall-Atome geben Elektronen ab, die direkt von Nichtmetall-Atomen aufgenommen werden:

Reduktion: $Na \longrightarrow Na^+ + e^- \quad | \cdot 2$
Oxidation: $Cl_2 + 2\,e^- \longrightarrow 2\,Cl^-$
Redoxreaktion: $2\,Na + Cl_2 \longrightarrow 2\,Na^+ + 2\,Cl^-$
$2\,Na\,(s) + Cl_2\,(g) \longrightarrow 2\,NaCl\,(s)$

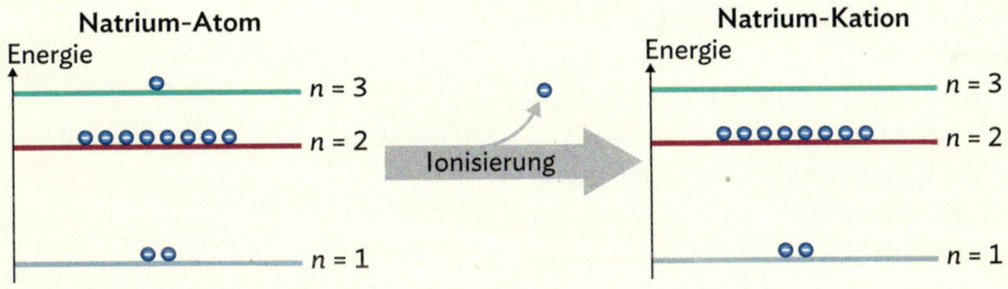

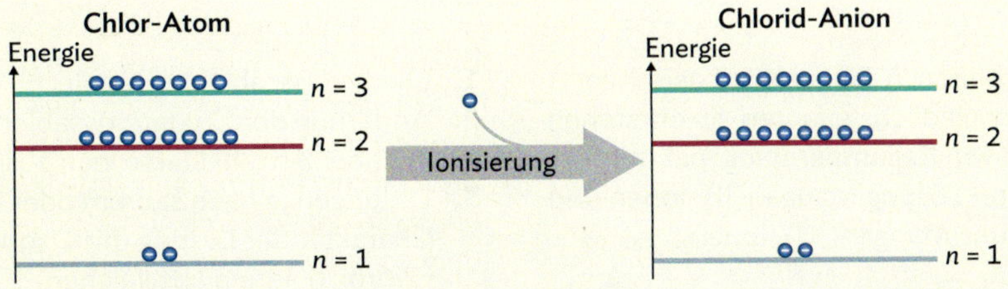

14 Redoxreaktionen und Oxidationszahlen

Eine **Redoxreaktion** besteht aus zwei Teilreaktionen: Bei der **Oxidation** gibt ein Elektronendonator (**Reduktionsmittel**) Elektronen ab und wird oxidiert. Bei der **Reduktion** nimmt ein Elektronenakzeptor (**Oxidationsmittel**) Elektronen auf und wird reduziert. Oxidation und Reduktion können als **Teilgleichungen** ausgedrückt und zu einer **Gesamtgleichung** zusammengefasst werden. Beispiel:

Reduktion: $Cu^{2+} + 2\,e^- \longrightarrow Cu$

Oxidation: $2\,Cl^- \longrightarrow Cl_2 + 2\,e^-$

Redoxreaktion: $Cu^{2+} + 2\,Cl^- \longrightarrow Cu + Cl_2$

Um festzustellen, welche Atome eines Moleküls oder Molekül-Ions Elektronen aufnehmen bzw. abgeben, werden die **Oxidationszahlen** (**OZ**) der Atome aus den Valenzstrichformeln der Moleküle und Molekül-Ionen ermittelt. Die Bindungselektronen werden dafür formal aufgeteilt bzw. dem elektronegativeren Bindungspartner zugeordnet. Die Oxidationszahl ergibt sich aus der Differenz zwischen der Anzahl der Elektronen im ungebundenen Atom und der Anzahl der zugeordneten Elektronen im Molekül.

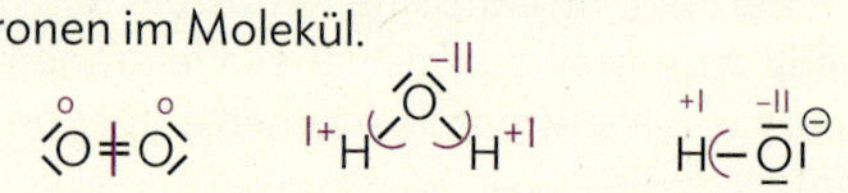

Alternativ können folgende Regeln genutzt werden. Widersprechen sich zwei Regeln, gilt die zuerst genannte:

Atome von Elementen	OZ = 0
Atom-Ionen	OZ = Ionenladungszahl
Moleküle	Summe aller OZ = 0
Molekül-Ionen	Summe aller OZ = Ladungszahl des Molekül-Ions
Atome in Verbindungen:	
1. Metall-Atome	positive OZ
2. Fluor-Atome	OZ = –I
3. Wasserstoff-Atome	meist OZ = +I
4. Sauerstoff-Atome	meist OZ = –II
5. Chlor-, Brom- und Iod-Atome	meist OZ = –I

Eine Erhöhung der Oxidationszahl entspricht einer Oxidation und eine Erniedrigung der Oxidationszahl einer Reduktion.

Oxidation

$$\overset{0}{Mg} + \overset{+I}{H}_2\overset{-II}{O} \longrightarrow \overset{+II}{Mg}\overset{-II}{O} + \overset{0}{H}_2$$

Reduktion

15 Säure-Base-Reaktionen und Redoxreaktionen im Vergleich

Sowohl Säure-Base-Reaktionen als auch Redoxreaktionen verlaufen nach dem **Donator-Akzeptor-Konzept**. Sie lassen sich mithilfe von Oxidationszahlen unterscheiden. Ändern sich die Oxidationszahlen, handelt es sich um eine Redoxreaktion. Bleiben alle Oxidationszahlen gleich, kann es sich um eine Säure-Base-Reaktion handeln.

Säure-Base-Reaktion: Protonenübertragung (H^+)

Protonendonator (Säure) → Protonenakzeptor (Base)

Redoxreaktion: Elektronenübertragung (e^-)

Elektronendonator → Elektronenakzeptor

16 Redoxreaktionen in wässrigen Lösungen

Redoxreaktion können in sauren und basischen Lösungen unterschiedlich verlaufen. So entstehen bei der Reaktion von Kaliumpermanganat mit Natriumsulfit in saurer Lösung Mangan(II)-Ionen und in basischer Lösung Mangan(VI)-Ionen.

Beim Aufstellen der Teilgleichungen solcher Redoxreaktionen geht man wie folgt vor:

1. Oxidationszahlen ermitteln.
2. Änderung der Oxidationszahlen mit entsprechender Anzahl Elektronen ausgleichen.
3. Ladungen je nach saurem oder basischem Charakter der Lösung mit Oxonium- oder Hydroxid-Ionen ausgleichen.
4. Atombilanz mit Wasser-Molekülen ausgleichen.

17 Redoxreaktionen von Alkoholen und Aldehyden

Je nach Stellung der Hydroxy-Gruppe im Molekül unterscheidet man **primäre**, **sekundäre** und **tertiäre Alkohole**. Die Moleküle primärer Alkohole können zu Aldehyd-Molekülen bzw. mit starken Oxidationsmitteln zu Carbonsäure-Molekülen oxidiert werden. Die Moleküle sekundärer Alkohole können zu Keton-Molekülen oxidiert werden. Die Moleküle tertiärer Alkohole können in wässrigen Lösungen nicht oxidiert werden.

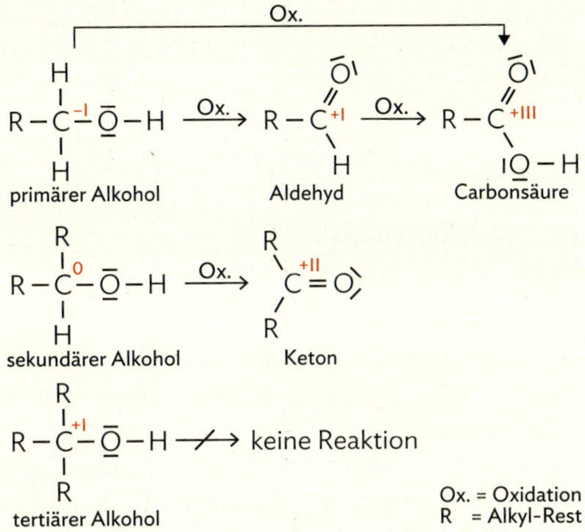

Ox. = Oxidation
R = Alkyl-Rest

18 Carbonsäureester und Aminocarbonsäuren

Die Moleküle von **Carbonsäureestern** enthalten eine polare funktionelle Gruppe, die **Ester-Gruppe**, an die zwei unpolare Alkyl-Reste gebunden sind. Mit steigender Länge der Alkyl-Reste sinkt die Löslichkeit der Carbonsäureester in Wasser, da die polare Ester-Gruppe an Einfluss verliert. Aus diesem Grund sind die meisten Carbonsäureester lipophil. Aufgrund der geringen Polarität wirken zwischen Carbonsäureester-Molekülen hauptsächlich LONDON-Dispersionswechselwirkungen und schwache Dipol-Dipol-Wechselwirkungen. Somit ergeben sich niedrigere Siedetemperaturen als bei den entsprechenden Alkoholen.

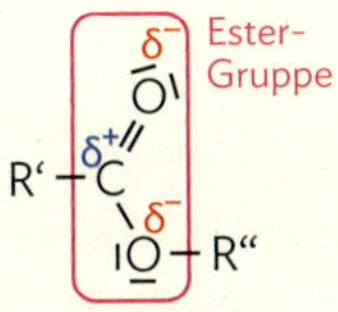

R' = Alkyl-Rest oder H
R'' = Alkyl-Rest

Carbonsäureester kann man in einer säurekatalysierten **Esterkondensation** aus Alkoholen und Carbonsäuren herstellen. Die Reaktion verläuft nach dem **Donator-Akzeptor-Prinzip**. Dabei wird ein Elektronenpaar von einem **nukleophilen** Teilchen (Donator) zu einem **elektrophilen** Teilchen (Akzeptor) hin verschoben:

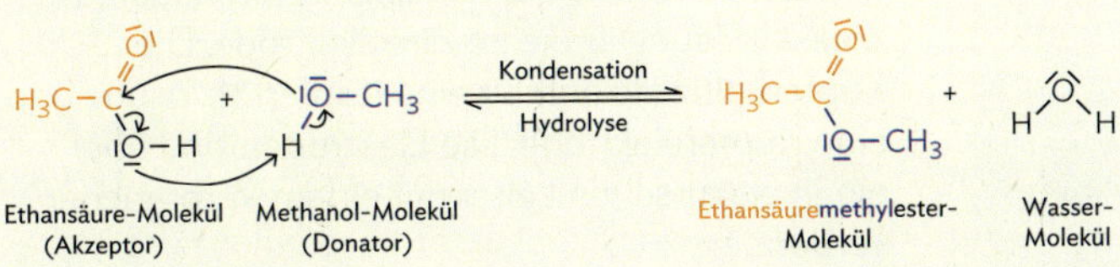

Die Esterkondensation ist **reversibel** (umkehrbar). Die Umkehrreaktion ist die säurekatalysierte **Esterhydrolyse**.

Auch in basischen Lösungen reagieren Ester zu Alkoholen und Carbonsäuren. Die baseninduzierte Esterhydrolyse ist **irreversibel** (nicht umkehrbar):

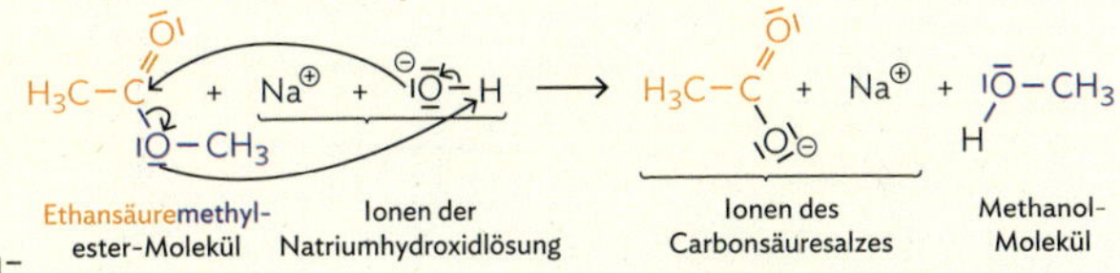

Die Moleküle von **Aminocarbonsäuren** besitzen eine Carboxy-Gruppe, eine benachbarte Amino-Gruppe sowie einen individuellen Aminocarbonsäure-Rest R.

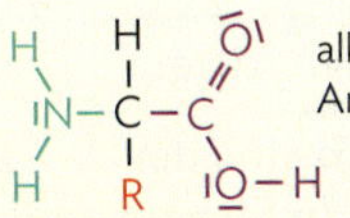

allgemeiner Aufbau eines Aminocarbonsäure-Moleküls

In einer **Kondensationsreaktion** können sich die Amino-Gruppe eines Aminocarbonsäure-Moleküls (Nukleophil) und die Carboxy-Gruppe eines zweiten Aminocarbonsäure-Moleküls (Elektrophil) unter Abspaltung von Wasser miteinander verbinden. Es entsteht eine **Peptidbindung**.

Peptidbindung zwischen zwei Aminocarbonsäure-Bausteinen

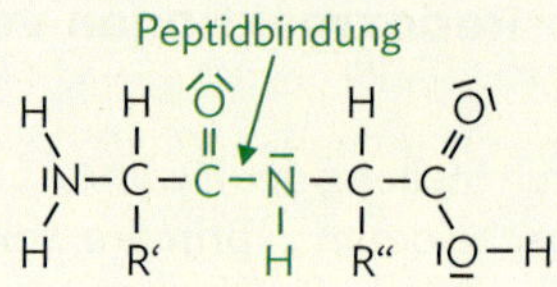

19 Elektrolyse

Die **Elektrolyse** ist eine Möglichkeit, eine chemische Verbindung zu zerlegen. Zwei Elektroden werden in eine elektrisch leitfähige Salzlösung oder Salzschmelze getaucht und Gleichspannung angelegt. Dabei findet eine Elektronenübertragung statt. Am Minuspol nehmen die Metall-Kationen Elektronen auf und werden zu Metall-Atomen. Am Pluspol geben die Nichtmetall-Anionen Elektronen ab und werden zu Nichtmetall-Atomen.

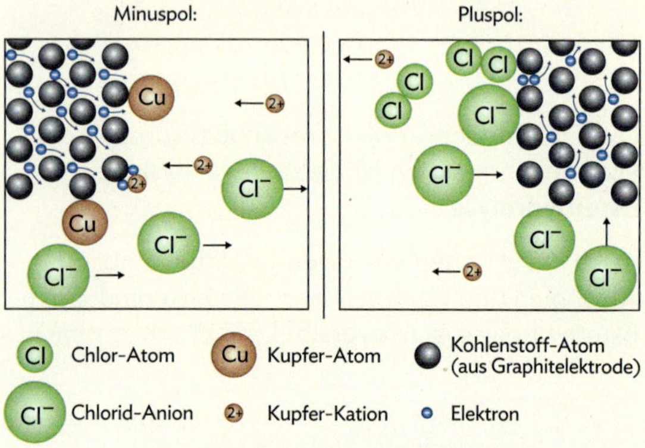

Wichtige industrielle Anwendungen der Elektrolyse sind die Herstellung von Metallen aus den Erzen sowie das Überziehen von Werkstücken mit einer Metallschicht als Korrosionsschutz oder zur Verzierung.

Für die Herstellung von Aluminium verwendet man eine **Schmelzflusselektrolyse**. Dabei wird ein Aluminiumsalz geschmolzen und die Salzschmelze elektrolysiert. Dafür werden sehr große Mengen Energie benötigt und es fallen schädliche Stoffe an.

Um Metallüberzüge herzustellen, wird das Werkstück üblicherweise als Minuspol in einer Salzlösung verwendet, die das aufzubringende Metall als Metallsalz enthält. Auch bei diesem Prozess kann es zu schädlichen Abfallprodukten kommen. Diese können teilweise mittels Elektrolyse wiedergewonnen werden.

20 Elektrochemische Stromerzeugung

In der **Redoxreihe** sind die Metalle nach der Tendenz ihrer Atome angeordnet, Elektronen abzugeben. Je **unedler** ein Metall ist, desto leichter lassen sich seine Atome oxidieren. Je **edler** ein Metall ist, desto leichter lassen sich seine Kationen reduzieren.

Das unterschiedliche Reaktionsverhalten der Metalle kann zur **elektrochemischen Stromerzeugung** genutzt werden. In einer **Batterie** wird chemische Energie in elektrische Energie umgewandelt. Dabei läuft eine Redoxreaktion freiwillig ab. Zellen, die generell nicht wiederaufgeladen werden können, werden als **Primärzellen** bezeichnet.

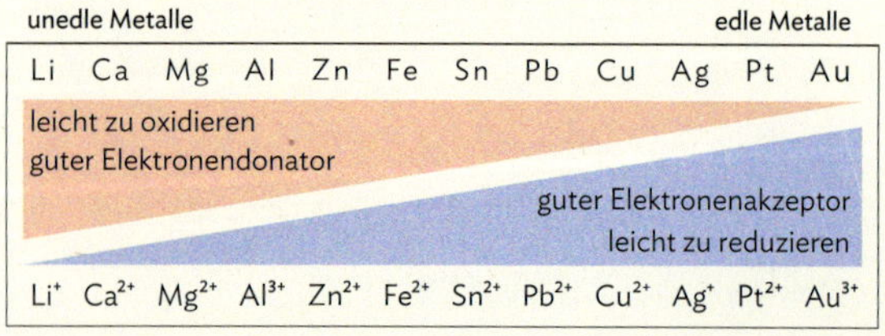

Ein Beispiel für eine einfache Batterie ist das **DANIELL-Element**. Es besteht aus einer Zink- und einer Kupferhalbzelle, die durch eine Salzbrücke verbunden sind. Die Zinkhalbzelle enthält eine Zinksalzlösung und eine Zinkelektrode. Die Kupferhalbzelle enthält eine Kupfersalzlösung und eine Kupferelektrode. Die Elektroden sind über einen elektrischen Leiter mit einem Verbraucher verbunden.

Oxidation und Reduktion finden räumlich getrennt jeweils in einer Halbzelle statt. Der Elektronenübergang vom Elektronendonator zum Elektronenakzeptor erfolgt über den elektrischen Leiter. Die Elektronen fließen von der Zinkelektrode (Minuspol) über den Verbraucher zur Kupferelektrode (Pluspol). Dieser Aufbau wird als **GALVANIsche Zelle** bezeichnet.

Akkumulatoren (**Akkus**) sind wiederaufladbare Energiespeicher, man spricht daher auch von **Sekundärzellen**. Beim Laden läuft eine erzwungene Redoxreaktion ab, beim Entladen läuft eine Redoxreaktion freiwillig ab. Ein Beispiel ist der Zink-Iod-Akku. Beim Laden wird Zink(II)-iodid elektrolysiert, beim Entladen reagieren Zink und Iod zu Zink(II)-iodid.

21 Beeinflussung der Reaktionsgeschwindigkeit

Die **Stoßtheorie** besagt, dass Edukt-Teilchen mit einer **Mindestenergie E_{min}** bei einem Zusammenstoß zu Produkt-Teilchen umgesetzt werden. Die dafür nötige Mindestenergie entspricht der **Aktivierungsenergie E_A** der Reaktion.

Mit der Stoßtheorie können Einflüsse auf die Reaktionsgeschwindigkeit erklärt werden. Sie ist umso höher, je höher

- die Temperatur (**RGT-Regel**),
- die Konzentration eines Edukts,
- der Druck in Systemen mit mindestens einem gasförmigen Edukt,
- der Zerteilungsgrad eines festen Edukts ist.

Katalysatoren beschleunigen chemische Reaktionen, indem sie durch die Bildung eines **Zwischenprodukts** die Aktivierungsenergie der Reaktion herabsetzen.

Bei der **homogenen Katalyse** liegen Katalysator und Edukte im selben Aggregatzustand bzw. in derselben Phase vor. Bei der **heterogenen Katalyse** befinden sich Katalysator und Edukte in unterschiedlichen Aggregatzuständen bzw. Phasen.

22 Das chemische Gleichgewicht und das Massenwirkungsgesetz

Chemische Reaktionen sind **umkehrbar** (reversibel). Bei Gleichgewichtsreaktionen laufen **Hin-** und **Rückreaktion** gleichzeitig ab, wodurch es zu einem **unvollständigen Umsatz** von Edukten und Produkten kommt. Im **Gleichgewichtszustand** laufen Hin- und Rückreaktion mit gleicher Geschwindigkeit ($v_{Hin} = v_{Rück}$) ab. So bleiben Edukt- und Produktkonzentrationen im Gleichgewichtszustand konstant. Das Gleichgewicht ist **dynamisch**.

Bei einer gegebenen Temperatur stellt sich für jede Gleichgewichtsreaktion ein charakteristisches Produkt-Edukt-Konzentrationsverhältnis ein.

Dieses lässt sich mittels der **Gleichgewichtskonstanten K_c** über das **Massenwirkungsgesetz** (**MWG**) quantitativ beschreiben:

$$\text{w A} + \text{x B} \rightleftharpoons \text{y C} + \text{z D} \qquad K_c = \frac{c^y_{GG}(C) \cdot c^z_{GG}(D)}{c^w_{GG}(A) \cdot c^x_{GG}(B)}$$

Anhand von K_c lassen sich vereinfachte Aussagen über die Gleichgewichtslage formulieren:

	Die Konzentration der Produkte ...
$K_c < 1$	ist niedriger als die der Edukte.
$K_c = 1$	ist gleich der der Edukte.
$K_c > 1$	ist größer als die der Edukte.

Das MWG kann zu jedem beliebigen Zeitpunkt der Reaktion aufgestellt werden, indem die Konzentrationen zu diesem Zeitpunkt in die Formel eingesetzt werden. Man erhält den **Massenwirkungsquotienten Q**:

$Q = \frac{c^y(C) \cdot c^z(D)}{c^w(A) \cdot c^x(B)}$. Es gilt:

	Richtung der Gleichgewichtsreaktion
$Q < K_c$	Die Hinreaktion läuft verstärkt ab.
$Q = K_c$	Das chemische Gleichgewicht ist erreicht.
$Q > K_c$	Die Rückreaktion läuft verstärkt ab.

23 Das Prinzip von LE CHATELIER

Stört man ein System im chemischen Gleichgewicht durch Änderung der äußeren Bedingungen (*c*-, *p*-, *T*-Änderung), weicht das Gleichgewicht diesem äußeren Zwang aus. Dazu findet die Reaktion verstärkt statt, die der Änderung entgegenwirkt. Man bezeichnet dies als **Prinzip vom kleinsten Zwang**.

Die Beeinflussung des chemischen Gleichgewichts durch Konzentrations- und Druckänderungen verursacht eine Veränderung der Gleichgewichtszusammensetzung. Der Wert von K_c bleibt unverändert, da sich das gleiche Produkt-Edukt-Konzentrationsverhältnis wiedereinstellt.

Temperaturveränderungen verursachen eine Veränderung der Gleichgewichtszusammensetzung. Hierbei verändert sich jedoch auch der Wert der Gleichgewichtskonstante K_c, da sich ein neues Produkt-Edukt-Konzentrationsverhältnis einstellt.

Änderung ...	begünstigt die Reaktion, die ...
Konzentration ↑	den Stoff mit erhöhter Konzentration verbraucht.
Konzentration ↓	den Stoff mit verminderter Konzentration entstehen lässt.
Temperatur ↑	endotherm verläuft.
Temperatur ↓	exotherm verläuft.
Druck ↑	unter Volumenabnahme erfolgt.
Druck ↓	unter Volumenzunahme erfolgt.

Einflussfaktoren auf das chemische Gleichgewicht

Ein Katalysator beeinflusst das chemische Gleichgewicht nicht, da er nur die Reaktionsgeschwindigkeit erhöht. Die Einstellung des Gleichgewichtszustandes wird beschleunigt, da die Hin- und Rückreaktion schneller verlaufen.

24 Fossile und nachwachsende Rohstoffe

Die fossilen Brennstoffe **Kohle**, **Erdöl** und **Erdgas** können zur Energiegewinnung und als Rohstoffe für zahlreiche Produkte eingesetzt werden. Bei ihrer Verbrennung entstehen **Treibhausgase**. Diese haben Einfluss auf den **Treibhauseffekt** und das Klima, denn sie absorbieren Wärmestrahlung. Fossile Brennstoffe sind zudem nur begrenzt verfügbar. Aus diesem Grund setzt man zunehmend auf **nachwachsende Rohstoffe**. Das sind organische Stoffe aus der Land- und Forstwirtschaft, die vom Menschen zielgerichtet für Anwendungszwecke außerhalb des Nahrungs- und Futterbereiches verwendet werden. Der vermehrte Anbau nachwachsender Rohstoffe kann jedoch zu zahlreichen Problemen, wie z. B. Futter- und Nahrungsmittelknappheit führen.

Neben fossilen und nachwachsenden Energieträgern können auch die **erneuerbaren Energien** durch Wind-, Wasserkraft- und Photovoltaikanlagen zur Stromerzeugung genutzt werden. Überschüssig produzierter Strom kann mithilfe des **Power-to-Gas-Verfahrens** gespeichert werden. Dabei wird die elektrische Energie durch die Elektrolyse von Wasser in chemische Energie umgewandelt und im Brennstoff Wasserstoff gespeichert.

Sicher arbeiten im Chemielabor

Meldungen über Unfälle im Chemieunterricht gibt es zum Glück nur selten. Das ist bemerkenswert, denn in keinem anderen Schulfach werden so gefährliche Substanzen benutzt wie im Chemieunterricht. Der Grund für diese funktionierende Sicherheit sind die **Sicherheitsvorkehrungen**, die für den Chemieunterricht gelten, um Unfälle zu vermeiden.

Die 10 „goldenen Regeln“ für die Sicherheit im Chemieunterricht

1 Chemielehrerinnen und -lehrer erkennen viele Gefahren, die von Gegenständen oder Stoffen im Chemieraum ausgehen. Darum: **Betreten Sie Chemieräume nur nach der Lehrkraft!**

2 **Essen und trinken Sie nicht im Chemieraum!** Um einen Kontakt mit den giftigen Chemikalien auch nach der Chemiestunde zu verhindern: **Waschen Sie sich nach dem praktischen Arbeiten die Hände!**

3 **Tragen Sie im Chemielabor immer eine Schutzbrille!** Augenverletzungen können bereits beim Holen der Chemikalien und auch beim Aufräumen entstehen, darum setzen Sie die Schutzbrille als erstes auf und als letztes ab!

4 **Richten Sie Reagenzglasöffnungen niemals auf Personen!** Sollte trotzdem einmal etwas ins Auge gehen, spülen Sie das Auge sofort gründlich mit der Augendusche. So können Sie größere Augenschäden vermeiden.

5 **Berühren Sie niemals Chemikalien mit den Händen**, außer Sie haben die Erlaubnis von der Lehrkraft!

6 **Lassen Sie nichts Unnötiges auf dem Tisch liegen, wenn Sie mit Feuer (offenen Flammen) umgehen!**
Binden Sie lange Haare zu einem Zopf zusammen!
Ziehen Sie lange Kleidung an, die aus Baumwolle besteht und nicht zu weit ist!

7 **Halten Sie sich genau an die Versuchsvorschriften und Anweisungen der Lehrkraft!** Wenn einmal etwas unklar ist, fragen Sie nach. Wenn Sie ein Experiment selbst geplant haben, lassen Sie sich von der Lehrkraft die Erlaubnis geben, dieses auch so durchführen zu dürfen.

8 Chemikalien dürfen nicht verunreinigt werden: **Entnehmen Sie Chemikalien immer nur in kleinen Mengen mit einem sauberen Spatel oder einer Pipette!** Haben Sie einmal zu viel entnommen, geben Sie den Rest nicht zurück in die Vorratsflasche!

9 **Informieren Sie die Lehrkraft, wenn Sie etwas verschüttet haben oder wenn sich jemand verletzt hat!**

10 **Reinigen Sie nach dem praktischen Arbeiten die Arbeitsflächen und entsorgen Sie die Chemikalien vorschriftsmäßig** (vgl. Entsorgungshinweise auf S. 209)!

INFO Bei der Planung eines Versuchs kann das sogenannte **STOP-Prinzip** hilfreich sein. Die Buchstaben stehen für Schutzmaßnahmen, die der Reihenfolge nach zu prüfen und anzuwenden sind:
Substitution (Ersatz eines Gefahrstoffs durch einen Stoff mit geringerer Gefährdung)
Technische Schutzmaßnahmen (z. B. Abzug, Schutzscheiben)
Organisatorische Schutzmaßnahmen (z. B. kleinerer Maßstab, Verdünnung)
Persönliche Schutzmaßnahmen (z. B. Schutzbrille, Handschuhe, Atemschutz)

Den naturwissenschaftlichen Erkenntnisweg gehen

Forschende versuchen, bekannte Sachverhalte zu erklären und Vermutungen zur Vorhersage noch unbekannter Phänomene aufzustellen. Ihre Erkenntnisse sowie die entsprechenden Regeln und Gesetzmäßigkeiten können sie auf einem bestimmten Weg, dem naturwissenschaftlichen Erkenntnisweg (**B1**), gewinnen.

VORGEHEN

1. **Fragestellung:** Leiten Sie aus einem Alltagsphänomen eine Problemstellung ab, die mithilfe von Versuchsergebnissen beantwortet werden kann.
2. **Hypothese (= überprüfbare Vermutung):** Stellen Sie aus Ihren Kenntnissen und Erfahrungen eine experimentell überprüfbare Vermutung auf. Diese Hypothese soll aufgrund der Versuchsergebnisse gestützt werden oder sie stellt sich als falsch heraus und wird somit widerlegt.
3. **Planung (mit Material) und Durchführung:** Überlegen Sie sich ein Experiment, mit dem Sie die Hypothese überprüfen können. Planen Sie das Experiment möglichst genau. Notieren Sie die Durchführung so, dass jemand anderes das Experiment wiederholen und die Ergebnisse überprüfen kann. Recherchieren Sie die Gefahrstoffkennzeichnung aller Edukte und Produkte (vgl. S. 208). Achten Sie auf den sicherheitsgerechten Umgang und entsorgen Sie die Stoffe umweltgerecht (vgl. S. 209).
4. **Beobachtungen und Datenerfassung:** Sie können direkt mit Ihren Sinnen (z. B. Sehsinn) beobachten oder Daten mit Messgeräten (z. B. Waage) erfassen. Formulieren Sie hier noch keine Erklärungen.
5. **Interpretation mit Hypothesenprüfung:** Werten Sie Ihre Beobachtungen bzw. Daten geeignet aus (z. B. Tabelle, Diagramm). Interpretieren Sie unter Einbezug der Blindproben die Beobachtungen und diskutieren Sie mögliche Fehlerquellen bei der Durchführung. Entscheiden Sie, ob Ihre Hypothese gestützt oder widerlegt wird.
   a) Hypothese widerlegt: Stellen Sie eine neue Hypothese auf und überprüfen Sie diese durch Experimente.
   b) Hypothese gestützt: Führen Sie weitere Experimente durch, um die Hypothese weiter zu stützen, zu konkretisieren oder auszuweiten. Wenn die Hypothese ausreichend gestützt wird, können Sie eine allgemeingültige Regel oder ein Gesetz ableiten. Das Gesetz sollte wiederum mit Experimenten überprüft werden.

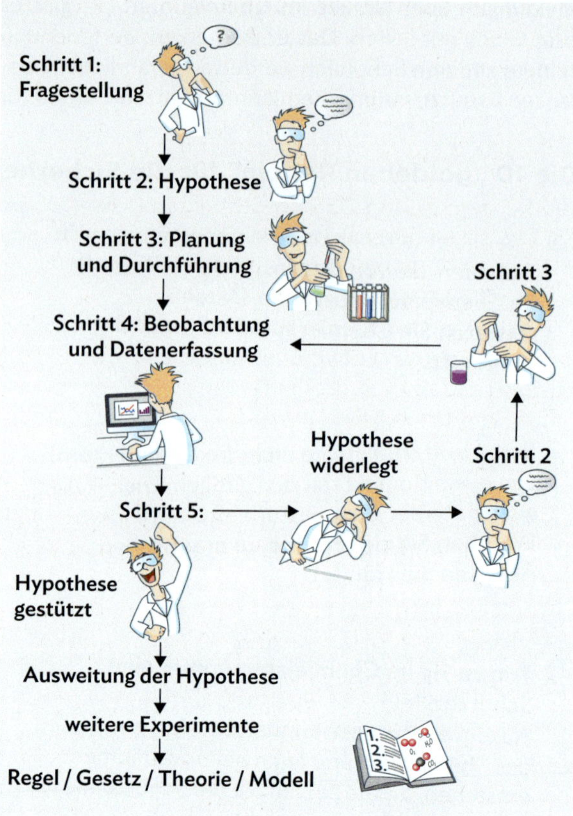

B1 Der naturwissenschaftliche Erkenntnisweg

Mit einer Gefahrstoffdatenbank umgehen

Das Wissen über Gefahrstoffe ist die Grundlage, die Unfallgefahr im Labor niedrig halten zu können. Wichtige Informationen zu Gefahrstoffen findet man beispielsweise in Stoffdatenbanken.

Die Gefahrstoffdatenbank GESTIS

Die frei zugängliche GESTIS-Stoffdatenbank wird von der Deutschen Gesetzlichen Unfallversicherung (DGUV) online zur Verfügung gestellt. Sie enthält Informationen zu über 8.700 Stoffen (**B1**).
Die sicherheitstechnische Einstufung von Chemikalien ist einer ständigen Entwicklung ausgesetzt. Das Gefahrenpotenzial eines Stoffes sollte vor jedem Versuch erneut überprüft werden.

VORGEHEN

1. Rufen Sie die Website https://gestis.dguv.de/ auf.
2. Informieren Sie sich unter „Home“ → „Inhalte“ kurz über die Arbeit mit der Datenbank (**B1**).

- IDENTIFIKATION
- CHARAKTERISIERUNG
- FORMEL
- PHYSIKALISCH CHEMISCHE EIGENSCHAFTEN
- TOXIKOLOGIE / ÖKOTOXIKOLOGIE
- ARBEITSMEDIZIN UND ERSTE HILFE
- SICHERER UMGANG
- VORSCHRIFTEN
- LINKS
- LITERATURVERZEICHNIS

B1 Übersicht über die Daten eines Stoffdatenblattes

3. Die Suchfunktion bietet die Möglichkeiten, nach Stoffname, (Identifikations-)Nummern oder Summenformel (Molekül- bzw. Verhältnisformel) zu suchen. Optional ist auch eine Volltextsuche verfügbar, um noch mehr über eine(n) Stoff(gruppe) zu erfahren.

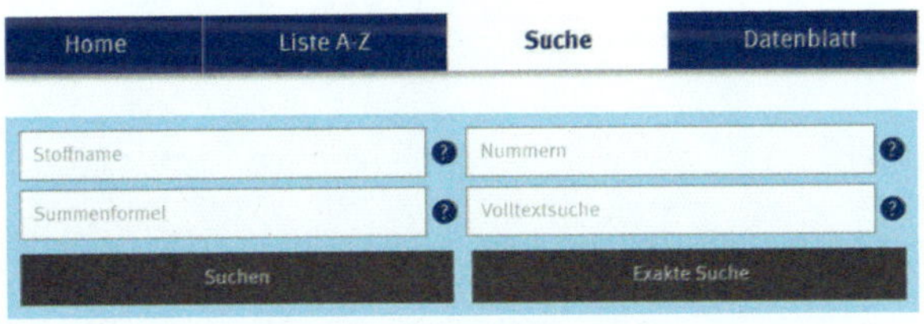

Tippen Sie bei „Stoffname“ den gewünschten Suchbegriff ein. Die Funktion „Suchen“ liefert alle Stoffe, in deren (systematischen) Namen der Begriff enthalten ist. Die „Exakte Suche“ liefert in der Regel ausschließlich den gesuchten Stoff.

4. Klicken Sie auf den Namen, um zum Stoffdatenblatt zu gelangen.
5. Zur Offline-Nutzung können Sie sich das gesamte Stoffdatenblatt oder Teile davon ausdrucken oder als PDF-Datei herunterladen.

Tipps und Tricks bei der Recherche

Nicht immer sind in Gefahrstoffdatenbanken die IUPAC-Namen hinterlegt. Der Gefahrstoff Wasserstoffchlorid wird beispielsweise auch als Chlorwasserstoff, Salzsäuregas oder Hydrogenchlorid bezeichnet.
Auch Chemikerinnen und Chemiker benennen im Labor nicht immer jeden Stoff systematisch. Mit „Ammoniak“ ist beispielsweise häufig eine Ammoniaklösung gemeint. Unterschiedliche Bezeichnungen können die Suche in einer Gefahrstoffdatenbank erschweren. Mit ein paar Kniffen kann man vielen Problemen bei der Recherche nach Gefahrstoffen vorbeugen.

VORGEHEN

1. Nehmen Sie sich ausreichend Zeit für die Recherche und arbeiten Sie gewissenhaft. Eine fehlerhafte Recherche kann fatale Folgen haben.
2. Kennen Sie mehrere Bezeichnungen eines Stoffes, so probieren Sie alle aus, bis die Suche erfolgreich ist oder geben Sie die Identifikationsnummer des Stoffes ein.
3. Die Eingabe der Molekül- bzw. Verhältnisformel (in GESTIS „Summenformel“) erfolgt teilweise entgegen der Gewohnheit alphabetisch nach Atomartsymbol.
Hinweis: Molekül-Ionen, z. B. das Sulfat-Ion SO_4^{2-}, werden gebunden in Molekülen meist als Einheit angegeben: H_2SO_4 statt H_2O_4S (**B2**). Es können auch Klammern verwendet werden, z. B. $Ca(NO_3)_2$.
4. Überprüfen Sie anhand der (Halbstruktur-) Formeln der im Stoff enthaltenen Teilchen im Datenblatt, ob Sie auch wirklich den gesuchten Stoff recherchiert haben (**B2**).

FORMEL

H_2SO_4

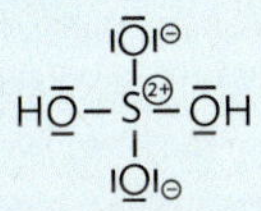

Molmasse: 98,08 g/mol

B2 Kapitel „Formel“ des Datenblattes von Schwefelsäure

INFO
Bei der Planung eines Experiments kann das sogenannte **STOP-Prinzip** hilfreich sein (➡ QR 06043-003).
06043-003

2 Farbigkeit

06043-100

eA Hier finden Sie das digitale Zusatzmaterial zu den Inhalten für das erhöhte Anforderungsniveau.

06043-004

Arbeitsblatt unter QR-/Mediencode 06043-004

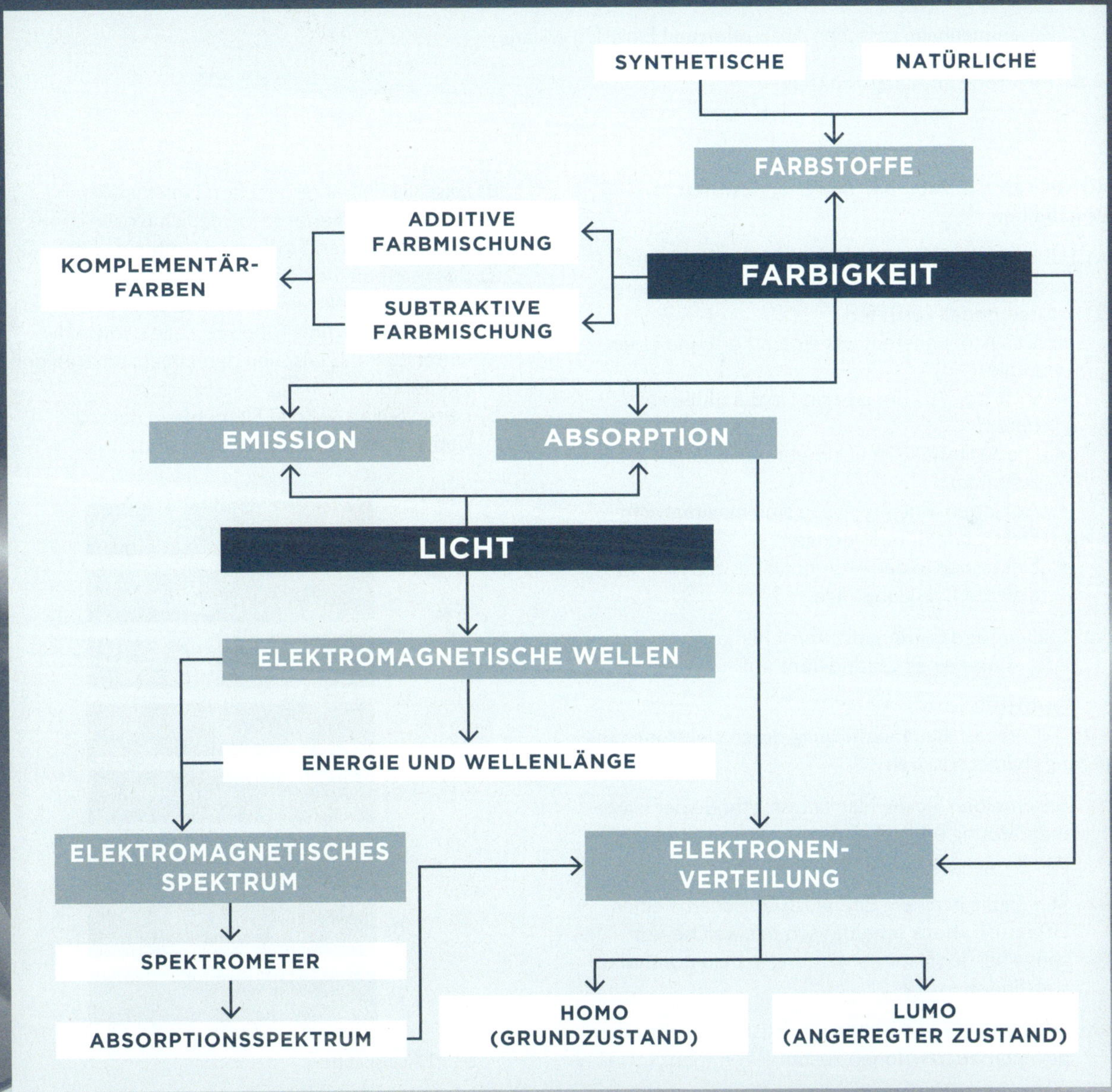

Startklar?

Schätzen Sie Ihre Kompetenz in den Bereichen A bis D ein und prüfen Sie sich anhand der entsprechenden Aufgaben (Arbeitsblatt ➥ QR 06043-005).

06043-005

Unter ➥ QR 06043-006 finden Sie außerdem eine Lernanwendung zur digitalen Überprüfung der geforderten Kompetenzen.

06043-006

Kompetenz	sehr gut	gut	schwierig
A Atombau und Energiestufen beschreiben	---	---	---
B Flammenfärbung durch Elektronenanregung charakterisieren	---	---	---
C Zusammenhang zwischen Absorption und Emission erklären	---	---	---
D Farbstoffe im Alltag ermitteln	---	---	---

KOMPETENZ A: Atombau und Energiestufen beschreiben

A1 Übernehmen Sie von den folgenden Aussagen diejenigen in Ihre Unterlagen, die auf das Energiestufenmodell zutreffen.
- Das Atom besteht aus einem Kern und einer Hülle.
- 99 % der Atommasse sind in der Hülle zu finden.
- Die Atomhülle ist aus mehreren Energieniveaus aufgebaut.
- Auf jedem Energieniveau sind maximal acht Elektronen unterzubringen.
- Elektronen in der Atomhülle besitzen nur ganz diskrete Energiebeträge.

A2 Stellen Sie das Energiestufenschema eines Chlor-Atoms und eines Chlorid-Ions auf.

KOMPETENZ B: Flammenfärbung durch Elektronenanregung charakterisieren

B1 Beschreiben Sie die Nachweismethode der Flammenfärbung und geben Sie an, welche Substanzen damit nachgewiesen werden können.

B2 Stellen Sie in einem Energiestufenschema eines Lithium-Kations schematisch dar, welche Vorgänge bei der Flammenfärbung in der Atomhülle stattfinden.

B3 Erklären Sie wie die charakteristischen Lichtfarben bei Atomen bzw. Ionen zustandekommen.

B4 **B1** zeigt die charakteristischen Linienspektren bestimmter Elemente sowie das Linienspektrum einer unbekannten Stoffprobe (unten).
a) Beschreiben Sie den Unterschied zwischen den Linienspektren der Elemente und des Gesamtspektrums (oberste Zeile), sowie die Unterschiede zwischen den Linienspektren der Elemente.
b) Leiten Sie ab, welche Elemente in der unbekannten Stoffprobe enthalten sind.

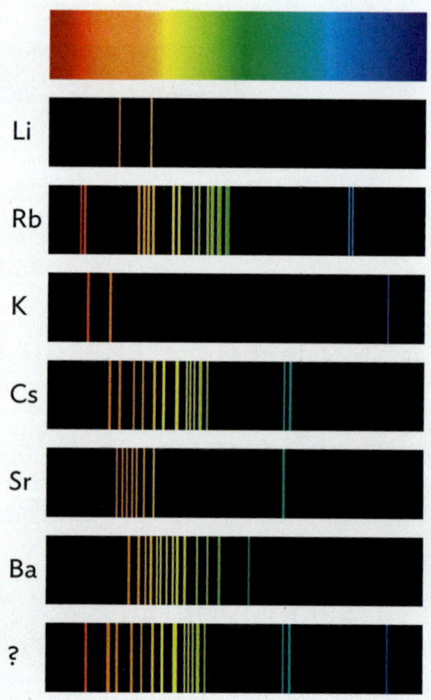

B1 Linienspektren

c) Formulieren Sie eine Vermutung über die Flammenfarben, die von Metallsalzen der Elemente aus **B1** erzeugt werden und ordnen Sie die Flammenfarben aus **B2** den Linienspektren aus **B1** zu.
Hinweis: Keine der Flammenfarben wurde durch die unbekannte Stoffprobe erzeugt.

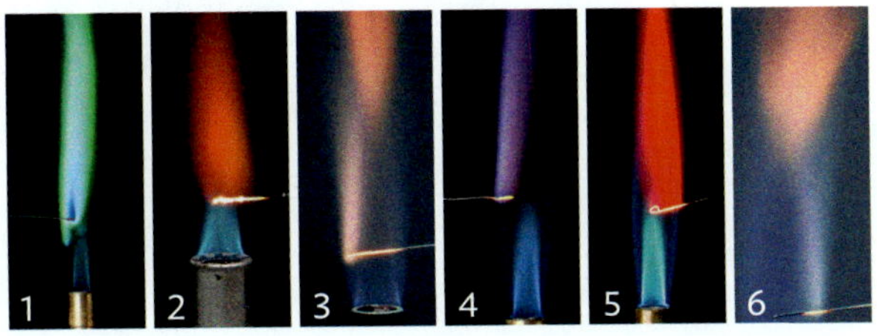

B2 Flammenfärbungen einiger Salze

KOMPETENZ C: Zusammenhang zwischen Absorption und Emission erklären

C1 Erklären Sie anhand von **B3** wie Linienspektren zustande kommen.

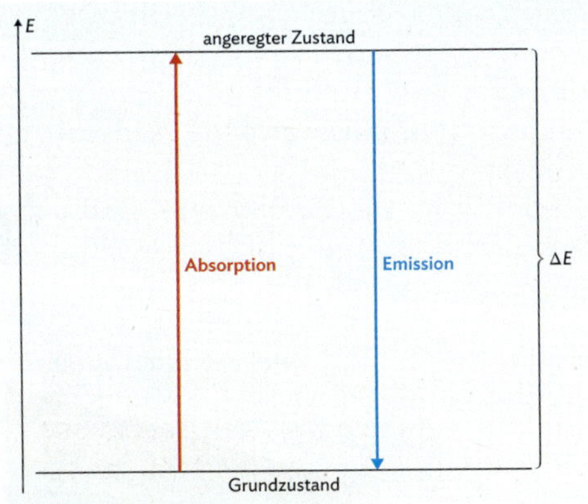

B3 Anregung von Elektronen

C2 Übernehmen Sie **B3** in Ihre Unterlagen und erweitern Sie die Abbildung um vier weitere angeregte Zustände. Erklären Sie damit den Zusammenhang zwischen Elektronenübergängen und den Wellenlängen des emittierten Lichts.

C3 Erläutern Sie den Unterschied zwischen der Farbigkeit durch Lichtabsorption und der Farbigkeit durch Lichtemission in Bezug auf die wahrgenommene Farbe eines Gegenstands und das Farbspektrum des Lichts, mit dem der Gegenstand angestrahlt wird.

KOMPETENZ D: Farbstoffe im Alltag ermitteln

D1 **B4** zeigt drei Spektren im ultravioletten Bereich des Lichts. Begründen Sie anhand der Spektren, welche der in der Abbildung genannten Proben für einen UV-Breitbandfilter in einer Sonnencreme geeignet sind.

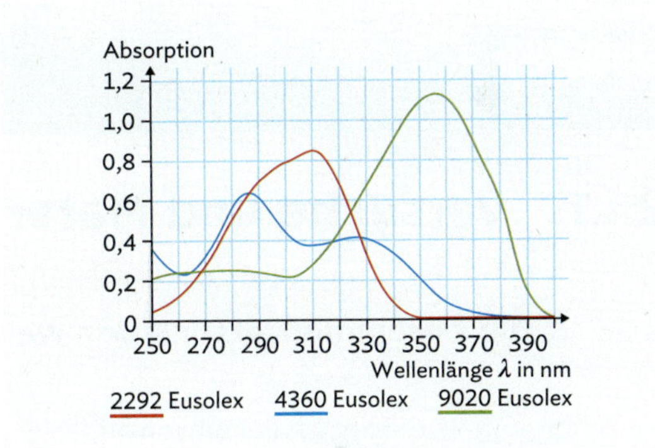

B4 Absorptionsverhalten von Sonnenschutzprodukten

Vergleichen Sie Ihre Antworten mit den Lösungen auf den Seiten 190 f. und geben Sie sich die entsprechende Punktzahl.

Kompetenz	sehr gut	gut	schwierig	zum Nachlesen
A Atombau und Energiestufen beschreiben	10 – 8	7 – 5	4 – 2	S. 12 – 13 und in Ihrem Sek I-Buch
B Flammenfärbung durch Elektronenanregung charakterisieren	20 – 16	15 – 12	11 – 8	S. 13 und in Ihrem Sek I-Buch
C Zusammenhang zwischen Absorption und Emission erklären	12 – 10	9 – 7	6 – 4	in Ihrem Sek I-Buch
D Farbstoffe im Alltag ermitteln	3	2	1	in Ihrem Sek I-Buch

2.1 Emission und Absorption von Licht

Betrachtet man alte Bilder, so erscheinen sie wie aus einer anderen Welt. Die fehlende Farbe verleiht Ihnen eine ganz besondere Aussagekraft. Da es schwer ist, sich Farben nachträglich vorzustellen, sieht man die damalige Welt oft schwarz-weiß. Das Phänomen von Farbigkeit begegnet uns jedoch eigentlich immer. Wie entsteht Farbigkeit?

2.1.1 Versuche und Material

V Die Zusammensetzung von weißem Licht

Schon 1671 wurde der Charakter von farblosem Licht untersucht. Die damaligen Versuche von ISAAC NEWTON können im Labor nachvollzogen werden.

V1 Legen Sie an einem sonnigen Tag ein geschliffenes Prisma auf ein weißes Blatt Papier. Orientieren Sie das Prisma so, dass auf dem Blatt die einzelnen Farbkomponenten des Lichts zu sehen sind (**B1**).

LV2 Es werden drei Lichtquellen mit den Farben Rot, Grün und Blau auf eine weiße Wand gerichtet. Anschließend werden die drei Lichtkegel überlappend angeordnet und die entstehenden Farbtöne beobachtet.

V3 Mischen Sie mit einem Pinsel die drei Farben Rot, Grün und Blau eines Wasserfarbkastens in verschiedenen Anteilen miteinander. Beobachten Sie die entstehenden Farbtöne.

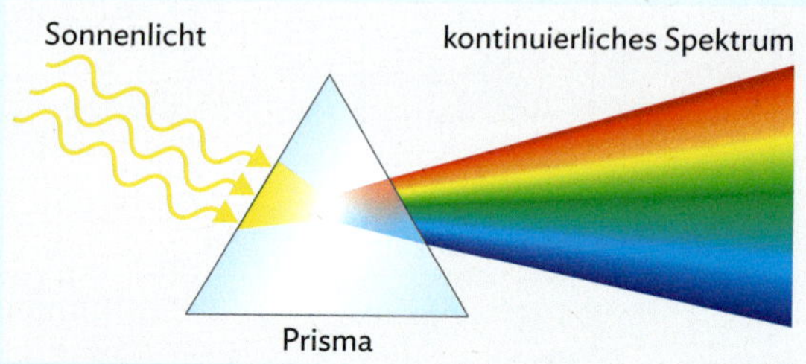

B1 Versuchsaufbau zu **V1**

AUSWERTUNG

a) Notieren Sie den in **V1** zu beobachtenden Farbverlauf. Prüfen Sie, ob sich die Reihenfolge der Farben auch verändern lässt.
b) Notieren Sie die Möglichkeiten die Farben Rot, Grün und Blau in **LV2** zu mischen.
c) Stellen Sie die entstehenden Farbtöne aus **V3** in einer Tabelle dar. Prüfen Sie, ob sich auch der Farbton Weiß mischen lässt.

ENTSORGUNG: A, R

M Additive und subtraktive Farbmischung

Farbeindrücke können durch additive oder subtraktive Farbmischung entstehen (**B2**). Beide Prozesse sind über den Farbkreis eng miteinander verwandt. Worin unterscheiden sie sich?

M4 Folgen Sie dem Link ➡ QR 06043-007 und wählen Sie das Experiment „RGB-Lichter" aus. Steuern Sie die Lampen so, dass für den Betrachter der Farbeindruck Gelb, Hellblau und Pink entsteht.

06043-007

M5 Folgen Sie dem Link ➡ QR 06043-008 zum interaktiven Element. Dieses simuliert den Blick in eine farblose (= weiße) Lichtquelle. Blenden Sie mit den drei Reglern nun rotes, grünes und blaues Licht aus und beobachten Sie die wahrnehmbaren Farbtöne. Mischen Sie die Farbtöne Rot, Grün und Blau.

06043-008

AUSWERTUNG

a) Vergleichen Sie die entstehenden Farbeindrücke aus **M4** und **M5** mit **B2**. Ordnen Sie den beiden Experimenten die passende Farbmischung zu.

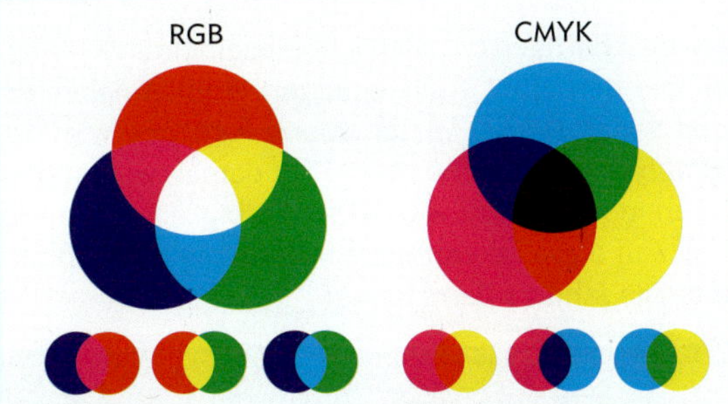

B2 Additive (links) und subtraktive Farbmischung (rechts)

b) Mit einer gelben Taschenlampe wird ein, in weißem Licht, blauer Farbfilter beleuchtet. Begründen Sie den Farbeindruck nach dem Filter und stellen Sie an diesem Beispiel den Zusammenhang von additiver und subtraktiver Farbmischung dar.

V/M Farbigkeit von Stoffen und Absorptionsspektren

Durch die Aufnahme eines Absorptionsspektrums kann die Funktion eines Farbstoffes näher betrachtet werden. Absorptionsspektren dienen darüber hinaus auch zur Analyse unbekannter Substanzen. Wie lässt sich ein solches Spektrum aufzeichnen?

V6 Lösen Sie etwas Wasserfarbe in Wasser, sodass eine intensive Färbung eintritt. Geben Sie das gefärbte Wasser in ein Reagenzglas und durchleuchten Sie dieses mit einer handelsüblichen Glühlampe. Analysieren Sie das durchdringende Licht mit einem Handspektrometer (**B3**).

V7 Nutzen Sie ein digitales Spektrometer, um von der in **V6** hergestellten Farbstofflösung ein digitales Absorptionsspektrum aufzunehmen.

M8 Folgen Sie dem Link ➡ QR 06043-009 zur Simulation der „Rosa Brille". Schalten Sie den Lichtverlauf ein und stellen Sie die Beleuchtungsfarbe auf gelb. Untersuchen Sie die auftretenden Farbeindrücke bei wechselnden Autofarben und Brillengläsern.

06043-009

AUSWERTUNG

a) Zeichnen Sie das in **V6** beobachtbare Spektrum ab.

b) Vergleichen Sie das in **V7** erhaltene digitale Absorptionsspektrum mit Ihrem gezeichneten Spektrum aus **a)**.

B3 Handspektrometer

c) Wählen Sie die Beleuchtungsfarbe und die Autofarbe in **M8** so aus, dass ein grünes Auto hinter einer gelben Brille trotzdem grün erscheint. Erklären Sie, wie der Farbeindruck zustande kommt. Gehen Sie dabei auf die ausgesendeten, absorbierten und gestreuten Lichtanteile ein.

ENTSORGUNG: A

2.1.2 Licht und Farbe

Was sehen wir da eigentlich?

Farben beschäftigen die Menschheit seit ihrer Existenz. Schon bei den alten steinzeitlichen Höhlenmalereien wurden ganz bewusst verschiedene Farbtöne wie Rot und Braun verwendet. Die Menschen damals verstanden natürlich noch nicht, wie diese Farbigkeit zustande kommt. Auf diese Erkenntnisse musste die Menschheit noch einige Jahrhunderte warten.

B1 Untersuchung der Zerlegung des Lichts durch NEWTON

Im Jahr 1671 untersuchte ISAAC NEWTON die Zusammensetzung weißen Lichts indem er dieses durch einen geschliffenen Glaskörper fallen ließ und so eine spektrale Aufspaltung in alle Farbkomponenten erreichte (**B1**, **V1**). In seinem Werk *„Opticks“* beschrieb er diese Entdeckung. Der Versuch NEWTONS lässt sich regelmäßig in der Natur in Form eines Regenbogens beobachten.
Wird der Versuch von NEWTON heute in einem Labor durchgeführt, kann das beobachtbare Spektrum genauer untersucht werden. Wird das Spektrum von Rot nach Blau mit einem Thermofühler analysiert, lässt sich im Bereich des roten Lichts eine Temperaturerhöhung ermitteln. Bei längeren Wellenlängen als denen des roten Lichts ist dieselbe Beobachtung zu machen, auch wenn mit dem bloßen Auge keine Strahlung mehr zu sehen ist. Nimmt man ein weißes, frisch gewaschenes Stück Stoff und führt damit denselben Versuch durch, lässt sich beobachten, dass der Stoff im blauen Farbbereich und bei kürzeren Wellenlängen zu leuchten beginnt. Daraus lässt sich ableiten, dass auch jenseits des **sichtbaren Lichts** und dessen Farben Strahlung existieren muss.
Bei Strahlung handelt es sich um **elektromagnetische Wellen**, die sich durch den Raum bewegen. Wie energiereich Strahlung ist, hängt von ihrer Wellenlänge ab. Anhand dieser werden die verschiedenen Arten von Strahlung im **elektromagnetischen Spektrum** geordnet (**B2**). Da Wellenlänge und Energie der Strahlung umgekehrt proportional zueinander sind, sinkt die Energie von links nach rechts im elektromagnetischem Spektrum. Niedrigenergetische Strahlung wie **Infrarotstrahlung** wird beispielsweise zum Heizen verwendet. Demgegenüber setzt man hochenergetische Strahlung wie **ultraviolette (UV) Strahlung** zur Stromerzeugung ein. Aufgrund der hohen Energie kann UV-Strahlung aber auch schädlich für Zellen sein. Kontrolliert benutzt man sie daher zur Desinfektion, während sie unkontrolliert Krebs verursachen kann.

Licht mischen – additive Farbmischung

Auch der umgekehrte Aufbau von **V1** ist möglich: Werden drei Taschenlampen, die Licht der Farben Rot, Grün und Blau aussenden, d. h. **emittieren**, auf eine gemeinsame Stelle an einer weißen Wand gerichtet, so erscheint ein farbloser Lichtfleck (**LV2**). Die einzelnen Farben des Lichts summieren sich also zu „farblos“. Dies wird als **additive Farbmischung** bezeichnet. Nach der Farbenlehre existieren die aus **V1** bekannten drei Grundfarben: **R**ot, **G**rün und **B**lau. Diese Grundlage wird als **RGB**-Farbraum

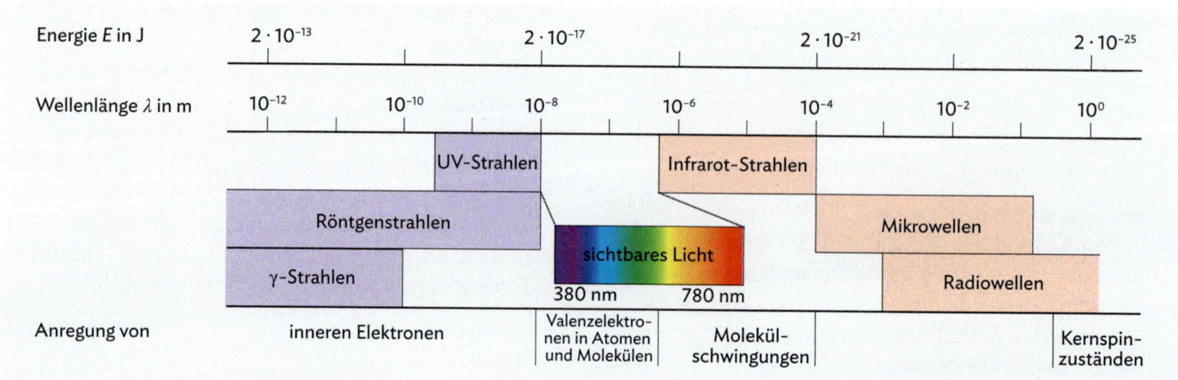

B2 Das elektromagnetische Spektrum

bezeichnet. Aus diesen drei Farben lassen sich alle für uns wahrnehmbaren Farbtöne additiv mischen. Bei einem Blick auf einen beliebigen Bildschirm kann dies erlebt werden, denn jeder Bildschirm besitzt Leuchtelemente dieser drei Farbtöne. Die einzelnen daraus mischbaren Farbtöne lassen sie sich im sogenannten Farbkreis darstellen (**B3**). Alle drei Farben ergeben zusammen farbloses Licht. Die additive Farbmischung ist demnach bei **Lichtemission** (Aussendung) selbstleuchtender Körper zu beobachten.

B3 Farbkreis der Farbenlehre, der den Zusammenhang zwischen additiver und subtraktiver Farbmischung aufzeigt.

Farbstoffe mischen – subtraktive Farbmischung

Bei der Verwendung von Farbstoffen, z. B. in der Kunst, werden dagegen andere Farben als Grundfarben genannt: **C**yan, **M**agenta und Gelb (**Y**ellow). Diese sind zusammen mit Schwarz (**K**ey) auch in jeder Druckerpatrone zu finden. Sie bilden den **CMYK**-Farbraum. In diesem lässt sich die zuvor als Grundfarbe kennengelernte Farbe Grün durch Mischen der Farben Cyan und Gelb herstellen. Mischt man greifbare Farbstoffe statt Licht, lässt sich die Farbe Weiß jedoch nicht ermischen. Stattdessen erhält man beim Mischen der Farben Rot, Grün und Blau eher den gegenteiligen Farbeindruck: Die Mischung erscheint schwarz. Alles auftreffende Licht wird verschluckt, d. h. **absorbiert** (**V3**). Man spricht hier von einer **subtraktiven Farbmischung**. Diese tritt bei nicht selbst leuchtenden, sondern beleuchteten Körpern durch **Lichtabsorption** auf.
Die beiden Prozesse der additiven und subtraktiven Farbmischung scheinen gegensätzlich zueinander abzulaufen und damit eng miteinander verknüpft zu sein.

Der Zusammenhang im Farbkreis

Der Zusammenhang beider Prozesse wird deutlich, wenn man die Entstehung anderer Farbeindrücke betrachtet. Nimmt der Mensch mit dem Auge den Sinneseindruck Gelb wahr, so kann dies auf drei verschiedenen Wegen erfolgen:
Der gelbe Farbeindruck kann zum einen dadurch entstehen, dass Licht mit der Farbe Grün und Licht mit der Farbe Rot gleichzeitig ins Auge fallen (**M4**). Der Farbkreis zeigt ebenfalls die daraus resultierende Farbe an. Der Sinneseindruck Gelb kann jedoch auch dadurch zustande kommen, dass ein Farbfilter, durch den weißes Licht fällt, den Farbton blau herausfiltert (**M5**). Im ersten Fall kommt der Farbeindruck durch additive, im zweiten Fall durch subtraktive Farbmischung zustande. Im dritten Fall ist es möglich, dass nur Licht der Wellenlänge, die der Farbe Gelb zugeordnet ist, in das Auge gelangt. In diesem Fall entsteht der Farbton direkt und ohne Farbmischung.
Der Zusammenhang zwischen den Farben Gelb und Blau ist im Farbkreis erkennbar (**B3**). Die beiden Farbtöne liegen sich direkt gegenüber, sie sind sogenannte **Komplementärfarben**. Auch der Zusammenhang zwischen additiver und subtraktiver Farbmischung ist erkennbar. Die Komplementärfarbe einer Grundfarbe der additiven Farbmischung (Blau) ist eine Grundfarbe der subtraktiven Farbmischung (Gelb).

Farben können auf verschiedenen Wegen entstehen. Man unterscheidet dabei die additive und die subtraktive Farbmischung. Die Farben der einen Farbmischung bilden die Komplementärfarben der anderen. Die Zusammenhänge sind im Farbkreis veranschaulicht.

AUFGABEN

A1 Übertragen Sie folgende Schemata zur additiven Farbmischung in Ihre Unterlagen und vervollständigen Sie diese.
a) Rot + Blau → ?
b) Grün + Blau → ?
c) Rot + Grün → ?
d) Rot + Grün + Blau → ?

A2 Weißes Licht enthält alle Spektralfarben, die im elektromagnetischen Spektrum nach der jeweiligen Wellenlänge geordnet sind (**B4**).

B4 Das elektromagnetische Spektrum

a) Es soll der Farbeindruck Grün erzeugt werden. Begründen Sie, welche Filter Sie nach der subtraktiven Farbmischung verwenden müssten, um diesen Farbeindruck zu erhalten.
b) Weißes Licht wird durch einen Filter der Farbe Cyan und anschließend durch einen Filter der Farbe Gelb gestrahlt. Erklären Sie den zu erwartenden Farbeindruck.

2.1.3 Farbstoffe und Spektren

Farbigkeit von Stoffen

Die Funktionsweise von Farbstoffen lässt sich relativ einfach untersuchen. Wird etwas gelbe Wasserfarbe in Wasser gelöst und diese Lösung in einem Reagenzglas von hinten von einer farblosen Lichtquelle durchleuchtet, kann das transmittierte Licht auf der Vorderseite einfach mit einem Spektrometer untersucht werden (**V6**). Mithilfe des Spektrometers wird erkennbar, welche Wellenlängen den Stoff ungehindert passieren, d. h. **transmittieren**, und welche vom Stoff absorbiert werden. In diesem Fall wird der Farbton Blau (Komplementärfarbe, **B5**) vom Farbstoff absorbiert. Der Farbeindruck entsteht dementsprechend aufgrund von Absorptionsvorgängen bestimmter Wellenlängen durch den Farbstoff. Je nachdem, welche Wellenlängen einen (transparenten) Stoff durchdringen oder von einem farbigen Gegenstand zurückgeworfen, d. h. **reflektiert**, werden, entsteht ein individueller Farbeindruck. Für den einfachsten Fall eines Farbstoffes, der nur in einem Farbbereich absorbiert, sind die zu beobachtenden Farbeindrücke in **B5** dargestellt. Ebenso hängt die Farbigkeit jedoch auch von den Farben des bereits einfallenden Lichtes ab. Damit lässt sich eine Vielzahl an Kombinationen untersuchen (**V7**).

absorbiertes Licht Wellenlänge λ in nm	Farbe	Komplementärfarbe Farbe der Verbindung
380 – 440	Violett	Gelbgrün
440 – 480	Blau	Gelb
480 – 490	Grünblau	Orange
490 – 500	Blaugrün	Rot
500 – 560	Grün	Purpur
560 – 580	Gelbgrün	Violett
580 – 595	Gelb	Blau
595 – 605	Orange	Grünblau
605 – 780	Rot	Blaugrün

B5 Zusammenhang zwischen absorbierter Wellenlänge und Farbeindruck eines Farbstoffes

Absorptionsspektren

Die im Farbstoff ablaufenden Absorptionsvorgänge lassen sich auf die **Elektronenverteilungen** innerhalb der Farbstoff-Moleküle zurückführen und geben dadurch Aufschluss über ihren Aufbau. Sie sind für jeden Stoff spezifisch und charakterisieren diesen. Durch Aufnahme eines **Absorptionsspektrums** kann dadurch auch ein unbekannter Stoff qualitativ nachgewiesen werden (**M8**). Die Spektroskopie stellt deshalb eine wichtige Analysemethode dar.

Ein Absorptionsspektrum wird mit einem **Spektrometer** aufgezeichnet. Dabei wird weißes Licht mithilfe eines Monochromators in seine Bestandteile zerlegt. Häufig geschieht dies durch ein verbautes Prisma. Die sich anschließende Blende definiert den analysierbaren Wellenlängenbereich. Dieser kann stationär oder dynamisch sein. Anschließend wird das Licht durch eine Materialprobe gesandt. Die Abfolge von Probe und Prisma kann auch umgekehrt sein. Am Ende des Strahlengangs werden die verbliebenen Farbanteile des transmittierten Lichts entweder mit dem Auge, auf einem Schirm oder digital durch einen Fotochip erfasst und ausgewertet (**B6**).

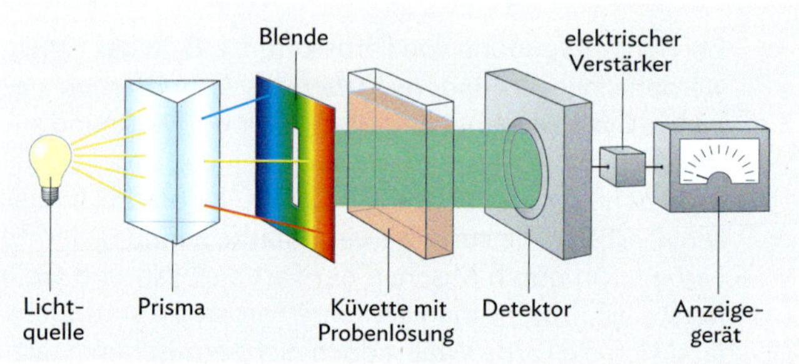

B6 Aufbau eines Prismenspektrometers

Im **Absorptionsspektrum** sind alle von der Lichtquelle emittierten Farben als kontinuierlicher Farbverlauf zu sehen. Dieser wird von Bereichen unterbrochen, in denen kein Licht zu detektieren ist, da diese spezifischen Wellenlängen durch den Stoff absorbiert werden. Diese Bereiche werden **Absorptionsbanden** genannt. Die Absorptionsbanden sind im analogen Absorptionsspektrum als dunkle Balken zu erkennen (**B7** unten). Im digitalen Absorptionsspektrum werden sie als Maxima eines Graphen dargestellt (**B7** oben). Die Maxima geben an, wie groß der Anteil (in Prozent) des absorbierten Lichts ist.

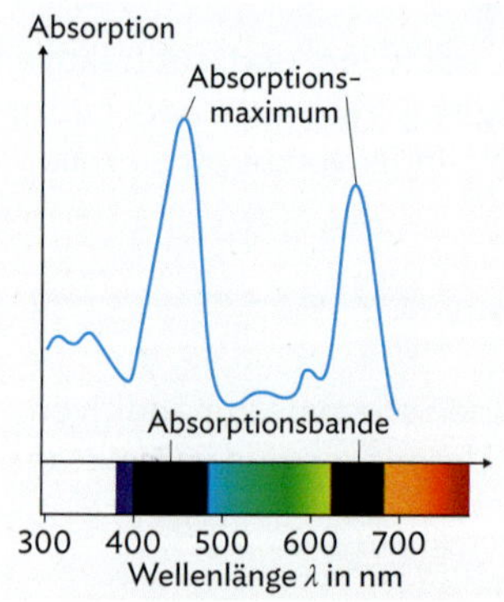

B7 Analoges (unten) und digitales Absorptionsspektrum (oben) einer Probe

HOMO und LUMO

Im Absorptionsspektrum besitzen die Absorptionsbanden einen klar erkennbaren, definierten Rand. Daran ist erkennbar, dass alleine die Wellenlänge des eingestrahlten Lichts ausschlaggebend dafür ist, ob das entsprechende Licht absorbiert, reflektiert oder transmittiert wird. Diese Tatsache bestätigt eine der fundamentalsten Annahmen in der Chemie und Atomphysik: die beschränkte Aufenthaltserlaubnis von Elektronen auf bestimmten Energieniveaus mit exakt fest gelegten (diskreten) Energiewerten. Für den Ablauf des Absorptionsvorgangs ist dabei das im Molekül höchste, mit (mindestens) einem Elektron besetzte Energieniveau E_1 (**HOMO** = *highest occupied molecular orbital*) von besonderer Bedeutung. Über diesem existieren noch weitere, nicht besetzte Energieniveaus E_2, E_3 etc. Das unterste dieser Niveaus wird dabei als **LUMO** (*lowest unoccupied molecular orbital*) bezeichnet (➡ Kap. 1). HOMO und LUMO besitzen einen exakten energetischen Abstand $\Delta E = E_2 - E_1 = E_{LUMO} - E_{HOMO}$ zueinander. Zwischen diesen beiden Energieniveaus finden bei der Absorption Elektronenanregungen statt.

Der Vorgang der Absorption

Fällt Licht auf einen schwarzen Gegenstand, so erwärmt sich dieser. Da er schwarz erscheint lässt sich schlussfolgern, dass er keinen Teil der Strahlung reflektiert oder bestimmte Farbbereiche emittiert. Die Energie des einfallenden Lichts wird vollständig vom schwarzen Objekt aufgenommen und in Wärme umgewandelt. Die Energie des einfallenden Lichts wird dabei von im Molekül vorhandenen, delokalisierten Elektronen aufgenommen. Diese Elektronen befinden sich ursprünglich im HOMO (**Grundzustand**). Durch Energieaufnahme werden sie in das LUMO (oder darüber hinaus) angehoben (angeregt). Das Molekül befindet sich dann in einem **angeregten Zustand**.

Die für die Anregung benötigte Energie muss dabei exakt der Energiedifferenz ΔE entsprechen: $E_{Licht} = \Delta E$. Ist die Energiemenge größer oder kleiner, findet keine Anregung statt. In **B8** sind drei schematische Anregungen und die dafür notwendige Energie dargestellt. Beim Rückfall der Elektronen auf das HOMO geben sie ihre Energie in Form von Wärme wieder ab. Da Energie, Wellenlänge und „Farbe“ des Lichts direkt miteinander zusammenhängen, ergeben sich klar abgegrenzte Absorptionslinien im Spektrum. Je nach Anordnung der Energiestufen im Molekül, können andere Wellenlängen vom Molekül absorbiert werden, wodurch sich verschiedene Farbeindrücke ergeben.

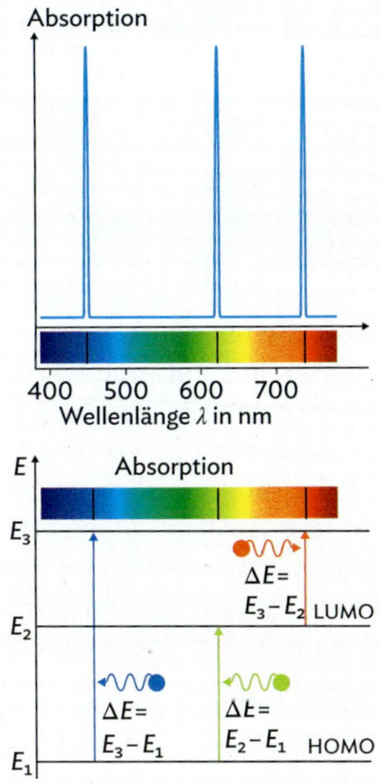

B8 Vorgang der Absorption und Zusammenhang mit dem Energiestufenmodell

Der Vorgang der Absorption und Emission findet auf atomarer Ebene in Form von Elektronenanregungen zwischen verschiedenen Energieniveaus statt. Mit einem Spektrometer kann ein Farbstoff exakt auf diese Vorgänge hin untersucht werden.

AUFGABEN

A1 Tageslicht (spektrale Zusammensetzung in **B9**) fällt durch eine rote Fensterscheibe. Ermitteln Sie die Farbe des Lichts, die auf weißem Papier hinter der Scheibe zu sehen ist.

A2 Ein digitales Spektrometer wird mit einer Halogenlampe betrieben. Skizzieren Sie ein mögliches Absorptionsspektrum der Aufnahme eines blauen Farbstoffes.

A3 Für ein menschliches Auge soll eine LED-Lampe als Leuchtmittel verwendet werden. Begründen Sie, dass das menschliche Auge für Farbstoffe im Farbbereich gelb-purpur nur schlecht einsetzbar ist. *Hinweis:* Der Farbeindruck Purpur ist in **B9** nicht dargestellt.

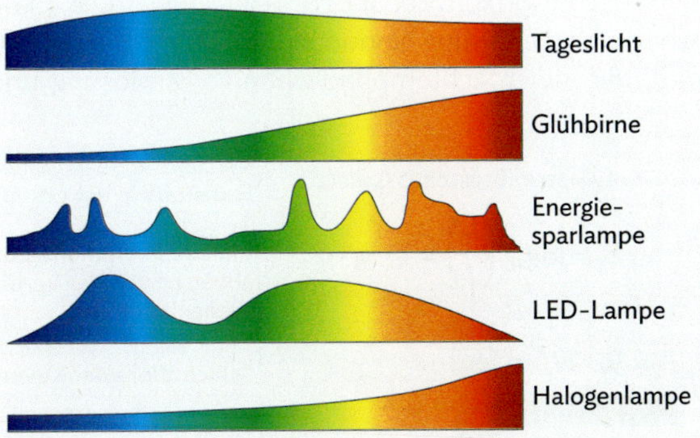

B9 Spektrale Zusammensetzung verschiedener Lichtquellen

2.1.4 Messen mit einem Fotometer

Besonders aus der Lebensmittelchemie und der Wasseranalytik sind moderne Fotometer nicht wegzudenken. So hat die Limonade die richtige Farbe und das Abwasser kommt sauber aus der Kläranlage. Dabei dienen digital vernetzte Fotometer mit automatisierter Probenentnahme in vielen Bereichen zur Kontrolle und zur Qualitätssicherung. Sogar das von fernen Sternen und Galaxien emittierte Licht wird in astronomischen Fotometern analysiert. Wie läuft eine Messung mit einem Fotometer ab?

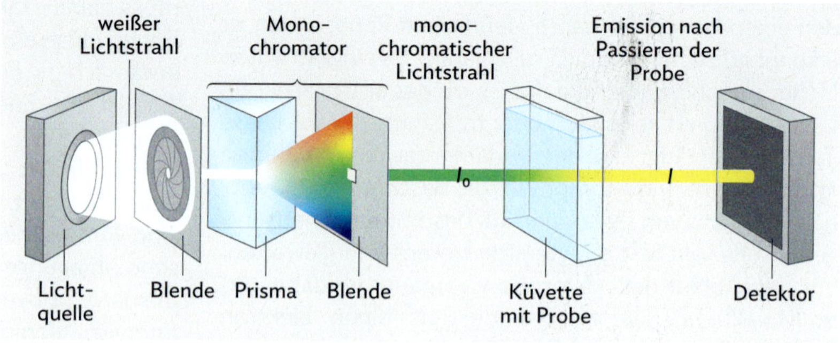

B1 Funktionsweise eines Fotometers

Ein Spektrometer ist eine speziellere Variante eines Fotometers. Ein Spektrometer misst über das Spektrum des sichtbaren Lichts die reflektierten Werte einer Probe bei verschiedenen Wellenlängen. Ein **Fotometer** ist ein Gerät zur Messung der Lichtintensität. Meistens sind beide in einem Gerät vereint. Bei einem Fotometer wird zunächst ein monochromatischer Lichtstrahl des sichtbaren Bereiches bzw. UV-Licht erzeugt. Dies geschieht mithilfe eines Prismas und einer Blende (**B1**). Die Wellenlänge des Lichtstrahls kann variiert werden, sodass auch ein ganzes Spektrum aufgenommen werden kann.

Das monochromatische Licht wird durch die Küvette mit der Probelösung gestrahlt. Ein Teil des eingestrahlten Lichts wird von Molekülen der Probe absorbiert, der andere Teil geht durch die Lösung hindurch und wird mit einer lichtempfindlichen Zelle im Detektor gemessen (**B1**). Dieser Teil wird als **Transmission** bezeichnet. Alle Farbstoffe haben ein Absorptionsmaximum, was der Komplementärfarbe entspricht (➥Kap. 2.1.3). Diese Wellenlänge wird dann am Fotometer eingestellt. Zudem ist die Absorption von der Konzentration der Probenlösung und der Schichtdecke der Küvette abhängig. Diese Gesetzmäßigkeit wird durch das LAMBERT-BEERsche **Gesetz** ausgedrückt. Die **Extinktion** (Auslöschung) ist ein Maß für die Abschwächung der Strahlung durch die Absorption der in der Probe vorhandenen Moleküle. Auch ist sie ist abhängig von der Wellenlänge λ der Strahlung und wird deshalb als E_λ bezeichnet (**B2**).

Die Extinktion ergibt sich aus dem Quotienten von eingestrahlter Lichtintensität I_0 und der transmittierten Intensität I, welcher logarithmiert wird. Die Extinktion ist wiederum proportional zur Konzentration der Farblösung und zur Schichtdicke d der Küvette. Zusätzlich ist der Extinktionskoeffizient ε_λ eine für jeden Farbstoff spezifische Größe, die unter anderem auch vom pH-Wert oder dem Lösemittel abhängt und tabelliert ist. Ein modernes Fotometer erledigt diese Rechnung digital.

Geeignete Farbstofflösungen für die Fotometrie im Chemieunterricht sind Bromthymolblau (bei pH = 4, 7 oder 10) sowie die Aufzeichnung des Spektrums von Blattfarbstoffen.

LAMBERT-BEERsches Gesetz

$$E_\lambda = \log_{10}\left(\frac{I_0}{I}\right) = c \cdot \varepsilon_\lambda \cdot d$$

Konzentration in mol/L des Farbstoffs in der Lösung

molarer Extinktionskoeffizient in L/(mol · cm), abhängig von der Verbindung und der Wellenlänge des Lichts

Schichtdicke der Küvette in cm

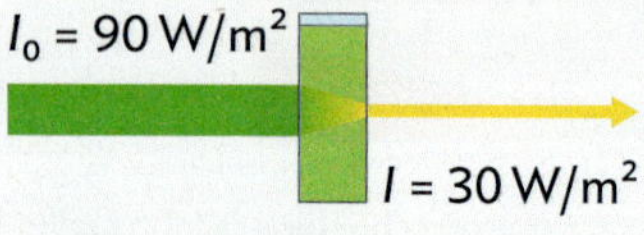

B2 Das LAMBERT-BEERsche Gesetz

AUFGABEN

A1 Geben Sie je eine Definition für die Begriffe Absorption, Extinktion und Transmission an.

A2 Berechnen Sie die Konzentration einer Farbstofflösung in einer 1 cm breiten Küvette, wenn die Hälfte der eingestrahlten Lichtintensität durch eine Lösung transmittiert. *Hinweis:* ε_λ = 0,31 L/(mol · cm).

A3 Nennen Sie mehrere Parameter, die man fotometrisch in wässrigen Lösungen bestimmen kann.

A4 Recherchieren Sie die Bedingungen, die eine Probe erfüllen muss, damit das LAMBERT-BEERsche Gesetz gilt.

A5 Recherchieren Sie über das Grundprinzip der Computertomografie und ihre Anwendung.

2.1.5 Das menschliche Auge und der Farbsinn

Im Gegensatz zu vielen anderen Säugetieren können wir Menschen Farben sehr gut wahrnehmen. Dies geschieht durch etwa 120 Millionen Stäbchen und etwa 6 Millionen Zapfen in unserer Netzhaut (B1). Mithilfe der elektrischen Signale dieser Fotorezeptoren können wir bis zu 2 Millionen Farbnuancen unterscheiden. Das hilft uns nicht nur beim Aufspüren von roten, reifen Früchten, sondern schützt uns auch durch Warnfarben vor giftigen Tieren bzw. vor Gefahren im Verkehr.

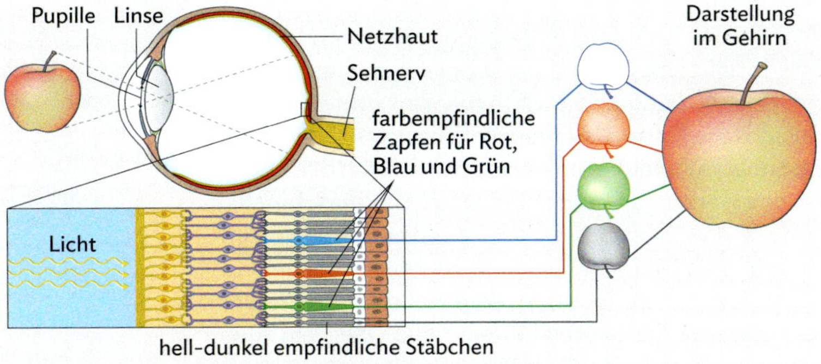

B1 Bildentstehung von der Netzhaut (Retina) bis zum Gehirn

Die Netzhaut (**Retina**) enthält zwei verschiedene Arten von **Fotorezeptoren**, welche nach ihrer Form benannt sind. Dabei dienen die sogenannten **Stäbchen** dem Schwarzweißsehen und die sogenannten **Zapfen** dem Farbsehen. Zapfen haben eine niedrigere Lichtempfindlichkeit als Stäbchen, d. h. sie benötigen eine bessere Ausleuchtung.
Beim Menschen findet man in der optischen Achse beim gelben Fleck (*Fovea centralis*) fast nur Zapfen. Zum Rand nimmt die Zapfendichte stark ab und man findet nur noch Stäbchen in der Retina.
Beide Zelltypen sind langgestreckt und zweiteilig. Sie sind über eine schmale Plasmabrücke miteinander verbunden. Während im Innensegment alle Organellen angeordnet sind, befinden sich die lichtempfindlichen Moleküle im Außensegment (B1). Diese Fotopigmente werden in der Membran des Außensegments eingebaut. Bei den Stäbchen ist dies das **Rhodopsin** bei den Zapfen das **Iodopsin**. Diese Fotopigmente bestehen aus einem Aldehyd, dem **Retinal**, und einem Protein namens Opsin. Bei den Zapfen unterscheidet man das rot (L)-, grün (M)- und blau (S)-Opsin. Diese drei Zapfentypen haben jeweils ihr Absorptionsmaximum im kurz-, mittel- und langwelligen Bereich des Lichtspektrums.
Strahlt nun Licht mit der entsprechenden Wellenlänge auf die Fotopigmente, so kommt es zu einer Strukturänderung des Retinals. Das gewinkelte 11-*cis*-Retinal reagiert zum gestreckten all-*trans*-Retinal (B2). Diese Strukturänderung dauert nur $2 \cdot 10^{-14}$ Sekunden. Durch die fotochemisch induzierte Strukturänderung passt das all-*trans*-Retinal nicht mehr auf das Opsin und das Fotopigment wird gespalten. Dadurch verändert sich die Permeabilität der Membran der Stäbchen sowie Zapfen und somit kommt es zu einer Änderung der Signale, welche über den Sehnerv zum optischen Zentrum des Gehirns geleitet werden.
Schon in der Netzhaut werden diese Impulse auf Ganglienzellen verschaltet. Aus der Summe der Signale der Zapfen und auch der Stäbchen wird dann im optischen Zentrum der jeweilige Farbeindruck ermittelt. Damit kann ein Mensch bis zu sieben Millionen verschiedene Farben und Helligkeitsabstufungen erkennen, die sich durch unterschiedliche Mischverhältnisse der Grundfarben (➥ Kap. 2.1.2) ergeben. Die Zapfen dienen dabei nicht nur der Farberkennung, sondern auch der Hervorhebung von Kanten. Hier wird die Differenz von Rot- und Grünsignalen mit der Summe beider verglichen.
Völlige Farbblindheit tritt selten auf, weil fast alle Menschen funktionierende Blauzapfen besitzen. Von der Farbenfehlsichtigkeit sind 8 % der Männer und 0,5 % der Frauen betroffen. Dafür sind fehlerhafte oder fehlende Grün- oder Rotzapfen verantwortlich. Diese Personen verwechseln Gelb, Braun und Grün miteinander, außerdem Violett mit Blau. Dies bezeichnet man als Rot-Grün-Schwäche.

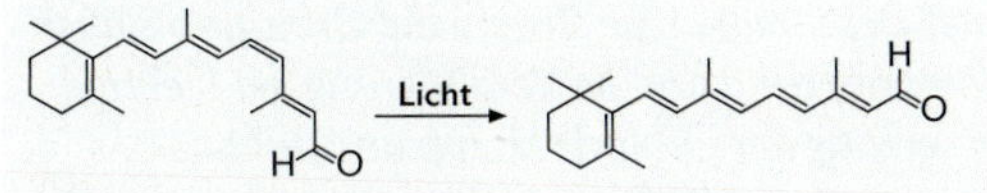

B2 Strukturänderung vom 11-*cis*-Retinal- zum all-*trans*-Retinal-Molekül

AUFGABEN

A1 Beschreiben Sie anhand von **B2** die räumliche Änderung der Fotopigment-Moleküle in der Netzhaut.

A2 Interpretieren Sie die Metapher „Nachts sind alle Katzen grau" vor naturwissenschaftlichem Hintergrund.

A3 Erstellen Sie eine Animation zum Farbsehen vom Objekt, z. B. einem Apfel, bis zum Farbeindruck im Gehirn (Programme ➥ QR 06043-010).

06043-010

2.1.6 Künstliche Intelligenz sinnvoll einsetzen

So arbeitet künstliche Intelligenz

Als Teilgebiet der Informatik erkennt bzw. sortiert **Künstliche Intelligenz (KI)** Informationen aus Umgebungs- und Eingabedaten sowie Datenbanken und imitiert so menschliche Geistesfähigkeiten. Dabei greift KI auf **programmierte Abläufe** zurück oder wird durch maschinelles Lernen erzeugt. Gerade hinsichtlich des **maschinellen Lernens** wurden in den letzten Jahren aufgrund von immer größeren Datenmengen und der hohen Rechenleistung moderner Computersysteme große Fortschritte erzielt. Maschinelles Lernen basiert darauf, dass ein Algorithmus selbstständig Aufgaben erfüllt, indem er sie wiederholt ausführt und mit vorgegebenen Gütekriterien abgleicht. Somit sind Computer oder Roboter, die auf maschinelle Lernprozesse zurückgreifen, nicht mehr auf vorgegebene Algorithmen angewiesen, sondern entwickeln eigenständig Lösungsstrategien bzw. optimieren diese. Eine planmäßige Vorgehensweise ähnlich einer „echten" Intelligenz, wie man sie bei höheren Lebewesen finden kann, liegt bei maschinellem Lernen nicht vor. Dennoch modellieren die Vorgänge Lernprozesse, wie sie auch im Nervensystem des Menschen stattfinden. Man spricht daher auch von **neuronalen Netzen**.

Anwendungsgebiete im Schulalltag

KI hat bereits viele Anwendungsfelder im Alltag gefunden: von Empfehlungsalgorithmen beim Online-Shopping oder in Streaming-Portalen über Gesichtserkennungssoftware auf Smartphones bis hin zu medizinischen Anwendungen zur Diagnose von Erkrankungen. Künstliche Intelligenz verarbeitet große Datenmengen in kurzer Zeit, sodass KI-Systeme bei der **Erhebung und Auswertung von Daten** eine immer größere Bedeutung gewinnen. Auch im schulischen Umfeld bietet künstliche Intelligenz viele Anwendungsmöglichkeiten. Durch zunehmend leistungsfähigere KIs ist es möglich, Texte und andere Darstellungsformen (z. B. Diagramme oder Bilder) automatisch erstellen oder Daten für wissenschaftliche Arbeiten recherchieren zu lassen.
KI kann auch beim Üben oder Erlernen von Unterrichtsinhalten behilflich sein (**B1**).

Prompts schreiben

Um KI-Tools sinnvoll zu nutzen, ist es wichtig, der verwendeten Software die richtigen Anweisungen – sogenannte Prompts – zu geben, um möglichst das zu erhalten, was man auch anstrebt. Dabei sollten vier inhaltlich verschiedene Anweisungen enthalten sein. Diese werden als PADS-Regeln bezeichnet:

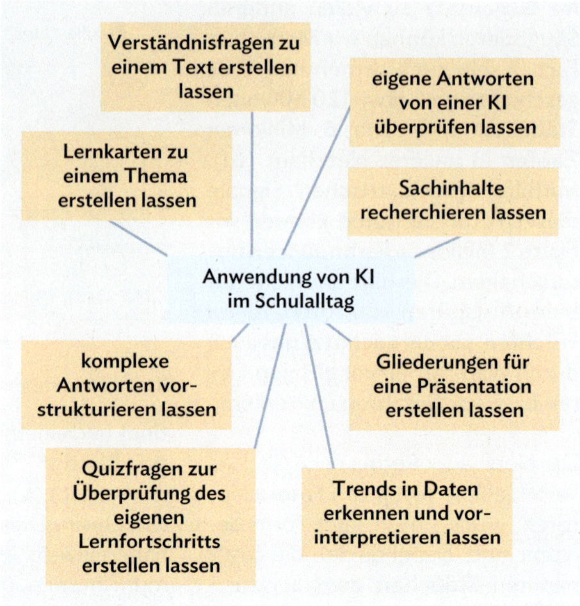

B1 Bereits mögliche sowie in Zukunft denkbare Anwendungen für KI in der Schule

- **P**: Position
- **A**: Aufgabe
- **D**: Details
- **S**: Stil

VORGEHEN

1. Geben Sie die **P**osition bzw. Rolle an, die die KI übernehmen soll.
   Beispiel: Sie sind Schülerin oder Schüler der Jahrgangsstufe 13 am bayerischen Gymnasium.
2. Formulieren Sie die **A**ufgabe bzw. Zielsetzung in einem Satz.
   Beispiel: Nennen Sie eine Voraussetzung, die ein Molekül erfüllen muss, um im sichtbaren Bereich des Lichts zu absorbieren.
3. Ergänzen Sie diese um ausreichend **D**etails, wie das Ergebnis aussehen soll.
   Beispiel: Beschreiben Sie, was dabei mit den Elektronen geschieht. Gehen Sie insbesondere auf die Orbitale ein.
4. Geben Sie den sprachlichen **S**til an, in dem das Ergebnis ausgegeben werden soll.
   Beispiel: Beschreiben Sie sowohl die Orbitale als auch die Vorgänge rund um die Veränderung der Elektronenbesetzung der Orbitale knapp und auf das Wesentliche fokussiert.

Daten auf ihre Verlässlichkeit prüfen

Gerade zur Recherche von Quellen für Referate oder Seminararbeiten kann KI in kürzester Zeit eine Auswahl relevanter Daten zusammenfassen und diese präsentieren. Da derart erhobene Informationen keine Überprüfung aus zweiter Hand erfahren, wie es bei veröffentlichten wissenschaftlichen Quellen normalerweise der Fall ist, gilt auch und vor allem bei der Nutzung von KI, dass die **Verlässlichkeit der Daten** kritisch hinterfragt werden muss.

VORGEHEN

1. Überprüfen Sie, ob Autorinnen und Autoren, Plattformen oder Verlage korrekt angegeben sind.
2. Überprüfen Sie die inhaltliche und sprachliche Qualität der Daten. Sind Logikfehler oder ungewöhnliche sprachliche Strukturen erkennbar?
3. Führen Sie eine Kontrollrecherche durch. Werden ähnliche Daten auch von anderen (vertrauenswürdigen) Quellen angegeben oder zitiert?

KI als Quelle angeben

Um auch anderen Nutzerinnen und Nutzern den Ursprung KI-erzeugter Inhalte verlässlich wiederzugeben und die Verwendung der Software nachvollziehbar zu machen, muss der Einsatz von KI bei der Erstellung von Präsentationen oder Seminararbeiten **als Quelle angegeben werden**.

VORGEHEN

1. Geben Sie das verwendete KI-Tool an.
2. Beschreiben Sie den genauen Einsatz der Software, einschließlich der verwendeten Prompts.
3. Prüfen Sie Quellenangaben, die in KI-generierten Texten enthalten sind. Diese können **frei erfunden** sein.

Gefahren von KI – Datenproblematik

Maschinelles Lernen basiert auf großen Datenmengen und greift auf Datenbanken zurück, die über das Internet zur Verfügung gestellt werden. Von diesen ist die Verlässlichkeit KI-generierter Inhalte abhängig. Da die Datenbanken in vielen der Öffentlichkeit zugänglichen Fällen – je nach System bzw. der genutzten Software-Version – auf älteren Datensätzen basieren, sind KI-erhobene Daten meist (noch) nicht tagesaktuell und entsprechen nicht dem aktuellen Wissensstand. Zudem kommt es vor, dass die KI zu einem Thema Daten (v. a. Zahlenwerte) erfindet, wenn sie selbst keine Informationen hat.
Beim digitalen Arbeiten gilt die wichtige Handlungsempfehlung, **sensible Daten nicht unreflektiert preiszugeben**. Dies gilt natürlich auch bzw. insbesondere beim Einsatz von KI-Tools. Gerade die Möglichkeiten von KI, aus wenigen Informationen Bilder, Videos und Audio-Dateien zu generieren, macht den **umsichtigen Umgang beim Upload** von Bild- und Tonmaterial notwendiger denn je. Bedenken Sie zudem, dass auch die Nutzung von Daten aus sozialen Medien durch KI nicht ausgeschlossen werden kann. Daraus sollte ein umso sorgfältigerer Umgang mit eigenen und fremden persönlichen Daten resultieren.

AUFGABEN

A1 Erstellen Sie mithilfe der PADS-Regeln einen Prompt, der eine KI dazu auffordert, Lernkarten zu den Vorgängen bei der Lichtabsorption und -emission zu erstellen.

A2 Entwickeln Sie eine Quellenangabe, die die mithilfe des Prompts aus **A1** erstellten Übersichten ausreichend kennzeichnet.

A3 Der folgende Textausschnitt zu Farbigkeit wurde von einer KI generiert und mit Fehlinformationen versehen. Gleichen Sie den Text mit einer eigenen Recherche ab und identifizieren Sie falsche oder unvollständige Informationen.

„Aus physikalischer Sicht bezieht sich Farbigkeit auf die Eigenschaften von Licht und die Art und Weise, wie es mit Materie interagiert.
Licht ist eine Form elektrischer Strahlung, die in verschiedenen Wellenlängen vorkommt. Das sichtbare Spektrum umfasst Wellenlängen von etwa 380 nm (Grün) bis 750 nm (Gelb). Jede Wellenlänge entspricht einem bestimmten Farbton.
Die Farbe eines Objekts hängt davon ab, welche Intensität des Lichts es reflektiert, absorbiert oder durchlässt. Ein rotes Objekt erscheint rot, weil es das rote Licht stärker reflektiert als andere.
In der Physik und der Farbtheorie werden verschiedene Modelle verwendet, um Farben mathematisch zu beschreiben, wie das RGB-Modell (Rot, Gelb, Blau) für additive Farben und das CMYK-Modell (Cyan, Magenta, Gelb, Schwarz) für subtraktive Farben.“

2.2 Farbstoffe in Alltagsprodukten

Altsteinzeitliche Höhlenmalereien, quietschend bunte Verpackungen von Süßigkeiten, traditionelle Tattoos oder Warnschilder im Straßenverkehr: Farbstoffe sind ein unausweichlicher Begleiter des menschlichen Alltags. Farben erzeugen dabei oft Aufmerksamkeit. Gibt es daneben auch weniger erwünschte Folgen?

2.2.1 Versuche und Material

M Schädliche Henna-Tattoos

B1 Allergische Reaktion auf PPD in Hennapulver

Ein traditionelles Mehndi (Titelbild) ist eine rituelle Körperbemalung. Der dafür verwendete Farbstoff ist Henna. Diese Körperbemalungen werden daher auch Henna-Tattoos genannt. Von Natur aus färbt Henna nur rotbraun. Um weitere, z. B. dunklere Farben zu erhalten, werden Zusatzstoffe beigemischt. Welche Auswirkungen haben diese?

M1 Ein oft genutzter Farbstoff für eine dunklere und schnellere Färbung mit Henna ist PPD (*para*-Phenylendiamin), der als Grundstoff der Farbindustrie günstig verfügbar ist, jedoch zu schweren allergischen Reaktionen führen kann (**B2**). In **B1** sind die möglichen Folgen dieser allergischen Reaktion dargestellt.

H-Sätze	Wortlaut
H301 + H311 + H331	Giftig bei Verschlucken, Hautkontakt oder Einatmen.
H317	Kann allergische Hautreaktionen verursachen.
H319	Verursacht schwere Augenreizung.
H410	Sehr giftig für Wasserorganismen, mit langfristiger Wirkung.

B2 Auszug aus einem Sicherheitsdatenblatt von PPD

AUSWERTUNG

a) Recherchieren Sie Möglichkeiten, die Farbe eines Henna-Tattoos mit natürlichen Mitteln zu verändern, ohne weitere Nebenwirkungen in Kauf nehmen zu müssen.

b) Erstellen Sie mithilfe von **B2** einen Flyer, um vor den Gefahren von Henna-Tattoos mit PPD als Zusatzstoff zu warnen.

V Lebensmittelfarbstoffe

Um Käse einladend goldig oder Himbeermarmelade kräftig rot erscheinen zu lassen, wird häufig mit Lebensmittelfarbstoffen nachgeholfen. Andererseits werden Farbstoffe auch zum Ausgleich von Farbverlusten, die während der Verarbeitung eines Produktes entstehen, verwendet. Doch wie verträglich sind Lebensmittelfarbstoffe?

V2 Füllen Sie ein Becherglas etwa zur Hälfte mit warmem Wasser. Legen Sie anschließend einige Bonbons oder Schokolinsen gleicher Farbe in das Wasser und rühren Sie solange um, bis sich eine farbige Lösung bildet. Entfernen Sie danach die Bonbon- oder Schokolinsenreste aus der Farbstofflösung.
Hinweis: Die hergestellte Farbstofflösung wird im Anschluss für **V3** benötigt.

V3 Legen Sie einen weißen Wollfaden in die hergestellte Farbstofflösung aus **V2** und fügen Sie der Lösung 5 mL verdünnte essigsaure Lösung hinzu. Nehmen Sie den Wollfaden nach etwa zehn Minuten aus der Lösung heraus und waschen Sie ihn unter fließendem Wasser ab. Geben Sie den gefärbten Wollfaden anschließend in verdünnte Ammoniaklösung und beobachten Sie.

AUSWERTUNG

a) Notieren Sie Ihre Beobachtungen aus **V2** und **V3**.
b) Recherchieren Sie die zwei verschiedenen Arten von Lebensmittelfarbstoffen und notieren Sie für jede dieser Klassen je zwei Beispiele.
c) Recherchieren Sie die Vor- und Nachteile der beiden Klassen aus **b)**.
d) Informieren Sie sich über die gesetzlichen Bestimmungen zur Verwendung von Farbstoffen in Lebensmitteln in Deutschland.
e) Bewerten Sie ausgehend von Ihren Ergebnissen aus **b) – d)** die Verwendung von Farbstoffen in Lebensmitteln unter folgenden Gesichtspunkten: Notwendigkeit von Farbstoffen für die Attraktivität und den Genuss von Lebensmitteln; Vor- und Nachteile bei der Verwendung von Farbstoffen in der Lebensmittelindustrie; Beeinflussung der Kaufentscheidung durch Verwendung von Farbstoffen in Lebensmitteln.

ENTSORGUNG: R, A

M Haarfarben – Vor- und Nachteile

Das Färben der Haare ist eine beliebte Möglichkeit, das persönliche Erscheinungsbild zu verändern und den individuellen Stil auszudrücken. Was sind die Vor- und Nachteile von Haarfarben?

M4 Ob zur Kaschierung von grauen Haaren, zur Anpassung an aktuelle Modetrends oder einfach aus Lust auf Veränderung – die Auswahl an Farben und Techniken ist vielfältig. Von natürlichen Tönen bis hin zu auffälligen, kreativen Nuancen stehen zahlreiche Optionen zur Verfügung. Dennoch bringt das Färben von Haaren nicht nur ästhetische Vorteile mit sich, sondern kann auch diverse Herausforderungen aufweisen.

AUSWERTUNG

Stellen Sie die in **B3** aufgelisteten Vor- und Nachteile des Haarefärbens einander gegenüber, diskutieren Sie diese und formulieren Sie ein abschließendes Fazit.

VORTEILE	NACHTEILE
ästhetische Veränderung	Haarschädigung
Verstecken von grauen Haaren	allergische Reaktionen
Kreativität und Individualität	aufwendige Pflege
trendige und moderne Styles	Kosten
Verbesserung der Haarstruktur	Farbauswaschen
	unvorhergesehene Ergebnisse

B3 Vor- und Nachteile des Haarefärbens

2.2.2 Natürliche Farbstoffe im Alltag

Farbstoffe sind ein fester Bestandteil unseres Alltags und finden sich in vielen Lebensbereichen und einer Vielzahl von Produkten, die wir täglich nutzen. Sie verleihen z. B. Textilien, Lebensmitteln oder Kosmetika Farbe und Ästhetik. Farbstoffe spielen eine entscheidende Rolle dabei, wie wir unsere Umwelt wahrnehmen und erleben.

Henna – ein Naturfarbstoff ...

Bereits im altertümlichen Ägypten haben sich Frauen und Männer die Haare gefärbt. Damals wurde zum Färben der Haare vor allem das natürliche Henna verwendet, um eine Rot- bzw. Braunfärbung der Haare zu erreichen. Heute bieten Supermärkte und Drogerien eine große Auswahl an verschiedenen Produkten zum Haarefärben an (**M4**). Neben chemischen Färbemitteln und Tönungen, die erst zu Beginn des 20. Jahrhunderts entwickelt wurden, erfreut sich das traditionelle, natürliche Henna bis heute großer Beliebtheit (**M1**).
Das Hennapulver wird mit Wasser zu einer Paste vermengt, die dann über mehrere Stunden im Haar verbleiben muss. Erst am Folgetag kann das Haar wie üblich gewaschen werden. Eine zu frühe oder intensive Haarwäsche führt zu schlechten Färbeergebnissen.
Neben der **Haarfarbe** wird Henna oft in Verbindung mit dem gleichnamigen **Tattoo** gebracht. Die Farbpaste wird dabei auf die Haut aufgetragen und muss auch hierbei einige Zeit einwirken. Im Gegensatz zu gestochenen Tattoos dringt der Farbstoff ausschließlich in die obersten Hautschichten ein. Durch die geringe Eindringtiefe des Farbstoffs in die Haut sind entsprechende Tattoos meist nach zwei bis drei Wochen wieder „verschwunden“, da sich diese Hautschicht rasch erneuert (**M1**).

... mit Nebenwirkungen

Mithilfe von Schwarztee oder Zitronensaft lässt sich die Farbe natürlichen Hennas variieren. Die maximal erreichbare Farbtiefe ist dabei ein dunkles Braun. Daneben ist jedoch auch das „Black Henna-Tattoo“ weit verbreitet (**B1**). Die schwarze Farbe wird durch Zusatz von PPD (*para*-Phenylendiamin) erreicht. Außerdem verringert es die nötige Einwirkzeit drastisch. Bei einem Straßenkünstler im Urlaubsland schnell aufgemalt hat man diese Erinnerung jedoch mitunter länger als gedacht: Auf den Zusatzstoff PPD reagiert die Haut mancher Menschen mit intensiven Ausschlägen (**M1**). Die Behandlung der Ausschläge kann sich über mehrere Monate hinziehen und das Tattoo ist als Abdruck auch noch über ein Jahr später sichtbar. Die Sensibilisierung diesem Stoff gegenüber schränkt die Berufswahl stark ein, da PPD ein Grundstoff für viele Farbstoffsynthesen ist, die breite Anwendung finden.

B1 Black Henna-Tattoo

Weitere Anwendungen von Farbstoffen

Auch in der Lebensmittelindustrie sind Farbstoffe häufig anzutreffen (**V2**, **V3**). Man unterscheidet natürliche (z. B. Carotinoide) und synthetische **Lebensmittelfarbstoffe** (z. B. Azorubin). Synthetische Lebensmittelfarbstoffe müssen per Verordnung zugelassen sein und werden dann mit ihrer E-Nummer als Inhaltsstoff angegeben.
Lacke sind Beschichtungsstoffe und werden in dünnen Schichten auf Oberflächen aufgetragen und bilden durch chemische Reaktion einen haftenden Schutzfilm oder dienen der Veredelung bzw. Dekoration der Oberfläche.
Textilfarben sind spezielle Farbstoffe, die verwendet werden, um Stoffe und Textilien in verschiedenen Farben und Mustern zu färben. Sie spielen eine entscheidende Rolle in der Mode- und Textilindustrie.

Farbstoffe sind aus chemischer Perspektive so variantenreich, dass allgemeine Aussagen über alle Substanzen hinweg unmöglich sind. Erst eine ausführliche Recherche, auch über mögliche Zusatzstoffe, erlaubt fundierte Bewertungen bezüglich deren Einsatz in Alltagsprodukten.

AUFGABEN

A1 Beurteilen Sie die Gesundheitsgefahren bei der Verwendung von Hennapulver unbekannter Herkunft zur Schwarzfärbung von Haaren.

A2 Recherchieren Sie einen natürlichen Farbstoff, der nicht als Lebensmittelfarbstoff zugelassen ist. Stellen Sie Gründe für den Verzicht auf diesen Farbstoff dar.

A3 Recherchieren Sie Wege wie Textilfarbstoffe im Lebenszyklus eines Kleidungsstücks in die Umwelt eingebracht werden und bewerten Sie daraufhin den Einsatz von Farbstoffen in dieser Branche.

2.2.3 Den Einsatz von Lebensmittelfarbstoffen (Azofarbstoffe) bewerten

Die sogenannten **Azofarbstoffe** sind eine bedeutende Gruppe von synthetischen Farbstoffen. Sie sind bekannt für ihre lebendigen Farben und hohe Farbstabilität, weshalb sie häufig in Lebensmitteln wie z. B. Getränken oder Backwaren eingesetzt werden. Azofarbstoffe stehen jedoch auch im Verdacht Allergien hervorzurufen oder Hyperaktivität bei Kindern zu fördern. Es wurde sogar schon über ein Verbot von Azofarbstoffen in Lebensmitteln diskutiert, bis jetzt konnte ein solches Verbot aber nicht durchgesetzt werden. Seit Juli 2010 müssen Lebensmittel mit Azofarbstoffen laut EU-Verordnung jedoch mit dem Warnhinweis „*Kann Aktivität und Aufmerksamkeit bei Kindern beeinträchtigen*" gekennzeichnet werden.

Studie zu Azofarbstoffen in Lebensmitteln

Die Einschätzung, dass Azofarbstoffe die Aktivität und Aufmerksamkeit bei Kindern beeinträchtigen können, beruht auf einer Placebo-kontrollierten Doppelblindstudie aus dem Jahr 2007, in welcher der Einfluss von Azofarbstoffen in Lebensmitteln auf Kinder untersucht wurde. In der Studie erhielten zwei der untersuchten Gruppen Getränke mit Azofarbstoffen (Mix A aus E 102, E 110, E 122, E 124 bzw. Mix B aus E 104, E 110, E 122, E 129), eine weitere Gruppe bekam ein Placebo (**B1**). Insgesamt wurden 135 Kinder im Alter von drei Jahren und 144 Kinder im Alter von acht bis neun Jahren untersucht, welche per Zufall in die Gruppen eingeteilt wurden. Die Eltern wurden gebeten, den Kindern während des Untersuchungszeitraums keine weiteren Lebensmittel mit Azofarbstoffen zu geben. Das Verhalten der Kinder wurde jeweils nach zwei, vier und sechs Wochen erfasst, wobei Eltern, Lehrkräfte und externe Fachleute diese Beobachtungen vornahmen.

Ergebnisse der Studie

In Gruppe A haben nur die 3-jährigen Kinder ein signifikant auffälligeres Verhalten gezeigt. In Gruppe B trat die signifikante Verhaltensauffälligkeit nur bei den 8 bis 9-jährigen Kindern auf. Insgesamt waren alle Effekte eher gering. Außerdem konnte die Verhaltensänderung nicht bei allen Kindern in den Gruppen A und B beobachtet werden. Innerhalb der Altersgruppen waren die Verhaltensänderungen ebenfalls nicht eindeutig. Bei der Verwendung verschiedener Zusatzstoffgruppen gab es zudem keine gleichmäßigen Verhaltensänderungen.

Woche	Gruppe A	Gruppe B	Gruppe C
1	Placebo	Placebo	Placebo
2	Mix A	Mix B	Placebo
3	Placebo	Placebo	Placebo
4	Mix A	Mix B	Placebo
5	Placebo	Placebo	Placebo
6	Mix A	Mix B	Placebo

B1 Studiendesign (Mix A und Mix B enthalten Azofarbstoffe)

INFO

In einer guten Studie ist die Stichprobenzahl sehr groß, damit ein Rückschluss auf die Gesamtpopulation möglich ist. Um einen Zusammenhang eindeutig auf einen verabreichten Inhaltsstoff zurückführen zu können, ist es wichtig, dass es neben der **Interventionsgruppe** (bekommen den Inhaltsstoff) eine **Kontrollgruppe** (bekommen den Inhaltsstoff nicht) gibt.

In einer **Doppelblindstudie** wissen weder die Teilnehmer noch die Studienleiter, wer in der Interventionsgruppe ist. Das hat den Vorteil, dass das Verhalten sich nicht aufgrund einer Erwartung ändert.

Ein **signifikanter Zusammenhang** besagt, dass die Wahrscheinlichkeit, dass der Zusammenhang zufällig auftritt, kleiner als 5 % ist.

Bekannt ist nun, welche Kriterien für eine gute Studie relevant sind. Bewerten Sie ausgehend davon die durchgeführte Studie zu Azofarbstoffen und den Einsatz dieser Farbstoffe in der Lebensmittelindustrie.

VORGEHEN

1. **Ist das Studiendesign sinnvoll?**
   a. Handelt es sich um eine Doppelblindstudie?
   b. Gibt es eine Kontrollgruppe?
   c. Ist die Erhebung sinnvoll? Gibt es Gründe, dass die Erhebung verzerrte Ergebnisse liefert?
2. **Werden aus den Ergebnissen korrekte Schlussfolgerungen gezogen?**
   Häufig werden Studienergebnisse verzerrt dargestellt, indem sie beispielsweise zu sehr verallgemeinert werden oder sogar Fehlschlüsse gezogen werden. Häufig wird der Begriff „signifikant" fehlinterpretiert.

AUFGABEN

A1 Nennen Sie positive und negative Aspekte der oben beschriebenen Studie.

A2 Bewerten Sie anhand der dargestellten Studienergebnisse, ob ein Verbot von Azofarbstoffen in Lebensmitteln durchgesetzt werden sollte.

Alles im Blick

1 Zusammenhang zwischen Licht und Farbe

Licht hat sowohl Wellen als auch Teilchencharakter. Weißes Licht lässt sich mithilfe eines Prismas in die **Spektralfarben** zerlegen.
Wird das beobachtbare Spektrum von Rot nach Blau mit einem Thermofühler analysiert, lässt sich im Bereich des roten Lichts eine Temperaturerhöhung ermitteln. Jenseits des roten Lichts ist dieselbe Beobachtung zu machen, auch wenn mit dem bloßen Auge keine Strahlung mehr zu sehen ist. Nimmt man ein weißes, frisch gewaschenes Stück Stoff und führt damit denselben Versuch durch, lässt sich beobachten, dass der Stoff im blauen Farbbereich und jenseits davon zu leuchten beginnt. Daraus lässt sich ableiten, dass auch jenseits des sichtbaren Lichts Strahlung existieren muss.

Bei Strahlung handelt es sich um **elektromagnetische Wellen**, die sich durch den Raum bewegen. Wie energiereich Strahlung ist, hängt von ihrer Wellenlänge ab. Anhand dieser werden die verschiedenen Arten von Strahlung im **elektromagnetischen Spektrum** geordnet. Da Wellenlänge und Energie der Strahlung umgekehrt proportional zueinander sind, sinkt die Energie von links nach rechts im elektromagnetischem Spektrum. Niedrigenergetische Strahlung wie **Infrarotstrahlung** wird beispielsweise zum Heizen verwendet. Demgegenüber setzt man hochenergetische Strahlung wie **ultraviolette (UV) Strahlung** zur Stromerzeugung ein. Aufgrund der hohen Energie kann UV-Strahlung aber auch schädlich für Zellen sein. Kontrolliert benutzt man sie daher zur Desinfektion, während sie unkontrolliert Krebs verursachen kann.

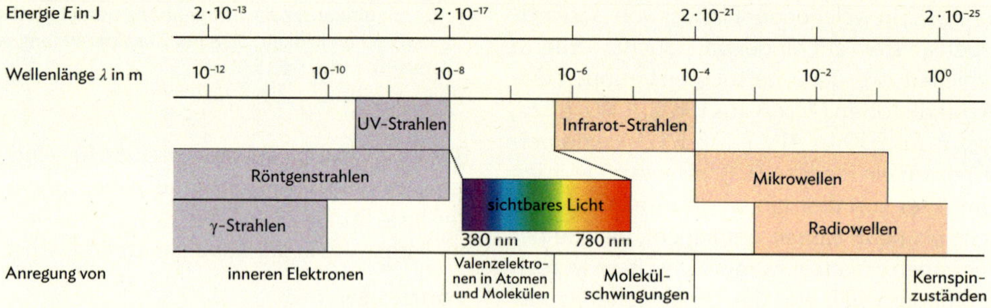

2 Additive und subtraktive Farbmischung

Farben können auf verschiedenen Wegen entstehen. Man unterscheidet dabei die **additive** und die **subtraktive Farbmischung**.

Additive Farbmischung: Werden die Farben Rot, Grün und Blau gemischt, erscheint ein farbloser Lichtfleck. Die einzelnen Farben des Lichts summieren sich zu „farblos". Nach der Farbenlehre existieren die drei Grundfarben Rot, Grün und Blau. Diese Grundlage wird als **RGB**-Farbraum bezeichnet. Aus diesen drei Farben lassen sich alle für uns wahrnehmbaren Farbtöne additiv mischen. Die einzelnen mischbaren Farbtöne lassen sich in einem **Farbkreis** darstellen. Die additive Farbmischung ist bei **Lichtemission** (Aussendung) selbstleuchtender Körper zu beobachten.

Subtraktive Farbmischung: Bei der Verwendung von Farbstoffen gelten andere Farben als Grundfarben: Cyan, Magenta und Gelb (Yellow). Diese bilden zusammen mit Schwarz (Key) den **CMYK**-Farbraum. Mischt man greifbare Farbstoffe statt Licht, lässt sich die Farbe Weiß jedoch nicht ermischen. Stattdessen erhält man beim Mischen der Farben Rot, Grün und Blau den Farbeindruck Schwarz. Alles auftreffende Licht wird verschluckt, d. h. absorbiert. Die subtraktive Farbmischung tritt bei beleuchteten Körpern durch **Lichtabsorption** auf.

Die Farben der einen Farbmischung bilden die **Komplementärfarben** der anderen. Die Zusammenhänge werden auch hier in einem Farbkreis veranschaulicht.

3 Absorption und Emission

Der Vorgang der Absorption und Emission findet auf atomarer Ebene in Form einer **Elektronenanregung** zwischen verschiedenen Energieniveaus statt. Durch Aufnahme eines **Absorptionsspektrums** mit einem **Spektrometer** kann dadurch auch ein unbekannter Stoff qualitativ nachgewiesen werden. Im Absorptionsspektrum sind alle von der Lichtquelle emittierten Farben als kontinuierlicher Farbverlauf zu sehen. Dieser wird von Bereichen unterbrochen, in denen kein Licht zu detektieren ist, da diese spezifischen Wellenlängen durch den Stoff absorbiert werden (**Absorptionsbanden**).

Für den Ablauf des Absorptionsvorgangs ist dabei das im Molekül höchste, mit (mindestens) einem Elektron besetzte Energieniveau E_1 (**HOMO** = *highest occupied molecular orbital*) von besonderer Bedeutung. Über diesem existieren noch weitere, nicht besetzte Energieniveaus E_2, E_3 etc. Das unterste dieser Niveaus wird dabei als **LUMO** (= *lowest unoccupied molecular orbital*) bezeichnet. HOMO und LUMO besitzen einen exakten energetischen Abstand $\Delta E = E_2 - E_1 = E_{LUMO} - E_{HOMO}$ zueinander. Zwischen diesen beiden Energieniveaus finden bei der Absorption Elektronenverschiebungen statt.

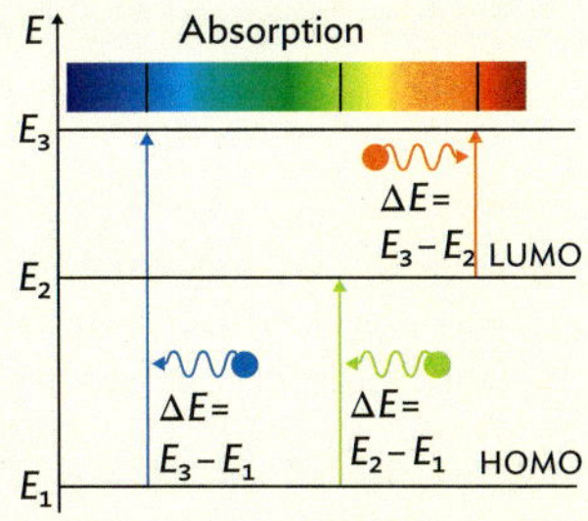

Fällt Licht auf einen schwarzen Gegenstand, wird die Energie des einfallenden Lichts vom schwarzen Objekt aufgenommen und in Wärme umgewandelt. Die Energie des einfallenden Lichts wird dabei von im Molekül vorhandenen, delokalisierten Elektronen aufgenommen. Diese Elektronen befinden sich ursprünglich im HOMO (**Grundzustand**). Durch Energieaufnahme werden sie in das LUMO (oder darüber hinaus) angehoben (angeregt). Das Molekül befindet sich dann in einem **angeregten Zustand**.

Die für die Anregung benötigte Energie muss dabei exakt der Energiedifferenz ΔE entsprechen: $E_{Licht} = \Delta E$. Ist die Energiemenge größer oder kleiner, findet keine Anregung statt.

4 Farbstoffe in Alltagsprodukten

Farbstoffe sind ein fester Bestandteil unseres Alltags und finden sich in vielen Lebensbereichen und einer Vielzahl von Produkten, die wir täglich nutzen. Farbstoffe spielen eine entscheidende Rolle dabei, wie wir unsere Umwelt wahrnehmen und erleben.

Häufig finden Farbstoffe Anwendung zum Haarefärben oder als Tattoofarben. Ein Beispiel hierfür ist z. B. das natürliche Henna, das verwendet werden kann, um eine Rot- bzw. Braunfärbung der Haare bzw. des Tattoos zu erreichen. Dem natürlichen Farbstoff können aber auch weitere chemische Substanzen zugesetzt werden, um ein dunkleres Farbergebnis zu erhalten. Diese Zusätze können aber u. a. gesundheitliche Nachteile mit sich bringen.
Auch in der Lebensmittelindustrie sind Farbstoffe häufig anzutreffen. Man unterscheidet natürliche (z. B. Carotinoide) und synthetische **Lebensmittelfarbstoffe** (z. B. Azorubin). Synthetische Lebensmittelfarbstoffe müssen per Verordnung zugelassen sein und werden dann mit ihrer E-Nummer als Inhaltsstoff angegeben.
Lacke sind Beschichtungsstoffe und werden in dünnen Schichten auf Oberflächen aufgetragen und bilden durch chemische Reaktion einen haftenden Schutzfilm oder dienen der Veredelung bzw. Dekoration der Oberfläche.
Textilfarben sind spezielle Farbstoffe, die verwendet werden, um Stoffe und Textilien in verschiedenen Farben und Mustern zu färben. Sie spielen eine entscheidende Rolle in der Mode- und Textilindustrie.

Farbstoffe sind aus chemischer Perspektive so variantenreich, dass allgemeine Aussagen über alle Substanzen hinweg unmöglich sind. Erst eine ausführliche Recherche, auch über mögliche Zusatzstoffe, erlaubt fundierte Bewertungen bezüglich deren Einsatz in Alltagsprodukten.

Zum Üben und Weiterdenken

A1 a) Beschreiben Sie den Unterschied zwischen kontinuierlichem Spektrum, Emissionsspektrum und Absorptionsspektrum. Geben Sie jeweils ein Beispiel für die Entstehung dieser Spektren an.
b) Erklären Sie, wie man mithilfe von Spektralanalyse die chemische Zusammensetzung eines unbekannten Stoffes bestimmen kann.

A2 Entwerfen Sie ein Experiment zur Untersuchung der Absorption von Licht durch eine Farbstofflösung. Fertigen Sie eine Skizze zum Versuchsaufbau Ihres Experiments an und beschreiben Sie ...
a) die Materialien und Geräte, die benötigt werden.
b) die Vorgehensweise beim Experimentieren.
c) die durchzuführenden Messungen und die zu erwartenden Ergebnisse.

A3 Das Absorptionsspektrum eines neuen Farbstoffs wird im Labor aufgenommen und ist in **B1** dargestellt.

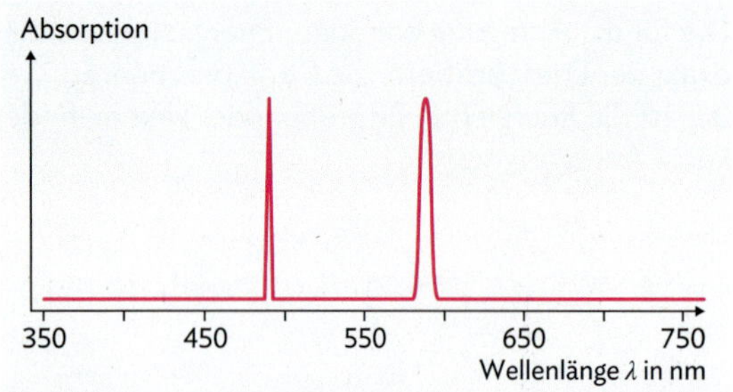

B1 Aufgenommenes Absorptionsspektrum eines neuen Farbstoffs

a) Begründen Sie, welchen Farbeindruck der Farbstoff bei Beleuchtung mit weißem Licht bewirkt.
b) Dieser Farbstoff wird nun zum einen mit Licht der Wellenlänge Ⓘ λ = 580 – 595 nm und Ⓘⓘ λ = 500 – 560 nm bestrahlt. Beschreiben Sie den jeweils entstehenden Farbeindruck und begründen Sie diesen.

A4 Erstellen Sie ein Diagramm zur Darstellung des Zusammenhangs zwischen Absorption und Farbeindruck. Zeichnen Sie hierfür zwei untereinander liegende Balken und markieren Sie den Wellenlängenbereich von 300 bis 800 nm. Markieren Sie im oberen Balken die zugehörige Farbe der absorbierten Wellenlängen und direkt darunter den entstehenden Farbeindruck der Komplementärfarbe.

A5 Die Energieniveaus HOMO und LUMO von fünf verschiedenen Farbstoffen Ⓐ, Ⓑ, Ⓒ, Ⓓ, Ⓔ sind in der Abbildung **B2** angegeben.

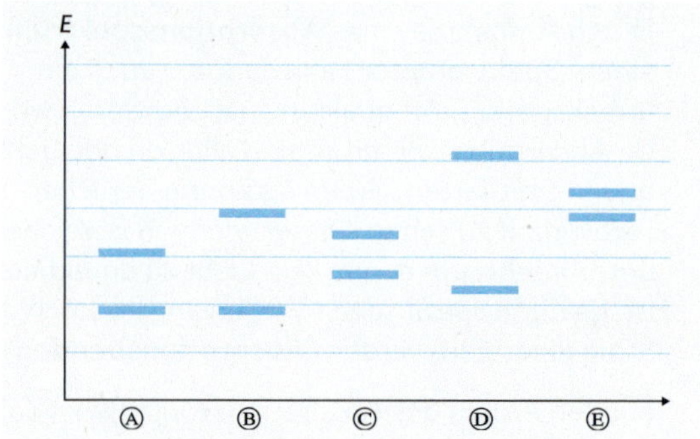

B2 HOMO und LUMO Energieniveaus von fünf verschiedenen Farbstoffen

a) Ordnen Sie den fünf Farbstoffen Ⓐ – Ⓔ die folgenden Farbeindrücke zu und begründen Sie Ihre Zuordnung: Gelb, Rot, Violett, Blau und Grün.
b) Begründen Sie, dass Licht, das von Farbstoff Ⓑ absorbiert wird, nicht auch von Farbstoff Ⓒ absorbiert werden kann.

A6 Jeans werden häufig mit dem organischen Pigment Indigo blau gefärbt (Blue Jeans). Dafür werden pro Jahr mehrere zehntausend Tonnen Indigo synthetisch produziert.
a) Recherchieren Sie nach einer für die Schule geeigneten Versuchsanleitung für die Synthese von künstlichem Indigo.
b) Geben Sie Sicherheitshinweise an, die für die Durchführung der Synthese in einem Schülerpraktikum unbedingt einzuhalten sind.

A7 Azofarbstoffe sind synthetische, wasserlösliche Farbstoffe. Es gibt sie in allen erdenklichen Farben. So werden sie häufig in Kosmetik- und Lebensmittelprodukten verwendet. **B3** zeigt die Spektren von vier verschiedenen Lösungen von Azofarbstoffen: Janusgrün, Allurarot, Tartrazin und Brilliantblau.
a) Geben Sie die Wellenlänge der Absorptionsmaxima an und ordnen Sie die Kurven Ⓐ – Ⓓ den Farbstoffen zu.
b) Erklären Sie, wie es bei Ⓒ und Ⓓ zu unterschiedlichen Farbeindrücken kommen kann, obwohl die Absorptionsmaxima bei ähnlichen Wellenlängen liegen.

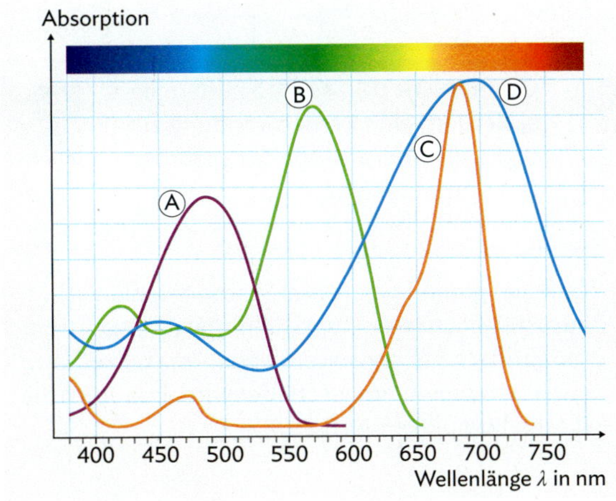

B3 Absorptionskurven verschiedener Azofarbstoffe

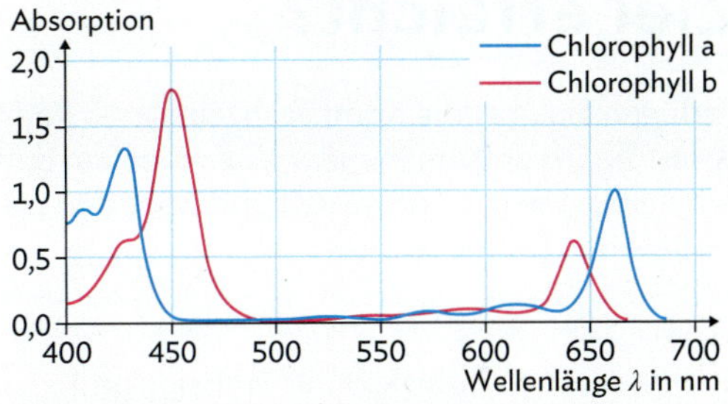

B4 Absorptionskurve von Chlorophyll a und von Chlorophyll b

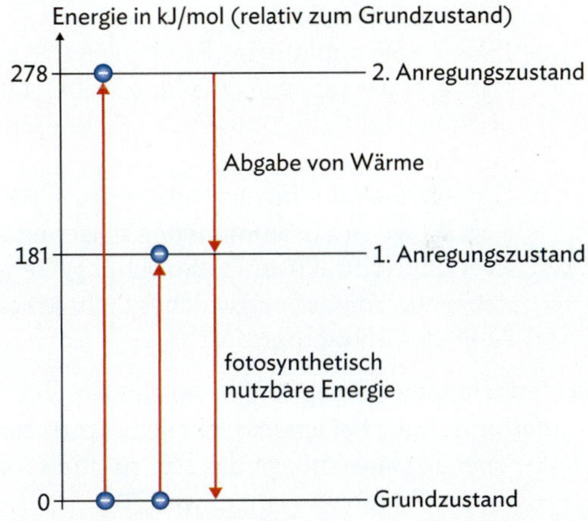

B5 Anregungszustände im Chlorophyll a-Molekül

A8 a) Beschreiben Sie die gesetzlichen Regelungen zur Verwendung von Farbstoffen in Lebensmitteln und Kosmetika in Deutschland. Recherchieren Sie die Informationen, die auf den jeweiligen Verpackungen angegeben werden müssen.

b) Diskutieren Sie die Rolle von Organisationen wie der Europäischen Behörde für Lebensmittelsicherheit (EFSA) oder der *U.S. Food and Drug Administration* (FDA) in Bezug auf die Sicherheit von Farbstoffen.

A9 Im Internet finden Sie folgende Aussage: „Blaues Licht ist kurzwelliger und somit energiereicher als rotes Licht. Damit ist blaues Licht für die Fotosynthese besser geeignet."

a) Nehmen Sie unter Bezugnahme auf die Absorptionskurven von Chlorophyllen in **B4** Stellung zu dieser Aussage.

b) Ordnen Sie den beiden Anregungszuständen im Chlorophyll a-Molekül aus **B5** begründet je eines der beiden Absorptionsmaxima zu.

A10 Wählen Sie drei verschiedene Farbstoffe aus, die in Alltagsprodukten vorkommen. Diese können natürliche Farbstoffe (z. B. Betanin, Chlorophyll) oder synthetische Farbstoffe (z. B. Tartrazin, Azorubin) sein.

a) Geben Sie eine kurze Beschreibung jedes ausgewählten Farbstoffs, einschließlich seiner chemischen Struktur (sofern möglich) und seiner Herkunft (natürlich oder synthetisch).

b) Nennen Sie mindestens zwei spezifische Alltagsprodukte, in denen jeder Farbstoff verwendet wird, und erläutern Sie die Funktion des Farbstoffs in diesen Produkten.

c) Recherchieren Sie die gesundheitlichen Auswirkungen der ausgewählten Farbstoffe. Geben Sie an, ob es bekannte Risiken oder Allergien gibt, die mit ihrem Einsatz verbunden sind. Berücksichtigen Sie sowohl die Perspektive von Verbrauchern als auch von Herstellern.

d) Bewerten Sie die Umweltverträglichkeit der Farbstoffe. Gehen Sie dabei vor allem auf die möglichen Auswirkungen auf die Umwelt ein, insbesondere bei der Herstellung und Entsorgung.

A11 Beschreiben Sie den Anteil des sichtbaren Lichts, der von den Farbstoffen in einer blauen und in einer gelben Blüte absorbiert wird.

A12 Eine Färbung von Lebensmitteln ist z. B. zur Herstellung der ursprünglichen Farbe eines Produktes, das durch Verarbeitung oder Konservierung Farbverluste erlitten hat, notwendig. Andererseits kann durch Farbstoffe eine gleichmäßige Färbung bei unansehnlichen Erzeugnissen eingesetzt werden. Recherchieren Sie, welche Lebensmittel nicht mit Lebensmittelfarbstoffen versetzt werden dürfen.

Ziel erreicht?

Verfügen Sie über die Kompetenzen dieses Kapitels? Lösen Sie die entsprechenden Aufgaben auf dem Arbeitsblatt ➡ **QR 06043-011** und bewerten Sie sich mithilfe der Tabelle rechts unten.

06043-011

Unter ➡ **QR 06043-012** finden Sie außerdem eine Lernanwendung zur digitalen Überprüfung der geforderten Kompetenzen.

06043-012

KOMPETENZ A: Farbigkeit mit Emission und Absorption unterscheiden

A1 Farbeindrücke können generell auf zwei verschiedene Arten entstehen: durch die additive und subtraktive Farbmischung.
- a) Erklären Sie anhand des Farbkreises in **B2**, Kap. 2.1.1 wie sich verschiedene Farben bei der additiven und der subtraktiven Farbmischung zusammensetzen.
- b) Erklären Sie mithilfe des Farbkreises in **B3**, Kap. 2.1.2 den Zusammenhang zwischen additiver und subtraktiver Farbmischung. Gehen Sie dabei auch darauf ein, welches Licht jeweils ins Auge des Betrachters fällt.

A2 Entscheiden Sie begründet, welche Art von Farbmischung bei einem nicht selbstleuchtenden *E-Paper-Display* vorliegt, das z. B. zur Preisanzeige in Supermärkten verwendet wird (**B1**).

B1 Elektronisches Preisschild im Supermarkt

A3 Geben Sie Beispiele aus Ihrem Alltag an, in denen Sie additiver bzw. subtraktiver Farbmischung begegnen.

KOMPETENZ B: Die Absorption von Licht als Anregung von Elektronen erklären

B1 Farbstoffe machen unser Leben erst „bunt". Ihre physikalische Funktionsweise ist jedoch komplex.
- a) Geben Sie an, welche Farbe(n) des auftreffenden farblosen Lichts ein gelber Farbstoff absorbiert und welche er reflektiert.
- b) Zeichnen Sie ein Absorptionsspektrum zu a).

B2 Begründen Sie die Tatsache, dass der Farbeindruck einer Oberfläche kein vollständiges Abbild der Absorptionseigenschaften darstellt. Bedenken Sie insbesondere auch die Ränder des sichtbaren Spektrums.

B3 Gängige große Spektrometer arbeiten nicht ausschließlich mit einer Glühbirne als Leuchtmittel, sondern haben weitere Leuchtmittel verbaut, zwischen denen umgeschaltet wird. Erläutern Sie diesen komplexen Aufbau.

KOMPETENZ C: Farbigkeit mithilfe des Energiestufenschemas begründen

C1 Das Energiestufenschema liefert eine Erklärung für die diskreten Linien eines Spektrums.
- a) Zeichnen Sie in ein Energiestufenmodell die bei der Absorption ablaufenden Prozesse ein.
- b) Begründen Sie, dass der Abstand der relevanten Energieniveaus zueinander bei einem gelben Farbstoff viel größer als bei einem blauen Farbstoff ist.

C2 Erläutern Sie das Interesse von Chemikerinnen und Chemikern an der energetischen Lage von HOMO und LUMO beim Design neuer Farbstoff-Moleküle.

KOMPETENZ D: Den Zusammenhang zwischen Absorption des Lichts und Farbigkeit erklären

D1 Erklären Sie die Farbigkeit des Stoffes anhand seines abgebildeten Absorptionsspektrums in **B2**.

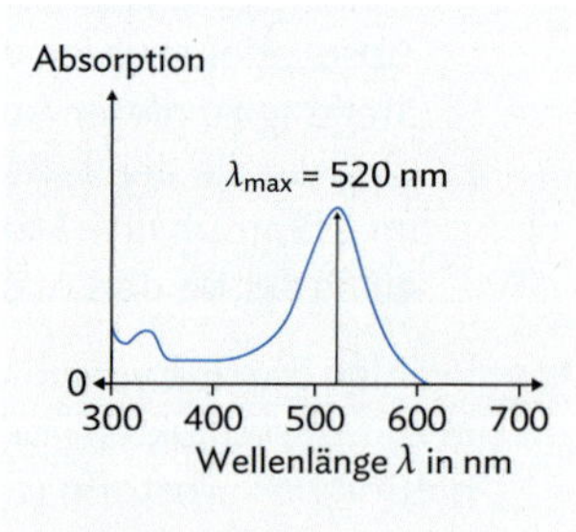

B2 Absorptionsspektrum eines unbekannten Stoffes

D2 Recherchieren Sie den energetischen Abstand von HOMO und LUMO im Bromthymolblau-Molekül in Abhängigkeit des pH-Wertes und erläutern Sie das Rechercheergebnis.

D3 Erklären Sie die unterschiedlichen Farbeindrücke von Bromthymolblaulösungen bei unterschiedlichen pH-Werten mithilfe der Fotos in **B3**, die die Absorption bestimmter Wellenlängen durch die Bromthymolblaulösungen direkt zeigen.

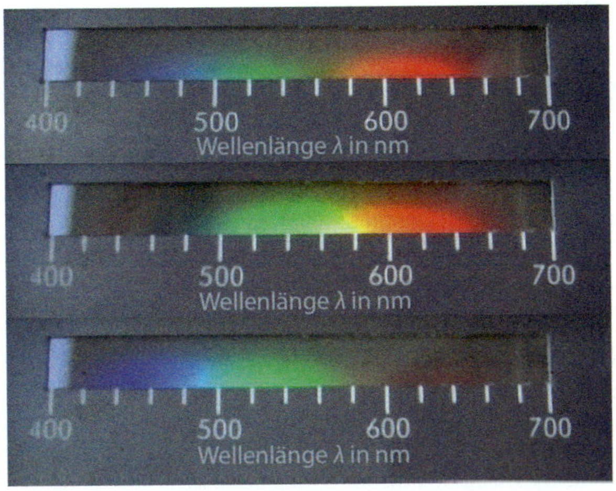

B3 Fotos, die die Absorption bestimmter Wellenlängen durch Bromthymolblaulösungen bei einem pH-Wert von 0 (oben), 4 (Mitte) und 8 (unten) direkt zeigen

KOMPETENZ E: Den Einsatz von Farbstoffen bewerten

E1 Die Bearbeitung von Bewertungsaufgaben erfolgt oft nach wiederkehrendem Muster (Schritte ➡ QR 06043-002).

06043-002

a) Erarbeiten Sie im Gespräch mit Mitschülerinnen und Mitschülern mögliche Werte, nach denen eine Bewertung von (chemischen) Sachverhalten erfolgen kann und geben Sie zugehörige Leitfragen an.

b) Geben Sie drei notwendige Schritte zur Beantwortung einer Bewertungsaufgabe an.

E2 Erläutern Sie die Bedeutung von Perspektiven auf ein Werturteil.

E3 Begründen Sie, dass Unternehmen und Umweltverbände verschiedene Aspekte betrachten, um für den gleichen Sachverhalt einerseits ein positives und andererseits ein negatives Werturteil zu fällen. Gehen Sie dabei auf die Perspektiven und die Werte ein, nach denen ein solches Urteil jeweils gefällt wird.

E4 Ein farbiger Senf wird verkauft und speziell für Kindergeburtstage oder -feste und andere Anlässe vermarktet. Die auf der Packung aufgelisteten Zutaten sind natürliches Mineralwasser, Senfschrot, Honig, Branntweinessig, Kalaharisalz, Zucker und der Lebensmittelfarbstoff E 122 (**B4**).

B4 Etikett eines Senfs, der speziell für Kinderfeste beworben wird.

a) Recherchieren Sie Informationen zum Lebensmittelfarbstoff E 122.

b) Bewerten Sie den Einsatz dieses Farbstoffs im Hinblick auf die Werbebotschaft.

E5 Bewerten Sie den Einsatz von Tartrazin (E 102), einem gelben Farbstoff, im Vergleich in Deutschland und in Spanien. Gehen Sie dabei insbesondere auf die Kennzeichnungspflicht von Produkten mit diesem Farbstoff in Deutschland seit Sommer 2010 ein.

Vergleichen Sie Ihre Antworten mit den Lösungen auf den Seiten 191 ff. und kreuzen Sie auf dem Arbeitsblatt an.

Kompetenz	ja	nein	zum Nachlesen
A Farbigkeit mit Emission und Absorption unterscheiden	---	---	S. 30 – 33
B Die Absorption von Licht als Anregung von Elektronen erklären	---	---	S. 30 – 35
C Farbigkeit mithilfe des Energiestufenschemas begründen	---	---	S. 34 – 35
D Den Zusammenhang zwischen Absorption des Lichts und Farbigkeit erklären	---	---	S. 34 – 35
E Den Einsatz von Farbstoffen bewerten	---	---	S. 42 – 43

Abi-Training: Naturfarbstoffe

AUFGABEN

Farbstoffe haben in der Natur in vielfältiger Weise eine große Bedeutung. So sind sie z. B. an der Fotosynthese oder am Sehvorgang beteiligt. Auch werden bestimmte Naturfarbstoffe neben künstlichen Farbstoffen zum Färben von Lebensmitteln wie z. B. Butter verwendet.

		BE
A1	Geben Sie Definitionen für die Fachbegriffe Absorption und Emission in Hinblick auf Farbigkeit anhand der Beispiele aus **M1** an. Zeichnen Sie ein Energiestufenschema für Chlorophyll a, das anhand der Elektronenübergänge neben dem grünen Farbeindruck bei sichtbarem Licht auch den roten Farbeindruck beim Bestrahlen mit UV-Licht erklärt (**M1**).	12
A2	Ordnen Sie die Namen der Isomere der Retinal-Moleküle den Valenzstrichformeln A und B in **M2** zu und leiten Sie mithilfe der Informationen in **M2** ab, in welcher Farbe das Rhodopsin erscheint.	8
A3	Erklären Sie, wie sich die Farbe einer Retinallösung verändert, wenn diese mit Brom versetzt wird (**M2**). Stellen Sie eine Hypothese zur Erklärung der Änderung des Absorptionsspektrums des Retinals bei der Zugabe von Brom auf (**M2**).	4
A4	Beurteilen Sie den Einsatz der Farbstoffe Buttergelb sowie β-Carotin für das Färben von Butter im Hinblick auf die Werte Gesundheit und Wirtschaftlichkeit (**M3**).	6

MATERIAL

M1 Chlorophyll – ein wichtiger Naturfarbstoff

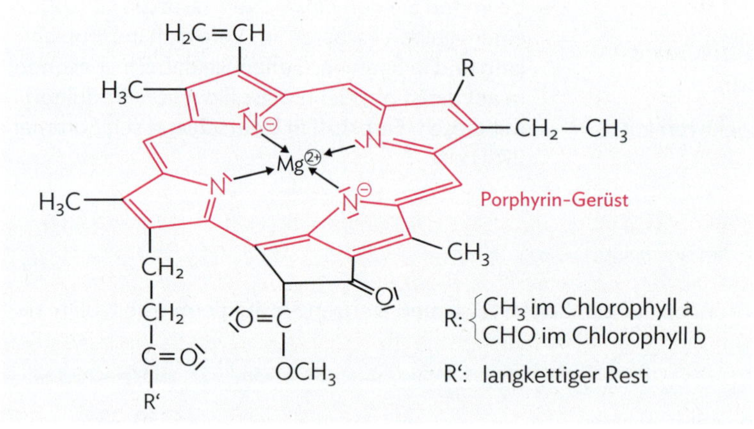

B1 Grundgerüst der Moleküle von Chlorophyll a und b

B2 Grüne Chlorophylllösung (oben) wird mit UV-Licht bestrahlt und erscheint rot (unten).

In den Chlorplasten von pflanzlichen Zellen kommen als typische Farbstoff-Moleküle Chlorophyll a und b vor (**B1**). Diese absorbieren blaues und rotes Licht. Die absorbierte Energie wird u. a. für die Fotosynthese genutzt. Die Chlorophylle selbst sind grüne Farbstoffe.

Wird eine grüne Chlorophylllösung (**B2** oben) untersucht, indem sie mit energiereicherem, kurzwelligem sowie für das menschliche Auge unsichtbarem UV-Licht bestrahlt wird, erscheint sie rot (**B2** unten). Bei diesem Vorgang werden die delokalisierten Elektronen des Ringsystems (**B1**) durch das Licht angeregt und vom Grundzustand (HOMO) in energetisch höhere Zustände über das LUMO hinweg angehoben. Beim direkt darauffolgenden „Zurückfallen" der angeregten Elektronen auf die nächst niedrigere Energiestufe, wird rotes Licht emittiert.

M2 Rhodopsin – ein wichtiger Farbstoff im Auge

In der Netzhaut unserer Augen befinden sich u. a. Stäbchenzellen. Diese Fotorezeptoren enthalten Rhodopsin, welches aus dem Protein-Molekül Opsin und dem chemisch daran gebundenen farbigen Aldehyd-Molekül 11-*cis*-Retinal besteht. Nach Lichtabsorption erfährt 11-*cis*-Retinal eine fotochemische *cis/trans*-Isomerisierung, die in der Zelle eine Signalkaskade auslöst und dazu führt, dass die Stäbchenzelle elektrische Signale an eine nachgeschaltete Nervenzelle sendet. **B3** zeigt die beiden isomeren Formen der Retinal-Moleküle.

Für den Farbeindruck ist nicht das Opsin, sondern das Retinal ausschlaggebend. Das Absorptionsverhalten von 11-*cis*-Retinal im Spektralbereich des sichtbaren Lichts ist in **B4** dargestellt. Zum Erschließen der Farbe einer 11-*cis*-Retinallösung findet sich der Zusammenhang zwischen dem von einem Stoff absorbierten Licht und dessen Farbe in **B5**. Neben der Isomerisierung verändern auch chemische Reaktionen des 11-*cis*-Retinal-Moleküls dessen Absorptionsverhalten. Eine Ausdehnung des konjugierten Elektronensystems hat einen farbvertiefenden Effekt. Wird eine Retinallösung mit Brom versetzt, ändert sich das Absorptionsspektrum (**B4**).

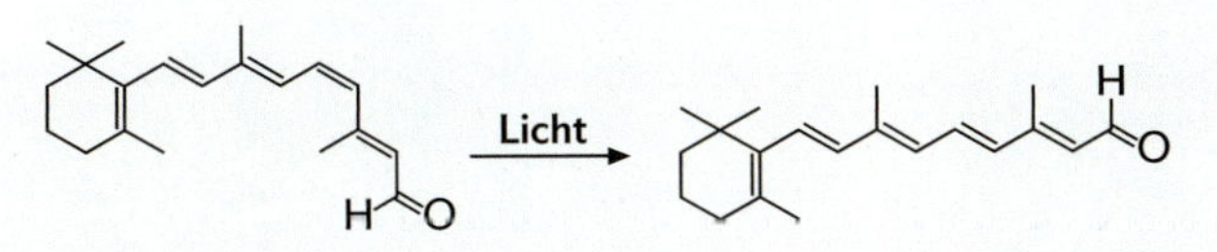

B3 Valenzstrichformeln der Retinal-Isomere A (links) sowie B (rechts)

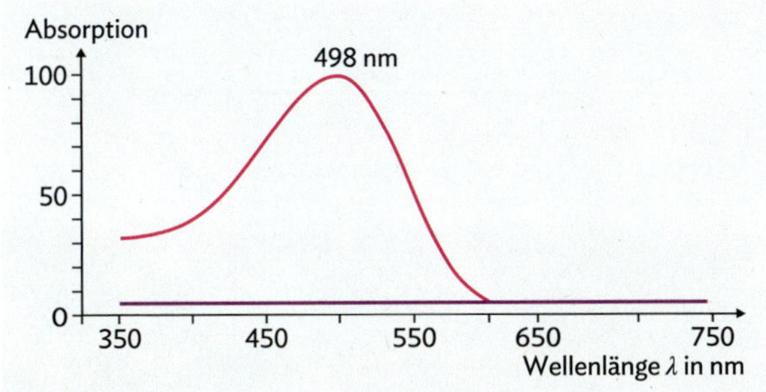

B4 Absorptionsspektrum von 11-*cis*-Retinal (pink) und Absorptionsspektrum nach Zugabe von Brom (violett)

absorbiertes Licht Wellenlänge λ in nm	Farbe	Farbe der Verbindung (Komplementärfarbe)
380 – 440	Violett	Gelbgrün
440 – 480	Blau	Gelb
480 – 490	Grünblau	Orange
490 – 500	Blaugrün	Rot
500 – 560	Grün	Purpur
560 – 580	Gelbgrün	Violett
580 – 595	Gelb	Blau
595 – 605	Orange	Grünblau
605 – 780	Rot	Blaugrün

B5 Zusammenhang von absorbiertem Licht und Farbe

M3 Butter – (k)ein Naturprodukt

Der Farbeindruck von Lebensmittelprodukten ist häufig ausschlaggebend für das Kaufverhalten von Konsumenten. So werden kräftige, passende Farben mit hoher Qualität assoziiert. Um das Kaufverhalten positiv zu beeinflussen und mögliche Farbabweichungen auszugleichen, werden Lebensmitteln deshalb Farbstoffe zugesetzt. So wird beispielsweise Butter häufig gelb bzw. goldfarben gefärbt, um ihr einen Eindruck von Frische zu verleihen. Früher wurde der seit langem in der EU verbotene, künstliche Farbstoff Buttergelb eingesetzt. Heute wird neben naturbelassener Butter manchmal der Naturfarbstoff β-Carotin verwendet (**B6**). Dieser muss auf der Verpackung der Butter unter der Bezeichnung E 160a gekennzeichnet werden.

Name	Valenzstrichformel	GHS-Einstufung	Kosten
Buttergelb	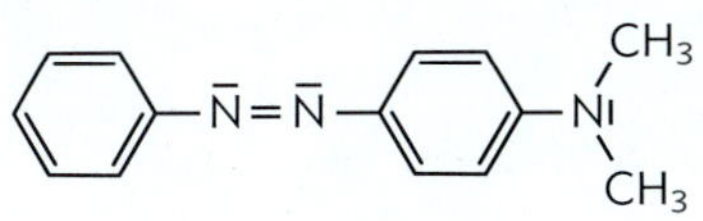	 Gefahr!	27 € für 1 g
β-Carotin	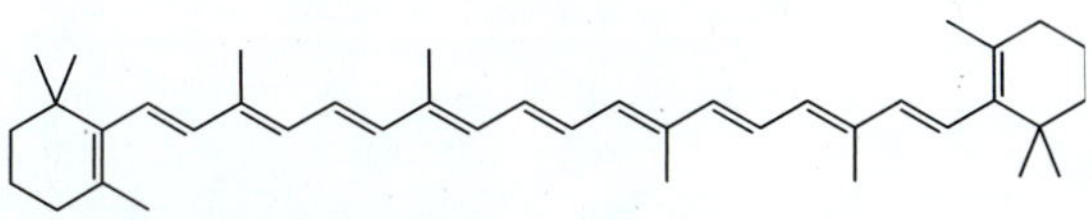	Der Stoff ist als nicht gefährlich eingestuft im Sinne der Verordnung (EG) Nr. 1272/2008 [GHS].	25 € für 1 g

B6 Vergleichsübersicht zu den Farbstoffen Buttergelb und β-Carotin

3 Säure-Base-Gleichgewichte

06043-100

eA Hier finden Sie das digitale Zusatzmaterial zu den Inhalten für das erhöhte Anforderungsniveau.

06043-013

Arbeitsblatt unter QR-/Mediencode 06043-013

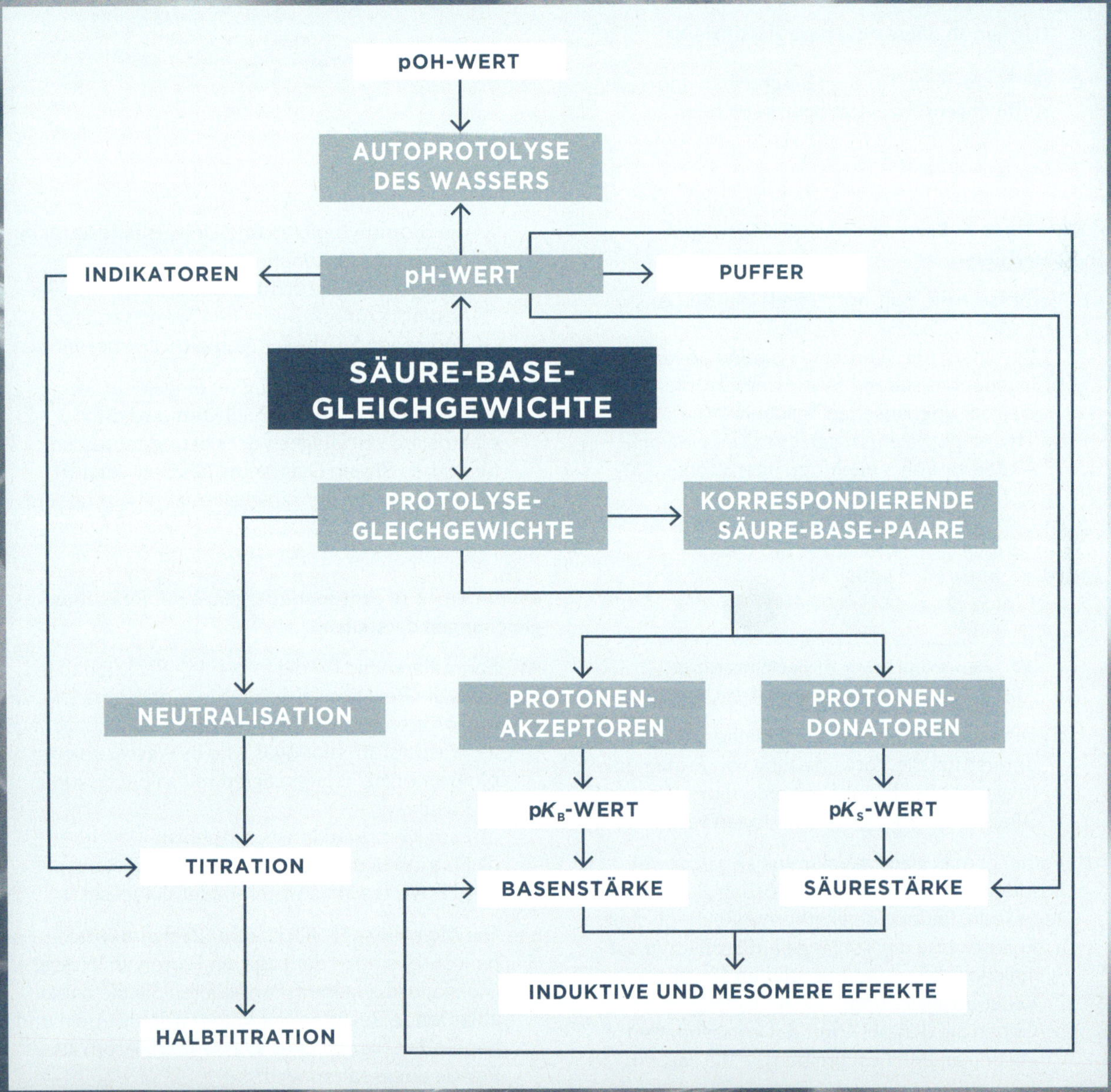

Startklar?

Schätzen Sie Ihre Kompetenz in den Bereichen A bis D ein und prüfen Sie sich anhand der entsprechenden Aufgaben (Arbeitsblatt ➥ QR 06043-014).

06043-014

Unter ➥ QR 06043-015 finden Sie außerdem eine Lernanwendung zur digitalen Überprüfung der geforderten Kompetenzen.

06043-015

Kompetenz	sehr gut	gut	schwierig
A Saure und basische Lösungen charakterisieren	---	---	---
B Protonenübergänge mit Reaktionsgleichungen darstellen	---	---	---
C Teilchen als Säure oder Base klassifizieren	---	---	---
D Die Säure-Base-Titration beschreiben und Stoffmengenkonzentrationen berechnen	---	---	---

KOMPETENZ A: Saure und basische Lösungen charakterisieren

A1 Verbessern Sie, falls nötig, die folgenden Aussagen, sodass diese korrekt sind.

a) Bei einem pH-Wert von 5 ist eine Lösung sauer.

b) In jeder basischen Lösung sind Oxonium-Ionen die charakteristischen Teilchen.

c) Thymolphthalein ist geeignet, um eine pH-Änderung von 5 nach 7 zu überwachen (**B1**).

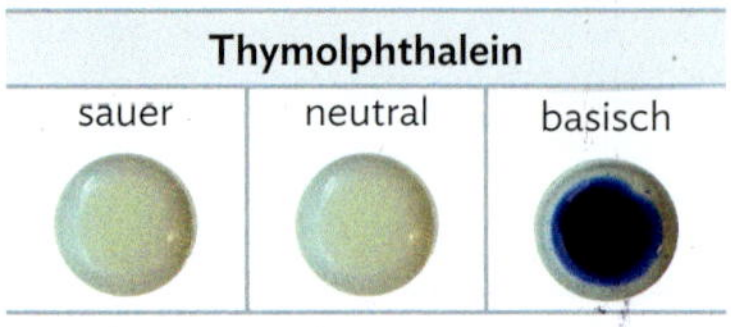

B1 Farbeindrücke von Thymolphthalein im sauren, neutralen und basischen Bereich

d) Die saure Lösung im menschlichen Magen unterstützt die Vorverdauung von Proteinen.

e) In einem Liter Lösung mit einem pH-Wert von 3 liegen 10^{-2} mol Oxonium-Ionen vor.

A2 Vereinigt man gleiche Volumina an salzsaurer Lösung und Natriumhydroxidlösung gleicher Konzentration, findet eine exotherme Reaktion statt.

a) Erläutern Sie die Vorgänge auf Stoff- und auf Teilchenebene und formulieren Sie eine Reaktionsgleichung.

b) Geben Sie den pH-Wert der entstehenden Lösung an und beschreiben Sie die Farben, die Bromthymolblau und Universalindikator in dieser Lösung annehmen.

c) Dampft man die Lösung ein, bleibt ein weißer Feststoff zurück. Benennen Sie diesen Stoff und geben Sie dessen Verhältnisformel an.

A3 Ammoniakgas wird in Wasser eingeleitet. Vor, während und nach dem Einleiten wird die elektrische Leitfähigkeit der Lösung gemessen. Skizzieren Sie ein Diagramm, das den Verlauf der elektrischen Leitfähigkeit qualitativ zeigt und erklären Sie den Verlauf.

KOMPETENZ B: Protonenübergänge mit Reaktionsgleichungen darstellen

B1 Formulieren Sie für die folgenden Reaktionen jeweils die Reaktionsgleichung in Ionenschreibweise und ordnen Sie die Begriffe „Säure“ und „Base“ zu:

a) Wasserstoffchloridgas wird in Wasser geleitet.

b) Ammoniaklösung reagiert mit salpetersaurer Lösung.

c) Essigsäure wird in Wasser gelöst.

d) Natriumhydrogensulfat wird zur Senkung des pH-Wertes in Schwimmbädern eingesetzt.

B2 Die Moleküle der Milchsäure (2-Hydroxypropansäure) sind in der Lage ein Proton an Wasser-Moleküle abzugeben. Formulieren Sie die dabei ablaufende Reaktion mit Valenzstrichformeln und begründen Sie, welches Wasserstoff-Atom als Proton abgespalten wird.

KOMPETENZ C: Teilchen als Säure oder Base klassifizieren

C1 Ordnen Sie das Butansäure-, Butan-1-ol- und 2-Chlorbutansäure-Molekül begründet nach steigender Acidität.

C2 Das Wasser-Molekül wird als Ampholyt bezeichnet. Erklären Sie diesen Begriff mithilfe geeigneter Reaktionsgleichungen.

C3 Entscheiden Sie, welche der folgenden Teilchen als Ampholyt reagieren können. Formulieren Sie für die Ampholyte jeweils die beiden zusammengehörigen Teilchenpaare: OH^-, NH_4^+, HSO_4^-, O^{2-}.

C4 Ein Mitschüler definiert Säuren und Basen folgendermaßen: „Säuren sind Flüssigkeiten, in denen Oxonium-Ionen vorliegen, Basen sind Flüssigkeiten, in denen Hydroxid-Ionen vorliegen." Beurteilen Sie diese Aussage mithilfe der Definition des Säure-Base-Begriffs nach BRØNSTED.

C5 Erklären Sie mithilfe der Elektronendichteoberfläche des Propansäure-Moleküls in **B2**, dass das Molekül als Säure fungiert.

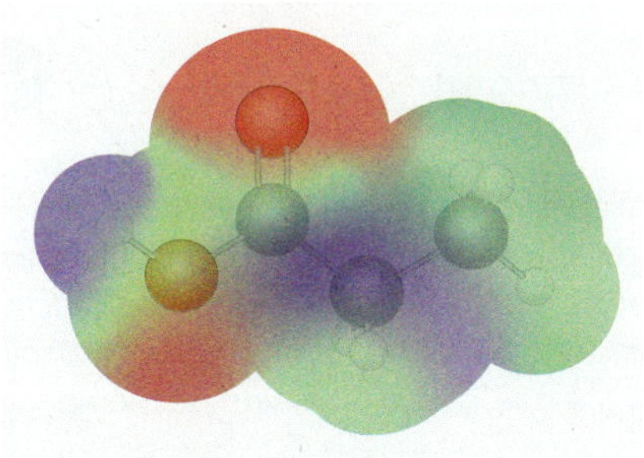

B2 Elektronendichteoberfläche des Propansäure-Moleküls

KOMPETENZ D: Die Säure-Base-Titration beschreiben und Stoffmengenkonzentrationen berechnen

D1 Bringen Sie die nachfolgenden Schritte einer Säure-Base-Titration in die korrekte Reihenfolge:
a) Ablesen und Notieren des verbrauchten Volumens an Maßlösung
b) Positionieren der Vorlage mit Rührfisch auf einem Magnetrührer
c) Verlangsamen der Zutropfgeschwindigkeit
d) Zugabe des Indikators in die Vorlage
e) Wiederholen der Titration
f) tropfenweise Zugabe der Maßlösung
g) dauerhafter Farbumschlag des Indikators
h) Entnahme eines definierten Volumens an Probenlösung
i) Berechnen des Mittelwertes
j) gegebenenfalls Verdünnen mit etwas Wasser
k) Befüllen der Bürette mit Maßlösung kurz vor Beginn der Titration
l) Öffnen des Hahns der Bürette
m) Berechnen der Stoffmengenkonzentration der Probenlösung
n) kurzzeitiger Farbumschlag des Indikators

D2 Bei der Titration von 25,0 mL einer Calciumhydroxidlösung werden 12,5 mL einer Wasserstoffchloridlösung verbraucht, die durch Einleiten von 5,00 L Wasserstoffchloridgas in 1,00 L Wasser entstanden ist.
a) Berechnen Sie die Stoffmengenkonzentration der Wasserstoffchloridlösung.
b) Berechnen Sie die Stoffmengenkonzentration der Probenlösung.
c) Berechnen Sie die Anzahl der Calcium-Ionen, die pro Liter in der Probenlösung vorliegen.

Vergleichen Sie Ihre Antworten mit den Lösungen auf den Seiten 194 f. und geben Sie sich die entsprechende Punktzahl.

Kompetenz	sehr gut	gut	schwierig	zum Nachlesen
A Saure und basische Lösungen charakterisieren	19 – 16	15 – 11	10 – 8	S. 16
B Protonenübergänge mit Reaktionsgleichungen darstellen	8 – 7	6 – 5	4 – 3	S. 16, 18
C Teilchen als Säure oder Base klassifizieren	18 – 15	14 – 11	10 – 7	S. 16
D Die Säure-Base-Titration beschreiben und Stoffmengenkonzentrationen berechnen	14 – 12	11 – 8	7 – 5	S. 16 – 17

3.1 Säure-Base-Konzept nach BRØNSTED

Saure und basische Lösungen kommen in vielen Alltagsprodukten und in der Umwelt vor. Saure Zitrusfrüchte, Milchprodukte und Essig kennt jeder, ebenso Seifen, Laugen und Laugengebäck. Was versteht man unter einer Säure und was unter einer Base?

3.1.1 Versuche und Material

V/M Reaktionen zwischen sauren und basischen Lösungen

Saure und basische Lösungen begegnen uns häufig im Alltag. Doch was macht eine Säure bzw. Base aus und wie reagieren diese miteinander?

LV1 Für den sog. Springbrunnenversuch werden 20-mL-Spritzen vorbereitet, deren Stempel bis zur 20-mL-Markierung herausgezogen und anschließend mit einem heißen Nagel direkt oberhalb des Spritzenzylinders durchbohrt wird. Aus einem Microscale-Gasentwickler, der mit 10 – 15 Natriumhydroxidplätzchen bestückt ist und durch Zutropfen konzentrierter Ammoniaklösung aktiviert wird, werden die Spritzen mit je 20 mL Ammoniakgas gefüllt und mit einem Verschlussstopfen verschlossen. Der Gasentwickler wird am Ende mit einem Aktivkohleadsorptionsröhrchen versehen. Entfernen Sie den Verschlussstopfen und tauchen Sie die Spritzenöffnung ohne Kanüle in mit Thymolphthalein versetztes Wasser in einem Becherglas (**B1**).

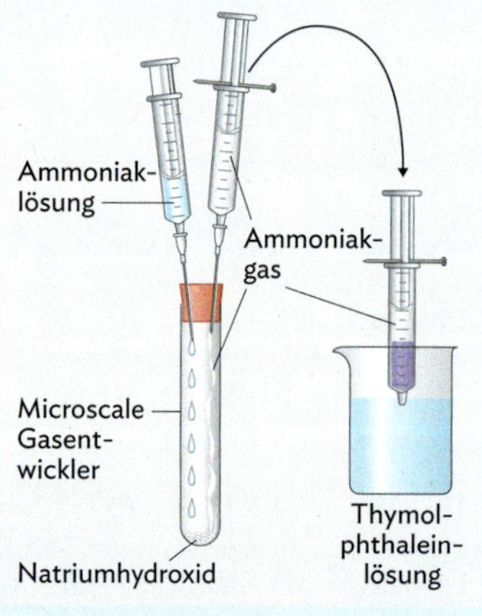

B1 Versuchsaufbau zu **LV1**

M2 Der Springbrunnenversuch kann auch mit Wasserstoffchloridgas anstatt Ammoniakgas durchgeführt werden (Versuchsvideo ➡QR 06043-016).

06043-016

AUSWERTUNG

a) Beschreiben und vergleichen Sie die Beobachtungen aus **LV1** und **M2**.
b) Formulieren Sie insgesamt drei Reaktionsgleichungen, die die verschiedenen Beobachtungen in **LV1** und **M2** veranschaulichen.
c) Recherchieren Sie im Internet oder in Ihren Unterlagen der 10. Jahrgangsstufe die Definition der Begriffe „Säure“ und „Base“ nach BRØNSTED. Ordnen Sie diese anschließend in den Reaktionsgleichungen aus Aufgabe **b)** zu.
d) Lisa sagt: „Säuren sind immer flüssig.“ Beurteilen Sie diese Aussage.

ENTSORGUNG: A, G1

M Ammoniak im Labor

Ammoniakgas kann für Laborzwecke in Druckgasflaschen gekauft werden. An Schulen ist die Verwendung von Ammoniakgas aus diesen Gebinden jedoch verboten. Man muss es selbst im Labor erzeugen. Wie funktioniert die Herstellung im Labormaßstab?

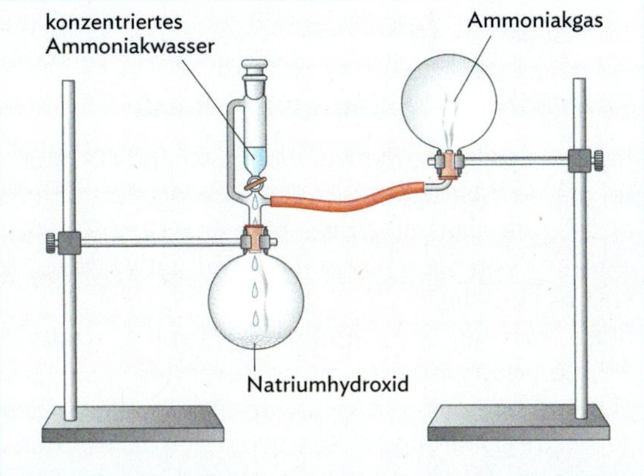

B2 Apparatur zur Herstellung von Ammoniakgas im Labor

M3 In **B2** finden Sie einen Versuchsaufbau, der die Herstellung von Ammoniakgas im Labor zeigt. Dabei wird konzentriertes Ammoniakwasser (wässrige Lösung von Ammoniakgas) mithilfe eines Tropftrichters auf Natriumhydroxid, das sich in einem Rundkolben befindet, getropft. Heftiges Aufschäumen zeigt die Bildung eines Gases an, das in einem anderen Rundkolben aufgefangen wird.

AUSWERTUNG

a) Recherchieren Sie den Grund für das Verbot von Druckgasflaschen mit Ammoniakgas an Schulen.
b) Beschreiben Sie einen Versuch, mit dem man beweisen kann, dass es sich bei dem entstehenden Gas in **M3** um Ammoniakgas handelt.
c) Im Ammoniakwasser liegt eine Gleichgewichtsreaktion zwischen Ammoniakgas und Ammonium-Ionen und Hydroxid-Ionen vor. Formulieren Sie die Reaktionsgleichung für die Gleichgewichtsreaktion.
d) Stellen Sie eine Hypothese dafür auf, weshalb ein Zutropfen des Ammoniakwassers auf Natriumhydroxid zu einer Freisetzung von Ammoniakgas führt.

V Neutralisation

In der chemischen Industrie fallen große Mengen an sauren bzw. basischen Lösungen an. Eine Entsorgung ist aufgrund der Umweltgefährdung häufig kostspielig. Gibt es eine Möglichkeit saure bzw. basische Lösungen „unschädlich" zu machen und damit eine Entsorgung zu erleichtern?

V4 Geben Sie auf das erste Feld eines Tropfenobjektträgers (**B3**) einen Tropfen salzsaure Lösung (c = 0,1 mol/L) und auf das dritte Feld einen Tropfen Natriumhydroxidlösung (c = 0,1 mol/L). Schieben Sie anschließend ein kleines Stückchen Universalindikatorpapier gleichzeitig in beide Tropfen, um eine Verbindung zwischen ihnen zu schaffen.

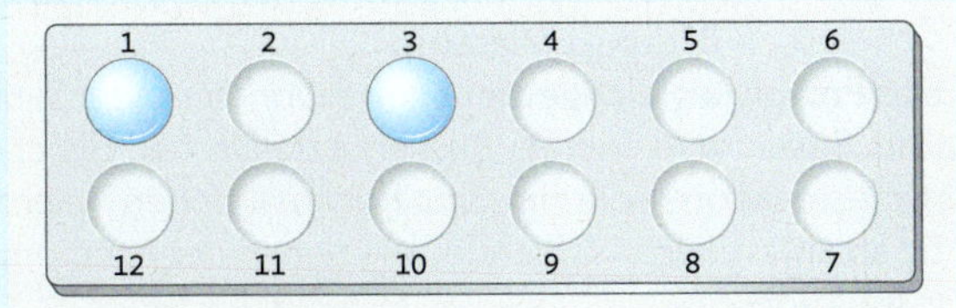

B3 Tropfenobjektträger

LV5 Anhand von **B4** wird ein Versuch aufgebaut und durchgeführt (Video ➥ QR 06043-017).

06043-017

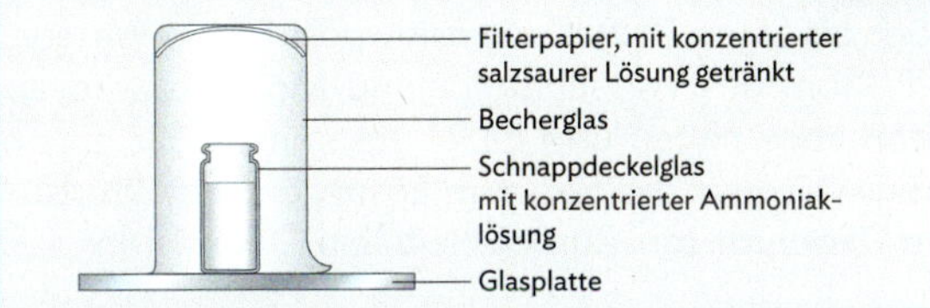

B4 Versuchsaufbau zu **LV5**

AUSWERTUNG

a) Beschreiben und erklären Sie die Beobachtungen in **V4**.
b) Formulieren Sie zu **V4** eine Reaktionsgleichung, die Ihre Erklärung veranschaulicht.
c) Beschreiben Sie die Beobachtung in **LV5**.
d) Formulieren Sie die Reaktionsgleichung für **LV5**.
e) Deuten Sie die Rauchbildung in **LV5**.

ENTSORGUNG: A, G1

3.1.2 Säure-Base-Konzept nach BRØNSTED

Der Säure-Base-Begriff nach BRØNSTED

Der Säure-Base-Begriff war ursprünglich von den Beobachtungen geprägt, dass „Säuren" unter Abspaltung von Wasserstoff-Kationen und „Basen" unter Abspaltung von Hydroxid-Anionen in Wasser dissoziieren. Der dänische Chemiker JOHANNES NICOLAUS BRØNSTED (1879 – 1947, **B1**) fand jedoch Beispiele für basisch wirkende Stoffe, die keine Hydroxid-Ionen enthalten (**V1**). Er entwickelte 1923 ein allgemeines Konzept für Säure-Base-Reaktionen (**Protolysereaktionen**): Er definierte Säuren als Teilchen, die Protonen abgeben können (**Protonendonatoren**) und Basen als Teilchen, die Protonen aufnehmen können (**Protonenakzeptoren**).

B1 JOHANNES NICOLAUS BRØNSTED

Eine Lösung von Ammoniakgas in Wasser reagiert basisch. Das Ammoniak-Molekül nimmt mithilfe seines nichtbindenden Elektronenpaares ein Wasserstoff-Kation vom Wasser-Molekül auf (**V1**). Es entstehen Ammonium-Ionen und die für jede basische Lösung charakteristischen **Hydroxid-Ionen**:

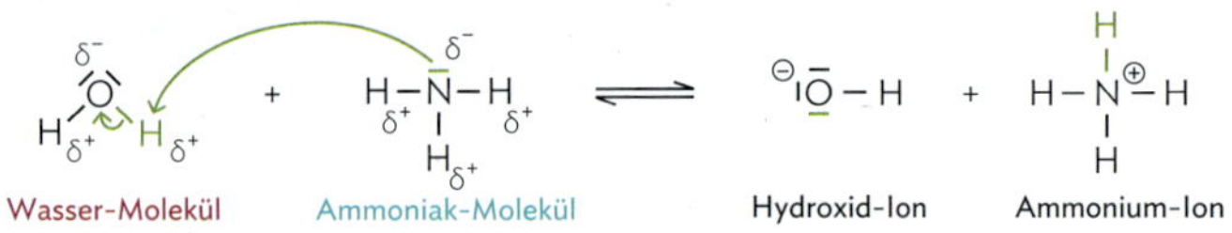

Wasserstoffchlorid-Moleküle reagieren mit Wasser-Molekülen ebenfalls über eine Protonenübertragung, jedoch als Säure (**M2**). Das positiv polarisierte Wasserstoff-Atom des Wasserstoffchlorid-Moleküls wird als Proton abgespalten und bildet zusammen mit einem Wasser-Molekül das für saure Lösungen charakteristische **Oxonium-Ion**. Zurück bleibt ein Chlorid-Ion:

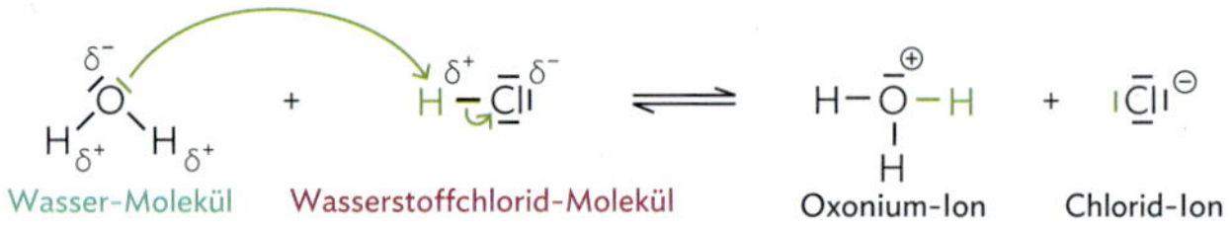

Wasserstoffchlorid-Moleküle und Chlorid-Ionen bzw. Wasser-Moleküle und Oxonium-Ionen bilden jeweils ein sogenanntes **korrespondierendes Säure-Base-Paar**.
Aus einer Säure bildet sich bei einer Protolyse ihre korrespondierende Base und aus einer Base ihre korrespondierende Säure. An jeder Säure-Base-Reaktion sind stets zwei korrespondierende Säure-Base-Paare beteiligt. Allgemein wird dieser Zusammenhang folgendermaßen dargestellt, wobei HA und HB^+ beliebige Säuren und B und A^- die zugehörigen Basen bezeichnen:

korrespondierend (HA / A^-)

$$HA + B \rightleftharpoons A^- + HB^+$$

korrespondierend (B / HB^+)

Säure I + Base II ⇌ Base I + Säure II

Reaktionen von Säuren mit Basen

Bei den Springbrunnenversuchen **V1** und **M2** beobachtet man erst beim Kontakt der Gase Wasserstoffchlorid und Ammoniak mit Wasser eine Reaktion. Sind für Reaktionen von Säuren und Basen immer Wasser-Moleküle notwendig?
Stellt man ein Schnappdeckelglas mit konzentrierter Ammoniaklösung unter ein umgekehrtes Becherglas, an dessen Boden ein mit konzentrierter salzsaurer Lösung getränktes Filterpapier klebt, bildet sich dazwischen weißer Rauch (**LV5**). Aus den entsprechenden Lösungen entweichen die farblosen Gase Ammoniak und Wasserstoffchlorid, die im Gasraum miteinander zu festem Ammoniumchlorid reagieren. Die Entstehung dieses Salzes lässt sich durch eine Protonenübertragungsreaktion erklären: Wasserstoffchlorid-Moleküle geben jeweils ein Proton ab, Ammoniak-Moleküle nehmen jeweils ein Proton auf. Das Ammoniak-Molekül ist in diesem Fall der Protonenakzeptor (BRØNSTED-Base) und das Wasserstoffchlorid-Molekül der Protonendonator (BRØNSTED-Säure):

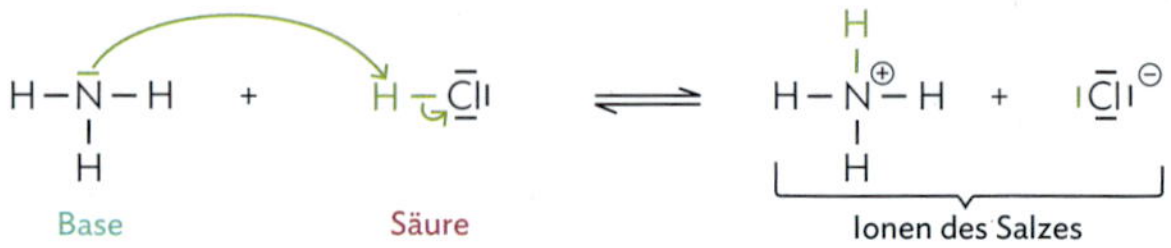

Protolysegleichgewicht

Druckgasflaschen mit ätzenden Gasen wie z. B. Ammoniakgas sind an Schulen verboten. Für zahlreiche Versuche wird jedoch Ammoniakgas benötigt. Selbst herstellen kann man das Gas, indem man konzentrierte Ammoniaklösung auf festes Natriumhydroxid tropft. Dabei bildet sich das farblose Gas Ammoniak (**M3**). Wie lässt sich dessen Bildung erklären?
Das **Protolysegleichgewicht** korrespondierender Säuren und Basen wird hierbei ausgenutzt. Da bei Gleichgewichtsreaktionen die Hin- und Rückreaktionen gleichzeitig ablaufen, liegen folgende Teilchen in der Ammoniaklösung vor:

$$NH_3\,(g) + H_2O\,(l) \rightleftharpoons NH_4^+\,(aq) + OH^-\,(aq)$$

Kommt dieses Gemisch mit festem Natriumhydroxid in Kontakt, löst sich das Natriumhydroxid in der wässrigen Lösung. Die Hydroxid- und Natrium-Ionen liegen gelöst im Gemisch vor. Die Stoffmengenkonzentration an Hydroxid-Ionen in Lösung steigt dadurch. Da es sich hierbei um Teilchen auf der Produktseite handelt, wird gemäß dem Prinzip vom kleinsten Zwang (➡ **23**, Kap. 1) die Rückreaktion begünstigt. Die Edukte werden verstärkt rückgebildet und Ammoniakgas entweicht somit aus dem Gemisch. Diese Beobachtung kann auch mithilfe des Massenwirkungsgesetzes nachvollzogen werden:

$$\text{MWG: } K_c = \frac{c(NH_4^+) \cdot c(OH^-)}{c(NH_3) \cdot c(H_2O)}$$

Bei Konzentrationsänderungen ändert sich der Wert der Gleichgewichtskonstante nicht. Wird die Stoffmengenkonzentration der Hydroxid-Ionen im Zähler erhöht, steigen in der Folge auch die Stoffmengenkonzentrationen im Nenner. So bleibt der Wert von K_c konstant. Die Lage des Gleichgewichts verschiebt sich somit auf die Seite der Edukte: Ammoniakgas und Wasser werden gebildet.

Die Neutralisation

Es können nicht nur Gase wie Ammoniakgas oder Wasserstoffchloridgas miteinander reagieren, sondern auch deren Lösungen. Wird eine salzsaure Lösung mit einer basischen Natriumhydroxidlösung in Kontakt gebracht und die Mischung mit einem Indikatorpapier überprüft, sieht man, dass eine neutrale Lösung vorliegt (**V4**). Die für saure bzw. basische Lösungen charakteristischen Oxonium- bzw. Hydroxid-Ionen liegen in der neutralen Lösung nicht mehr vor. Bei dieser **Neutralisation** findet eine Protonenübertragung von den Oxonium-Ionen der salzsauren Lösung auf die Hydroxid-Ionen in der Natriumhydroxidlösung statt. Dabei entstehen Wasser-Moleküle:

$$OH^- \text{ (aq)} + H_3O^+ \text{ (aq)} \rightleftharpoons 2\, H_2O \text{ (l)}$$

Eine neutrale Lösung entsteht nur, wenn die Stoffmengen der Oxonium- und Hydroxid-Ionen gleich groß sind. In der Lösung liegen auch Chlorid- und Natrium-Ionen vor. Wenn das Wasser verdunstet, werden Natriumchloridkristalle sichtbar. Diese, für eine Neutralisationsreaktion typische Salzbildung, ist auch im Gasraum zwischen einer konzentrierten salzsauren Lösung und konzentrierter Ammoniaklösung als Rauch erkennbar (**LV5**).

Laut BRØNSTED sind Säuren Teilchen, die Protonen abgeben können (Protonendonatoren), während Basen Teilchen sind, die Protonen aufnehmen können (Protonenakzeptoren). An jeder Protolysereaktion sind zwei korrespondierende Säure-Base-Paare beteiligt. Protolysereaktionen sind Gleichgewichtsreaktionen, die gemäß dem Prinzip vom kleinsten Zwang durch äußere Einflüsse beeinflusst werden können. Saure und basische Lösungen reagieren miteinander in einer Neutralisationsreaktion, bei der aus Oxonium- und Hydroxid-Ionen Wasser-Moleküle entstehen.

AUFGABEN

A1 Geben Sie die Voraussetzungen in der Struktur an, die vorliegen müssen, damit ein Teilchen eine saure oder basische Wirkung besitzt.

A2 Einige Antazida zur Neutralisation der Magensäure enthalten festes Aluminiumhydroxid $Al(OH)_3$, andere festes Natriumhydrogencarbonat $NaHCO_3$. Formulieren Sie die Reaktionsgleichungen, in denen deutlich wird, wie die Basen aus diesen Verbindungen jeweils mit Oxonium-Ionen reagieren. Geben Sie jeweils die korrespondierenden Säure-Base-Paare an.

A3 Phosphorsäure-Moleküle werden als dreiprotonige Säure bezeichnet. Erläutern Sie diese Bezeichnung anhand geeigneter Protolysegleichungen. Kennzeichnen Sie alle korrespondierenden Säure-Base-Paare und benennen Sie alle auftretenden Teilchen.

A4 Das Salz Kaliumnitrat KNO_3 wird unter der Bezeichnung E 252 in Lebensmitteln als Pökelsalz verwendet. Beschreiben Sie eine Möglichkeit, dieses Salz im Labor herzustellen und beurteilen Sie, ob das im Labor hergestellte Salz wirklich als Pökelsalz verwendet werden kann.

A5 Bereits 1887 stellte der schwedische Chemiker SVANTE ARRHENIUS ein Säure-Base-Konzept auf. Recherchieren Sie dessen Grundzüge und stellen Sie die Unterschiede zum moderneren Säure-Base-Konzept nach BRØNSTED heraus.

A6 Vergleichen Sie die Reaktionsgleichungen von Wasserstoffchlorid bzw. Ammoniak mit Wasser und beschreiben Sie jeweils die Funktion der Wasser-Moleküle nach der Definition von BRØNSTED.

3.2 Autoprotolyse, pH-Wert und pOH-Wert

Der pH-Wert eines Gartenteiches sollte stets zwischen 7,5 – 8,5 liegen. Er kann mithilfe eines pH-Meters oder Teststreifens überprüft und durch Zugabe von sauren oder basischen Lösungen beeinflusst werden. Wie lässt sich ermitteln, wie viel saure oder basische Lösung hinzugegeben werden muss, damit sich der pH-Wert optimal einpendelt?

3.2.1 Versuche und Material

V Wasserproben im Vergleich

Wasser in der Natur ist niemals ein Reinstoff, sondern enthält u. a. Salze, Gase und Stäube. Wie beeinflussen die Teilchen, die neben den Wasser-Molekülen vorliegen, die Eigenschaften von Wasser auf Stoffebene?

V1 Bestimmen Sie digital mit einer pH-Elektrode oder analog mit Indikatorpapier den pH-Wert und mithilfe eines Leitfähigkeitsmessgeräts (Bauanleitung ➡ QR 06043-018) die elektrische Leitfähigkeit verschiedener Wasserproben: Mineralwasser, Leitungswasser, einer Wasserprobe aus einem fließenden bzw. stehenden Gewässer, Regenwasser und destilliertes Wasser.

06043-018

V2 Bestimmen Sie mithilfe von Schnelltestverfahren (Teststäbchen) in den Wasserproben aus **V1** den Nitratgehalt und die Wasserhärte (Gesamthärte, Carbonathärte).

AUSWERTUNG

a) Erstellen Sie eine Tabelle nach **B1** und tragen Sie Ihre Ergebnisse aus **V1** und **V2** ein. Erklären Sie Ihre Messergebnisse und benennen Sie die Teilchen, die für die Eigenschaft in der jeweiligen Spalte verantwortlich sind.

b) Bei einer Leitfähigkeitsmessung von destilliertem Wasser mit einem sehr empfindlichen Messgerät ermittelt man eine geringe Leitfähigkeit. Wird das Wasser eingedampft, bleibt kein fester Rückstand übrig. Stellen Sie eine Hypothese zur Ursache dieser Befunde mithilfe von Fachbegriffen auf.

c) Stellen Sie eine entsprechende Reaktionsgleichung zu Ihrer Hypothese aus **b)** auf.

ENTSORGUNG: A

Probe	pH-Wert	Leitfähigkeit	Nitratgehalt	Gesamthärte	Carbonathärte
?	?	?	?	?	?

B1 Tabellenkopf zur Auswertung von **V1** und **V2**

V Verdünnungsreihe essigsaurer Lösung

Für einen leckeren Salat sollen Sie eine saure Salatsoße herstellen. Leider haben Sie nur Essigessenz im Haus. Diese ist aber fünfmal saurer als Speiseessig und muss deshalb verdünnt werden. Wie geht man dabei vor?

V3 Bestimmen Sie experimentell den Verdünnungsfaktor, der nötig ist, um den pH-Wert von 10 mL Essigessenz um genau 1 zu erhöhen. Ihnen stehen folgende Materialien zu Verfügung: Messpipetten, Peleusball, Messzylinder, Bechergläser, Universalindikatorpapier bzw. pH-Messgerät.

V4 Erstellen Sie mit dem in **V3** ermittelten Verdünnungsfaktor eine Verdünnungsreihe in Reagenzgläsern (**B2**). Messen Sie nach jedem Verdünnungsschritt den pH-Wert und beenden Sie die Reihe, wenn keine pH-Wertänderung mehr zu beobachten ist.

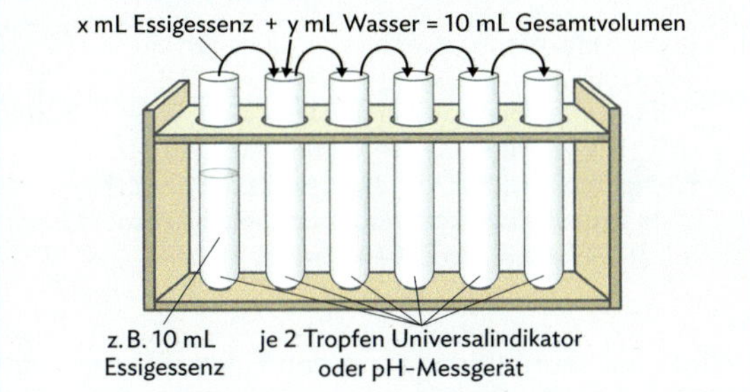

B2 Allgemeiner Versuchsaufbau einer Verdünnungsreihe

V5 Wiederholen Sie die Verdünnungsreihe in **V4** mit dem Verdünnungsfaktor aus **V3** und ersetzen Sie die Essigessenz durch 10 ml Natriumhydroxidlösung der Konzentration $c = 1$ mol/L.

AUSWERTUNG

a) Beschreiben Sie mithilfe der Beobachtungen aus **V3** und **V4** den Zusammenhang zwischen dem Verdünnungsfaktor und der pH-Wertänderung.

b) Berechnen Sie die Konzentrationen der Natriumhydroxidlösung in den jeweiligen Reagenzgläsern der Verdünnungsreihe aus **V5** (➡ 12, Kap. 1).

c) Erstellen Sie mit den ermittelten Werten aus **b)** ein Diagramm, in dem die Abhängigkeit des pH-Wertes von der Konzentration der Natriumhydroxidlösung dargestellt ist.

d) Begründen Sie, dass durch die Verdünnung von Essigessenz ein pH-Wert von 8 nicht erreicht werden kann.

ENTSORGUNG: A, G1

M pH-Wert im Gartenteich

Teichbesitzer sollten regelmäßig den pH-Wert des Teichwassers kontrollieren. Ist dieser zu hoch oder zu niedrig, stellt das eine Bedrohung für die im Teich lebenden Lebewesen dar. Für einen Gartenteich sollten die Werte stets zwischen 7,5 – 8,5 liegen.

M6 Ein Teichratgeber im Internet empfiehlt das aus ca. 19 %iger schwefelsaurer Lösung bestehende Mittel „pH-Ab“ in Gartenteiche einzubringen, falls deren pH-Wert zu hoch ist.

AUSWERTUNG

a) Erklären Sie mithilfe von Reaktionsgleichungen, wie der pH-Wert im Gartenteich mit dem Mittel aus **M6** gesenkt werden kann.

b) Recherchieren Sie die Entstehung einer „Ammoniakvergiftung“ und von „Kohlenstoffdioxidmangel“ im Gartenteich. Erklären Sie, dass „pH-Ab“ hier Abhilfe schaffen kann.

c) Das Wasser in einem Gartenteich mit einem Volumen von $V = 1.000$ L hat einen pH-Wert von 6, der auf 7 erhöht werden soll. Allerdings möchte der Besitzer nicht das dafür geeignete Mittel „pH-Auf“ nutzen, sondern die Änderung durch Verdünnung des Teichwassers erreichen. Geben Sie eine Vorgehensweise an, um den gewünschten pH-Wert zu erreichen. Nutzen Sie hierfür auch die Ergebnisse aus **V3**. *Hinweis:* Falls **V3** nicht durchgeführt wurde: Der Verdünnungsfaktor beträgt 10.

d) Beurteilen Sie das Vorgehen des Gartenteichbesitzers im Hinblick auf die Alternative „pH-Auf“. Argumentieren Sie mit den Werten „eigene Wirtschaftlichkeit“ und „Umweltschutz“. Recherchieren Sie die Fakten, die als Grundlage für Ihre Argumente stehen, im Internet.

3.2.2 Autoprotolyse des Wassers, pH-Wert und pOH-Wert

Wasser reagiert mit sich selbst

Reines, entionisiertes Wasser ist elektrisch leitfähig (**V1**). Das ist nur möglich, wenn bewegliche Ladungsträger vorhanden sind. In reinem Wasser sind dies Oxonium- und Hydroxid-Ionen. Diese entstehen dadurch, dass die Wasser-Moleküle untereinander reagieren. Diese Reaktion wird als **Autoprotolyse des Wassers** bezeichnet:

Stoffebene:

korrespondierend

$$H_2O\,(l) + H_2O\,(l) \rightleftharpoons OH^-\,(aq) + H_3O^+\,(aq)$$

korrespondierend

Teilchenebene:

Säure I   Base II $\rightleftharpoons$ Base I   Säure II

Das Massenwirkungsgesetz und das Ionenprodukt des Wassers

Das Wasser-Molekül ist **amphoter**, d. h. es kann sowohl als Säure als auch als Base reagieren (**Ampholyt**). Dieses Gleichgewicht kann mithilfe des Massenwirkungsgesetzes (MWG) (➡ **22**, Kap. 1) abgebildet werden. Dabei verknüpft das MWG die Konzentrationen der Edukte (hier Wasser-Moleküle) und Produkte (hier Oxonium- und Hydroxid-Ionen) in der Gleichgewichtskonstante K_c.
Die Konzentration der Wasser-Moleküle ist im Vergleich zu den Ionen, die damit im Gleichgewicht stehen, sehr groß, das Gleichgewicht liegt also auf der Seite der Edukte. Entsprechend ist K_c sehr klein:

$$K_c = \frac{c_{GG}(H_3O^+) \cdot c_{GG}(OH^-)}{c^2_{GG}(H_2O)} = 3{,}258 \cdot 10^{-18};\ \vartheta = 25\ °C$$

Aus diesem Grund kann die Gleichgewichtskonzentration der Wasser-Moleküle $c_{GG}(H_2O)$ als konstant angesehen werden. Daraus ergibt sich das **Ionenprodukt des Wassers K_W**:

$$K_W = K_c \cdot c^2_{GG}(H_2O) = c_{GG}(H_3O^+) \cdot c_{GG}(OH^-)$$
$$= 10^{-14}\ mol^2/L^2;\ \vartheta = 25\ °C$$

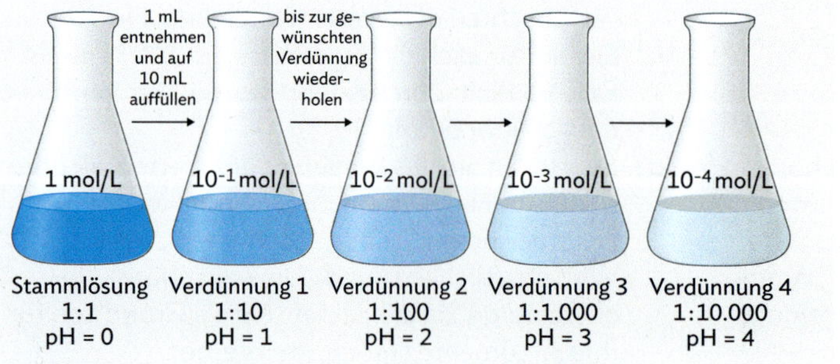

B1 Verdünnungsreihe einer sauren Lösung, jeweils um den Faktor 10. Die Farbtiefe der Lösung symbolisiert die Oxonium-Ionenkonzentration.

Das Ionenprodukt des Wassers beschreibt das Produkt der Konzentrationen von Oxonium- und Hydroxid-Ionen in reinem Wasser. Beide Ionentypen entstehen bei der Autoprotolyse in gleichem Maße, ihre Konzentration ist also gleich. Reines Wasser ist deshalb neutral. Zusammengefasst ist das Ionenprodukt des Wassers eine Anwendung des MWG auf die Autoprotolyse des Wassers.

Der pH-Wert

Der **pH-Wert** wurde zur Charakterisierung saurer, neutraler und basischer Lösungen eingeführt. Dabei wird der Zahlenwert der Oxonium-Ionenkonzentration mithilfe des negativen dekadischen Logarithmus zu einer greifbaren Skala vereinfacht: **pH = –lg {$c(H_3O^+)$}**

INFO

In den Logarithmus dürfen keine Einheiten eingesetzt werden, weshalb der pH-Wert und der pOH-Wert dimensionslos sind (➡ QR 06043-019). Die Verwendung der Klammern {...} in den Formeln soll ausdrücken, dass jeweils nur der Zahlenwert ohne Einheit eingesetzt wird. Der Zahlenwert muss zuvor mit SI-Einheiten angegeben gewesen sein.

06043-019

Wird eine saure Lösung um den Faktor 10 verdünnt, so erhöht sich der pH-Wert um 1 (**V3**). Um vom pH-Wert 1 auf 2 zu kommen, reicht es folglich nicht, das Volumen der Lösung zu verdoppeln. Zu einem Teil der Lösung mit pH-Wert 1 müssen neun Teile Wasser hinzugegeben werden (**B1**, **V3–V5**).
Eine Lösung mit dem pH-Wert 1 hat eine Oxonium-Ionenkonzentration von $c(H_3O^+)$ = 0,1 mol/L. Dies kann durch Umstellung der Formel für den pH-Wert berechnet werden: $pH = -lg\,\{c(H_3O^+)\} \Leftrightarrow c(H_3O^+) = 10^{-pH}$

Eine Erhöhung des pH-Wertes von 3 auf 4 bedeutet folglich eine Verschiebung des Kommas beim Konzentrationswert der Oxonium-Ionen um eine Stelle nach links:

pH-Wert 3: $c(H_3O^+) = 10^{-3}$ mol/L
= 0,001 mol/L

pH-Wert 4: $c(H_3O^+) = 10^{-4}$ mol/L
= 0,0001 mol/L

Ab einem pH-Wert von 7 lässt sich durch Verdünnung keine weitere pH-Wert-Erhöhung erhalten, da dieser Wert dem pH-Wert von reinem Wasser entspricht. Die Zugabe weiterer Wassermengen hat keinen Einfluss mehr auf den pH-Wert (**V4**, **M6**).

Der pOH-Wert

Aufgrund der Autoprotolyse von Wasser enthalten saure Lösungen auch eine geringe Menge an Hydroxid-Ionen. Ebenso enthalten basische Lösungen neben den Hydroxid-Ionen auch eine geringere Menge an Oxonium-Ionen. Das Verhältnis von Oxonium-Ionen zu Hydroxid-Ionen in einer Lösung lässt sich über das Ionenprodukt des Wassers berechnen, welches nicht nur in reinem Wasser, sondern auch in sauren oder basischen Lösungen bei 25 °C gilt. Liegt beispielsweise eine Lösung mit dem pH-Wert 4 vor, so beträgt die Oxonium-Ionenkonzentration laut der Formel $c(H_3O^+) = 10^{-pH} = 10^{-4}$ mol/L. Wird dieser Wert in die Formel für das Ionenprodukt des Wassers eingesetzt, kann man die Konzentration der Hydroxid-Ionen berechnen. Diese ist im Vergleich zur Oxonium-Ionenkonzentration viel geringer:

$$K_W = 10^{-14}\ \text{mol}^2/\text{L}^2 = 10^{-4}\ \text{mol/L} \cdot c_{GG}(OH^-) \Leftrightarrow$$

$$c_{GG}(OH^-) = \frac{10^{-14}\ \text{mol}^2/\text{L}^2}{10^{-4}\ \text{mol/L}} = 10^{-10}\ \text{mol/L}$$

Das Ionenprodukt des Wassers ist also stets 10^{-14} mol²/L², die Konzentration der jeweiligen Ionen kann aber variieren (**B2**).
Durch die Existenz von Hydroxid-Ionen sowohl in basischen als auch in sauren Lösungen lässt sich nun analog zum pH-Wert der sogenannte **pOH-Wert** ableiten:
$pOH = -\lg\{c(OH^-)\}$

Da die Konzentration der Oxonium-Ionen und die der Hydroxid-Ionen über das Ionenprodukt des Wassers zusammenhängen, hängen auch der pH-Wert und der pOH-Wert einer Lösung zusammen:

$$10^{-14}\ \text{mol}^2/\text{L}^2 = c_{GG}(H_3O^+) \cdot c_{GG}(OH^-) \quad | \log_{10}$$
$$-14 = \lg\{c_{GG}(H_3O^+)\} + \lg\{c_{GG}(OH^-)\} \quad | \cdot(-1)$$
$$14 = pH + pOH$$

$c(H_3O^+)$	pH		pOH	$c(OH^-)$
$10^0 = 1$	0		14	10^{-14}
10^{-1}	1		13	10^{-13}
10^{-2}	2	sauer	12	10^{-12}
10^{-3}	3		11	10^{-11}
10^{-4}	4		10	10^{-10}
10^{-5}	5		9	10^{-9}
10^{-6}	6		8	10^{-8}
10^{-7}	7	neutral	7	10^{-7}
10^{-8}	8		6	10^{-6}
10^{-9}	9		5	10^{-5}
10^{-10}	10		4	10^{-4}
10^{-11}	11	basisch	3	10^{-3}
10^{-12}	12		2	10^{-2}
10^{-13}	13		1	10^{-1}
10^{-14}	14		0	$10^0 = 1$

B2 Zusammenhang zwischen pH-Wert, pOH-Wert, Konzentration der Oxonium-Ionen und Konzentration der Hydroxid-Ionen. Die Konzentrationen der Ionen sind in mol/L angegeben.

Durch die Autoprotolyse des Wassers liegen sowohl in reinem Wasser als auch in verdünnten wässrigen Lösungen Oxonium-Ionen und Hydroxid-Ionen vor. Das Produkt dieser Ionenkonzentrationen ist das Ionenprodukt des Wassers, welches bei 25 °C immer 10^{-14} mol²/L² beträgt.
Der pH-Wert ist der negative dekadische Logarithmus der Konzentration der Oxonium-Ionen. Der pOH-Wert ist der negative dekadische Logarithmus der Konzentration der Hydroxid-Ionen. Sie ergeben zusammen die Zahl 14.

AUFGABEN

A1 Berechnen Sie mithilfe von **B3** die Konzentration der Oxonium-Ionen in reinem Wasser bei ϑ = 25 °C sowie bei 40 °C und beurteilen Sie aus fachlicher Sicht, ob es sich bei 40 °C um eine saure, basische oder neutrale Lösung handelt.

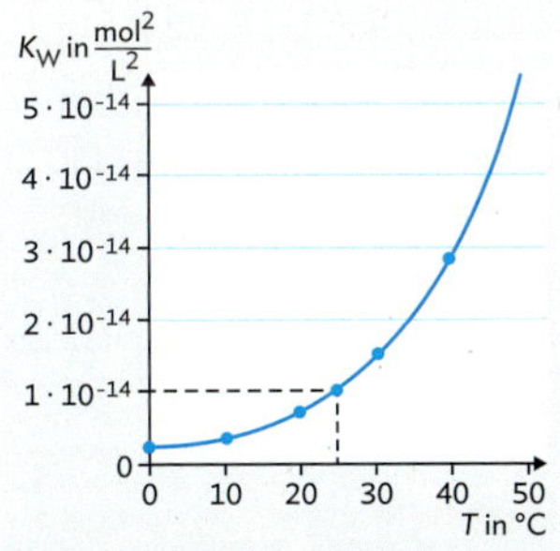

B3 Temperaturabhängigkeit des Ionenproduktes des Wassers

A2 Erklären Sie auf mathematischem Weg, dass es auch Lösungen mit pH-Werten über 14 und unter 0 gibt.

A3 Berechnen Sie den pH- sowie pOH-Wert folgender Lösungen:
a) $c(H_3O^+) = 0{,}015$ mol/L
b) $c(H_3O^+) = 0{,}0345$ mol/L
c) $c(OH^-) = 0{,}03$ mol/L
d) $c(OH^-) = 0{,}5$ mol/L

A4 Um den pH-Wert eines zu sauren Gartenteichs anzuheben, findet man im Internet den Ratschlag kalkhaltiges Gestein (Kalk: $CaCO_3$ (s)) in den Teich zu legen. Erklären Sie auch unter Verwendung von Reaktionsgleichungen, dass dieses Hausmittel funktionieren kann.

3.3 Stärke von Säuren und Basen

Wässrige Lösungen von Wasserstofffluorid können bei Kontakt zu schwersten Schädigungen von Haut, Augen und inneren Organen führen und sogar Glas ätzen. Die salzsaure Lösung in unserem Magen führt dort jedoch zu keinem Schaden. Die Moleküle von Wasserstofffluorid und Wasserstoffchlorid scheinen sich also in ihrer Säurestärke zu unterscheiden. Was aber bedeutet der Begriff Säure- bzw. Basenstärke, wie lassen sich starke und schwache Säuren bzw. Basen unterscheiden und wozu braucht man diese Einteilung?

3.3.1 Versuche und Material

V Säurestärke

Trotz gleicher Anfangskonzentration unterscheiden sich Wasserstoffchlorid- und Essigsäure-Moleküle in ihrer Säurestärke. Was bedeutet der Begriff Säurestärke und wie lassen sich starke und schwache Säuren im Experiment voneinander unterscheiden?

V1 Geben Sie je 5 mL salzsaure und essigsaure Lösung mit den Anfangskonzentrationen $c_0(HA)$ = 0,1 mol/L und 0,01 mol/L in je ein Reagenzglas. Bestimmen Sie die pH-Werte und gegebenenfalls die elektrische Leitfähigkeit der vier Ansätze.

AUSWERTUNG

a) Notieren Sie Ihre Beobachtungen aus **V1** in einer Tabelle und berechnen Sie die jeweilige Konzentration der Oxonium-Ionen $c(H_3O^+)$ anhand der gemessenen pH-Werte.

b) Formulieren Sie die Protolysegleichgewichte der Reaktion eines Wasserstoffchlorid-Moleküls bzw. eines Essigsäure-Moleküls mit einem Wasser-Molekül.

c) Leiten Sie die anhand von **a)** und **b)** eine Erklärung für den Begriff Säurestärke ab.

d) Entscheiden Sie mithilfe eines geeigneten Experiments, ob Salpetersäure-Moleküle starke oder schwache Säuren sind.

ENTSORGUNG: G1

V Reaktion unedler Metalle mit sauren Lösungen

Wasserflecken auf metallischen Oberflächen wie Badarmaturen können mithilfe von Reinigungsmitteln auf Basis von essigsaurer Lösung effektiv entfernt werden. Verwendet man stattdessen salzsaure Lösung, können unedle Metalle jedoch dauerhaft beschädigt werden. Wie lässt sich das unterschiedliche Verhalten gegenüber unedlen Metallen erklären?

V2 Geben Sie eine kleine Probe Magnesiumpulver in einen Microscale-Gasentwickler (**B1**). Tropfen Sie 2 mL salzsaure Lösung mit der Anfangskonzentration $c_0(\text{HA})$ = 0,1 mol/L zu. Überführen Sie das entstehende Gas gegebenenfalls in ein Reagenzglas und identifizieren Sie es mithilfe der Knallgas-, Glimmspan- und Kalkwasserprobe. Wiederholen Sie den Versuch mit essigsaurer Lösung mit der Anfangskonzentration $c_0(\text{HA})$ = 0,1 mol/L und der gleichen Menge Magnesiumpulver.

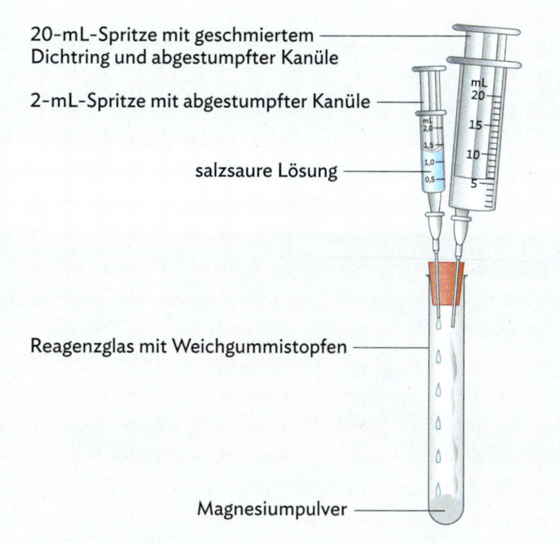

B1 Microscale-Gasentwickler zu **V2** und **V3**

AUSWERTUNG

a) Notieren Sie Ihre Beobachtungen aus **V2** und vergleichen Sie die Reaktionen in salzsaurer und essigsaurer Lösung miteinander.

b) Leiten Sie anhand der Identifikation des Gases die beiden Reaktionsgleichungen ab.

c) Begründen Sie den unterschiedlichen Verlauf der beiden Reaktionen aus **a)** mit Ihrem Wissen aus **V1**.

d) Erläutern und beurteilen Sie die jeweilige Eignung von salzsaurer und essigsaurer Lösung zur Reinigung eines verkalkten Wasserhahns aus Edelstahl.

ENTSORGUNG: G1

V Entkalker

Wasserkocher und Kaffeemaschinen sollten regelmäßig entkalkt werden. Das erhöht die Lebensdauer der Geräte und verbessert auch die Energieeffizienz, da die Wassererwärmung durch den Kalk (Calciumcarbonat) erschwert wird. Welche sauren Lösungen sind zum Entkalken geeignet?

V3 Geben Sie 1 g Calciumcarbonat in einen Microscale-Gasentwickler (**B1**). Tropfen Sie 10 mL salzsaure Lösung mit der Anfangskonzentration $c_0(\text{HA})$ = 1 mol/L (➡ Kap. 3.3.2) zu. Messen Sie die Zeit, die für die Bildung von 10 mL Gas notwendig ist. Sollten nach 8 Minuten noch keine 10 mL Gas entstanden sein, brechen Sie den Versuch ab und notieren Sie das Volumen. Identifizieren Sie das Gas mithilfe der Knallgas-, Glimmspan- und Kalkwasserprobe. Wiederholen Sie den Versuch mit essigsaurer Lösung der gleichen Anfangskonzentration $c_0(\text{HA})$ = 1 mol/L.

AUSWERTUNG

a) Stellen Sie vor Beginn des Versuchs in **V3** eine Hypothese über die entstehende Gasmenge auf.

b) Geben Sie die Reaktionsgleichungen der beiden Reaktionen an.

c) Begründen Sie den unterschiedlichen Verlauf der beiden Reaktionen mit Ihrem Wissen aus **V1**.

d) Recherchieren Sie die Säurestärke von Citronensäure-Molekülen. Beurteilen Sie den Einsatz von salzsaurer Lösung, citronensaurer Lösung und essigsaurer Lösung zum Entkalken von Wasserkochern oder Kaffeemaschinen.

ENTSORGUNG: G1

3.3.2 Säure- und Basenstärke

Anfangskonzentration und pH-Wert

Beim Vergleich der pH-Werte von salzsaurer und essigsaurer Lösung der Anfangskonzentration $c_0(HA)$ = 0,1 mol/L fällt auf, dass diese sich trotz gleicher Anfangskonzentration unterscheiden (**B1**, **V1**): Der pH-Wert der salzsauren Lösung beträgt 1 und der der essigsauren Lösung 2,9.

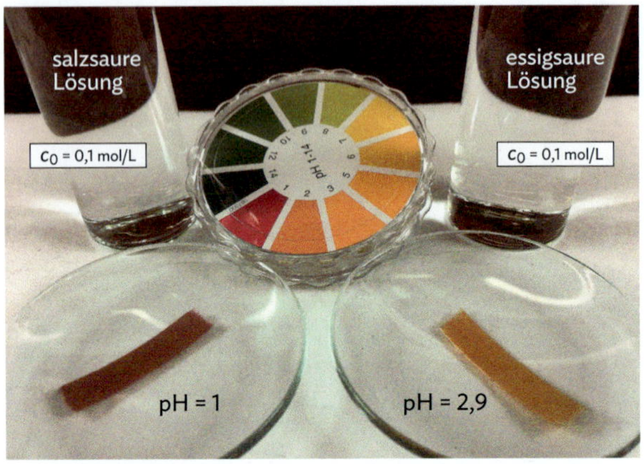

B1 Unterschiedliche pH-Werte saurer Lösungen der gleichen Anfangskonzentration $c_0(HA)$

INFO

Die **Anfangskonzentration $c_0(HA)$** beschreibt allgemein die Konzentration eines Stoffes HA vor Beginn einer Säure-Base-Reaktion. Es handelt sich dabei stets um einen Stoff, dessen Teilchen in der Reaktion als Protonendonator, also als Säure, reagieren. Nach Abgabe eines Protons bleibt somit allgemein ein Anion A^- zurück. Die Anfangskonzentration an essigsaurer (ethansaurer) Lösung wäre dann konkret $c_0(CH_3COOH)$, das zugehörige Anion ist das Acetat-Ion (Ethanoat-Ion) CH_3COO^-.

Über den pH-Wert lässt sich die Oxonium-Ionenkonzentration berechnen (➡ Kap. 3.2.2). Bei der salzsauren Lösung entspricht die Oxonium-Ionenkonzentration $c(H_3O^+)$ der Anfangskonzentration $c_0(HCl)$ (**B2**). Demnach müssen näherungsweise alle Wasserstoffchlorid-Moleküle mit Wasser-Molekülen unter Bildung von Oxonium-Ionen reagiert haben, das Gleichgewicht liegt fast vollständig auf der Produktseite:

$$HCl\,(g) + H_2O\,(l) \rightleftharpoons Cl^-\,(aq) + H_3O^+\,(aq)$$

Demgegenüber reagieren nur knapp 1 % der Essigsäure-Moleküle der Lösung mit Wasser-Molekülen, denn die Anfangskonzentration $c_0(CH_3COOH)$ ist um einen Faktor, der etwas geringer als 100 ist, größer als die Oxonium-

Größe	salzsaure Lösung	essigsaure Lösung
$c_0(HA)$	0,1 mol/L	0,1 mol/L
pH	1	2,9
$c(H_3O^+)$	0,1 mol/L	≈ 0,001 mol/L

B2 pH-Werte und Oxonium-Ionenkonzentrationen $c(H_3O^+)$ saurer Lösungen gleicher Anfangskonzentration $c_0(HA)$

Ionenkonzentration $c(H_3O^+)$. Das Gleichgewicht liegt fast vollständig auf der Eduktseite:

$$CH_3COOH\,(l) + H_2O\,(l) \rightleftharpoons CH_3COO^-\,(aq) + H_3O^+\,(aq)$$

Wasserstoffchlorid-Moleküle sind also gegenüber Wasser-Molekülen bessere Protonendonatoren als Essigsäure-Moleküle und damit **stärkere Säuren**.
Da die Oxonium-Ionenkonzentration in der salzsauren Lösung höher ist, reagiert diese auch wesentlich schneller als die essigsaure Lösung mit einem unedlen Metall wie z. B. Magnesium (**V2**). Eine positive Knallgasprobe belegt, dass bei einer solchen Reaktion von unedlen Metallen mit sauren Lösungen Wasserstoff entsteht:

$$Mg\,(s) + 2\,H_3O^+\,(aq) \longrightarrow Mg^{2+}\,(aq) + H_2\,(g) + 2\,H_2O\,(l)$$

Im Fall der salzsauren Lösung liegen noch Chlorid-Ionen und bei der essigsauren Lösung Acetat-Ionen vor, welche aber an der Reaktion nicht beteiligt sind.
Analoges gilt für die Reaktion mit Calciumcarbonat. Wieder reagiert die salzsaure Lösung schneller und eine positive Kalkwasserprobe belegt die Bildung von Kohlenstoffdioxid (**V3**):

$$CaCO_3\,(s) + 2\,H_3O^+\,(aq) \longrightarrow Ca^{2+}\,(aq) + CO_2\,(g) + 3\,H_2O\,(l)$$

Säure- und Basenkonstante

Ein absolutes Maß für die Stärke einer beliebigen Säure HA liefert die Gleichgewichtskonstante K_c der zugrundeliegenden Protolysereaktion, die über das Massenwirkungsgesetz berechnet werden kann (➡ Kap. 1 und 3.2.2):

$$HA \rightleftharpoons H^+ + A^-$$

$$K_c = \frac{c(H^+) \cdot c(A^-)}{c(HA)}$$

Eine Protolysereaktion kann aber nur ablaufen, wenn ein Reaktionspartner die Protonen aufnimmt. Die **Säurestärke** lässt sich somit nur relativ bestimmen. Als Bezugssubstanz wird in der Regel Wasser gewählt.

$$HA + H_2O \rightleftharpoons A^- + H_3O^+$$

$$K_c = \frac{c(A^-) \cdot c(H_3O^+)}{c(HA) \cdot c(H_2O)}$$

Die Konzentration von Wasser ist in verdünnten Lösungen wesentlich größer als die der anderen Stoffe. Sie ändert sich bei der Einstellung des chemischen Gleichgewichts daher nur so geringfügig, dass sie in guter Näherung als konstant betrachtet werden kann.

INFO

Die **Konzentration von Wasser $c(H_2O)$** in einer wässrigen Lösung kann wie folgt berechnet werden. Eine Stoffportion Wasser mit einem Volumen $V(H_2O)$ = 1,00 L hat eine Masse von $m(H_2O)$ = 998 g. Somit kann über die molare Masse $M(H_2O)$ = 18,0 g/mol zunächst die Stoffmenge $n(H_2O)$ und schließlich die Konzentration $c(H_2O)$ berechnet werden:

$$n(H_2O) = \frac{m(H_2O)}{M(H_2O)} = \frac{998\ g}{18{,}0\ g/mol} \approx 55{,}4\ mol$$

$$c(H_2O) = \frac{n(H_2O)}{V(H_2O)} = \frac{55{,}4\ mol}{1{,}00\ L} \approx 55{,}4\ mol/L$$

Man bezieht die Konzentration des Wassers deshalb in die Gleichgewichtskonstante mit ein und erhält dadurch die **Säurekonstante K_S**:

$$K_S = K_c \cdot c(H_2O) = \frac{c(H_3O^+) \cdot c(A^-)}{c(HA)}$$

Säurekonstanten sind über einen sehr großen Wertebereich verteilt, was an zwei Beispielen erkennbar wird:

$K_S(CH_3COOH)$ = 0,0000174 mol/L = $1{,}74 \cdot 10^{-5}$ mol/L
$K_S(HCl)$ = 1 000 000 mol/L = $1{,}00 \cdot 10^{6}$ mol/L

Für eine intuitivere Vergleichbarkeit werden die Säurekonstanten deshalb meist negativ dekadisch logarithmiert als **pK_S-Wert** angegeben:

$$\mathbf{p}K_S = -\lg \{K_S\}$$

Für die beiden Beispiele erhält man dann:
$pK_S(CH_3COOH)$ = 4,75
$pK_S(HCl)$ = –7

Die Lage des Gleichgewichts liegt bei starken Säuren fast vollständig auf der Produktseite. Die Säurekonstante K_S ist deshalb größer als 1, weshalb der pK_S-Wert negativ ist. Analog sind die Säurekonstanten **schwacher Säuren** kleiner als 1 und die zugehörigen pK_S-Werte positiv.

Entsprechend lassen sich die **Basenkonstante K_B** und der **pK_B-Wert** einer beliebigen Base B herleiten:

$$H_2O + B \rightleftharpoons OH^- + HB^+$$

$$K_B = \frac{c(OH^-) \cdot c(HB^+)}{c(B)}$$

$$\mathbf{p}K_B = -\lg \{K_B\}$$

Da für Berechnungen in der Regel die Säure- oder Basenkonstante K_S oder K_B benötigt wird, jedoch meistens der pK_S- oder pK_B-Wert angegeben ist, ist ein Verständnis der Umrechnung nötig:

$$pK_S = -\lg \{K_S\} \Longleftrightarrow K_S = 10^{-pK_S}\ mol/L$$

$$pK_B = -\lg \{K_B\} \Longleftrightarrow K_B = 10^{-pK_B}\ mol/L$$

Ein quantitatives Maß für die Säurestärke ist die Säurekonstante K_S bzw. der pK_S-Wert (negativer dekadischer Logarithmus von K_S). Je größer der K_S-Wert bzw. je kleiner der pK_S-Wert ist, desto stärker ist die Säure.
Gleiches gilt für die Basenstärke. Je größer der K_B-Wert bzw. je kleiner der pK_B-Wert ist, desto stärker ist die Base.

AUFGABEN

A1 Formulieren Sie das chemische Gleichgewicht für die Reaktion eines Cyanid-Ions mit einem Wasser-Molekül. Stellen Sie für diese Reaktion die mathematische Beschreibung der Basenkonstante K_B ausgehend vom Massenwirkungsgesetz auf.

A2 Salzsaure Lösung mit der Anfangskonzentration $c_0(HCl)$ = 1 mol/L reagiert heftiger mit Magnesium als essigsaure Lösung der gleichen Anfangskonzentration. Erklären Sie das unterschiedliche Reaktionsverhalten.

A3 Eine Wasserstofffluoridlösung mit der Anfangskonzentration $c_0(HF)$ = 0,1 mol/L hat einen pH-Wert von 2,11. Berechnen Sie den pK_S-Wert des Wasserstofffluorid-Moleküls mithilfe des Massenwirkungsgesetzes (gestufte Hilfen ➡ QR 06043-020).

06043-020

A4 Obwohl Wasserstoffchlorid-Moleküle stärkere Säuren als Wasserstofffluorid-Moleküle sind, führt die Wasserstoffchloridlösung (salzsaure Lösung) in unserem Magen zu keinem Schaden, wohingegen Wasserstofffluoridlösung (flusssaure Lösung) bei Hautkontakt zu schwersten Verätzungen führt und sogar Glas ätzen kann. Recherchieren Sie die Ursachen hierfür.

3.3.3 Berechnung von pH-Werten

Einteilung in starke und schwache Säuren und Basen

Sind der pK_S-Wert und die Anfangskonzentration $c_0(HA)$ bekannt, so ist eine Berechnung des pH-Wertes ausgehend vom Massenwirkungsgesetz möglich. Allerdings ist diese Berechnung häufig aufwendig und komplex. Über **Näherungsformeln** erhält man in der Regel auf einem deutlich einfacheren Weg ein hinreichend genaues Ergebnis.
Die Übergänge bezüglich der Säure- und Basenstärke sind fließend. Eine scharfe Grenze zur Einteilung in **starke** und **schwache Säuren** und **Basen** ist somit nur bedingt sinnvoll. Für die Berechnung von pH-Werten liefern die beiden folgenden Näherungen jedoch hinreichend genaue Ergebnisse, wenn folgende Fallunterscheidung getroffen wird (**B3**).

Fall	geeignete Näherung	
pK_S bzw. $pK_B \leq 1{,}5$	starke Säure bzw. Base	vollständige Protolyse
pK_S bzw. $pK_B > 1{,}5$	schwache Säure bzw. Base	unvollständige Protolyse

B3 Fallunterscheidung bei der Berechnung des pH-Wertes

INFO

In der Fachliteratur finden sich sogar **fünf Bereiche der Säure- bzw. Basenstärke**: sehr stark, stark, mittelstark, schwach und sehr schwach. Für die Berechnung von pH-Werten spielen weiterhin der Verdünnungsgrad der Lösung und gegebenenfalls die Autoprotolyse des Wassers eine Rolle. Es gibt also noch weitere Näherungen, die in individuellen Fällen jeweils genauere Ergebnisse liefern. Hier findet lediglich eine Unterscheidung in schwache und starke Säuren und Basen statt, da die beiden gezeigten Näherungen für Berechnungen grundsätzlich ausreichen.

Näherung für starke Säuren und Basen

Bei starken Säuren (**B3**) ist die Lage des Gleichgewichts fast vollständig auf der Produktseite, deshalb kann die Oxonium-Ionenkonzentration näherungsweise mit der Anfangskonzentration gleichgesetzt werden. Somit gilt als Näherungsformel für starke Säuren:

$$c(H_3O^+) = c_0(HA) \Rightarrow pH = -\lg\{c_0(HA)\}$$

Analog lautet die Näherungsformel für starke Basen:

$$c(OH^-) = c_0(B) \Rightarrow pOH = -\lg\{c_0(B)\}$$

$$pH = 14 - pOH = 14 + \lg\{c_0(B)\}$$

FM pH-Wert mit Näherung für starke Säuren und Basen berechnen

Berechnen Sie den pH-Wert einer salzsauren Lösung mit der Anfangskonzentration $c_0(HCl) = 0{,}4$ mol/L und $pK_S(HCl) = -7$.

VORGEHEN

1. Formulieren Sie das Protolysegleichgewicht mit Wasser.

   $HCl\ (g) + H_2O\ (l) \rightleftharpoons Cl^-\ (aq) + H_3O^+\ (aq)$

2. Wenden Sie eine passende Näherung an.

   $pK_S(HCl) = -7 < 1{,}5$

   Wasserstoffchlorid-Moleküle sind starke Säuren. Somit ist die Näherung für starke Säuren für die Berechnung des pH-Wertes sehr gut geeignet. Es gilt damit im Gleichgewicht:

   $c(H_3O^+) = c_0(HA)$

3. Berechnen Sie den pH-Wert.

   $c(H_3O^+) = c_0(HA) = 0{,}4$ mol/L

   $pH = -\lg\{c(H_3O^+)\} = -\lg\{c_0(HA)\} = -\lg 0{,}4$

   $pH \approx 0{,}4$

Einige Salze von Hydroxiden wie z. B. NaOH (s) und KOH (s) lösen sich in Wasser sehr gut, sodass für solche basische Lösungen die Formel für starke Basen angewandt werden kann (auch wenn NaOH (s) und KOH (s) keine Basen im Sinne der Definition nach BRØNSTED sind).

Näherung für schwache Säuren und Basen

Bei schwachen Säuren (**B3**) ist die Lage des Gleichgewichts fast vollständig auf der Eduktseite. Deshalb kann die Gleichgewichtskonzentration näherungsweise mit ihrer Anfangskonzentration gleichgesetzt werden. Weiterhin entstehen Oxonium-Ionen und die korrespondierenden Base-Moleküle stets in gleichen Mengen. Somit ergibt sich als Näherungsformel für schwache Säuren:

$$c(HA) = c_0(HA);\ c(A^-) = c(H_3O^+)$$

$$K_S = \frac{c(A^-) \cdot c(H_3O^+)}{c(HA)} = \frac{c(H_3O^+) \cdot c(H_3O^+)}{c_0(HA)}$$

$c(H_3O^+)^2 = K_S \cdot c_0(HA)$

$c(H_3O^+) = \sqrt{(K_S \cdot c_0(HA))} = (K_S \cdot c_0(HA))^{\frac{1}{2}}$

$pH = -\lg \{K_S \cdot c_0(HA)\}^{\frac{1}{2}} = -\frac{1}{2} \cdot \lg \{K_S \cdot c_0(HA)\}$

$pH = \frac{1}{2} \cdot (-\lg \{K_S\} - \lg \{c_0(HA)\})$

$\mathbf{pH = \frac{1}{2} \cdot (pK_S - \lg \{c_0(HA)\})}$

Analog erhält man für schwache Basen:

$c(OH^-) = \sqrt{(K_B \cdot c_0(B))}$

$pOH = \frac{1}{2} \cdot (pK_B - \lg \{c_0(B)\})$

$pH = 14 - pOH$

$\mathbf{pH = 14 - \frac{1}{2} \cdot (pK_B - \lg \{c_0(B)\})}$

Säure	pK_S-Wert
Ameisensäure-Molekül HCOOH	3,75
Ammonium-Ion NH_4^+	9,25
Essigsäure-Molekül CH_3COOH	4,75
Kohlensäure-Molekül H_2CO_3	6,35
Schwefelsäure-Molekül H_2SO_4	–3
Wasserstoffchlorid-Molekül HCl	–7

B4 pK_S-Werte verschiedener Säuren, geordnet nach steigender Säurestärke

Sämtliche pK_S- und pK_B-Werte beziehen sich immer auf die Übertragung eines Protons.

Bei starken Säuren und Basen ist die Lage des Gleichgewichts fast vollständig auf der Produktseite. Der pH-Wert lässt sich in guter Näherung aus der Anfangskonzentration berechnen:

$pH = -\lg \{c_0(HA)\}$

$pH = 14 - pOH = 14 + \lg \{c_0(B)\}$

Da die Lage des Gleichgewichts bei schwachen Säuren und Basen fast vollständig auf der Eduktseite liegt, lässt sich der pH-Wert in guter Näherung wie folgt berechnen:

$pH = \frac{1}{2} \cdot (pK_S - \lg \{c_0(HA)\})$

$pH = 14 - pOH = 14 - \frac{1}{2} \cdot (pK_B - \lg \{c_0(B)\})$

FM pH-Wert mit Näherung für schwache Säuren und Basen berechnen

Berechnen Sie den pH-Wert einer essigsauren Lösung mit der Anfangskonzentration $c_0(CH_3COOH) = 0{,}3$ mol/L und $pK_S(CH_3COOH) = 4{,}75$.

VORGEHEN

1. Formulieren Sie das Protolysegleichgewicht mit Wasser.

$$CH_3COOH\ (l) + H_2O\ (l) \rightleftharpoons CH_3COO^-\ (aq) + H_3O^+\ (aq)$$

2. Wenden Sie eine passende Näherung an.

$pK_S(CH_3COOH) = 4{,}75 > 1{,}5$

Essigsäure-Moleküle sind eher schwache Säuren. Somit ist die Näherung für schwache Säuren für die Berechnung des pH-Wertes gut geeignet. Es gilt damit im Gleichgewicht:

$c(CH_3COOH) = c_0(CH_3COOH)$
$c(CH_3COO^-) = c(H_3O^+)$

3. Berechnen Sie den pH-Wert.

$K_S = \frac{c(CH_3COO^-) \cdot c(H_3O^+)}{c(CH_3COOH)}$

$K_S = \frac{c(H_3O^+) \cdot c(H_3O^+)}{c_0(CH_3COOH)}$

$c(H_3O^+)^2 = K_S \cdot c_0(CH_3COOH)$

$c(H_3O^+) = (K_S \cdot c_0(CH_3COOH))^{\frac{1}{2}}$

$pH = -\lg \{K_S \cdot c_0(CH_3COOH)\}^{\frac{1}{2}}$

$pH = -\frac{1}{2} \cdot \lg \{K_S \cdot c_0(CH_3COOH)\}$

$pH = \frac{1}{2} \cdot (-\lg \{K_S\} - \lg \{c_0(CH_3COOH)\})$

$pH = \frac{1}{2} \cdot (pK_S - \lg \{c_0(CH_3COOH)\})$

$pH = \frac{1}{2} \cdot (4{,}75 - \lg 0{,}3)$

$pH \approx 2{,}64$

AUFGABEN

A1 Berechnen Sie die pH-Werte der folgenden Lösungen mithilfe von **B3**:
a) salzsaure Lösung mit $c_0(HCl) = 0{,}04$ mol/L und $pK_S(HCl) = -7$
b) Ammoniaklösung mit $c_0(NH_3) = 0{,}8$ mol/L und $pK_B(NH_3) = 4{,}75$

A2 Berechnen Sie die jeweilige Anfangskonzentration c_0 für die folgenden Lösungen mithilfe von **B4**:
a) Natriumhydroxidlösung mit pH 12,5
b) ameisensaure Lösung mit pH 3,7

3.3.4 Besonderheiten korrespondierender Säure-Base-Paare

Zusammenhang von K_S und K_B

Reagiert eine beliebige Säure HA mit einem Wasser-Molekül, so entsteht dabei stets eine korrespondierende Base A^-. Gemeinsam bilden HA und A^- ein korrespondierendes Säure-Base-Paar (**B5**).
Bei bekanntem Säureexponenten pK_S einer Säure lässt sich einfach der Basenexponent pK_B der korrespondierenden Base berechnen und umgekehrt. Der Zusammenhang wird im Folgenden erarbeitet.
Für die Säurekonstante K_S der Säure HA gilt:

$$HA + H_2O \rightleftharpoons A^- + H_3O^+$$

$$K_S = \frac{c(H_3O^+) \cdot c(A^-)}{c(HA)}$$

Für die Reaktion der korrespondierenden Base A^- mit einem Wasser-Molekül ergibt sich deren Basenkonstante K_B:

$$A^- + H_2O \rightleftharpoons HA + OH^-$$

$$K_B = \frac{c(OH^-) \cdot c(HA)}{c(A^-)}$$

Multipliziert man K_S mit K_B eines korrespondierenden Säure-Base-Paares, ergibt sich also stets das Ionenprodukt des Wassers K_W (➥ Kap. 3.2.2):

$$K_S \cdot K_B = \frac{c(H_3O^+) \cdot c(A^-)}{c(HA)} \cdot \frac{c(OH^-) \cdot c(HA)}{c(A^-)}$$

$$K_S \cdot K_B = c(H_3O^+) \cdot c(OH^-) = K_W = 10^{-14}\ mol^2/L^2$$

Nach Bildung des negativen dekadischen Logarithmus gilt für korrespondierende Säure-Base-Paare:

$$\mathbf{pK_S + pK_B = pH + pOH = pK_W = 14}$$

Faustregel für die Säure- und Basenstärke

An dem Zusammenhang zwischen K_S und K_B korrespondierender Säure-Base-Paare wird auch die folgende Faustregel deutlich: Je stärker eine Säure ist, desto schwächer ist ihre korrespondierende Base und umgekehrt (**B5**).

Wasserstoffchlorid-Moleküle sind z. B. sehr starke Säuren, die korrespondierenden Chlorid-Ionen sind somit nur sehr schwache Basen.

Säure	Säurestärke pK_S		Basenstärke pK_B	korrespondierende (konjugierte) Base
HCl	-7,00	Säurestärke nimmt zu >	21,00	Cl^-
H_2SO_4	-3,00		17,00	HSO_4^-
HNO_3	-1,37		15,37	NO_3^-
H_3O^+	0*		14,00	H_2O
$H_2C_2O_4$	1,25		12,75	$HC_2O_4^-$
H_2SO_3	1,85		12,15	HSO_3^-
HSO_4^-	1,99		12,01	SO_4^{2-}
H_3PO_4	2,16		11,84	$H_2PO_4^-$
HF	3,20		10,80	F^-
HCOOH	3,75		10,25	$HCOO^-$
CH_3COOH	4,75		9,25	CH_3COO^-
H_2CO_3	6,35		7,65	HCO_3^-
H_2S	7,05		6,95	HS^-
HSO_3^-	7,20	Basenstärke nimmt ab >	6,80	SO_3^{2-}
$H_2PO_4^-$	7,21		6,79	HPO_4^{2-}
HCN	9,21		4,79	CN^-
NH_4^+	9,25		4,75	NH_3
HCO_3^-	10,33		3,67	CO_3^{2-}
HPO_4^{2-}	12,32		1,68	PO_4^{3-}
H_2O	14,00		0	OH^-
HS^-	19,00		-5,00	S^{2-}
OH^-	24,00		-10,00	O^{2-}

B5 Säure- und Basenstärke ausgewählter korrespondierender Säure-Base-Paare (* Die Konzentration des Wassers (55,3 mol/L) ist als Konstante im pK_S-Wert enthalten.)

Für korrespondierende Säure-Base-Paare HA/A^- ist das Produkt aus Säurekonstante $K_S(HA)$ und Basenkonstante $K_B(A^-)$ gleich dem Ionenprodukt des Wassers K_W. Bei 25 °C gilt:

$$K_S \cdot K_B = K_W = 10^{-14}\ mol^2/L^2$$

$$pK_S + pK_B = 14$$

Je stärker eine Säure HA ist, desto schwächer ist ihre korrespondierende Base A^- und umgekehrt.

AUFGABEN

A1 Leiten Sie die pK_S- bzw. pK_B-Werte der jeweiligen korrespondieren Basen bzw. Säuren ab und ordnen Sie alle Teilchen nach zunehmender Säurestärke bzw. Basenstärke: $pK_S(C_2H_5OH)$ = 15,9; $pK_S(NH_3)$ = 23; $pK_S(HNO_2)$ = 3,25; $pK_B(ClO_3^-)$ = 16,7; $pK_B(C_2H_5^-)$ = –36.

A2 In einem Chemieforum behauptet eine Person: „Das Essigsäure-Molekül ist eine schwache Säure. Deshalb ist das Acetat-Ion stark basisch." Beurteilen Sie diese Aussage.

3.3.5 Protolyse von Salzen

Bei Sodbrennen kann die Einnahme von Salztabletten Linderung bringen, indem die saure Lösung im Magen teilweise neutralisiert wird. Solche Salztabletten bestehen z. B. aus Natriumhydrogencarbonat und können vor der Einnahme auch in Wasser gelöst werden (B1). Beim Lösen des Salzes entsteht dann eine basische Lösung. Wovon hängt der pH-Wert von Salzlösungen ab und wie lässt er sich bereits vor dem Lösen der Salze abschätzen?

B1 Salztablette gegen Sodbrennen

Beim Lösen eines Salzes entstehen Anionen und Kationen. Häufig erfolgt neben der Bildung von Hydrathüllen keine merkliche Reaktion der Ionen mit den Wasser-Molekülen. Die Lösungen sind dann neutral. In vielen Fällen entsteht jedoch eine saure oder basische Lösung. Der pH-Wert von Salzlösungen hängt maßgeblich von den Säurekonstanten K_S bzw. Basenkonstanten K_B der beteiligten Ionen ab. Um den pH-Wert zu berechnen oder zumindest abschätzen zu können, werden deshalb die Säureexponenten pK_S bzw. Basenexponenten pK_B genutzt.

Sind die Kationen und Anionen eines Salzes **sehr schwache Säuren** oder **Basen**, sind die pK_S- bzw. pK_B-Werte also sehr hoch, liegt das jeweilige Säure-Base-Gleichgewicht fast vollständig auf Eduktseite. Es findet keine merkliche Säure-Base-Reaktion zwischen den Ionen und den Wasser-Molekülen statt. Die Veränderung der Oxonium-Ionenkonzentration ist näherungsweise vernachlässigbar. Die entstehenden Salzlösungen sind neutral. Ein konkretes Beispiel ist Natriumchloridlösung:

$pK_S(Na^+) = 14{,}6$; $pK_B(Cl^-) = 21{,}0$

Ist nur ein Ionen-Typ des Salzes, entweder Kationen oder Anionen, eine sehr schwache Säure bzw. Base, so ist der andere Ionen-Typ für die Berechnung des pH-Wertes entscheidend. Zwischen diesen Ionen und Wasser-Molekülen kommt es in einem Ausmaß zur Säure-Base-Reaktion, sodass die Oxonium-Ionenkonzentration messbar verändert wird. Ein konkretes Beispiel ist Ammoniumchloridlösung:

$pK_S(NH_4^+) = 9{,}25$
$pK_B(Cl^-) = 21{,}0$

Für die Abschätzung bzw. Berechnung des pH-Wertes kann die Reaktion von Chlorid-Ionen mit Wasser-Molekülen erneut vernachlässigt werden, da sie sehr schwache Säuren sind. Ammonium-Ionen sind zwar eher schwache Säuren ($pK_S(NH_4^+) > 1{,}5$), aber reagieren merklich mit Wasser-Molekülen:

$$NH_4^+ (aq) + H_2O (l) \rightleftharpoons NH_3 (aq) + H_3O^+ (aq)$$

Somit lässt sich bereits abschätzen, dass eine wässrige Lösung von Ammoniumchlorid sauer ist.
Bei bekannter Anfangskonzentration $c_0(NH_4Cl)$ kann auch der pH-Wert berechnet werden. Die Näherung für schwache Säuren ist hierfür gut geeignet:

z. B. $c_0(NH_4Cl) = 0{,}100$ mol/L

$$pH = \frac{1}{2} \cdot (pK_S - \lg \{c_0(NH_4^+)\})$$

$$pH = \frac{1}{2} \cdot (9{,}25 - \lg 0{,}100) \approx 5{,}12$$

Gehen Anionen und Kationen eine merkliche Säure-Base-Reaktion ein oder sind Ampholyte an der Salzbildung beteiligt, so wird die Berechnung des pH-Wertes schnell komplex, da mehrere Gleichgewichte gleichzeitig berücksichtigt werden müssen. Eine Abschätzung ist jedoch gut möglich, indem die Säure- und Basenexponenten verglichen werden (**B2**).

Vergleich	Charakter der Lösung
$pK_S < pK_B$	sauer
$pK_S > pK_B$	basisch

B2 Vergleich des Säure- und Basenexponenten

Eine Lösung von Ammoniumcyanid ist beispielsweise basisch, da der Basenexponent in diesem Fall kleiner als der Säureexponent ist:

$$pK_B(CN^-) = 4{,}79 < pK_S(NH_4^+) = 9{,}25$$

Eine Lösung von Natriumhydrogensulfat ist sauer. Hier ist der Effekt der Natrium-Ionen auf den pH-Wert vernachlässigbar, da sie sehr schwache Säuren sind ($pK_S(Na^+) = 14{,}6$). Der Säureexponent des Ampholyten Hydrogensulfat-Ion ist kleiner als der Basenexponent, er reagiert also eher als Säure:

$$pK_S(HSO_4^-) = 1{,}99 < pK_B(HSO_4^-) = 17{,}0$$

AUFGABEN

A1 Begründen Sie jeweils den sauren, neutralen oder basischen Charakter der Lösung folgender Salze: Ammoniumacetat, Natriumphosphat, Natriumnitrat, Natriumhydrogenphosphat.

A2 Berechnen Sie den pH-Wert einer Natriumacetatlösung mit $c_0(NaCH_3COO) = 0{,}25$ mol/L.

3.4 Säure- und Basenstärke organischer Verbindungen

Die häufigsten organischen Säuren sind die Moleküle der Carbonsäuren, z. B. der Ameisensäure (Methansäure). Moleküle der Amine, wie des in Bingelkräutern vorkommenden Aminomethans, sind die häufigsten organischen Basen. Diese Säuren und Basen können protolysieren. Die Fähigkeit dieser Teilchen, Protonen abzugeben oder aufzunehmen, wird dabei vom Molekülbau beeinflusst. Wie lässt sich das erklären?

3.4.1 Versuche und Material

V Reaktion von Carbonsäurelösungen mit unedlen Metallen

Die (wässrigen) Lösungen starker und schwacher Säuren unterscheiden sich in ihrer Reaktion mit unedlen Metallen. Wie kann man dies experimentell herausfinden? Worauf beruht diese unterschiedliche Reaktionsfähigkeit?

V1 Füllen Sie je 5 mL methan-, ethan- und propansaure Lösung jeweils der Konzentration $c_0(HA)$ = 0,1 mol/L in ein Reagenzglas mit seitlichem Schlauchansatz. Geben Sie je zwei Spatelspitzen Magnesiumpulver hinzu und fangen Sie das Gas pneumatisch auf (**B1**) (Video ➡ QR 06043-021).

06043-021

AUSWERTUNG

a) Notieren Sie Ihre Beobachtungen aus **V1** und vergleichen Sie die Reaktionen miteinander.

b) Formulieren Sie die Reaktionsgleichungen der drei Carbonsäurelösungen mit Magnesium.

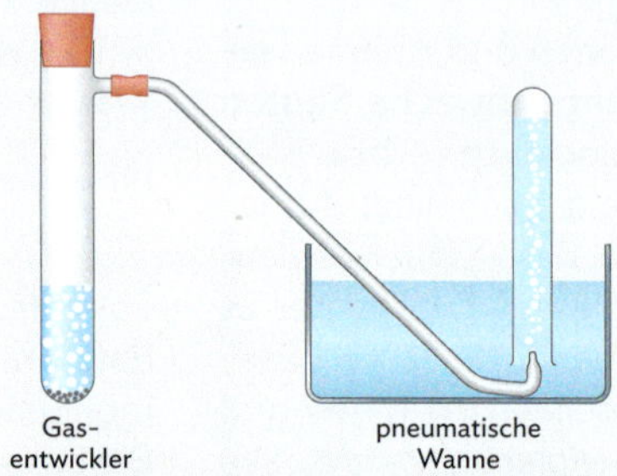

B1 Versuchsaufbau zu **V1**

c) Stellen Sie eine Hypothese auf, die erklärt, worauf die unterschiedliche Heftigkeit der Reaktionen der drei verschiedenen Carbonsäurelösungen mit Magnesium zurückzuführen sein könnte.

ENTSORGUNG: G3

V Carbonsäuren im Vergleich

Es gibt eine Vielzahl an verschiedenen Carbonsäuren. Reagieren unterschiedliche Carbonsäuren unterschiedlich sauer?

V2 Planen Sie einen Versuch, mit dem Sie das saure Reaktionsverhalten der Stoffe Methansäure, Ethansäure und Propansäure vergleichen können. *Hinweis:* Alle sauren Lösungen werden mit der Konzentration $c_0(HA)$ = 0,1 mol/L verwendet.

AUSWERTUNG

a) Formulieren Sie die drei Protolysegleichgewichte aus **V2** mit Wasser-Molekülen.

b) Ordnen Sie mithilfe der Beobachtungen aus **V2** die drei Carbonsäure-Moleküle nach zunehmender Säurestärke.

c) Recherchieren Sie die Säurestärke der drei Carbonsäure-Moleküle. Begründen Sie die Beobachtungen aus **V2**.

ENTSORGUNG: G3

V Organische Säuren im Vergleich

Unterschiedliche Carbonsäuren reagieren unterschiedlich sauer. Trifft dies auch auf andere organische Säuren zu? Wie lässt sich ihr Reaktionsverhalten auf Teilchenebene erklären?

V3 Verwenden Sie für die nachfolgenden Versuche jeweils eine zweigeteilte Petrischale und 5 mL der zur Verfügung gestellten Stoffe. Tropfen Sie anschließend je zwei Tropfen Universalindikatorlösung zu.

a) Ethansäure- und Ethanollösung (je $c_0(HA)$ = 1 mol/L)

b) Ethansäure- und Chlorethansäurelösung (je $c_0(HA)$ = 1 mol/L)

c) Propansäure- und Milchsäurelösung (je $c_0(HA)$ = 1 mol/L)

Hinweis: Das Ethanol muss unvergällt sein.

AUSWERTUNG

a) Notieren Sie Ihre Beobachtungen aus den drei Versuchsansätzen von **V3** und vergleichen Sie die Reaktionen miteinander.

b) Zeichnen Sie die Valenzstrichformel eines Ethansäure- bzw. eines Ethanol-Moleküls und stellen Sie eine begründete Vermutung für die Unterschiede im Reaktionsverhalten mit Wasser auf.

c) Zeichnen Sie die Valenzstrichformel eines Ethansäure- und eines Chlorethansäure-Moleküls. Notieren Sie die Elektronegativitäten der Atome und stellen Sie eine Hypothese hinsichtlich der unterschiedlichen Acidität auf.

d) Recherchieren Sie die Valenzstrichformel von Milchsäure und vergleichen Sie diese mit der von Propansäure.

ENTSORGUNG: G3

M Basenstärke der Alkylamin-Moleküle

M4 Amine sind organische Verbindungen und Derivate des Ammoniaks. Formal sind bei den Amin-Molekülen eines oder mehrere Wasserstoff-Atome des Ammoniak-Moleküls durch organische Reste, z. B. Alkyl-Reste, ersetzt.

B2 Elektronendichteverteilung des Ammoniak-Moleküls

AUSWERTUNG

a) Ammoniak-Moleküle sind Basen. Leiten Sie aus der Elektronendichteverteilung in **B2** eine Begründung dafür ab.

b) Zeichnen Sie die Valenzstrichformeln der Moleküle von Aminomethan, Diaminomethan und Triaminomethan.

c) Recherchieren Sie die pK_B-Werte für das Ammoniak-Molekül und die in **b)** genannten Amin-Moleküle. Stellen Sie einen Zusammenhang zwischen Basenstärke und der Molekülstruktur her.

3.4.2 Stärke von organischen Säuren und Basen

Säure- und Base-Moleküle im Vergleich

Organische Stoffe können mit Wasser saure bzw. basische Lösungen bilden. Organische Säuren enthalten immer eine funktionelle Gruppe mit einem polar gebundenen Wasserstoff-Atom (**B1**) wie z. B. eine Carboxy-Gruppe. Organische Basen enthalten immer eine funktionelle Gruppe mit einem nicht-bindenden Elektronenpaar (**B1**) wie z. B. eine Amino-Gruppe.

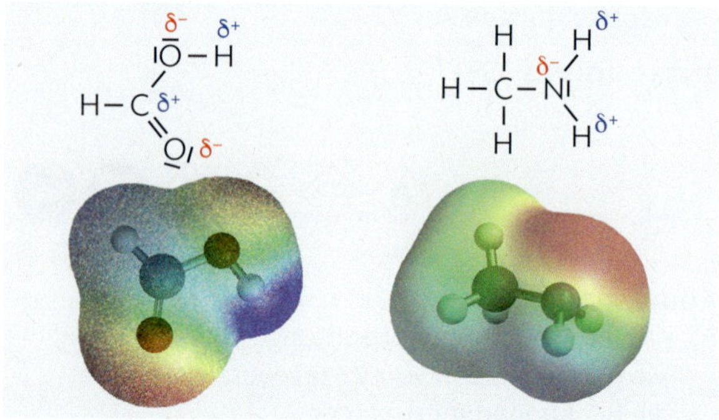

B1 Valenzstrichformel und Elektronendichteverteilung des Methansäure-Moleküls (links) und des Aminomethan-Moleküls (rechts)

Die Fähigkeit einer Säure(-gruppe), z. B. der Carboxy-Gruppe eines Methansäure-Moleküls, ein Proton abzugeben wird als **Säurestärke** (auch **Acidität**) bezeichnet. Beispiel: Bei gleicher Konzentration der Säure hat die Methansäure (pK_S = 3,75) einen niedrigeren pH-Wert als die Ethansäure (pK_S = 4,75), da aufgrund des niedrigeren pK_S-Wertes ein höherer Anteil der Moleküle der Methansäure im Gleichgewicht dissoziiert vorliegen. Analog dazu nennt man die Fähigkeit einer Base(-gruppe), z. B. einer Amino-Gruppe eines Aminomethan-Moleküls, ein Proton aufzunehmen **Basenstärke** (auch **Basizität**). Die Säure- und Basenstärke eines Moleküls wird durch den restlichen Molekülteil beeinflusst.

Induktive Effekte

Vergleicht man einige Vertreter der homologen Reihe der Carbonsäuren, fällt auf, dass die Säurestärke der Carbonsäure-Moleküle mit der Länge der Alkyl-Gruppe abnimmt (**V1**, **V2**). Dies ist auf sogenannte **induktive Effekte** (**I-Effekte**) zurückzuführen. Unterschiedliche Elektronegativitäten von Atomen innerhalb eines Moleküls führen zu Elektronenverschiebungen bei den Elektronenpaarbindungen. Diese können sich über eine Bindung, manchmal sogar über mehrere Bindungen hinweg auf andere Atome bzw. Atomgruppen auswirken. Die ladungsverändernden Effekte nennt man induktive Effekte. Dabei werden zwei Arten unterschieden:

Einen **–I-Effekt** haben „elektronenziehende“ Atome oder Atome in Atomgruppen (**B2**), die positiv geladen sind oder eine hohe Elektronegativität besitzen, z. B. Halogen-Atome, Hydroxy-Gruppen und Carbonyl-Gruppen (**V3**). Bei den Chlorethansäure-Molekülen sorgen die Chlor-Atome mit ihrem –I-Effekt dafür, dass die Elektronendichte in Richtung der Kohlenstoff-Halogen-Bindung verschoben wird und somit die O-H-Bindung der Carboxy-Gruppe stärker polar ist. Dadurch kann das Wasserstoff-Atom der OH-Gruppe leichter abgegeben werden. Je elektronegativer ein Substituent ist, desto stärker ist dieser Effekt und desto größer ist die Säurestärke des Moleküls bzw. Ions.

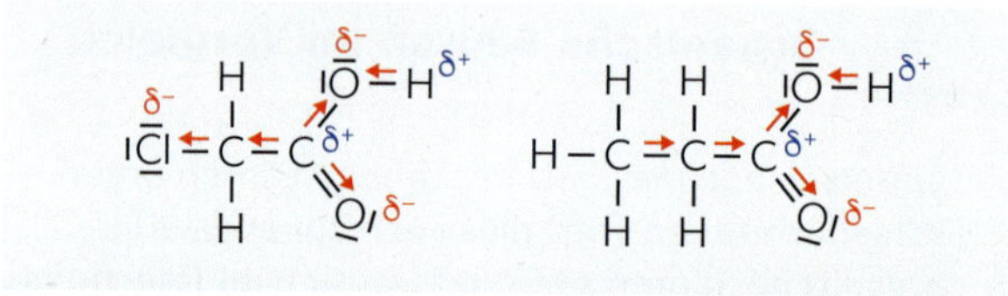

B2 Intramolekulare Elektronenverschiebungen (→): –I-Effekt im Chlorethansäure-Molekül (links) und der +I-Effekt im Propansäure-Molekül (rechts)

Der **+I-Effekt** kommt durch „elektronenschiebende“ Atome oder Atome in Atomgruppen zustande (**B2**), die negativ geladen sind oder eine niedrigere Elektronegativität aufweisen als Kohlenstoff-Atome, z. B. Alkyl- (**V2**, **V3**) und Alkenyl-Gruppen. Bei den Carbonsäure-Molekülen sorgen die Alkyl-Gruppen mit ihrem +I-Effekt dafür, dass die Elektronendichte in Richtung der O-H-Bindung der Carboxy-Gruppe verschoben wird und diese somit weniger polar ist. Dadurch wird die Abgabe eines Protons der OH-Gruppe erschwert. Je längerkettiger die Alkyl-Gruppe ist, desto stärker ist dieser Effekt und desto geringer ist die Säurestärke des Moleküls bzw. Ions. Induktive Effekte haben auch einen Einfluss auf die Basenstärke (**M4**). Mit zunehmender Anzahl der Alkyl-Reste steigt der +I-Effekt und somit auch die Basenstärke des Moleküls bzw. Ions, da die Elektronendichte am Stickstoff-Atom erhöht wird (**B3**). Dadurch kann das nicht-bindende Elektronenpaar leichter zur Bindung eines Protons genutzt werden.

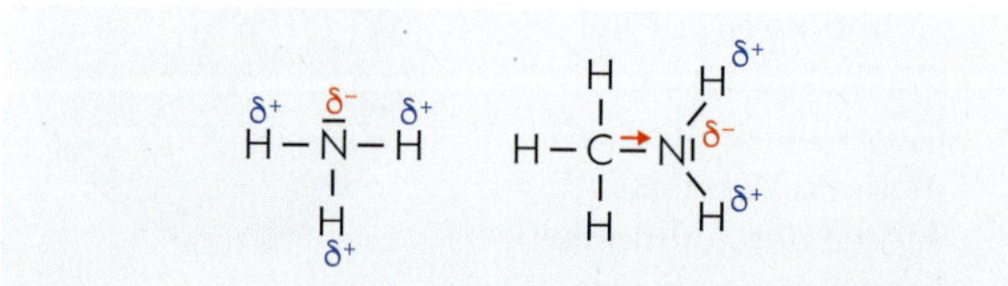

B3 Intramolekulare Elektronenverschiebungen (→): Das Ammoniak-Molekül (links) und der +I-Effekt im Aminomethan-Molekül (rechts)

Mesomere Effekte

Bei vielen organischen Verbindungen lassen sich zusätzlich zu den induktiven Effekten auch noch **mesomere Effekte** diskutieren. Allerdings nur dann, wenn sich für deren Moleküle bzw. Ionen mehrere Valenzstrichformeln angeben lassen, wobei die tatsächliche Elektronenverteilung im Molekül bzw. Ion nicht durch eine dieser Grenzstrukturen allein wiedergegeben werden kann (➡ **5**, Kap. 1). Bei bestimmten Molekülen bzw. Ionen (mit einer oder mehrerer Doppelbindungen) wie dem Ethanoat-Ion unterscheidet sich die potenzielle Energie von der potenziellen Energie, die man theoretischen Grenzstrukturen mit lokaler Elektronendichte an bestimmten Atomen zuordnen müsste. Die Ursache dieser Energieabsenkung in der tatsächlichen, delokalisierten Elektronenverteilung im Ethanoat-Ion lässt sich mithilfe **mesomerer Grenzstrukturen** beschreiben.

Die hohe Säurestärke des Ethansäure-Moleküls im Vergleich zum Ethanol-Molekül (**V3**) lässt sich durch zwei Argumente erklären, wobei dem zweiten mehr Gewicht zukommt. Zum einen mit der stärkeren Polarisierung der Hydroxy-Gruppe durch die benachbarte Carbonyl-Gruppe, denn dadurch wird Elektronendichte vom benachbarten Kohlenstoff-Atom abgezogen und die Protolyse erleichtert. Zum anderen mit der erhöhten Stabilität des bei der Protolyse entstehenden Ethanoat-Ions, denn die negative Ionenladung ist hier – anders als im Ethanolat-Ion – über die gesamte funktionelle Gruppe verteilt (**delokalisiert**) (**B4**).

Dadurch wird die Stabilität des Acetat-Ions, verglichen mit einer an einem Atom lokalisierten Ladung, erhöht, man spricht von **Mesomeriestabilisierung**.

Je mehr energetisch günstige Grenzstrukturen für die tatsächliche Elektronenverteilung in einem Molekül oder Ion formuliert werden können, desto stabiler ist dieses.

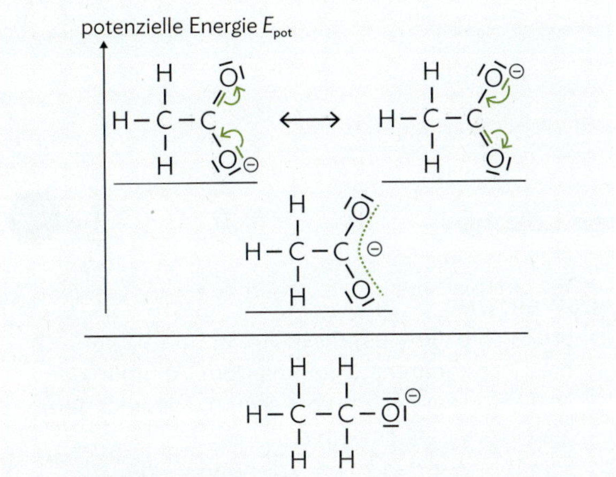

B4 Mesomeriestabilisiertes Ethanoat-Ion (oben) und das Ethanolat-Ion (unten)

Als induktive Effekte bezeichnet man die Fähigkeit bestimmter Atome oder Atomgruppen, die Elektronendichte in einer Elektronenpaarbindung zu verändern. Die Elektronegativität der Atome hat Auswirkungen auf die chemischen Eigenschaften der Verbindungen auf Teilchenebene:

- –I-Effekte, z. B. durch Halogen-Atome, Hydroxy- oder Amino-Gruppen, führen zu einer Zunahme der Säurestärke bzw. Abnahme der Basenstärke.
- +I-Effekte, z. B. durch Alkyl-Reste, führen zu einer Abnahme der Säurestärke bzw. einer Zunahme der Basenstärke.

Durch mesomere Effekte wird die Elektronenverteilung in einem konjugierten System beeinflusst. Die sogenannte Mesomeriestabilisierung hat ebenfalls einen Einfluss auf die Säure- bzw. Basenstärke.

AUFGABEN

A1 Die ungefähren pK_S-Werte der Moleküle bei organischen Verbindungsklassen ermöglichen eine Vorhersage der jeweiligen Protolysereaktionen.
a) Erläutern Sie die Bedeutung des pK_S-Wertes.
b) Ordnen Sie den Molekülen der organischen Verbindungsklassen Alkohole, Amine und Carbonsäuren die ungefähren pK_S-Werte von 5, 15 und 40 begründet zu.

A2 Ethanol-Moleküle (pK_S = 15,9) können sich sowohl als Säure als auch als Base verhalten. Benennen Sie dieses Phänomen und erklären Sie es durch die Verwendung geeigneter Reaktionsgleichungen.

A3 Recherchieren und erklären Sie die unterschiedliche Säurestärke der Moleküle von
a) Chlorethansäure und Bromethansäure bzw.
b) Ethansäure und Methansulfonsäure.

A4 Amin-Moleküle verhalten sich häufig als Basen.
a) Formulieren Sie die Reaktionsgleichung für die Protolysereaktion eines Aminomethan-Moleküls (pK_S = 40) mit einem Wasser-Molekül.
b) Leiten Sie begründet ab, ob das protonierte Aminomethan- bzw. Ammoniak-Molekül einen größeren oder kleineren pK_S-Wert als das Aminomethan-Molekül besitzt.

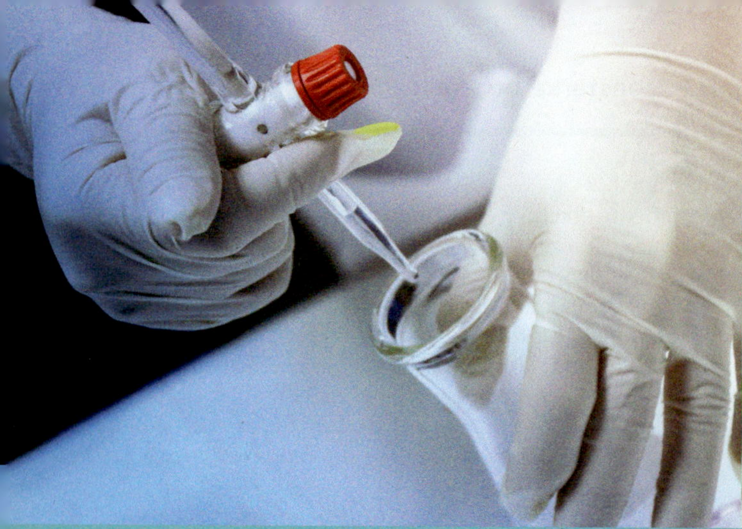

3.5 Säure-Base-Titrationen

Die Säure-Base-Titration ist ein Messverfahren der quantitativen Analyse. Die dabei erhaltenen Titrationskurven ermöglichen z. B. die exakte Konzentrationsbestimmung saurer und basischer Lösungen. Doch wie wird eine Titration experimentell durchgeführt? Und wie werden die Titrationskurven erstellt oder gar interpretiert?

3.5.1 Versuche und Material

V Konzentrationsbestimmung einer sauren Lösung

Während einer Titration verändert sich der pH-Wert der Vorlage durch die Zugabe der Maßlösung. Wie lässt sich mithilfe der Änderung des pH-Wertes der Äquivalenzpunkt bestimmen?

V1 Titrieren Sie 100 mL salzsaure Lösung (c = 0,100 mol/L) und einige Tropfen Bromthymolblaulösung mit Natriumhydroxidlösung (c = 1,00 mol/L). Verwenden Sie bei der Titration zusätzlich ein pH-Messgerät. Ermitteln Sie damit einen pH-Wert der Vorlage vor Beginn der Titration und dann jeweils nach Zugabe von 1,00 mL Natriumhydroxidlösung, solange bis Sie 18,0 mL Natriumhydroxidlösung verbraucht haben. Notieren Sie die entsprechenden pH-Werte sowie denjenigen pH-Wert, an dem sich die Farbe des Indikators ändert (Video ➥ QR 06043-022).

06043-022

V2 Wiederholen Sie **V1** mit essigsaurer Lösung (c = 0,100 mol/L) anstelle von salzsaurer Lösung und unter Verwendung von Thymolphthaleinlösung als Indikator.

AUSWERTUNG

a) Stellen Sie die Messwerte aus **V1** und **V2** grafisch dar (Koordinatensystem mit dem Volumen der Maßlösung gegen den pH-Wert) und zeichnen Sie eine Ausgleichskurve.

b) Ermitteln Sie den zu erwartenden Verbrauch an Natriumhydroxidlösung bis zum Äquivalenzpunkt in **V1** und **V2** rechnerisch mithilfe der Angaben im Durchführungstext.

c) Beschreiben Sie die Änderung der pH-Werte in den Titrationskurven aus **a)** im Bereich des Äquivalenzpunktes.

d) Vergleichen Sie die pH-Werte am Umschlagspunkt der in **V1** und **V2** verwendeten Indikatoren.

ENTSORGUNG: A, G1, G3

V Vergleich verschiedener Indikatoren

Zu chemischen Untersuchungen werden in der Analytik hauptsächlich synthetisch hergestellte Farbstoffe als Säure-Base-Indikatoren eingesetzt. Welcher Zusammenhang besteht zwischen der Farbe eines Indikators und dem pH-Wert einer Lösung?

V3 Geben Sie von den fünf wässrigen Lösungen aus **B1** jeweils einen Tropfen in eine Vertiefung einer Tüpfel- oder Zellkulturplatte. Tropfen Sie nun jeweils einen Tropfen der Universalindikatorlösung zu. Wiederholen Sie den Versuch für jeden der zur Verfügung gestellten Säure-Base-Indikatoren (Video ➡ QR 06043-023).
Hinweise: Die Konzentration der wässrigen Lösungen beträgt jeweils 1 mol/L. Als weitere Indikatoren eignen sich z. B. Bromthymolblau oder Phenolphthalein.

06043-023

AUSWERTUNG
- a) Übertragen Sie die Tabelle **B1** in Ihre Unterlagen.
- b) Bestimmen Sie für die fünf wässrigen Lösungen jeweils die Farbe der Universalindikatorlösung sowie den pH-Wert und den Charakter der Lösung (sauer, neutral, basisch).
- c) Bestimmen Sie nun die Farben der weiteren zur Verfügung gestellten Säure-Base-Indikatoren.
- d) Beurteilen Sie die verschiedenen Säure-Base-Indikatoren hinsichtlich ihrer Eignung für die Anzeige des pH-Wertes einer Lösung.

ENTSORGUNG: G1

	salzsaure Lösung	essigsaure Lösung	destilliertes Wasser	Ammoniak-lösung	Natriumhyd-roxidlösung
Universalindikatorlösung	?	?	?	?	?
pH-Wert	?	?	?	?	?
Charakter der Lösung	?	?	?	?	?
...	?	?	?	?	?

B1 Tabellarisches Ergebnis von **V3**

V Konzentrationsbestimmung einer Lösung einer starken Base

Laugengebäck wird bei der industriellen Fertigung vor dem Backen in Natriumhydroxidlösung getaucht und erhält dadurch den charakteristischen Geschmack und die braune Farbe. In welcher Konzentration kommt die Brezellauge in den Handel?

V4 Planen Sie eine Säure-Base-Titration zur Konzentrationsbestimmung der Brezellauge (Video ➡ QR 06043-024).

06043-024

AUSWERTUNG
- a) Erstellen Sie eine beschriftete Versuchsskizze für **V4** und führen Sie die Titration nach vorheriger Rücksprache mit Ihrer Lehrkraft durch.
- b) Formulieren Sie die Reaktionsgleichung der Neutralisation aus **V4**.
- c) Ermitteln Sie experimentell den Verbrauch der Maßlösung und berechnen Sie daraus die Stoffmengenkonzentration der verwendeten Brezellauge.

B2 Für Laugengebäck zum Selberbacken werden die Teigrohlinge in eine Brezellauge eingetaucht (aufgrund der geringeren Gefährlichkeit gegenüber Natriumhydroxid wird oftmals Natriumhydrogencarbonat verwendet). Dazu werden drei Esslöffel Natron (Natriumhydrogencarbonat) in 1,5 Liter Wasser aufgekocht. Natron löst sich in Wasser unter Freisetzung von Kohlenstoffdioxid und unter Bildung einer schwach basischen Lösung.

ENTSORGUNG: G1

3.5.2 Prinzip der Säure-Base-Titration

Praktische Durchführung

In der Analytik kann durch eine **Säure-Base-Titration** (**B1**) u.a. die Stoffmengenkonzentration einer sauren bzw. basischen Lösung bestimmt werden. Dazu wird die wässrige Lösung einer Säure bzw. Base in der **Vorlage**, mit einer **Maßlösung**, entweder einer starken Base bzw. Säure bekannter Stoffmengenkonzentration, durch tropfenweises Hinzufügen aus einer Bürette **neutralisiert**.

Sobald zu einer sauren Lösung gerade so viel Base hinzugegeben wurde, wie zur vollständigen Umsetzung der vorgelegten sauren Lösung erforderlich ist, d.h. sobald also **äquivalente Mengen** der Reaktanden Oxonium-Ionen und Hydroxid-Ionen in der Lösung vorliegen, ist der **Äquivalenzpunkt** (**ÄP**) erreicht und die Titration ist beendet.

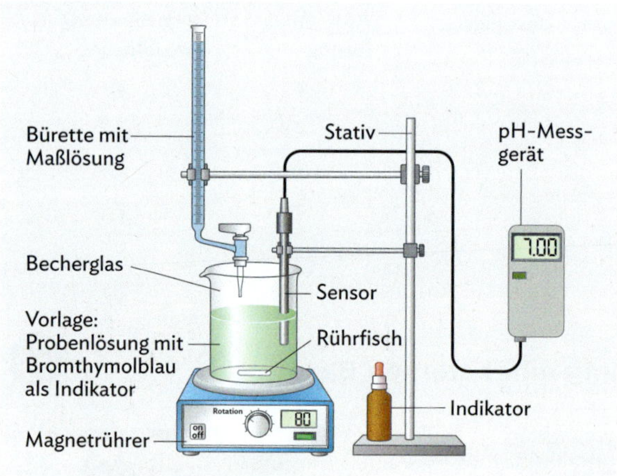

B1 Aufbau einer Säure-Base-Titration

Ermittlung des Äquivalenzpunktes

Das Erreichen des Äquivalenzpunktes wird durch einen Farbumschlag eines **Säure-Base-Indikators** sichtbar.

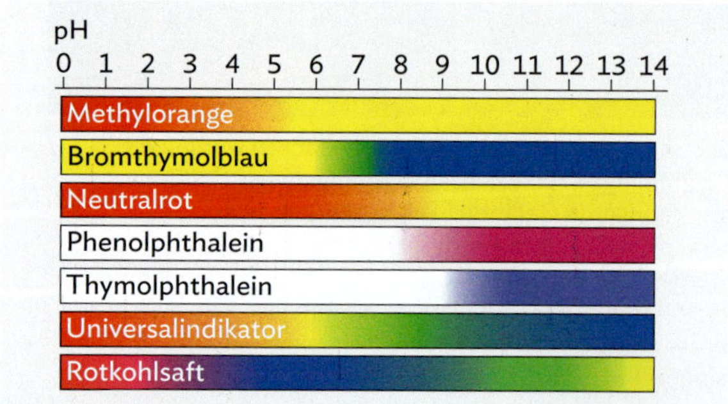

B2 Einige Beispiele für Säure-Base-Indikatoren: Farben in Abhängigkeit vom pH-Wert

Die Lage des Äquivalenzpunktes muss im **Umschlagsbereich** des Indikators liegen. Sie wirkt sich also darauf aus, welchen Indikator man für die jeweilige Titration verwenden kann (**B2**, ➡ **FM** 3.5.5).

Der Äquivalenzpunkt kann auch grafisch bestimmt werden. Bei der Titration, z.B. einer salzsauren Lösung, misst man in kontinuierlichen Abständen die Änderung des pH-Wertes in der Vorlage. Aus den Messwerten wird nun entweder durch das digitale Messwerterfassungssystem (➡ **EK** 3.5.4) eine **Titrationskurve** erstellt. Alternativ dazu werden die gemessenen pH-Werte der Vorlage auf der y-Achse gegen das Volumen der verbrauchten Maßlösung, z.B. Natriumhydroxidlösung, auf der x-Achse in einem Diagramm aufgetragen (**B3**).

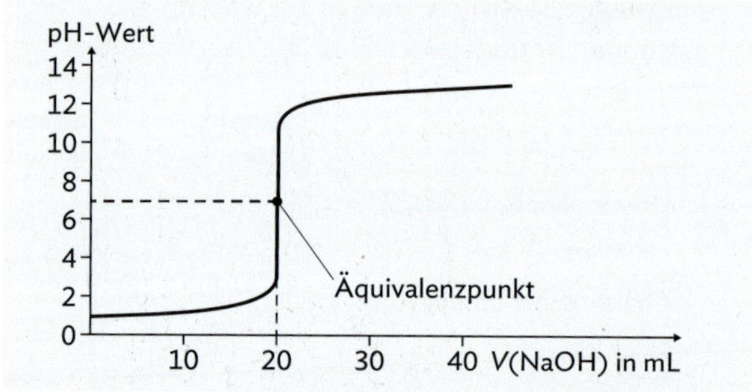

B3 Titrationskurve der Titration von salzsaurer Lösung mit Natriumhydroxidlösung

Zu Beginn der Titration liegen in der wässrigen Lösung der Vorlage fast ausschließlich Oxonium-Ionen des zu titrierenden Stoffes vor. **Starke Säuren** liegen dabei nahezu vollständig dissoziiert vor (➡ Kap. 3.3.3), der pH-Wert in der Vorlage ist deshalb recht niedrig.

Im Übergangsbereich ändert sich der pH-Wert sprunghaft und die Titrationskurve zeigt hier die größte Steigung. In der Mitte des pH-Sprungs zeigt die Kurve einen Wendepunkt. Dieser markiert den Äquivalenzpunkt der Titration (**B3**, ➡ **FM** 3.5.3).

Bestimmung unbekannter Konzentrationen

Um die Konzentration einer sauren Lösung HA zu bestimmen, wird eine Base B bekannter Stoffmengenkonzentration als Maßlösung verwendet (**B1**). Bei der Neutralisationsreaktion reagieren die Oxonium-Ionen der sauren Lösung in der Vorlage mit den zugetropften Hydroxid-Ionen der basischen Lösung praktisch vollständig zu Wasser-Molekülen:

$$H_3O^+ (aq) + OH^- (aq) \longrightarrow 2\,H_2O\ (l)$$

Am Äquivalenzpunkt liegen dabei äquivalente Mengen an Oxonium-Ionen und Hydroxid-Ionen in der Lösung vor:

$$\frac{n(H_3O^+)}{n(OH^-)} = \frac{1}{1} \Leftrightarrow n(H_3O^+) = n(OH^-)$$

Zur rechnerischen Auswertung wird die bereits bekannte Beziehung zwischen der Stoffmenge n, der Stoffmengenkonzentration c und dem Volumen V genutzt:

$$c = \frac{n}{V} \Leftrightarrow n = c \cdot V$$

Eingesetzt in das Stoffmengenverhältnis am Äquivalenzpunkt ergibt sich also (für einprotonige Säuren und Basen):

$$c(HA) \cdot V(HA) = c(B) \cdot V(B)$$

Beispiel: Vor der Durchführung einer Titration sind zwei der Größen in der Gleichung bekannt: die Stoffmengenkonzentration der Maßlösung $c_0(B) = c_0(NaOH) =$ 0,100 mol/L und das Volumen der Lösung in der Vorlage $V(HA) = V(HCl) =$ 35,0 mL. Während der Titration wird das bis zum Erreichen des Äquivalenzpunktes nötige Volumen der Maßlösung experimentell bestimmt: $V(B) = V(NaOH) =$ 20,0 mL.
Nun kann durch Umformen der Gleichung und Einsetzen der bekannten Werte die gesuchte Stoffmengenkonzentration errechnet werden:

$$c_0(HA) = c_0(HCl) = \frac{c_0(NaOH) \cdot V(NaOH)}{V(HCl)} =$$

$$\frac{0{,}10\ \text{mol/L} \cdot 0{,}020\ \text{L}}{0{,}035\ \text{L}} \approx 0{,}057\ \text{mol/L}$$

pK_S-Wertbestimmung durch Halbtitration

Bei der **Halbtitration** handelt es sich um ein analytisches Verfahren, um den pK_S-Wert einer schwachen Säure zu bestimmen. Betrachtet werden Säuren wie z. B. die Ethansäure, welche in wässriger Lösung nur teilweise dissoziiert vorliegen:

$$CH_3COOH\ (l) + H_2O\ (l) \rightleftharpoons CH_3COO^-\ (aq) + H_3O^+\ (aq)$$

Die saure Lösung bekannter Konzentration wird mit basischer Maßlösung ebenfalls bekannter Konzentration bis zum Äquivalenzpunkt titriert (**B4**, V(ÄP)). Bei der Hälfte dieses Volumens findet sich der erste Wendepunkt der Kurve, an dem die Steigung am geringsten ist. Hier liegt der **Halbäquivalenzpunkt** (**HÄP**, ➡ **FM** 3.5.3), bei welchem gilt:

$c(CH_3COOH) = c(CH_3COO^-)$ bzw. pH = pK_S

Der zugehörige pH-Wert entspricht also dem pK_S-Wert der schwachen Säure. Analog dazu kann auch der pK_B-Wert einer schwachen Base durch eine Halbtitration ermittelt werden. Es gilt: pH = pK_B.

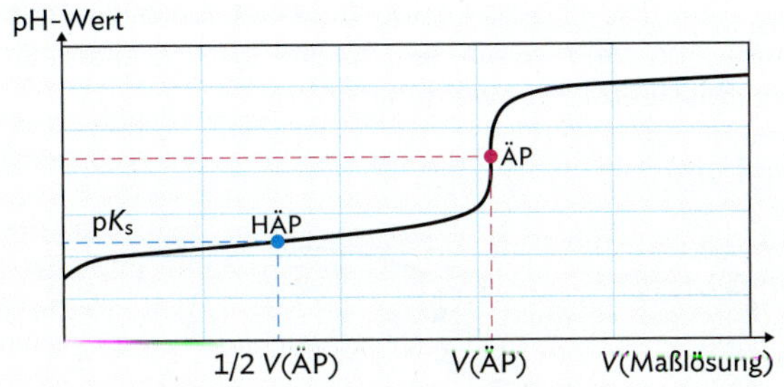

B4 Halbtitration zur pK_S-Wertbestimmung

Bei einer Titration wird der Äquivalenzpunkt einer Säure-Base-Reaktion bestimmt, um zwei Informationen zu gewinnen:
- Da am Äquivalenzpunkt äquivalente Mengen an Oxonium- und Hydroxid-Ionen in der Lösung vorliegen, lässt sich daraus die Stoffmengenkonzentration einer sauren oder basischen Lösung berechnen.
- Da am Halbäquivalenzpunkt pH = pK_S gilt, kann so der pK_S-Wert einer schwachen Säure ermittelt werden. Analog dazu funktioniert das auch für den pK_B-Wert einer schwachen Base.

AUFGABEN

A1 Die Zahlenwerte der Tabelle in **B5** wurden bei einer Säure-Base-Titration erhalten. Erstellen Sie eine Titrationskurve und geben Sie begründet an, welche Art von Lösung als Maßlösung eingesetzt wurde.

V(Maßlösung) in mL	0	1	5	10	15	20	25	30	35	40	45
pH-Wert	2,5	2,9	3,8	4,5	10,5	10,7	11,2	12	12,5	12,8	13

B5 Werte einer Säure-Base-Titration

A2 40,0 mL Kaliumhydroxidlösung sollen mit salzsaurer Lösung (c = 0,500 mol/L) titriert werden.

a) Planen Sie diese Säure-Base-Titration. Nennen Sie einen für diese Titration geeigneten Indikator und begründen Sie Ihre Wahl. *Hinweis:* Der Indikator schlägt bei pH = 7 um.

b) Nach einem Verbrauch von 15,0 mL salzsaurer Lösung schlägt der Indikator um. Berechnen Sie die Konzentration der Kaliumhydroxidlösung.

3.5.3 Eine Titrationskurve auswerten

Der Operator „auswerten" fordert dazu auf, Daten, Einzelergebnisse oder andere Elemente in einen Zusammenhang zu stellen, gegebenenfalls zu einer Gesamtaussage zusammenzuführen und Schlussfolgerungen zu ziehen. Die Form und der Verlauf einer Titrationskurve sind bei der Titration einer sauren Lösung mit der Lösung einer Base abhängig von der Stärke der verwendeten Säure und Base. *Beispiel:* Eine salzsaure (①) bzw. essigsaure Lösung (②) wird jeweils mit einer Lösung von Natriumhydroxid titriert (**B1**). Natriumhydroxid ist ein Salz, enthält jedoch die starke Base Hydroxid-Ion. Eine Natriumhydroxidlösung kann daher vereinfacht als eine Lösung einer starken Base betrachtet werden.

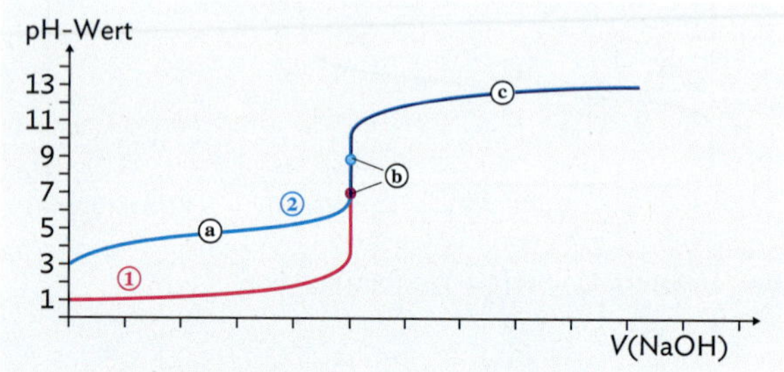

B1 Titrationskurven der Titration von salzsaurer (rosa) und essigsaurer Lösung (blau) mit Natriumhydroxidlösung (je c = 0,1 mol/L)

Ermitteln Sie die charakteristischen Punkte der Titrationskurven. Beschreiben und interpretieren Sie deren Verlauf.

VORGEHEN

1. **Ermittlung des Äquivalenzpunktes (ÄP) der Titration mithilfe der Tangentenmethode (B2):** Zeichnen Sie im Bereich der größten Krümmung vor und nach dem Bereich der maximalen Steigung zwei parallele Tangenten an den Graphen (1 und 2). Verbinden Sie diese durch eine auf beiden Tangenten senkrecht liegende Strecke. Der Schnittpunkt der Mittelsenkrechten dieser Strecke (3) mit dem Graphen entspricht dem gesuchten Äquivalenzpunkt.

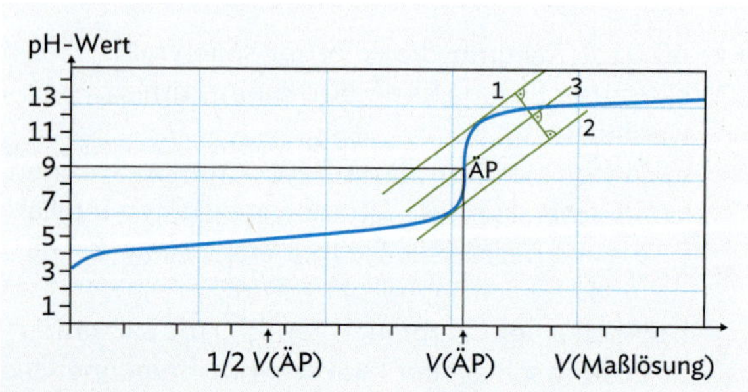

B2 Tangentenmethode

Beispiel: Der Äquivalenzpunkt von essigsaurer Lösung liegt im basischen Bereich bei pH = 9, der Äquivalenzpunkt von der salzsauren Lösung liegt bei pH = 7 im Neutralen (**B3**).

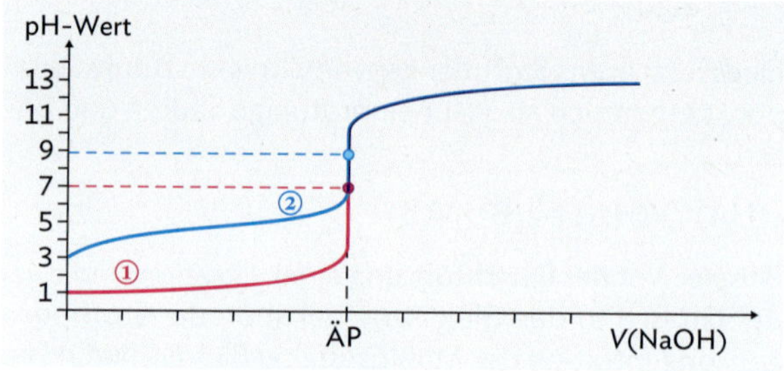

B3 Äquivalenzpunkte der Titration von salzsaurer und essigsaurer Lösung mit Natriumhydroxidlösung (je c = 0,1 mol/L)

2. **Ermittlung des Halbäquivalenzpunktes (HÄP) der Titration:** Bei der Titration der Lösungen schwacher Säuren ist zusätzlich der Halbäquivalenzpunkt von Bedeutung (➡ Kap. 3.5.2). Bestimmen Sie die Koordinaten des Punktes an der Stelle, die dem halben Volumen des Äquivalenzpunktes entspricht. *Beispiel:* Für die essigsaure Lösung liegt der Halbäquivalenzpunkt bei einem pH-Wert von 4,75 (**B4**).

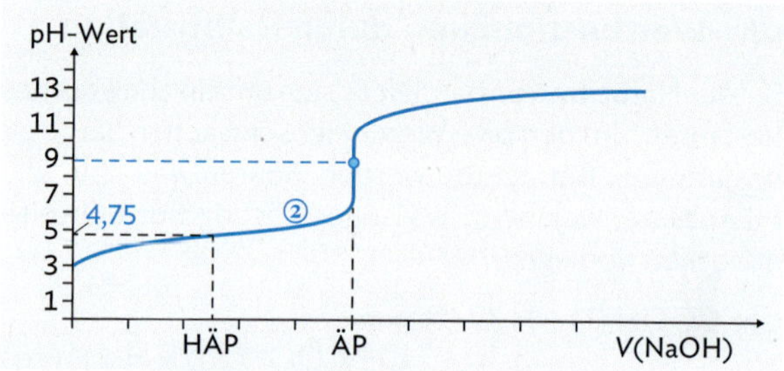

B4 Äquivalenz- und Halbäquivalenzpunkt der Titration von essigsaurer Lösung mit Natriumhydroxidlösung (je c = 0,1 mol/L)

3. **Beschreibung der Titrationskurven (B1):** Titrationskurven lassen sich typischerweise in drei Abschnitte einteilen. Der Verlauf der Titrationskurve von Lösungen starker Säuren oder Basen ähnelt einem „S" (①). Titrationskurven mit Lösungen schwacher Säuren oder Basen weisen dagegen einen 2. Wendepunkt auf (②).
   a. Beginnen Sie mit dem Abschnitt ⓐ: Vor der Zugabe der Maßlösung bestimmt die Probenlösung den Start-pH-Wert der Titration. Durch Zugabe der Maßlösung ändert sich der pH-Wert kontinuierlich. Bei Lösungen schwacher Säuren oder Basen ändert sich sogar das Krümmungsverhalten des Graphen.

b. Beschreiben Sie nun den Abschnitt ⓑ: Man sieht einen sprunghaften Anstieg des pH-Wertes. Bei Zugabe von Maßlösung über den Äquivalenzpunkt hinaus nähert er sich asymptotisch dem End-pH-Wert an.

c. Schließen Sie die Beschreibung mit Abschnitt ⓒ: Am Endpunkt wird der pH-Wert in der Probenlösung durch die Konzentration der zugegebenen Maßlösung bestimmt.

Beispiel ①:
Bei der Titration von salzsaurer Lösung mit Natriumhydroxidlösung liegt ein Start-pH-Wert von 1 vor. Im Verlauf der Titration ändert sich der pH-Wert zunächst nur gering, steigt aber stetig. Kurz vor dem Äquivalenzpunkt steigt er sprunghaft und nähert sich bei weiterer Zugabe von Natriumhydroxidlösung asymptotisch einem pH-Wert von 13 an.

4. **Interpretation der Titrationskurven (B1)**: Die drei Abschnitte einer Titrationskurve lassen sich auf der Teilchenebene erklären.
   a. Startpunkt ⓐ: Es liegen nur die Ionen der Probenlösung vor. Je mehr Ionen durch die Maßlösung dazu kommen, desto mehr Ionen aus der Probenlösung werden neutralisiert und der pH-Wert ändert sich kontinuierlich. Bei Lösungen schwacher Säuren oder Basen ändert sich anschließend bei weiterer Zugabe der Maßlösung der pH-Wert kaum, da die bei der Neutralisationsreaktion entstehenden Ionen am Halbäquivalenzpunkt als Puffer wirken.
   b. Äquivalenzpunkt ⓑ: Kurz vor dem Wendepunkt sind nur noch wenig Ionen aus der Probe in der Lösung. Daher sieht man einen sprunghaften Anstieg des pH-Wertes. Bei Zugabe von Maßlösung über den Äquivalenzpunkt hinaus nimmt die Konzentration ihrer Ionen zu.
   c. Endpunkt ⓒ: Es liegen nur noch die Ionen der Maßlösung und die Anionen der Probenlösung vor.

Beispiel ①:
Am Startpunkt der Titration liegen in der salzsauren Lösung nahezu ausschließlich Oxonium-Ionen vor, da eine starke Säure vollständig dissoziiert. Während der Zugabe der Natriumhydroxidlösung sieht man erst kaum eine Änderung des pH-Wertes. Je mehr Hydroxid-Ionen dazu kommen, desto mehr Oxonium-Ionen werden neutralisiert. Kurz vor dem Wendepunkt sind nur noch wenig Oxonium-Ionen in der Lösung. Daher sieht man einen sprunghaften Anstieg des pH-Wertes. Der Wendepunkt des Graphen ist der Äquivalenzpunkt. Hier ist die Stoffmenge der Oxonium-Ionen gleich der Stoffmenge der Hydroxid-Ionen. Der pH-Wert ist 7, da nur Wasser und ein neutrales Salz in der Lösung vorliegen. Nach dem Äquivalenzpunkt sind neben Natrium- und Chlorid-Ionen nur noch Hydroxid-Ionen in der Lösung vorhanden. Zuerst wenige, dann immer mehr. Der pH-Wert steigt also bis zum Endpunkt stark an.

Die Verläufe von Titrationskurven starker und schwacher Säuren können tabellarisch zusammengefasst werden (**B5**). Ein Arbeitsblatt dazu finden Sie unter ➡ QR 06043-025.

06043-025

Zugabe der Maßlösung „starke Base“	pH-Wert in der Vorlage „starke Säure“	pH-Wert in der Vorlage „schwache Säure“
Startpunkt	$pH = -\lg\{c_0(HA)\}$	$pH = \frac{1}{2} \cdot (pK_S - \lg\{c_0(HA)\})$
HÄP	–	$pH = pK_S$
ÄP	7	$pH = 14 - \frac{1}{2} \cdot (pK_B - \lg\{c_0(A^-)\})$
Endpunkt	strebt asymptotisch gegen $pH = 14 + \lg\{c_0(B)\}$	strebt asymptotisch gegen $pH = 14 + \lg\{c_0(B)\}$
Wendepunkt(e)	ein Wendepunkt: ÄP	zwei Wendepunkte: HÄP und ÄP

B5 Verlauf von Titrationskurven der Lösungen starker und schwacher Säuren

AUFGABEN

A1 Interpretieren Sie den Kurvenverlauf einer Titrationskurve von essigsaurer Lösung mit Natriumhydroxidlösung (jeweils c = 0,1 mol/L) (②) mithilfe des gegebenen Beispiels (①). *Hinweis:* Formulierungshilfen finden Sie unter ➡ QR 06043-026.

06043-026

A2 Die Titrationskurve in **B6** zeigt die Titration von 50 mL einer basischen Lösung (c unbekannt) mit einer salzsauren Lösung (c = 0,1 mol/L). Interpretieren Sie den Kurvenverlauf. Ermitteln Sie den Halbäquivalenzpunkt und leiten Sie begründet die schwache Base ab, die hier titriert wurde.

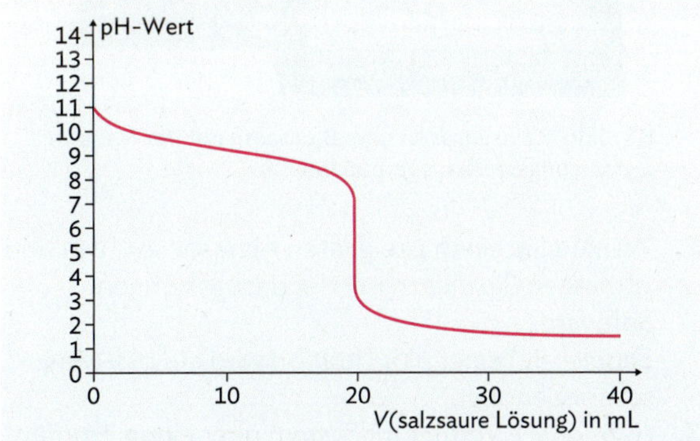

B6 Titrationskurve einer basischen Lösung mit einer salzsauren Lösung

3.5.4 Messwerte einer Titration digital erfassen

Bei der Durchführung einer Säure-Base-Titration müssen teilweise sehr viele Messwerte erfasst werden, etwa die pH-Werte in Relation zum zugegebenen Volumen der Maßlösung. Saure und basische Lösungen sind besonders gut elektrisch leitfähig, ihre Neutralisationsreaktionen verlaufen exotherm. Alternativ zur pH-Werterfassung ist deshalb auch eine Konzentrationsbestimmung mittels Leitfähigkeits- oder Temperaturerfassung möglich. Die digitale Messwerterfassung ermöglicht eine schnellere und präzisere Aufnahme dieser Werte als dies von Hand möglich ist.

VORGEHEN

1. Informieren Sie sich über die durchzuführende Titration und die Funktionsweise Ihres Messwerterfassungssystems: Es gibt Messwerterfassungssysteme, bei denen ein Sensor über Bluetooth mit der Messwerterfassungssoftware auf einem Smartphone oder Tablet verbunden wird (**B1**), andere werden z. B. über USB an einen Computer angeschlossen, auf dem die notwendige Software ausgeführt wird.
   Beispiel: Erfassen Sie mit einem geeigneten Messwerterfassungssystem die pH-Werte einer Säure-Base-Titration in digitaler Weise.

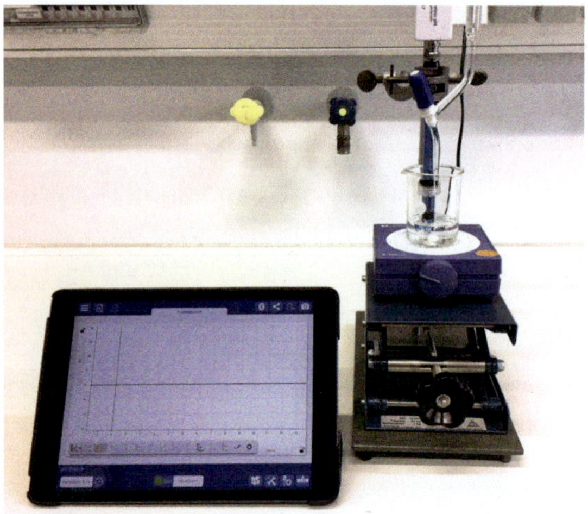

B1 Ein Messsensor ist über Bluetooth mit der Messwerterfas-sungssoftware verbunden.

2. Wählen Sie einen geeigneten Messsensor (**B2**) und verbinden Sie diesen mit der dazugehörigen Software.
   Beispiel: Bei einer pH-Titration wird ein pH-Messsensor benötigt.
3. (Optional): Verfügt Ihr System über einen Tropfenzähler, so verbinden Sie diesen ebenfalls mit der Software.
4. Stellen Sie in der Messwerterfassungssoftware die Parameter ein, die Sie messen wollen.
   Beispiel: pH-Wert als Parameter auswählen.
5. Führen Sie vor der Titration einen Probedurchlauf durch. Dazu können Sie den pH-Wert von entsprechenden Pufferlösungen messen. Dies stellt sicher, dass die digitale Messwerterfassung auch tatsächlich Messwerte erfasst, die für Sie relevant sind.

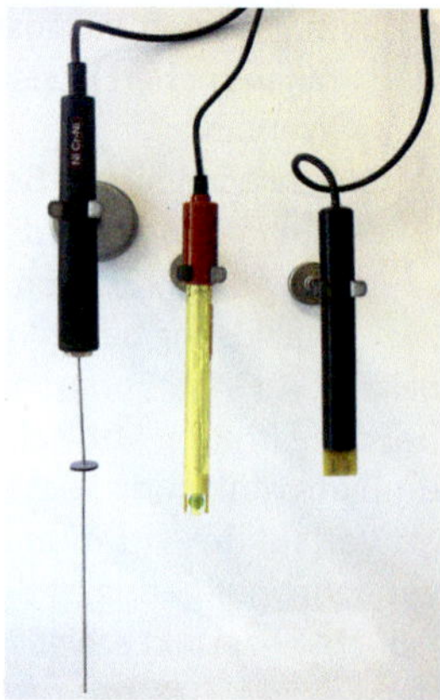

B2 Mögliche Messsensoren für Temperatur, pH-Wert und Leitfähigkeit

6. Führen Sie die Titration mithilfe der Messwerterfassung durch. Beachten Sie, dass Sie – sofern kein Tropfenzähler vorhanden ist – die Zutropfgeschwindigkeit nicht mehr ändern.
7. Werten Sie Ihre Ergebnisse mithilfe der Messwerterfassungssoftware aus.

AUFGABEN

A1 Nennen die Sie Vor- und Nachteile der digitalen Messwerterfassung einer Titration.

A2 Beurteilen Sie die Einsatzmöglichkeiten einer digitalen Messwerterfassung und nennen Sie mögliche Fehlerquellen während der Durchführung.

A3 Werten Sie die Ergebnisse der Messwerterfassungssoftware in **B3** aus (➥ **FM** 3.5.3).

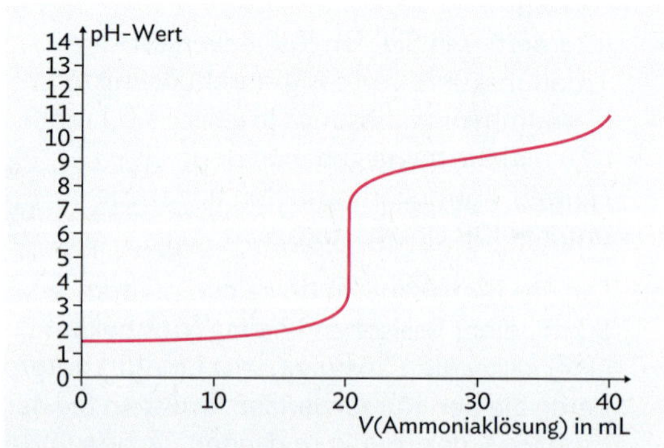

B3 Titrationskurve von salzsaurer Lösung mit Ammoniaklösung

3.5.5 Einen geeigneten Indikator für eine Titration auswählen

Farbstoffe, die durch Farbänderung im sogenannten Umschlagsbereich den sauren, neutralen oder basischen Charakter einer Lösung anzeigen, nennt man Säure-Base-Indikatoren (➥ Kap. 3.5.2).
Für eine Säure-Base-Titration ist ein Indikator immer dann geeignet, wenn der pH-Wert des Äquivalenzpunktes (ÄP) innerhalb dessen Umschlagsbereiches liegt. Bereits vor der Versuchsdurchführung ist deshalb die konkrete Wahl eines geeigneten Indikators von entscheidender Bedeutung.

VORGEHEN

1. Recherchieren Sie die Säure- und Basenstärke der Moleküle der verwendeten Stoffe (**B1**).
Beispiel: Salzsaure Lösung einer unbekannten Konzentration wird mit Natriumhydroxidlösung als Maßlösung titriert. Das Wasserstoffchlorid-Molekül hat ein pK_S-Wert von –7 und die Hydroxid-Ionen des Natriumhydroxids einen pK_B-Wert von 0.

Säure	Säurenstärke pK_S	Basenstärke pK_B	korrespondierende Base
HCl	-7,00	21,00	Cl^-
H_2SO_4	-3,00	17,00	HSO_4^-
H_3O^+	0	14,00	H_2O
H_2SO_3	1,85	12,15	HSO_3^-
H_3PO_4	2,16	11,84	$H_2PO_4^-$
HCOOH	3,75	10,25	$HCOO^-$
CH_3COOH	4,75	9,25	CH_3COO^-
H_2CO_3	6,35	7,65	HCO_3^-
H_2S	7,05	6,95	HS^-
HSO_3^-	7,20	6,80	SO_3^{2-}
$H_2PO_4^-$	7,21	6,79	HPO_4^{2-}
NH_4^+	9,25	4,75	NH_3
HCN	9,21	4,79	CN^-
H_2O	14,00	0	OH^-
OH^-	24,00	-10,00	O^{2-}

B1 pK_S- und pK_B-Werte ausgewählter Säuren und Basen

2. Leiten Sie daraus ab, ob es sich bei den Molekülen der eingesetzten Stoffen um starke Säuren und Basen bzw. schwache Säuren und Basen handelt (➥ Kap. 3.3.3, **B3**).
Beispiel: Das Wasserstoffchlorid-Molekül ist eine starke Säure, das Hydroxid-Ion eine starke Base.

3. Beurteilen Sie, um welchen der drei in der Praxis verwendeten Fälle es sich handelt und in welchem Bereich somit der Äquivalenzpunkt liegen wird:
1. Fall: „starke Säure"/„starke Base"
→ ÄP im neutralen Bereich
2. Fall: „starke Säure"/„schwache Base"
→ ÄP im sauren Bereich
3. Fall: „schwache Säure"/„starke Base"
→ ÄP im basischen Bereich

Beispiel: Es liegt der 1. Fall vor und der ÄP liegt im neutralen Bereich.
Hinweise: Bei den genannten Fällen reagieren jeweils Lösungen der Säuren und Basen. Bei einer denkbaren 4. Möglichkeit („schwache Säure"/„schwache Base") zeigt die Titrationskurve keine steile Änderung für die pH-Werte. Diese Titrationen finden keine praktische Anwendung.

4. Wählen Sie nun begründet aus **B2** einen geeigneten Indikator für die Titration aus.

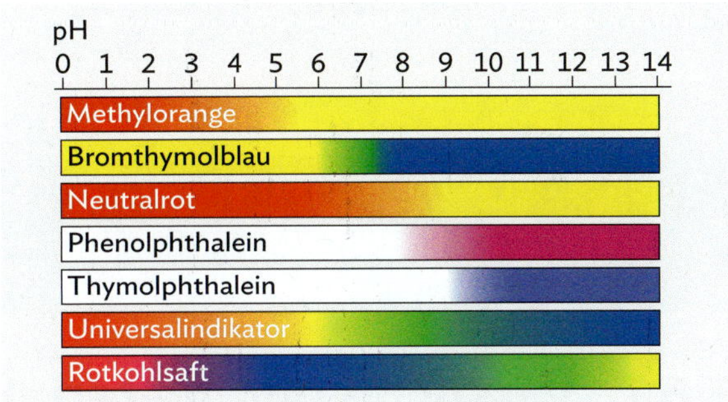

B2 Farben einiger Indikatoren in Abhängigkeit vom pH-Wert

Beispiel: Da der Umschlagsbereich des Indikators in der Nähe des Äquivalenzpunktes liegen muss, kommt nur Bromthymolblau als Indikator in Frage.

AUFGABEN

A1 Beschreiben Sie die für den Beispielversuch zu beobachtende Farbänderung des verwendeten Indikators.

A2 Geben Sie begründet einen geeigneten Indikator für die Titration von essigsaurer Lösung mit Kaliumhydroxidlösung an.

A3 Ein Laborant plant für die Titration von Ammoniaklösung mit salzsaurer Lösung den Einsatz von Bromthymolblau als Indikator. Beurteilen Sie die Eignung dieses Indikators für die Titration.

A4 Planen Sie eine Säure-Base-Titration, um die unbekannte Konzentration einer Ammoniaklösung zu ermitteln.

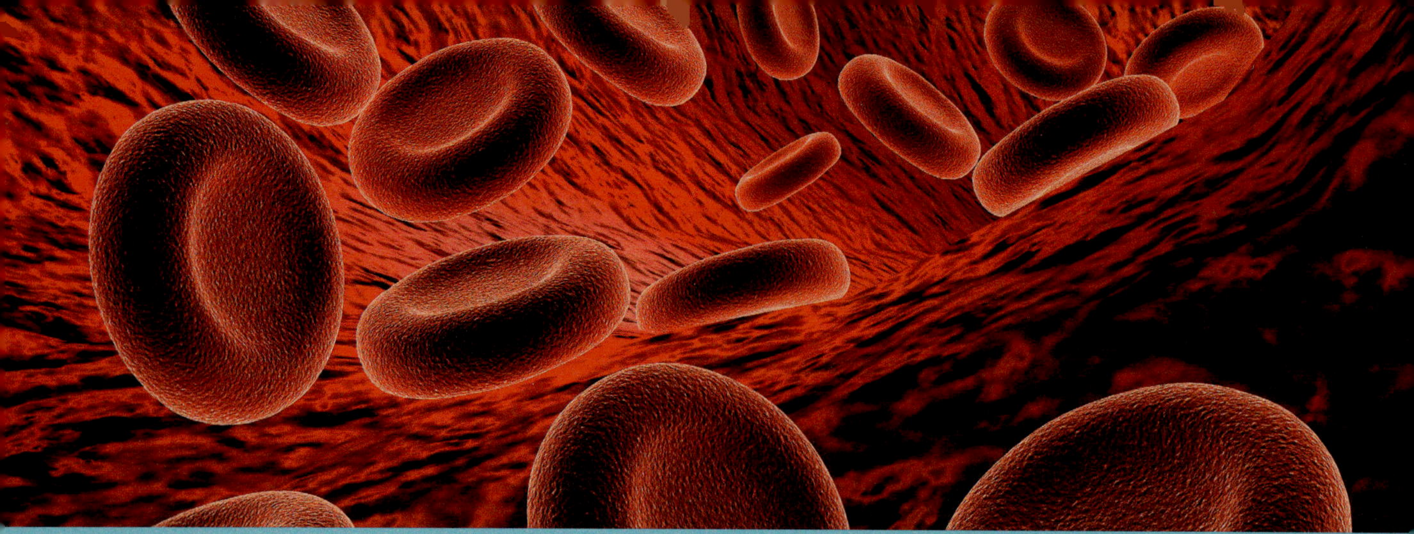

3.6 Puffersysteme

Es ist lebenswichtig, dass der pH-Wert des menschlichen Blutes im Bereich von 7,4 ± 0,05 bleibt. Zu starke Schwankungen stören wichtige Enzymreaktionen und können Herzrhythmusstörungen oder Bewusstlosigkeit hervorrufen. Der Säure-Base-Haushalt des Blutes wird maßgeblich durch die Ernährung beeinflusst: Zitronen schmecken sauer, aber ihre Mineralstoffe wirken basisch im Blut. Beim Kaffeetrinken werden sauer wirkende Mineralstoffe resorbiert. Wie kompensiert der menschliche Körper diese Einflüsse?

3.6.1 Versuche und Material

V Modellexperiment – pH-Wert des Blutes

Während der Verdauung werden ständig Mineralstoffe resorbiert, die sauer oder basisch wirken. Der pH-Wert des Blutes muss aber in einem sehr schmalen pH-Bereich bleiben. Warum können wir trotzdem bedenkenlos essen?

LV1 Die Modellsubstanz für das Blutplasma umfasst drei Komponenten: destilliertes Wasser, Proteinlösung aus 2 g Eiklarpulver in 150 mL destilliertem Wasser und Elektrolytlösung aus 2,67 g $Na_2HPO_4 \cdot 2\,H_2O$ und 1,17 g $NaH_2PO_4 \cdot 2\,H_2O$ in 150 mL destilliertem Wasser. Von jeder Lösung werden jeweils 2 mL in drei Vertiefungen einer Zellkulturplatte gefüllt. Anschließend werden zwei Tropfen Bromthymolblaulösung hinzugegeben. Zu je einer der Lösungen wird salzsaure Lösung und zu je einer weiteren Natriumhydroxidlösung getropft (je c = 0,1 mol/L). Die übrigen drei Lösungen dienen je als Farbvergleich.

AUSWERTUNG

a) Recherchieren Sie die Bestandteile von Blutplasma. Ordnen Sie die drei Lösungen der Modellsubstanz aus **LV1** ihren realen Komponenten zu.
b) Diskutieren Sie Vor- und Nachteile der Verwendung einer Modellsubstanz.
c) Vergleichen Sie die Wirkung einer sauren bzw. basischen Lösung auf die Komponenten der Modellsubstanz aus **LV1**.
d) Interpretieren Sie die Ergebnisse des Modellexperiments in **LV1** im Kontext: Erklären Sie die besondere Fähigkeit des Blutes bei der Aufnahme von Mineralstoffen.

ENTSORGUNG: A, G1

V Puffersysteme

Blutplasma ist ein Puffersystem, in dem verschiedene Ionen gelöst sind. Pufferlösungen sind also besondere Salzlösungen. Aus welchen Bestandteilen besteht ein Puffersystem auf Teilchenebene? Welche Bestandteile des Blutplasmas sind für die Pufferwirkung verantwortlich?

V2 *Hinweis:* Eine arbeitsteilige Durchführung ist sinnvoll.

Stellen Sie jeweils 100 mL der folgenden Lösungen a) bis c) her. Die Lösungen a) bis c) sollen jeweils eine Konzentration von c = 0,1 mol/L haben.

1 a) essigsaure Lösung HAc
1 b) Natriumacetatlösung Ac^-
1 c) Natriumchloridlösung NaCl
1 d) destilliertes Wasser

2 a) Natriumdihydrogenphosphatlösung $H_2PO_4^-$
2 b) Natriumhydrogenphosphatlösung HPO_4^{2-}
2 c) Natriumchloridlösung NaCl
2 d) destilliertes Wasser

3 a) Natriumhydrogencarbonatlösung HCO_3^-
3 b) Natriumcarbonatlösung CO_3^{2-}
3 c) Natriumchloridlösung NaCl
3 d) destilliertes Wasser

Bestimmen Sie die pH-Werte der Lösungen mit einem pH-Meter (Vorgehen ➥ QR 06043-027).

06043-027

V3 Ermitteln Sie die Bestandteile eines Puffersystems experimentell. Nutzen Sie jeweils 25 mL der Lösungen a) bis c) und 25 mL destilliertes Wasser als Referenz. Prüfen Sie experimentell, ob ein Puffersystem vorliegt:

Geben Sie in 0,5 mL-Schritten zu jeder potenziellen Pufferlösung salzsaure Lösung bzw. Natriumhydroxidlösung (je c = 1 mol/L) zu. Bestimmen Sie jeweils den pH-Wert.

Hinweis: Kombinieren Sie die Lösungen a) bis d) geschickt, wenn keine der Lösungen ein Puffersystem ergibt.

AUSWERTUNG

a) Übertragen Sie die Tabelle **B1** in Ihre Unterlagen und notieren Sie die unter **V2** und **V3** gemessenen pH-Werte vor und nach Zugabe von salzsaurer Lösung bzw. Natriumhydroxidlösung. Vergleichen Sie die Änderungen der gemessenen pH-Werte.

b) Geben Sie den Charakter der Lösungen a) bis c) an. Ordnen Sie die gelösten Teilchen in das Säure-Base-Konzept nach BRØNSTED (➥ Kap. 3.1) ein.

c) Vergleichen Sie die Pufferlösungen der drei Gruppen. Leiten Sie anhand ihrer Gemeinsamkeiten die Bestandteile eines Puffersystems auf Teilchenebene her.

d) Geben Sie begründet an, welches der drei Puffersysteme im Blutplasma vorliegt.

e) Im Blut sorgt unter anderem das Kohlensäure-Hydrogencarbonat-Puffersystem für einen konstanten pH-Wert. Dabei spielen die folgenden Protolysegleichgewichte eine wichtige Rolle:

Ausscheidung über die Lunge
$$CO_2 + H_2O \rightleftharpoons H_2CO_3$$
$$H_2CO_3 + H_2O \rightleftharpoons HCO_3^- + H_3O^+$$
Ausscheidung über die Niere

Erläutern Sie die Veränderung des pH-Wertes, die bei einer Hyperventilation auftritt. Dabei wird zunehmend Kohlenstoffdioxid abgeatmet.

f) Erläutern Sie die Erhöhung des pH-Wertes durch basische Stoffwechselprodukte anhand von Reaktionsgleichungen.

ENTSORGUNG: G1

pH-Wert	zu Beginn	nach Zusatz von salzsaurer Lösung				nach Zusatz von Natriumhydroxidlösung			
		0,5 mL	1 mL	1,5 mL	2 mL	0,5 mL	1 mL	1,5 mL	2 mL
Lösung a	?	?	?	?	?	?	?	?	?
Lösung b	?	?	?	?	?	?	?	?	?
Lösung c	?	?	?	?	?	?	?	?	?
destilliertes Wasser	?	?	?	?	?	?	?	?	?

B1 Tabelle zu **V2** und **V3**

3.6.2 Wirkungsweise eines Puffersystems

Puffersysteme auf Stoffebene

Blut hat einen durchschnittlichen pH-Wert von 7,4. Bereits kleinste Abweichungen von diesem Wert haben klinisch relevante Konsequenzen: Sinkt der pH-Wert unter 7,35 wird eine Übersäuerung oder Azidose diagnostiziert, bei pH-Werten über 7,45 liegt eine Alkalose vor. Beide Krankheitsbilder sind lebensbedrohlich.
Um eine drastische pH-Wertänderung in diesem sensiblen System zu verhindern, enthält das Blutplasma ein sogenanntes **Puffersystem** (**Säure-Base-Puffer**). Puffersysteme sind Lösungen, deren pH-Wert sich bei einer Aufnahme oder Abgabe von sauren oder basischen Lösungen zunächst nur geringfügig verändert (**LV1**).

Puffersysteme auf Teilchenebene

Im Blut spielen verschiedene Puffersysteme eine Rolle. Neben dem **Kohlensäure-Hydrogencarbonat-Puffersystem** sorgt der **Hydrogenphosphat-Puffer** für einen konstanten pH-Wert. Alle Pufferlösungen sind Salzlösungen. Sie enthalten eine **schwache Säure HA** und ihre **korrespondierende Base A⁻** (**B1**).
Je nach Wahl der korrespondierenden Säure-Base-Paare hat die Pufferlösung einen sauren, basischen oder neutralen Charakter (**V2**). Liegen die korrespondierenden Säure-Base-Paare mit gleicher Stoffmenge vor, ist der Puffer **äquimolar**.

06043-028

Puffersystem	Puffer-säure	Puffer-base	pH-Wert
Essigsäure-Acetat-Puffer	HAc	Ac^-	4,75
Hydrogencarbonat-Carbonat-Puffer	HCO_3^-	CO_3^{2-}	10,33
Dihydrogenphosphat-Hydrogenphosphat-Puffer	$H_2PO_4^-$	HPO_4^{2-}	7,21
Ammonium-Ammoniak-Puffer	NH_4^+	NH_3	9,25

B1 Korrespondierende Säure-Base-Paare in Puffersystemen ➥ QR 06043-028 (*Hinweis:* pH-Wert gilt für äquimolaren Puffer)

Mechanismus eines Puffersystems

Alle Pufferlösungen tolerieren die Zugabe von Oxonium- oder Hydroxid-Ionen zunächst ohne eine drastische Änderung ihres eigenen pH-Wertes. In wässriger Lösung herrscht ein Protolysegleichgewicht (➥ Kap. 3.1) zwischen der **Puffersäure** und der **Pufferbase**.
Im Blut sind die Dihydrogenphosphat-Ionen und die Hydrogenphosphat-Ionen (Hydrogenphosphat-Puffer) im chemischen Gleichgewicht:

$$H_2PO_4^- (aq) + H_2O (l) \rightleftharpoons HPO_4^{2-} (aq) + H_3O^+ (aq)$$

Bei Zugabe einer sauren Lösung wird die Konzentration der Oxonium-Ionen erhöht. Das Puffersystem kompensiert diese Veränderung nach dem Prinzip von LE CHATELIER (➥ **23**, Kap. 1), indem die Rückreaktion des Gleichgewichts vermehrt abläuft: Die Oxonium-Ionen übertragen ein Proton auf die Pufferbase HPO_4^{2-}. Dabei bilden sich Wasser-Moleküle und die Puffersäure $H_2PO_4^-$. Ein neues Gleichgewicht, das vermehrt die Edukte bildet, stellt sich ein (**B2**).

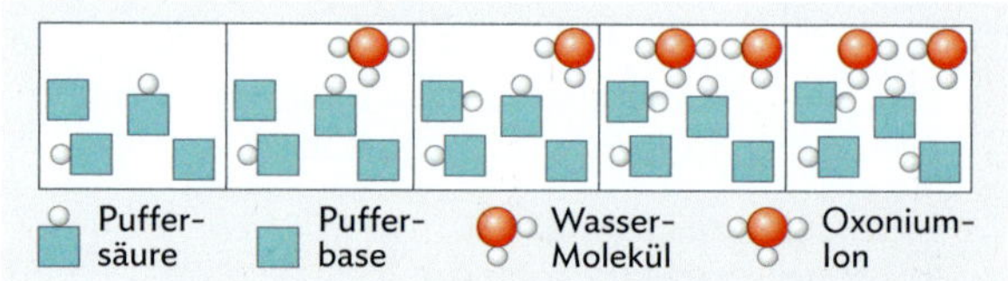

B2 Auswirkung der Zugabe von Oxonium-Ionen zu einem Puffersystem. Die Wasser-Moleküle und Oxonium-Ionen des Protolysegleichgewichts sind nicht abgebildet.

Da die Oxonium-Ionen als Protonendonatoren reagieren, ändert sich die Stoffmenge und damit die Konzentration der Oxonium-Ionen zunächst kaum: Die Base des Puffersystems fängt die Oxonium-Ionen ab, die neu in das Puffersystem gelangen. Sie werden direkt verbraucht und der pH-Wert der Pufferlösung ändert sich nicht (**B2**).
Wird eine basische Lösung zum Puffersystem gegeben, fängt die Puffersäure $H_2PO_4^-$ des Dihydrogenphosphat-Hydrogenphosphat-Gleichgewichts die Hydroxid-Ionen ab, indem sie mit diesen zu der Pufferbase HPO_4^{2-} und Wasser-Molekülen reagiert:

$$H_2PO_4^- (aq) + OH^- (aq) \rightleftharpoons HPO_4^{2-} (aq) + H_2O (l)$$

Der Anteil der Pufferbase HPO_4^{2-} und der Wasser-Moleküle nimmt beim Abpuffern von Hydroxid-Ionen zu, im gleichen Maße nimmt der Anteil der Puffersäure $H_2PO_4^-$ und der Hydroxid-Ionen ab. Der pH-Wert der Pufferlösung bleibt auch hier annähernd konstant (**B3**).

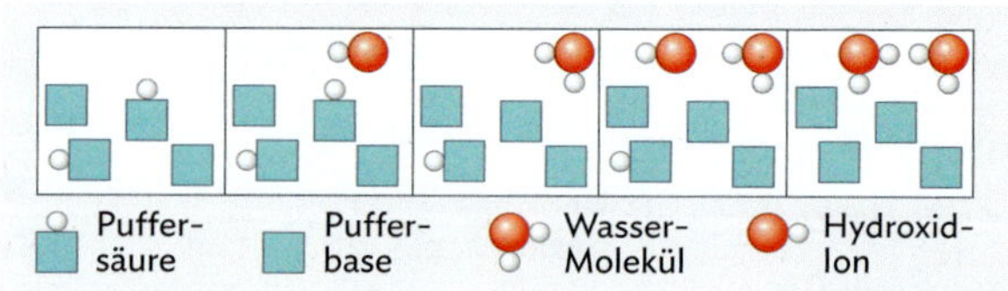

B3 Auswirkung der Zugabe von Hydroxid-Ionen zu einem Puffersystem

Gelangen bei der Verdauung Oxonium-Ionen in das Blut, werden diese von den Hydrogenphosphat-Ionen als Pufferbase abgefangen und bilden vermehrt Dihydrogenphosphat-Ionen und Wasser-Moleküle. Entstehen bei der Resorption Hydroxid-Ionen, werden diese von den Dihydrogenphosphat-Ionen als Puffersäure abgefangen und bilden vermehrt Hydrogenphosphat-Ionen und Wasser-Moleküle.

Wirkungsbereich eines Puffersystems

Ein Puffersystem kann keine unbegrenzte Menge an Oxonium- oder Hydroxid-Ionen abfangen, da die Puffersäure oder Pufferbase „verbraucht" werden. Je mehr Oxonium-Ionen zugeführt werden, desto weniger Teilchen der Pufferbase bleiben im System. Somit können immer weniger Oxonium-Ionen abgepuffert werden. Umgekehrt gilt: Je mehr Hydroxid-Ionen zum Puffersystem gegeben werden, desto mehr Puffersäure-Moleküle werden verbraucht. Die Fähigkeit des Puffersystems, weitere Hydroxid-Ionen abzufangen nimmt ab.
Dies wird als **Pufferkapazität** bezeichnet. Sie gibt an, welche Stoffmenge an Oxonium- oder Hydroxid-Ionen abgepuffert werden kann. Ist die Pufferkapazität überschritten, ändert sich der pH-Wert der Pufferlösung drastisch. Der Bereich pH = $pK_S \pm 1$ ist der **Pufferbereich**. Dort wirkt das Puffersystem. Außerhalb dieses Bereichs ist die Pufferkapazität erschöpft.
Der pH-Wert einer Pufferlösung lässt sich mit der **HENDERSON-HASSELBALCH-Gleichung** berechnen (mathematische Herleitung ➡QR 06043-029):

06043-029

$$\mathbf{pH = pK_S + \lg \frac{c(A^-)}{c(HA)}}$$

Für äquimolare Puffer gilt pH = pK_S.

Puffersysteme sind Lösungen schwacher Säuren und ihrer korrespondierenden Basen (bzw. umgekehrt), deren pH-Wert sich trotz Zugabe von sauren oder basischen Lösungen innerhalb des Pufferbereichs pH = $pK_S \pm 1$ kaum ändert.
Der pH-Wert eines Puffersystems berechnet sich mit der HENDERSON-HASSELBALCH-Gleichung:

$$pH = pK_S + \lg \frac{c(A^-)}{c(HA)}$$

Bei äquimolaren Puffern gilt: pH = pK_S.

FM pH-Wert einer Pufferlösung berechnen

Essigsäure HAc ist eine schwache Säure mit pK_S = 4,75 (**B1**). Ein Liter einer äquimolaren Pufferlösung des Essigsäure-Acetat-Puffers enthält je 1 mol der Pufferkomponenten. Berechnen Sie den pH-Wert der Pufferlösung nach Zugabe von 0,05 mol einer starken Säure.

VORGEHEN

1. Stellen Sie eine Reaktionsgleichung des Protolysegleichgewichts im Puffersystem auf.

   $$HAc\,(aq) + H_2O\,(l) \underset{H_3O^+}{\overset{OH^-}{\rightleftharpoons}} Ac^-\,(aq) + H_3O^+\,(aq)$$

2. Anstatt der Stoffmengenkonzentration c kann die Stoffmenge n verwendet werden. Geben Sie die Stoffmengen an Puffersäure und Pufferbase an.

   $n_0(HAc) = 1\,mol = n_0(Ac^-)$

3. Bei Zugabe von 0,05 mol einer starken Säure werden 0,05 mol der Pufferbase verbraucht. Geben Sie die neue Stoffmenge $n_2(Ac^-)$ an.

4. $n_2(Ac^-) = n_0(Ac^-) - n(H_3O^+)$
   $= 1\,mol - 0{,}05\,mol = 0{,}95\,mol$

5. Dabei entstehen 0,05 mol der Puffersäure neu. Geben Sie die neue Stoffmenge $n_2(HAc)$ an.

   $n_2(HAc) = n_0(HAc) + n(H_3O^+)$
   $= 1\,mol + 0{,}05\,mol = 1{,}05\,mol$

6. Berechnen Sie den pH-Wert der Pufferlösung, indem Sie die Stoffmengen in die HENDERSON-HASSELBALCH-Gleichung einsetzen.

   $$pH = 4{,}75 + \lg \frac{0{,}95}{1{,}05} \approx 4{,}72$$

AUFGABEN

A1 Stellen Sie für das Essigsäure-Acetat-Puffersystem eine Protolysegleichung auf. Erklären Sie die Auswirkung der Zugabe von Oxonium- bzw. Hydroxid-Ionen auf das Puffersystem.

A2 Der pH-Wert des Auges liegt in einem Bereich von 7,1 bis 7,5. Um die Augen nicht zu reizen, enthält Kontaktlinsenflüssigkeit ein Puffersystem. Geben Sie ein mögliches Puffersystem für Kontaktlinsenflüssigkeiten an und begründen Sie Ihre Auswahl.

A3 Zu einem Liter einer äquimolaren Essigsäure-Acetat-Pufferlösung der Konzentration 0,10 mol/L werden 0,050 mol einer starken einprotonigen Base gegeben. Berechnen Sie den pH-Wert der Pufferlösung.

3.6.3 In Medien recherchieren und Quellen beurteilen

Die **Recherche** wissenschaftlicher Informationen und die Beurteilung von **Quellen** zählen zu den wichtigsten naturwissenschaftlichen Kompetenzen, die ihren Einzug in Allgemeinbildung gefunden haben. Auch Personen, die nicht in naturwissenschaftlichen Feldern tätig sind, müssen in der Lage sein, belastbare Quellen von Falschinformationen zu unterscheiden, um sich nicht manipulieren zu lassen. Leider ist die gezielte Verbreitung von Fake News ein immer größeres gesellschaftliches Problem.
Mögliche Strategien sollen in zwei verschiedene Bereiche untergliedert werden. Zum einen die Recherche und Kategorisierung verschiedener Quellen. Hier lässt sich mit dem richtigen Vorgehen schon viel Zeit sparen, weil die gefundenen Informationen meist recht belastbar sind und viele Fakten enthalten. Dies ist jedoch nicht garantiert, sodass in einem zweiten Abschnitt die Beurteilung gefundener Quellen genauer beleuchtet werden soll.

Quellentypen und Recherche

VORGEHEN

1. Auch eine gute Recherche kann mit einer Eingabe in eine Suchmaschine im Internet starten.
2. Oftmals sind Artikel aus dem Web 2.0 die ersten Treffer und bieten zudem relativ viel Inhalt (**B1**).
3. Wirklich sinnvoll sind solche Web 2.0 Artikel aber nur, wenn sie selbst Quellenangaben aufweisen. Hier kann die Suche nach belastbaren Informationen beginnen.
4. Die im Web 2.0 als Quellen verlinkten Originale sind meist mit mehr Informationen und weniger Wertung versehen, weil diese von Wissenschaftlerinnen und Wissenschaftlern direkt geschrieben wurden und nicht für eine Mitmachenzyklopädie aufbereitet werden mussten. Hier finden sich weitere Informationen, die entweder zurück zu Schritt **1.** führen und eine genauere Suche ermöglichen oder eine andere Suchstrategie sinnvoller machen (**B2**).

geeignete Quellen	ungeeignete Quellen
▪ Dissertationen ▪ Enzyklopädien ▪ Fachbücher ▪ Interviews (mit Forschenden) ▪ Lexika ▪ (populär)wissenschaftliche Fachartikel ▪ Schulbücher	▪ Artikel von Zeitungen und Magazinen ▪ Forenbeiträge ▪ Hausarbeiten von Schülerinnen und Schülern oder Studierenden ▪ private Websites oder Websites von Unternehmen ▪ Unterrichtsmitschriften ▪ Web 2.0 (Mitmachenzyklopädien wie Wikipedia, ...) ▪ Werbung (Ausnahme: für Analysezwecke)

B1 Verschiedene Quellentypen

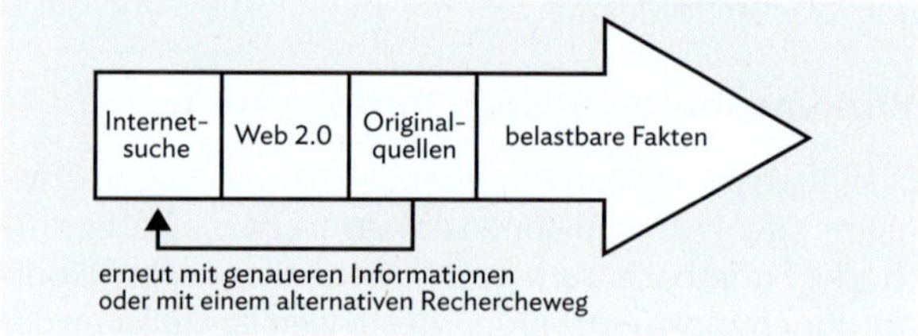

B2 Häufigster Rechercheweg

Alternative Recherchewege

VORGEHEN

1. Eine herkömmliche Suchmaschine auf Englisch zu verwenden liefert fast immer eine breitere Auswahl an Artikeln, weil das englischsprachige Internet wesentlich größer ist und alle Wissenschaftlerinnen und Wissenschaftler neben ihrer Muttersprache auch auf Englisch publizieren.
2. Wissenschaftliche Suchmaschinen, wie beispielsweise BASE (*Bielefeld Academic Search Engine*) oder Google Scholar, liefern bedarfsgerecht zugeschnittene Ergebnisse.
3. In Google Books ist eine große Menge an Fachliteratur kostenlos online verfügbar.
4. Auch eine Recherche per KI kann hilfreich sein (➡ Kap. 2.1.6).

In Zusammenhang mit der letztgenannten Strategie ist an dieser Stelle wichtig den gerne falsch verstandenen Begriff einer „Internetquelle" oder „Onlinequelle" genauer zu beleuchten. Das ISB (Institut für Schulqualität und Bildungsforschung) definiert eine „Internetquelle" als eine Quelle, die nur im Internet zu finden ist und nicht in gedruckter Form erhältlich wäre. Bücher, die über Google Books abgerufen wurden, sind dementsprechend keine „Internetquellen" auch wenn die Lernenden diese ausschließlich im Internet eingesehen und nicht in gedruckter Form vorliegen haben, da die entsprechenden Bücher theoretisch in gedruckter Form erhältlich wären.
Reine Webdokumente sind meist mit Vorsicht zu genießen und sollten keine zentrale Rolle in einer belastbaren Recherche spielen.

Beurteilung von Quellen

VORGEHEN

1. **Unmittelbarkeit**: Das wichtigste und stärkste Kriterium für die Belastbarkeit einer Quelle ist deren Unmittelbarkeit. In diesem Sinne enthalten Interviews, Originalartikel von Forschenden und ähnliche Quellen besonders wertvolle Informationen, die zwar immer noch weiter geprüft werden

sollten, aber sicher nicht von dritten Parteien verfälscht oder manipuliert worden sind. Die Unmittelbarkeit ist als Spektrum zu verstehen. Auch wenn es während der Recherche nicht möglich sein sollte die Originalquelle einzusehen, ist es trotzdem wichtig sich so nahe wie möglich an das Original heranzubewegen.

2. **Aktualität**: Je älter eine Quelle ist, desto höher die Wahrscheinlichkeit, dass veraltete Informationen enthalten sind und neue Studien nicht berücksichtigt wurden. Obwohl es auch Quellen gibt, die weit in der Vergangenheit liegen und viele belastbare Fakten enthalten, ist es sicherer moderne Quellen vorzuziehen, falls diese zur Verfügung stehen.
3. **Herausgebende Stelle**: Die Institution, welche die Quelle veröffentlich hat, hat manchmal einen Einfluss auf deren Inhalt. Im Fall von Universitäten ist das nur sehr selten der Fall, bei Unternehmen muss jedoch kritisch hinterfragt werden. Oftmals ist hier zusätzliche Recherche über die Hintergründe einer herausgebenden Stelle angezeigt.
4. **Qualifikation des Verfassers**: Neben der Unmittelbarkeit ist die Qualifikation des Verfassers wahrscheinlich das ausschlaggebendste Kriterium über die Qualität einer Quelle. Leider gibt es gerade in der Anonymität des Internets eine Vielzahl an Personen, die sich selbst als Expertinnen oder Experten verstehen, obwohl das nicht der Fall ist. Aber auch scheinbare Fachbücher können von einer nicht fachkundigen Person geschrieben worden sein. Hier ist eine genaue Analyse des Lebenslaufs der verfassenden Person und weiterer Publikationen unverzichtbar.
5. **Motivation des Verfassers**: Auch ein fachkundiger Verfasser kann eine Agenda verfolgen und mit einer Publikation mehr Ziele haben, als nur zu informieren. Dieser Punkt verschwimmt manchmal mit der herausgebenden Stelle, sollte aber getrennt analysiert werden. Dies erfordert eine Beschäftigung mit anderen Publikationen der gleichen Person sowie dessen Arbeitgebers bzw. Geldgebers.

Oftmals ist es im Rahmen einer Analyse unverzichtbar sich mit den in der Quelle gegebenen Fakten genauer zu beschäftigen. Am schwierigsten, aber auch belastbarsten, gelingt dies durch eigenes Fachwissen. Ist man sich als Leser sicher genug, kann man die Plausibilität beurteilen ohne weitere Informationen zu benötigen. Sollte das nicht der Fall sein, macht es oftmals Sinn andere Quellen zum gleichen Thema zu suchen und eine Art kleine **Metastudie** durchzuführen, um sich einen Überblick über die Verteilung des wissenschaftlichen Konsenses zu dem Thema zu verschaffen. Ein klassisches Beispiel hierfür ist der menschengemachte Klimawandel. Leugner führen gerne vereinzelte Studien an, die eine menschliche Ursache des momentan stattfindenden Klimawandels als nicht gesichert darstellen. Eine Metastudie zeigt aber, dass 97 % aller Publikationen zu diesem Thema die Menschheit klar als Ursache anerkennen.
Um den Überblick über die verschiedenen recherchierten und beurteilten Quellen zu behalten bietet sich die Strategie eines **Quellenordners** an. Hierzu gibt es zwei verschiedene Vorgehensweisen (**B3**).

gedruckt	digital
Ein Paperback-Ordner sorgt für die notwendige Langlebigkeit.	DVD oder USB-Stick sind die praktischsten Varianten. Eventuell auch eine Lösung über eine Cloud.
Einmerker erleichtern das Nachschlagen.	Exakte Dateinamen sind unverzichtbar, um einen Überblick zu behalten.
Es kommt auf die Sortierreihenfolge an.	Eine durchdachte Ordnerstruktur auf dem Datenträger spart sehr viel Zeit.
Der Ordner enthält alle zu einem Thema recherchierten Quellen.	

B3 Verschiedene Vorgehensweisen für einen Quellenordner

AUFGABEN

A1 Im Jahr 2015 hat die Wissenschaftlerin ANGELA BELCHER eine Publikation zu biologisch abbaubaren Batterien, die von modifizierten Viren gebaut werden, veröffentlicht. Vollziehen Sie anhand dieses Themas die vier Schritte zur Recherche und die drei Strategien für alternative Recherchewege nach. Achten Sie auf die verschiedene Tiefe und Belastbarkeit der gefundenen Quellen, bis schließlich ein Interview mit BELCHER sowie die Originalpublikation gefunden werden kann.

A2 Säure-Base-Puffer sind durch ihre Wirkung für viele Vorgänge in Biologie und Technik wichtig.

a) Recherchieren Sie konkrete Information dazu in analogen und digitalen Medien. Legen Sie einen Quellenordner an.
b) Wählen Sie zwei Quellen aus, von denen eine belastbare Fakten enthält und die andere nicht. Stellen Sie Ihre Analyse und die Beurteilung der Quellen dem restlichen Kurs vor.
c) Schreiben Sie einen kurzen populärwissenschaftlichen Artikel zu Ihrem gewählten Themenbereich mit einer hohen Dichte an Zitaten aus seriösen Quellen.

Alles im Blick

1 Säure-Base-Konzept nach BRØNSTED

Laut BRØNSTED sind Säuren **Protonendonatoren**, d. h. Teilchen, die Protonen abgeben können. Reagieren Säure-Moleküle mit Wasser-Molekülen, entstehen **Oxonium-Ionen**, die charakteristisch für saure Lösungen sind. Basen sind **Protonenakzeptoren**, d. h. Teilchen, die Protonen aufnehmen können. Reagieren Basen-Moleküle mit Wasser-Molekülen, entstehen **Hydroxid-Ionen**, die charakteristisch für basische Lösungen sind. Säure-Base-Reaktionen sind **Protonenübertragungsreaktionen** (**Protolysereaktionen**). An jeder Protolysereaktion sind zwei **korrespondierende Säure-Base-Paare** beteiligt. Protolysereaktionen sind Gleichgewichtsreaktionen:

korrespondierend (HA / A^-)

$$HA + B \rightleftharpoons A^- + HB^+$$

korrespondierend (B / HB^+)

Saure und basische Lösungen reagieren miteinander in einer **Neutralisationsreaktion**, bei der aus Oxonium- und Hydroxid-Ionen Wasser-Moleküle entstehen. Teilchen, die sowohl als Protonendonator als auch als Protonenakzeptor reagieren können, nennt man **Ampholyte** oder **amphotere** Teilchen.

2 Autoprotolyse des Wassers, pH-Wert und pOH-Wert

Wasser-Moleküle sind amphotere Teilchen und bilden durch **Autoprotolyse** Oxonium-Ionen und Hydroxid-Ionen in sehr geringer Konzentration:

$$H_2O\,(l) + H_2O\,(l) \rightleftharpoons H_3O^+\,(aq) + OH^-\,(aq) \qquad K_c = 3{,}258 \cdot 10^{-18}$$

Da das Gleichgewicht fast vollständig auf der Seite der Edukte liegt, betrachtet man die Konzentration des Wassers als konstant und leitet über das MWG das **Ionenprodukt des Wassers K_W** ab:

$$K_W = K_c \cdot c^2_{GG}(H_2O) = c_{GG}(H_3O^+) \cdot c_{GG}(OH^-) = 10^{-14}\,mol^2/L^2;\ \vartheta = 25\,°C$$

Für die Konzentration der Oxonium- und Hydroxid-Ionen in Wasser gilt damit:

$$c(H_3O^+) = c(OH^-) = 10^{-7}\,mol/L$$

Der **pH-Wert** einer Lösung ist der negative dekadische Logarithmus der Konzentration der Oxonium-Ionen. Der **pOH-Wert** ist der negative dekadische Logarithmus der Konzentration der Hydroxid-Ionen. Sie ergeben zusammen die Zahl 14:

$$\mathbf{pH = -lg\,\{c(H_3O^+)\},\ pOH = -lg\,\{c(OH^-)\}}$$

$$\mathbf{pH + pOH = 14}$$

3 Säure- und Basenstärke

Die **Säure-** und die **Basenstärke** lassen auf die Lage eines Protolysegleichgewichts schließen. Sehr starke Säuren und Basen protolysieren in wässriger Lösung fast vollständig, schwache hingegen kaum. Ein quantitatives Maß für die Säure- bzw. Basenstärke ist die **Säurekonstante K_S** bzw. **Basenkonstante K_B**. Diese beschreiben das Konzentrationsverhältnis zwischen protolysierten Produkt-Teilchen und unprotolysierten Edukt-Teilchen einer Säure bzw. Base:

$$K_S = \frac{c(H_3O^+) \cdot c(A^-)}{c(HA)} \qquad K_B = \frac{c(OH^-) \cdot c(HB^+)}{c(B)}$$

Analog zum pH-Wert verwendet man die **pK_S**- bzw. **pK_B**-Werte zur Klassifizierung von Säuren und Basen:

pK_S bzw. p$K_B \leq 1{,}5$	starke Säure bzw. Base
pK_S bzw. p$K_B > 1{,}5$	schwache Säure bzw. Base

Für korrespondierende Säure-Base-Paare gilt:

$$\mathbf{pK_S + pK_B = 14}$$

Je stärker eine Säure HA ist, desto schwächer ist ihre korrespondierende Base A^- und umgekehrt. Bei der Reaktion von unedlen Metallen, z. B. Magnesium, mit sauren Lösungen entsteht u. a. Wasserstoff:

$$Mg\,(s) + 2\,H_3O^+\,(aq) \longrightarrow Mg^{2+}\,(aq) + H_2\,(g) + 2\,H_2O\,(l)$$

4 Berechnung von pH-Werten

Bei starken Säuren und Basen ist die Lage des Gleichgewichts fast vollständig auf der Produktseite, deshalb kann die Oxonium-Ionenkonzentration näherungsweise mit der Anfangskonzentration gleichgesetzt werden. Somit gilt als Näherungsformel für starke Säuren:
$c(H_3O^+) = c_0(HA) \Rightarrow$ **pH = –lg {c_0(HA)}**

Analog lautet die Näherungsformel für starke Basen: $c(OH^-) = c_0(B) \Rightarrow$ **pOH = –lg {c_0(B)}**

pH = 14 – pOH = 14 + lg {c_0(B)}

Da die Lage des Gleichgewichts bei schwachen Säuren und Basen fast vollständig auf der Eduktseite liegt, lässt sich der pH-Wert in guter Näherung wie folgt berechnen:

$$\mathbf{pH = \frac{1}{2} \cdot (p\mathit{K}_S - lg\ \{c_0(HA)\})}$$

$$\mathbf{pH = 14 - pOH = 14 - \frac{1}{2} \cdot (p\mathit{K}_B - lg\ \{c_0(B)\})}$$

5 Induktive und mesomere Effekte

Als **induktive Effekte** bezeichnet man die Fähigkeit bestimmter Atome oder Atomgruppen, die Elektronendichte in einer Elektronenpaarbindung zu verändern. Die Elektronegativität der Atome hat Auswirkungen auf die chemischen Eigenschaften der Verbindungen auf Teilchenebene:

- **–I-Effekt**, z. B. durch Halogen-Atome, Hydroxy- oder Amino-Gruppen, führt zu einer Zunahme der Säurestärke bzw. Abnahme der Basenstärke
- **+I-Effekt**, z. B. durch Alkyl-Reste, führt zu einer Abnahme der Säurestärke bzw. einer Zunahme der Basenstärke

Durch **mesomere Effekte** wird die Elektronenverteilung in einem konjugierten System beeinflusst. Die sogenannte **Mesomeriestabilisierung** hat ebenfalls einen Einfluss auf die Säure- bzw. Basenstärke.
Induktive und mesomere Effekte können auch genutzt werden, um die Säure- bzw. Basenstärke organischer Verbindungen abzuschätzen.

6 Säure-Base-Titrationen

Eine **Säure-Base-Titration** ist ein analytisches Verfahren zur Ermittlung der Konzentrationen saurer bzw. basischer Lösungen. Bei einer Säure-Base-Titration findet eine **Neutralisationsreaktion** der wässrigen Lösung einer Säure bzw. Base in der **Vorlage** mit einer **Maßlösung**, entweder einer starken Base bzw. Säure bekannter Stoffmengenkonzentration, statt. Dabei wird der **Äquivalenzpunkt** einer Säure-Base-Reaktion bestimmt, um zwei Informationen zu gewinnen:

- Da am Äquivalenzpunkt äquivalente Mengen an Oxonium- und Hydroxid-Ionen in der Lösung vorliegen, lässt sich daraus die Stoffmengenkonzentration einer sauren/basischen Lösung berechnen.
- Da am **Halbäquivalenzpunkt** pH = pK_S gilt, kann so der pK_S-Wert einer schwachen Säure ermittelt werden. Analog dazu funktioniert das auch für den pK_B-Wert einer schwachen Base.

Der Äquivalenzpunkt lässt sich durch den Farbumschlag eines geeigneten **Indikators** bestimmen.

7 Puffersysteme

Puffersysteme sind Lösungen schwacher Säuren und ihren korrespondierenden Basen (bzw. umgekehrt), deren pH-Wert sich trotz Zugabe von sauren oder basischen Lösungen innerhalb des **Pufferbereichs** pH = pK_S ± 1 kaum ändert. Der pH-Wert eines Puffersystems berechnet sich mit der **HENDERSON-HASSELBALCH-Gleichung**:

$$\mathbf{pH = p\mathit{K}_S + lg\ \frac{c(A^-)}{c(HA)}}$$

Bei **äquimolaren** Puffern gilt: pH = pK_S.

Zum Üben und Weiterdenken

A1 Säure-Base-Reaktionen sind Protonenübertragungsreaktionen und werden deshalb auch als Protolysereaktionen bezeichnet.
- a) Definieren Sie die Begriffe Säure- und Basenstärke.
- b) Ordnen Sie die Moleküle der folgenden Verbindungen begründet nach zunehmender Basizität: C_3H_7-OH, C_3H_7-COOH, C_3H_7-O^-, C_3H_7-COO^-, C_3H_7-NH_2, C_3H_7-NH_3^+

A2 Löst man jeweils Methansäure (Ameisensäure), Natriumphosphat Na_3PO_4 und Kaliumhydroxid KOH in Wasser, ändert sich der pH-Wert der Lösung, was durch Zugabe einiger Tropfen Bromthymolblaulösung sichtbar gemacht werden kann.
- a) Erläutern Sie unter Verwendung von Reaktionsgleichungen, welche Färbung des Indikators Sie in den Lösungen erwarten würden. *Hinweis:* Formulieren Sie für das Phosphat-Ion nur die Reaktionsgleichung für einen Protonenübergang.
- b) Kennzeichnen Sie, wo es möglich ist, jeweils die Säure-Base-Paare in den Reaktionsgleichungen aus a).

A3 Korrigieren Sie, falls nötig, die Aussagen zum pH- bzw. pOH-Wert:
- In basischen Lösungen liegen neben Hydroxid-Ionen auch Oxonium-Ionen vor.
- Bei pH = 5 gilt $c(H_3O^+)$ = 0,00001 mol/L.
- Der pOH-Wert entspricht dem negativen Zehnerlogarithmus des Zahlenwertes der Konzentration der Hydroxid-Ionen.
- Lösungen sind neutral, wenn in ihnen nur Wasser-Moleküle vorliegen.
- Die Einheit des pH-Wertes und des pOH-Wertes ist mol/L.

A4 Natriumhydrogencarbonat $NaHCO_3$, auch bekannt als Natron, wird im Alltag vielseitig verwendet, z. B. als Backtriebmittel, in Brausetabletten oder als milder Reiniger. **B1** zeigt ausgewählte Basenkonstanten.
- a) Formulieren Sie das chemische Gleichgewicht für die Reaktion von Hydrogencarbonat-Ionen HCO_3^- mit Wasser-Molekülen. Benennen Sie die entstehenden Teilchen.
- b) Berechnen Sie $pK_B(HCO_3^-)$ und erläutern Sie den Zusammenhang zwischen der Basenstärke und dem pK_B-Wert.
- c) Leiten Sie mithilfe der Tabelle in **B1** die Vorteile des Basenexponenten pK_B gegenüber der Basenkonstanten K_B bei der Angabe der Basenstärke ab.
- d) Die Basenstärke der Hydrogencarbonat-Ionen ermöglicht in der Küche die Kombination von Natriumhydrogencarbonat mit Essig (CH_3COOH (aq)). Erläutern Sie dies mithilfe des chemischen Gleichgewichts. Recherchieren Sie gegebenenfalls die chemischen Hintergründe.

Teilchen	Basenkonstante K_B in mol/L
$CH_3CH_2O^-$	79
NH_3	$1{,}8 \cdot 10^{-5}$
HCO_3^-	$3{,}3 \cdot 10^{-8}$
CH_3COO^-	$5{,}6 \cdot 10^{-10}$
Cl^-	$1{,}0 \cdot 10^{-20}$

B1 Ausgewählte Teilchen und deren Basenkonstante

A5 100 mL salzsaure Lösung mit einem pH-Wert von 1 sollen zur Entsorgung über das Abwasser auf pH 7 gebracht werden. Bestimmen Sie das Volumen an Wasser, das notwendig wäre, um dies mittels Verdünnung zu erreichen. Beurteilen Sie dieses Vorgehen aus ökologischer Sicht.

A6 Arbeitet man im Labor mit Cyaniden, muss unbedingt darauf geachtet werden, dass die Salze keinesfalls mit starken Säuren in Kontakt kommen, da es sonst zu lebensgefährlichen Unfällen kommen kann. Recherchieren und beschreiben Sie die Gefahr, die von Cyaniden ausgeht.

A7 Blausäure HCN wird in der Industrie zur Herstellung von Kunststoffen und Pflanzenschutzmitteln eingesetzt. Aufgrund ihrer Giftigkeit muss sie mit Vorsicht gehandhabt werden.
- a) Formulieren Sie das chemische Gleichgewicht für die Reaktion von Blausäure in Wasser.
- b) Leiten Sie das Massenwirkungsgesetz für diese Reaktion ab.
- c) Beurteilen Sie die Säurestärke von Blausäure-Molekülen anhand der Säurekonstante $K_S(HCN) = 6{,}2 \cdot 10^{-10}$ mol/L und diskutieren Sie die Konsequenzen für die Reaktivität von Blausäure.

A8 Natriumbenzoat C_6H_5COONa wird als Konservierungsstoff, z. B. für Ketchup oder Mayonnaise, verwendet. Im Magen (pH = 1,4) stellt sich ein Gleichgewicht zwischen Benzoesäure C_6H_5COOH und Benzoat-Ionen $C_6H_5COO^-$ ein. Berechnen Sie das Verhältnis von $c(C_6H_5COOH)$ zu $c(C_6H_5COO^-)$ im Magen nach dem Verzehr von Pommes frites mit Ketchup. Der pK_S-Wert von Benzoesäure beträgt 4,2.

A9 In 10,0 mL Wasser (Lösung 1) bzw. 100 mL Wasser (Lösung 2) werden jeweils 0,741 g Calciumhydroxid $Ca(OH)_2$ gelöst.
a) Berechnen Sie die Konzentration der Hydroxid-Ionen in beiden Lösungen.
b) Erklären Sie, ob sich der pOH-Wert in Lösung 1 ändert, wenn man 90,0 mL Lösung daraus entnimmt.

A10 Ammoniumcarbonat $(NH_4)_2CO_3$ wird in Lebensmitteln als Backtriebmittel und Säureregulator eingesetzt. Bis Anfang des 20. Jahrhunderts setzte man dieses Salz auch als Riechsalz zur Behandlung von Ohnmacht und Schwindel ein.
a) Beim Backen zersetzt sich Ammoniumcarbonat u. a. zu Ammoniak, das dem Gebäck einen charakteristischen Geschmack, ähnlich dem von Laugengebäck, verleiht. Begründen Sie, worauf dies zurückzuführen ist.
b) Säureregulatoren verwendet man in Lebensmitteln, um zu verhindern, dass sich deren pH-Wert verändert. Leiten Sie aus dem Aufbau von Ammoniumcarbonat dessen Einsatz als Säureregulator ab.
c) Die Verwendung als Riechsalz beruht darauf, dass geringe Mengen Ammoniak aus dem Salz entweichen. Erläutern Sie den Vorgang anhand der Säurestärke von Ammonium-Ionen und Hydrogencarbonat-Ionen.
d) In einigen Sportbereichen wird Ammoniumcarbonat noch heute verwendet. Recherchieren und beurteilen Sie dessen dortigen Einsatz.

A11 Das Ethansäure-Molekül (pK_S = 4,75) und die Moleküle ihrer monohalogenierten Derivate unterscheiden sich in der Acidität.
a) Ordnen Sie begründet die Moleküle von Bromethansäure, Chlorethansäure, Fluorethansäure und Iodethansäure nach zunehmender Acidität.
b) Planen Sie ein experimentelles Vorgehen zur Überprüfung Ihrer Reihung aus a).
c) Recherchieren Sie die Gefahrensymbole der von Ihnen in b) vorgeschlagenen Chemikalien und beurteilen Sie, ob das Experiment in der Schule durchgeführt werden kann.

A12 Ermitteln Sie die Masse an Natriumhydrogencarbonat $NaHCO_3$, die in 100 mL Wasser gelöst wird, um eine Lösung mit pH = 10 herzustellen.

A13 Ordnen Sie gleich konzentrierte, verdünnte wässrige Lösungen von Butansäure (pK_S = 4,82), Salpetersäure und Monochloressigsäure nach aufsteigendem pH-Wert. Begründen Sie Ihre Anordnung.

A14 Natriumhydroxidlösung wird mit salzsaurer Lösung titriert. Begründen Sie, ob die Titrationskurve in **B2** zur beschriebenen Titration gehört. Korrigieren Sie gegebenenfalls vorliegende Fehler in der Titrationskurve.

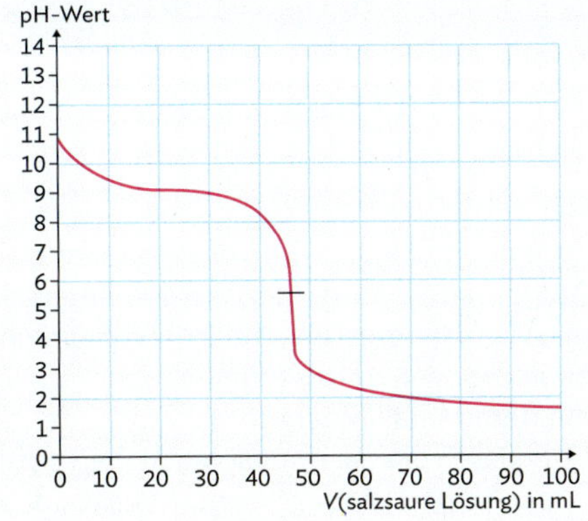

B2 Titrationskurve zu A14

A15 Die Titrationskurve in **B3** zeigt den pH-Verlauf bei der Titration von 50 mL Ammoniaklösung unbekannter Konzentration mit einer salzsauren Lösung der Konzentration c = 0,1 mol/L.

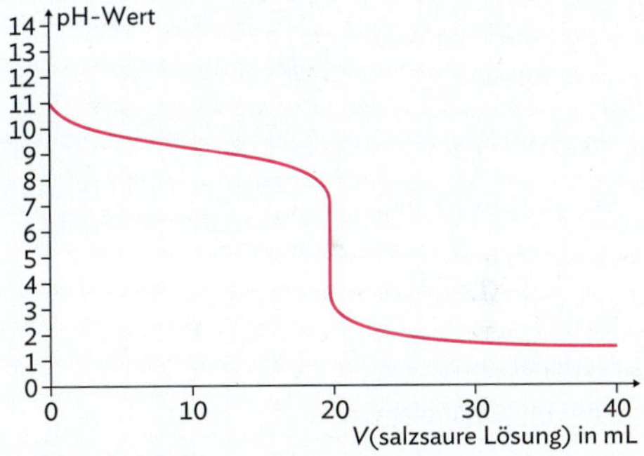

B3 Titrationskurve der Titration einer Ammoniaklösung mit einer salzsauren Lösung

a) Ermitteln Sie den Äquivalenzpunkt und die Konzentration der titrierten Ammoniaklösung.
b) Nennen Sie einen für diese Titration geeigneten Indikator. Begründen Sie Ihre Wahl.
c) Nennen Sie die Teilchen, die bei V(salzsaure Lösung) = 0 mL, 10 mL, 20 mL und 30 mL vorliegen und ordnen Sie diese für jedes Volumen nach absteigender Konzentration.
d) Vergleichen Sie die Titrationskurve in **B3** mit der Kurve, die Sie für die Titration von Natriumhydroxidlösung identischer Konzentration erwarten würden.

Ziel erreicht?

Verfügen Sie über die Kompetenzen dieses Kapitels? Lösen Sie die entsprechenden Aufgaben auf dem Arbeitsblatt ➡ QR 06043-030 und bewerten Sie sich mithilfe der Tabelle rechts unten.

06043-030

Unter ➡ QR 06043-031 finden Sie außerdem eine Lernanwendung zur digitalen Überprüfung der geforderten Kompetenzen.

06043-031

KOMPETENZ A: Die Stärke von Säuren und Basen vergleichen

A1 Der pH-Wert einer essigsauren Lösung und einer salzsauren Lösung wird bestimmt. Trotz gleicher Anfangskonzentrationen werden unterschiedliche pH-Werte gemessen. Weiterhin reagieren die beiden Lösungen unterschiedlich schnell bzw. heftig mit dem Metall Magnesium.
a) Erklären Sie die unterschiedlichen pH-Werte der beiden Lösungen unter Verwendung von Reaktionsgleichungen und dem chemischen Gleichgewicht.
b) Begründen Sie die unterschiedlichen Reaktionsgeschwindigkeiten mit Magnesium.

A2 In der Industrie werden verschiedene saure und basische Lösungen eingesetzt. Einige finden Anwendung in der Arzneimittelherstellung, in der Umwelttechnik oder in spezialisierten chemischen Prozessen. Die Tabelle **B1** liefert einen Überblick.

Name und Formel	Beispiele für Einsatzgebiete
Salpetersäure HNO_3	Düngemittelproduktion, Metallverarbeitung
Trifluoressigsäure	?
Pyridin	?
Methylamin	?
Dimethylethanolamin	?

B1 Säuren und Basen und ihre industriellen Einsatzgebiete

a) Übernehmen Sie **B1** in Ihre Unterlagen und vervollständigen Sie die Tabelle. Recherchieren Sie hierfür die jeweiligen Formeln der Säuren und Basen sowie die möglichen Einsatzgebiete.
b) Ordnen Sie die zugehörigen Moleküle bzw. Ionen nach ihrer Säure- bzw. Basenstärke an. Recherchieren Sie hierfür geeignete Werte.

KOMPETENZ B: Das Ionenprodukt des Wassers erklären

B1 Leiten Sie das Ionenprodukt des Wassers mathematisch her.

B2 Die elektrische Leitfähigkeit von Wasser wird bei einer Temperatur von 25 °C und 90 °C gemessen. Die Kontroll-LED leuchtet lediglich bei einer dieser Temperaturen stärker auf. Erklären Sie diesen Sachverhalt über das Ionenprodukt des Wassers und ordnen Sie die Versuchsbeobachtung der entsprechenden Temperatur begründet zu.

B3 Nehmen Sie begründet Stellung zu folgender Aussage: „Eine Natriumhydroxidlösung mit dem pH-Wert 11 ist dreimal so basisch wie eine Natriumhydroxidlösung mit dem pH-Wert 8."

KOMPETENZ C: pH-Wert-Berechnungen durchführen

C1 Berechnen Sie die pH-Werte folgender Lösungen mit den angegebenen Konzentrationen:
a) salpetersaure Lösung c = 0,050 mol/L
b) Natriumhydroxidlösung c = 1,0 mol/L
c) essigsaure Lösung c = 0,50 mol/L

C2 Der pH-Wert einer essigsauren Lösung ist 3,1. Ermitteln Sie die Anfangskonzentration c_0 der Essigsäure in der Lösung.

KOMPETENZ D: Die Säure- und Basenstärke organischer Verbindungen erklären

D1 Die Moleküle von Ethansäure (pK_S = 4,75), Hydroxyethansäure (pK_S = 3,83) und Pentansäure (pK_S = 4,84) bilden mit Wasser saure Lösungen.
a) Formulieren Sie für die genannten Säuren eine Reaktionsgleichung zur Abgabe eines Protons.
b) Ordnen Sie die Säuren begründet nach steigender Acidität.
c) Erklären Sie Ihre Reihung anhand des Molekülbaus der organischen Verbindungen.

D2 Die wässrige Lösung von 3-Aminopropen reagiert basisch. Erklären Sie dieses Reaktionsverhalten anhand des Molekülbaus.

KOMPETENZ E: Säure-Base-Titrationen planen und Titrationskurven interpretieren

E1 Planen Sie die experimentelle Ermittlung der Essigsäurekonzentration im Haushaltsessig.

E2 Vervollständigen Sie die Sätze zum Verlauf der Titrationskurve einer Lösung einer schwachen (einprotonigen) Säure (**B2**). Ordnen Sie die Beschreibungen a) – f) den entsprechenden Bereichen der abgebildeten Titrationskurve zu.

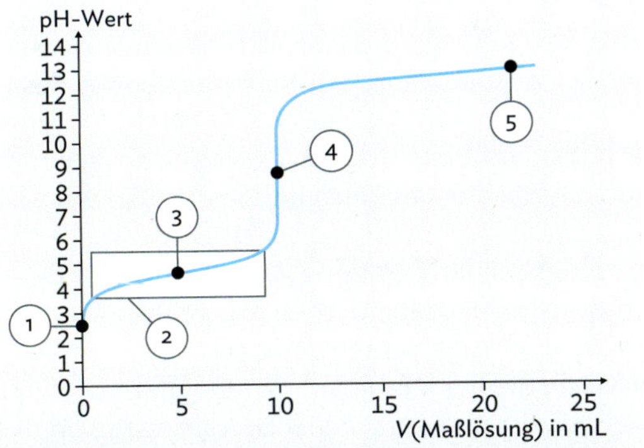

B2 Titrationskurve einer Lösung einer schwachen Säure

a) Am zweiten Wendepunkt der Titrationskurve befindet sich der .... Es gilt: $n_0(...) = n(\text{Maßlösung})$.
b) Der ... -äquivalenzpunkt, an dem die Hälfte der Stoffmenge der schwachen Säure neutralisiert ist, ist erreicht, wenn der pH-Wert dem ... der Säure entspricht. Die Stoffmengen der Säure und ihrer ... sind an diesem Punkt ... .
c) Der pH-Wert am Anfang der Titration wird mit der Formel $pH = \frac{1}{2} \cdot (pK_S - \lg \{c_0(HA)\})$ berechnet, da die Säure ... protolysiert vorliegt.
d) Der ... -bereich liegt bei $pH = pK_S \pm 1$. Dort ändert sich der pH-Wert ....
e) Der Äquivalenzpunkt befindet sich nicht bei pH = 7, da die korrespondierende Base mit Wasser ... reagiert.
f) Am Ende der Titration beträgt der pH-Wert der Lösung ...

KOMPETENZ F: Den pK_S- bzw. pK_B-Wert durch Halbtitration bestimmen

F1 Erläutern Sie das Prinzip der pK_S-Wert-Bestimmung durch Halbtitration.

F2 Ermitteln Sie aus **B3** grafisch den pK_S-Wert.

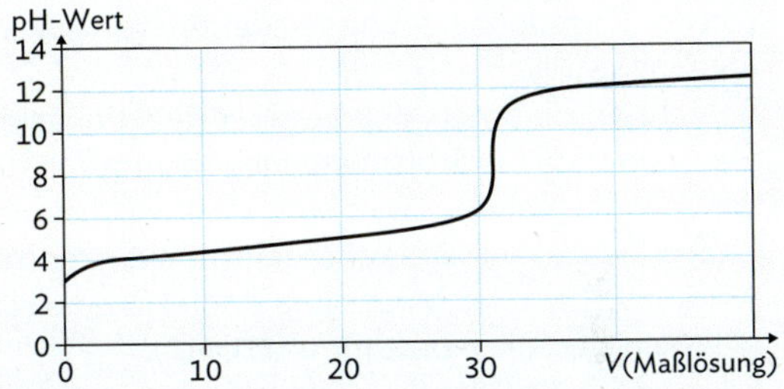

B3 Titrationskurve für **F2**

KOMPETENZ G: Die Wirkung von Säure-Base-Puffern erklären

G1 Erläutern Sie die Wirkungsweise eines Puffersystems auf Teilchenebene.

G2 Eine $H_2PO_4^-/HPO_4^{2-}$-Pufferlösung soll einen pH-Wert von 7,1 aufweisen. Berechnen Sie, in welchem Konzentrationsverhältnis die beiden Ionensorten hierzu in der Pufferlösung vorliegen müssen.

Vergleichen Sie Ihre Antworten mit den Lösungen auf den Seiten 195 ff. und kreuzen Sie auf dem Arbeitsblatt an.

Kompetenz	ja	nein	zum Nachlesen
A Die Stärke von Säuren und Basen vergleichen	---	---	S. 64 – 70
B Das Ionenprodukt des Wassers erklären	---	---	S. 60 – 63
C pH-Wert-Berechnungen durchführen	---	---	S. 66 – 69
D Die Säure- und Basenstärke organischer Verbindungen erklären	---	---	S. 72 – 75
E Säure-Base-Titrationen planen und Titrationskurven interpretieren	---	---	S. 76 – 83
F Den pK_S- bzw. pK_B-Wert durch Halbtitration bestimmen	---	---	S. 79
G Die Wirkung von Säure-Base-Puffern erklären	---	---	S. 84 – 87

Abi-Training: Da wird die Milch doch sauer …

AUFGABEN

Milch ist allgemein eine Flüssigkeit, die in den Milchdrüsen von Säugetieren gebildet wird. Der Mensch nutzt Milch als Nahrungsmittel, bevorzugt als Getränk oder Ausgangsstoff für weitere Milcherzeugnisse wie z. B. Käse, Butter oder Joghurt. Milch sowie alle Milchprodukte sind schnell verderblich. So nimmt die „Frische" von Milch, die lange steht, ab. Letztendlich ist die Milch sauer und verdorben. Mithilfe eines maßanalytischen Verfahrens kann der „Frischegrad" von Milch einfach bestimmt werden.

		BE
A1	Erläutern Sie anhand der Säure-Base-Theorie nach BRØNSTED die Reaktion der Milchsäure mit Wasser (**M1**). Erklären Sie den Unterschied zwischen starken und schwachen Säuren unter Einbeziehung des chemischen Gleichgewichts.	4
A2	Ermitteln Sie die SOXHLET-HENKEL-Zahl (SHZ) (**M2**) der beiden untersuchten Milchproben ausgehend von den Titrationsergebnissen der Proben gegen Natriumhydroxidlösung (**M3**) und werten Sie die Ergebnisse aus.	4
A3	Berechnen Sie unter Angabe einer Reaktionsgleichung für die bei der Titration (**M2, M3**) ablaufende Neutralisation die Stoffmengenkonzentration der Milchsäure in der untersuchten Milchprobe 1 unter der vereinfachenden Annahme, dass Milchsäure-Moleküle als einzige Säuren vorliegen.	6
A4	Prüfen Sie die Aussage zur Milchsäurekonzentration in Milch, die beim Erhitzen gerinnt, unter der Annahme, dass das Milchsäure-Molekül eine schwache Säure ist und ausschließlich Milchsäure den pH-Wert der Milch bestimmt (**M1, M2**).	6
A5	Erklären Sie die Lage des Äquivalenzpunktes bei der Titration der wässrigen Milchsäurelösung gegen Natriumhydroxidlösung (**M4**) bei einem pH-Wert von etwa 8,5.	4
A6	Beschreiben Sie ein Verfahren zur Bestimmung des pK_S-Wertes mithilfe einer Titrationskurve (**M4**) und begründen Sie. Nennen Sie die Grenzen dieses Verfahrens.	6

MATERIAL

M1 Milch wird durch Milchsäurebakterien sauer

Ein Liter Milch enthält etwa 48 g Laktose (Milchzucker), die mit der Zeit durch die in Milch enthaltenen Milchsäurebakterien zu Milchsäure (pK_S = 3,86) umgesetzt wird (**B1**).

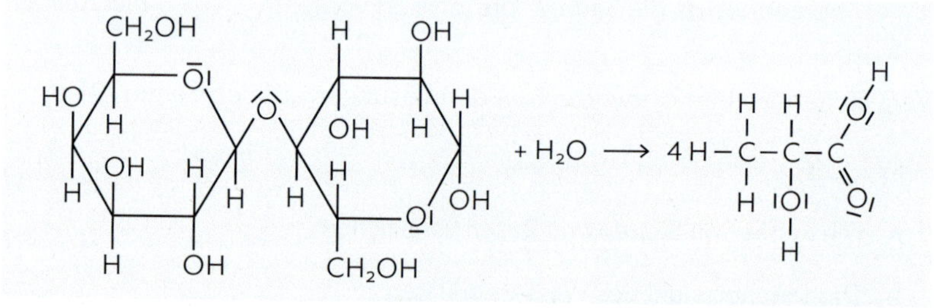

B1 Durch Milchsäurebakterien verursachte Reaktion des Milchzucker-Moleküls zu Milchsäure-Molekülen (stark vereinfacht)

Mit fortschreitendem Alter der Milch nimmt der sogenannte „Grad an Frische" ab. Die Milch wird zunehmend sauer. Milch, die beim Erhitzen gerinnt, hat einen pH-Wert von etwa 5,7 und enthält Milchsäure in einer Konzentration von $c(\text{Milchsäure}) = 2{,}4 \cdot 10^{-8}$ mol/L. Im Wesentlichen wird der pH-Wert der Milch durch die enthaltene Milchsäure bestimmt. Das Stoffgemisch Milch enthält darüber hinaus auch kleine Anteile an Verbindungs-Molekülen mit basisch wirkenden funktionellen Gruppen.

M2 Die SOXHLET-HENKEL-Zahl

Die Chemiker SOXHLET und HENKEL entwickelten 1884 eine einfache Methode zur Ermittlung der sauren Bestandteile in der Milch, die noch heute Anwendung findet. Durch die Bestimmung des Säuregrads, auch SOXHLET-HENKEL-Zahl (SHZ) genannt, kann der „Grad der Frische" der Milch überprüft werden (**B2**).

Die SOXHLET-HENKEL-Zahl ist ein Wert, der in einem maßanalytischen Verfahren bestimmt wird. Er entspricht einem Volumen an Natriumhydroxidlösung *V*(NaOH) in Millilitern, mit *c*(NaOH) = 0,25 mol/L, das notwendig ist, um 100 mL einer Milchprobe unter Zusatz des Säure-Base-Indikators Phenolphthalein bis zum Erreichen eines Standardfarbtons zu titrieren.

Milch unterschiedlichen „Grads an Frische"	SHZ	pH-Wert
frische Milch	6,0 – 7,4	6,6 – 6,8
sauer werdende Milch	8,0 – 9,0	6,3
Milch, die beim Erhitzen gerinnt	10,0 – 12,0	5,7
geronnene Milch	25,0 – 30,0	5,3 – 5,5

B2 SHZ und pH-Wert von Milch unterschiedlicher Beschaffenheit

M3 Versuchsergebnisse bei der Bestimmung der SOXHLET-HENKEL-Zahl

	Verbrauch: *V*(NaOH) in mL	
	Milchprobe 1	Milchprobe 2
Titration 1	8,3	28,9
Titration 2	8,2	28,5
Titration 3	8,4	28,7

B3 Verbrauch an Maßlösung (Natriumhydroxidlösung) bei der Untersuchung zweier Milchproben

Es wurden zwei Milchproben (je 100 mL) zur Bestimmung der SOXHLET-HENKEL-Zahl untersucht. Die Versuchsergebnisse sind in **B3** dargestellt.

M4 Titrationskurve für die Titration einer Milchsäurelösung gegen Natriumhydroxidlösung

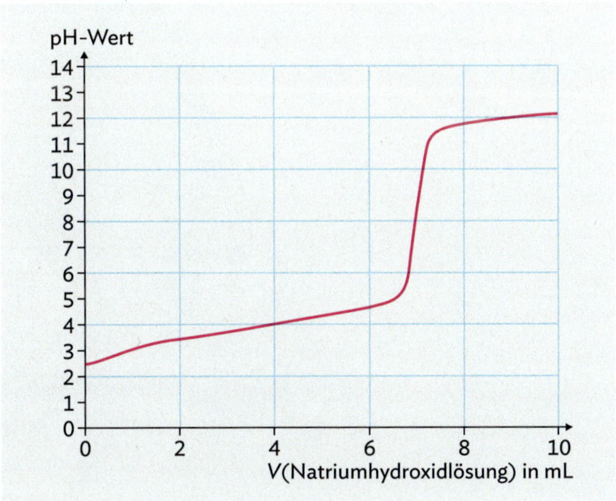

B4 Titrationskurve für die Titration einer Milchsäurelösung gegen Natriumhydroxidlösung

Eine Milchsäurelösung wurde gegen Natriumhydroxidlösung titriert. Die erhaltene Titrationskurve ist in **B4** abgebildet.

4 Natürliche und synthetische Makromoleküle

06043-100

eA Hier finden Sie das digitale Zusatzmaterial zu den Inhalten für das erhöhte Anforderungsniveau.

06043-032

Arbeitsblatt unter QR-/Mediencode 06043-032

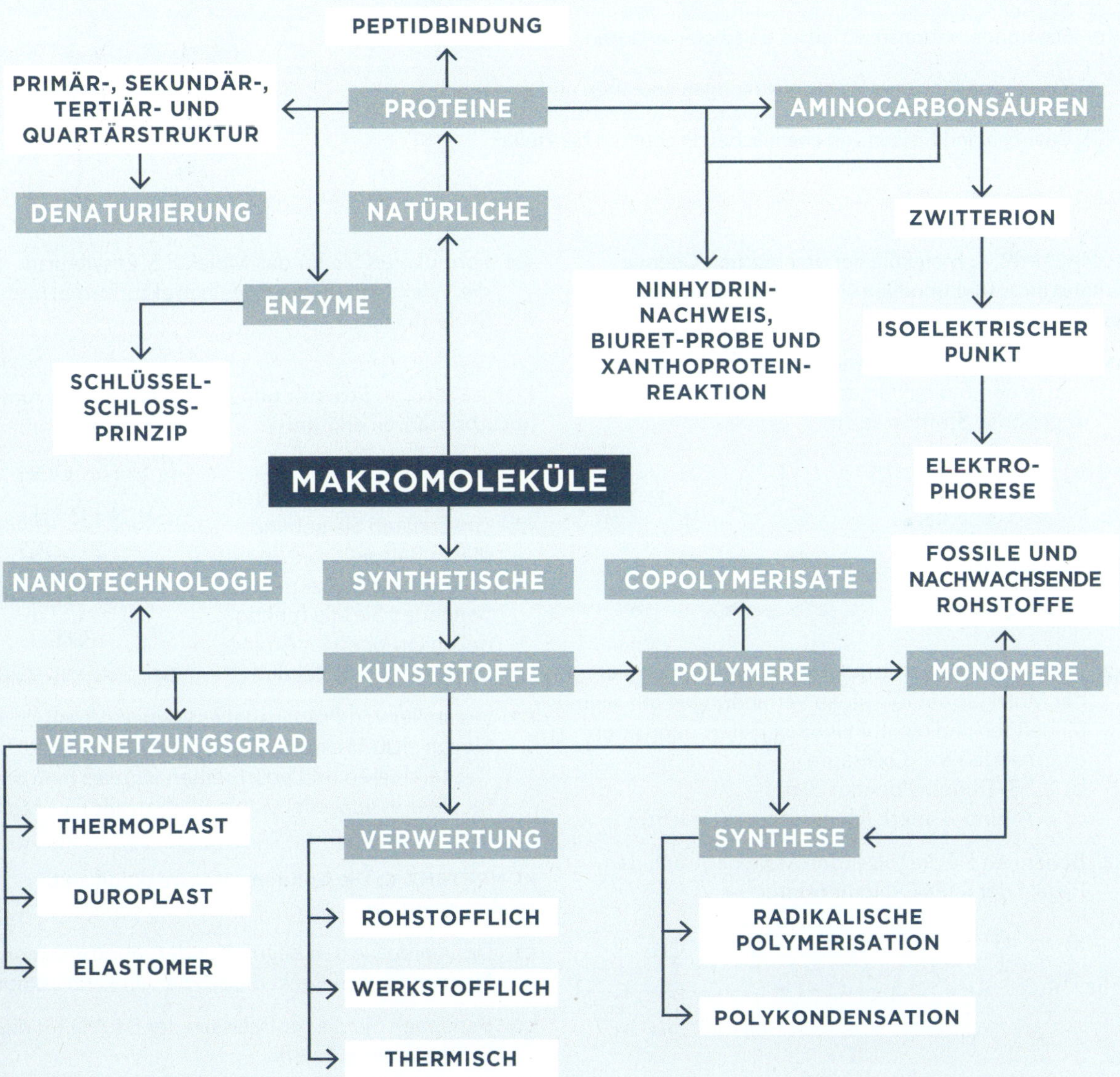

Startklar?

Schätzen Sie Ihre Kompetenz in den Bereichen A bis E ein und prüfen Sie sich anhand der entsprechenden Aufgaben (Arbeitsblatt ➡ QR 06043-033).

06043-033

Unter ➡ QR 06043-034 finden Sie außerdem eine Lernanwendung zur digitalen Überprüfung der geforderten Kompetenzen.

06043-034

Kompetenz	sehr gut	gut	schwierig
A Moleküle der organischen Chemie anhand ihrer funktionellen Gruppen unterscheiden und charakterisieren	---	---	---
B Struktur und Eigenschaften von Aminocarbonsäuren erläutern	---	---	---
C Die Kondensationsreaktion an Beispielen erläutern	---	---	---
D Zwischenmolekulare Wechselwirkungen erkennen und anwenden	---	---	---
E Chancen und Risiken von chemischen Produkten beurteilen	---	---	---

KOMPETENZ A: Moleküle der organischen Chemie anhand ihrer funktionellen Gruppen unterscheiden und charakterisieren

A1 Benennen Sie die folgenden funktionellen Gruppen in den Molekülen und geben Sie jeweils die zugehörige Stoffklasse an.

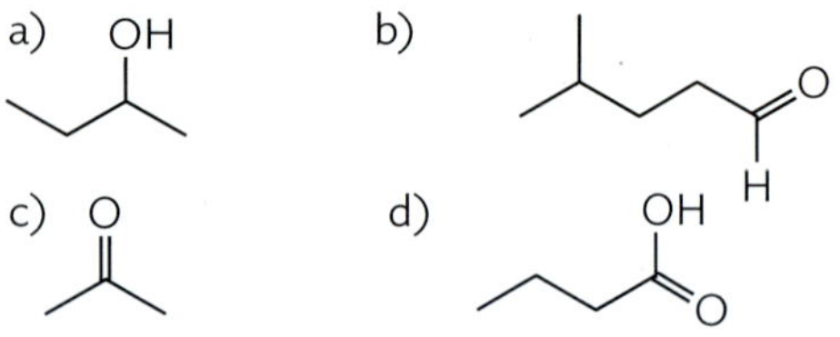

A2 Zeichnen Sie die vollständige Valenzstrichformel der Moleküle der folgenden Verbindungen mit allen bindenden und nichtbindenden Elektronenpaaren.
a) Ethandisäure (Oxalsäure)
b) 2,2,3-Trimethylpentan-3-ol
c) 2-Amino-4-methylpentansäure (Leucin)

A3 Benennen Sie die folgenden Moleküle nach den Regeln der IUPAC-Nomenklatur.

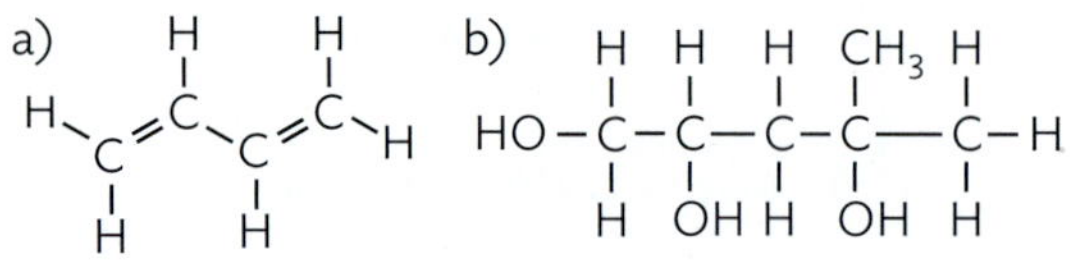

A4 Formulieren Sie für das Molekül 3-Ethylhexan die Valenzstrichformel, Halbstrukturformel und Skelettformel.

KOMPETENZ B: Struktur und Eigenschaften von Aminocarbonsäuren erläutern

B1 **B1** zeigt die Struktur der Aminocarbonsäure Isoleucin. Erklären Sie anhand dieses Beispiels den Begriff 2-Aminocarbonsäure und benennen Sie alle funktionellen Gruppen im Aminocarbonsäure-Molekül.

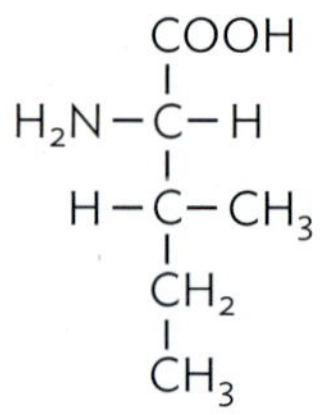

B1 Isoleucin-Molekül

B2 Hersteller von Proteinshakes werben oft mit dem Slogan „100 % essenzielle Aminocarbonsäuren". Recherchieren und beschreiben Sie, was man unter einer essenziellen Aminocarbonsäure versteht.

KOMPETENZ C: Die Kondensationsreaktion an Beispielen erläutern

C1 Definieren Sie den Begriff Kondensationsreaktion. Nennen Sie den Reaktionstyp der Umkehrreaktion.

C2 Benennen Sie die Stoffklassen der Edukte für die Synthese eines Esters.

C3 Formulieren Sie für die Synthese von Essigsäureethylester unter Verwendung von Valenzstrichformeln und Angabe von bindenden und nichtbindenden Elektronenpaaren eine Reaktionsgleichung. Benennen Sie alle an der Reaktion beteiligten Stoffe.

KOMPETENZ D: Zwischenmolekulare Wechselwirkungen erkennen und anwenden

D1 Nennen Sie drei zwischenmolekulare Wechselwirkungen und ordnen Sie diese nach zunehmender Stärke.

D2 Beurteilen Sie mithilfe von zwischenmolekularen Wechselwirkungen, die zwischen den Teilchen Ⓐ – Ⓓ wirken, welche physikalischen Eigenschaften ① – ④ die Stoffe Ⓐ – Ⓓ aufweisen (**B2**).

Stoffe und ihre Teilchen:

Stoff	Ⓐ	Ⓑ	Ⓒ	Ⓓ
Name	Milch-säure-Molekül	Propan-2-on-Molekül	Propan-1-ol-Molekül	Propan-1,3-diol-Molekül
Molekül	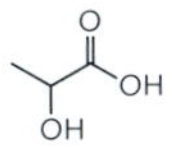			

Stoffeigenschaften:

①	②	③	④
▪ farblose Flüssigkeit ▪ geringe Viskosität	▪ farblose Flüssigkeit ▪ viskos	▪ farblose Flüssigkeit ▪ leicht flüchtig	▪ weißer Feststoff

B2 Stoffe und ihre Teilchen (oben) sowie deren mögliche Stoffeigenschaften (unten)

D3 Im Labor befinden sich die Alkohole Ethanol, Propan-1-ol, Propan-1,2,3-triol, Butan-1-ol und Pentan-1-ol in nicht beschrifteten Vorratsgefäßen. Zusätzlich sind Wasser und Heptan als Lösemittel vorhanden und Kochsalz. Planen Sie ein Experiment, um die Alkohole zu identifizieren. Erläutern Sie Ihre Strategie.

KOMPETENZ E: Chancen und Risiken von chemischen Produkten beurteilen

E1 Viele Menschen verzichten komplett auf Shampoos und nutzen natürliche Ersatzstoffe wie Mehl oder Apfelessig. Eine beliebte Alternative dazu sind Shampoos, die mit „natürlichen Inhaltsstoffen ohne Chemie" beworben werden. Beurteilen Sie diese Produktbeschreibung kritisch.

E2 Jede Haushaltsapotheke beinhaltet Desinfektionsmittel. Gängige Inhaltsstoffe sind beispielsweise Ethanol, Isopropanol oder Benzalkoniumchlorid.

a) Stellen Sie eine Hypothese über den Wirkungsmechanismus der Inhaltsstoffe auf.

b) Beschreiben Sie die Vorteile der Inhaltsstoffe. Berücksichtigen Sie dabei Aspekte wie Gesundheit (Schutz vor Krankheitserregern) oder Umwelt und Alltag (einfacher Gebrauch, Verfügbarkeit).

c) Recherchieren Sie das Gefährdungspotenzial der jeweiligen Inhaltsstoffe. Berücksichtigen Sie dabei Aspekte wie Gesundheit (Hautreizungen, Allergien), Umwelt (Abbau, Rückstände) und Sicherheit (Entzündlichkeit, toxische Dämpfe).

d) Beurteilen Sie die Gesamtwirkung der Inhaltsstoffe.

Vergleichen Sie Ihre Antworten mit den Lösungen auf den Seiten 198 ff. und geben Sie sich die entsprechende Punktzahl.

Kompetenz	sehr gut	gut	schwierig	zum Nachlesen
A Moleküle der organischen Chemie anhand ihrer funktionellen Gruppen unterscheiden und charakterisieren	19 – 16	15 – 11	10 – 8	S. 14 – 15
B Struktur und Eigenschaften von Aminocarbonsäuren erläutern	8 – 7	6 – 5	4 – 3	S. 19
C Die Kondensationsreaktion an Beispielen erläutern	9 – 8	7 – 6	4 – 3	S. 19 – 20
D Zwischenmolekulare Wechselwirkungen erkennen und anwenden	17 – 15	14 – 12	11 – 9	S. 15
E Chancen und Risiken von chemischen Produkten beurteilen	12 – 10	9 – 7	6 – 4	–

4.1 Von Aminocarbonsäuren zu Proteinen

Aminocarbonsäuren bilden die Bausteine der Proteine. Asparagin ist z. B. im Gemüsespargel enthalten und hat von dieser Pflanze auch seinen Namen. Was genau aber sind Aminocarbonsäuren und wie werden sie zu Proteinen?

4.1.1 Versuche und Material

V Eigenschaften von Aminocarbonsäuren

Aminocarbonsäuren unterscheiden sich von anderen Stoffen wie Salzen und auch untereinander in ihrer Wasserlöslichkeit, der Acidität ihrer Moleküle und der elektrischen Leitfähigkeit ihrer Lösungen.

V1 Geben Sie je ca. 3 mL Leitungswasser und einige Tropfen Universalindikatorlösung in drei Reagenzgläser. Fügen Sie dann zu den drei Reagenzgläsern eine Spatelspitze Glycin (Aminoethansäure), Glutaminsäure (2-Aminopentandisäure) bzw. Lysin (2,6-Diaminohexansäure) hinzu und schütteln Sie.

V2 Vergleichen Sie die elektrische Leitfähigkeit von Leitungswasser, einer Glycinlösung und einer Natriumchloridlösung (beide c = 0,1 mol/L).

V3 Stellen Sie aus 20 mL Wasser und zwei gehäuften Spateln Asparagin (**B1**) eine Suspension her und verteilen Sie diese auf drei Reagenzgläser. Geben Sie dann unter ständigem Schütteln zu zwei der Reagenzgläser tropfenweise salzsaure Lösung bzw. Natriumhydroxidlösung (beide c = 1 mol/L) zu, bis die Suspension sich sichtbar verändert. Das dritte Reagenzglas dient als Vergleich. Bestimmen Sie zuletzt mit Indikatorpapier den ungefähren pH-Wert aller drei Reagenzglasinhalte.

AUSWERTUNG

a) Erklären Sie anhand der Valenzstrichformeln der Moleküle der untersuchten Aminocarbonsäuren aus **V1 - V3** ihre unterschiedlichen Löse- und Säure-Base-Eigenschaften.

b) Stellen Sie begründete Vermutungen über die unterschiedlichen elektrischen Leitfähigkeiten der Lösungen in **V2** an.

ENTSORGUNG: A

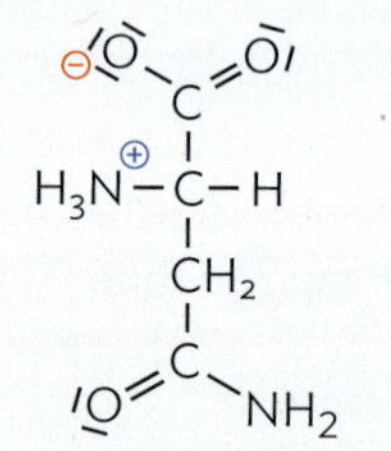

B1 Valenzstrichformel des Asparagin-Moleküls in wässriger Lösung

V Säure-Base-Eigenschaften von Aminocarbonsäuren

Aminocarbonsäure-Moleküle können mit Oxonium- und Hydroxid-Ionen reagieren. Dabei ändert sich je nach Protonierung der Carboxy- bzw. Amino-Gruppe die Gesamtladung des Aminocarbonsäure-Moleküls.

V4 Stellen Sie 50,0 mL wässrige Glycinlösung (c = 0,100 mol/L) her, bestimmen Sie den pH-Wert der Lösung und verteilen Sie die Lösung auf zwei Bechergläser. Geben Sie in ein Becherglas 0,500 mL Natriumhydroxidlösung (c = 1,00 mol/L) und in das andere Becherglas salzsaure Lösung (c = 1,00 mol/L) hinzu. Bestimmen Sie erneut den pH-Wert in beiden Bechergläsern. Wiederholen Sie den Versuch dann mit Leitungswasser anstelle der Glycinlösung.

V5 Lösen sie 1,50 g Glycin in 200 mL salzsaurer Lösung (c = 0,100 mol/L), sodass die Glycinkonzentration in der sauren Lösung c = 0,100 mol/L beträgt. Titrieren Sie diese Lösung mit Natriumhydroxidlösung (c = 1,00 mol/L) als Maßlösung. Bestimmen Sie dabei immer nach Zugabe von jeweils 0,500 mL Natriumhydroxidlösung den pH-Wert des Gemisches. Erstellen Sie mit den Messwerten eine Titrationskurve.

AUSWERTUNG

a) Erklären Sie anhand von Reaktionsgleichungen die unterschiedliche Änderung des pH-Wertes von Leitungswasser und Glycinlösung in **V4** bei Zugabe von saurer bzw. basischer Lösung.
Hinweis: Die Glycin-Moleküle liegen in wässriger Lösung überwiegend in der gezeigten Form in **B2** vor.

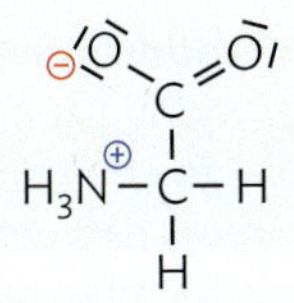

B2 Überwiegend vorliegende Form des Glycin-Moleküls in wässriger Lösung

b) Bestimmen Sie mithilfe der Titrationskurve aus **V5** grafisch die pK_S-Werte der Carboxy- und der Amino-Gruppe von Glycin.
Hinweise: Der pK_S-Wert der Carboxy-Gruppe (pK_{S1}) entspricht ca. der Mitte des ersten flachen Bereiches der Titrationskuve. Der pK_S-Wert der Amino-Gruppe (pK_{S2}) entspricht ca. der Mitte des zweiten flachen Bereichs.

ENTSORGUNG: A

M Peptid-Gruppe

M6 Aminocarbonsäure-Moleküle können über ihre funktionellen Gruppen zu Aminocarbonsäure-Molekülketten (Polypeptid-Moleküle) verbunden werden. Die dabei entstehende Bindung wird Peptidbindung genannt und die daran beteiligten Atome sind Teil der Peptid-Gruppe (**B3**). Die Bindungsdetails zwischen den Atomen sind in der Tabelle in **B4** angegeben.

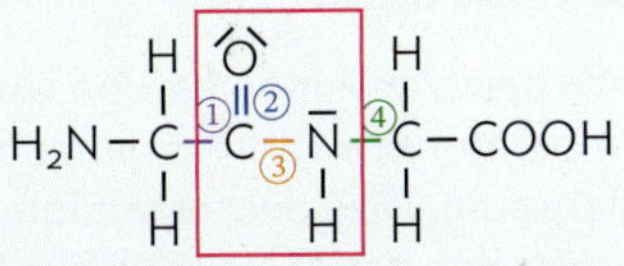

B3 Zwei Glycin-Moleküle sind durch eine Peptidbindung zu einem Dipeptid-Molekül verbunden. Die Peptid-Gruppe ist durch den eingezeichneten Kasten markiert.

AUSWERTUNG

Die Planarität der Peptid-Gruppe lässt sich durch das teilweise „Übergreifen" der Bindung ② auf die Bindung ③ erklären und mithilfe mesomerer Grenzstrukturen anschaulich beschreiben. Belegen Sie diese Behauptung anhand von Grenzstrukturen der Peptidbindung (**B3**) und geeigneten ausgewählten Tabellenwerten (**B4**).

Bindung	Atomabstand in pm	freie Drehbarkeit
① C–C	153	ja
② C=O	124	nein
③ C–N	132	nein
④ N–C	146	ja

B4 Atomabstände und Drehbarkeit der Atombindungen in der Peptid-Gruppe (Farbcodierung für **B3**)

4.1.2 Aminocarbonsäuren

Funktionelle Gruppen und Einteilung

Aminocarbonsäuren (vereinfacht **Aminosäuren**) sind einer der wichtigsten Baustoffe des Lebens. Nur 20 verschiedene reichen aus, um alle **Proteine** des menschlichen Körpers herzustellen.
Diese sogenannten **proteinogenen** Aminocarbonsäuren besitzen eine identische Grundstruktur. Die Moleküle der Aminocarbonsäuren tragen neben einer Carboxy-Gruppe -COOH noch mindestens eine Amino-Gruppe $-NH_2$. Dabei ist die Amino-Gruppe jeweils an das Kohlenstoff-Atom gebunden, das der Carboxy-Gruppe benachbart ist. Dieses Kohlenstoff-Atom trägt zusätzlich ein Wasserstoff-Atom und wird als α-Kohlenstoff-Atom bezeichnet, die entsprechenden Aminocarbonsäuren nennt man **α-Aminocarbonsäuren** oder **2-Aminocarbonsäuren**. Die einzelnen Aminocarbonsäuren unterscheiden sich lediglich in ihren Seitenketten (Resten R) (**B1**). Prolin weist hierbei eine Besonderheit auf, da seine Amino-Gruppe nicht frei ist, sondern einen Ring bildet (**B3**).
Aminocarbonsäuren werden häufig mit Trivialnamen bezeichnet. In bestimmten Situationen ist es aber notwendig systematische Namen (nach der IUPAC-Nomenklatur) zu verwenden. So lässt sich nur anhand dieser Namen eine eindeutige Strukturdarstellung der entsprechenden Aminocarbonsäure zeichnen (**B2**).

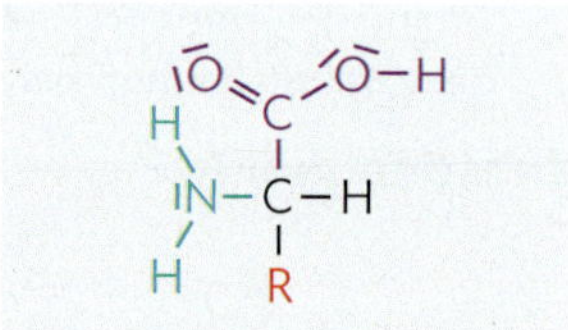

B1 Grundstruktur der proteinogenen Aminocarbonsäuren

Trivialname	IUPAC-Name	Strukturdarstellung
Glycin	Aminoethansäure	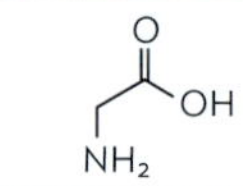
Threonin	2-Amino-3-hydroxybutansäure	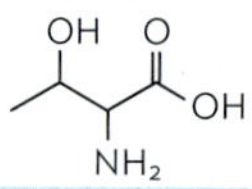
Glutaminsäure	2-Aminopentandisäure	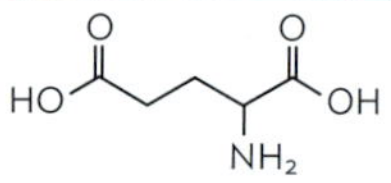

B2 Vergleich unterschiedlicher Bezeichnungen und Strukturdarstellungen einiger Aminocarbonsäuren

Die systematische Benennung von einfachen 2-Aminocarbonsäuren erfolgt dabei nach den üblichen Nomenklaturregeln. Alkyl-, Hydroxy- und Amino-Gruppen werden dabei wie Substituenten behandelt. Die hierzu nötigen Regeln sind Ihnen bereits größtenteils aus der Mittelstufe bekannt.

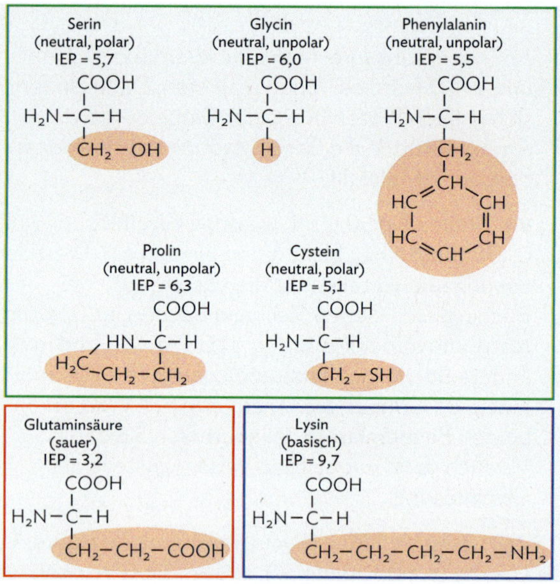

B3 Typische Vertreter der verschiedenen Gruppen von Aminocarbonsäuren (neutral (polar bzw. unpolar), sauer und basisch)

Aminocarbonsäuren können aufgrund der chemischen und polaren Eigenschaften ihrer Reste, auch genannt **Seitenketten**, in verschiedene Gruppen eingeordnet werden (**B3**). Es existieren **neutrale** (**polare** bzw. **unpolare**) Aminocarbonsäuren, die sich v. a. in ihren Löseeigenschaften unterscheiden. So lösen sich z. B. Serin-Moleküle aufgrund der Hydroxy-Gruppe in ihren Seitenketten sehr gut in polaren Lösemitteln wie Wasser. Phenylalanin mit einem großen Kohlenwasserstoff-Ring in der Seitenkette zeigt hingegen nur eine geringe Wasserlöslichkeit.
Die Moleküle **saurer** und **basischer** Aminocarbonsäuren besitzen Seitenketten, die als Protonendonatoren bzw. Protonenakzeptoren wirken können. So sind wässrige Lösungen von Glutaminsäure aufgrund der zusätzlichen Carboxy-Gruppe in der Seitenkette sauer und wässrige Lösungen von Lysin aufgrund der zweiten Amino-Gruppe in der Seitenkette basisch (**B3**, **V1**).

Zwitterionenstruktur

Als Feststoffe besitzen Aminocarbonsäuren viel höhere Schmelztemperaturen als ähnlich aufgebaute Stoffe wie z. B. die Milchsäure. Dies deutet auf ionische Wechselwirkungen zwischen den Molekülen hin. Dennoch leiten wässrige Lösungen der meisten Aminocarbonsäuren den elektrischen Strom nur sehr schlecht (**V2**). Die Erklärung für diesen scheinbaren Widerspruch sind die Ladungszustände ihrer funktionellen Gruppen im festen Aggregatzustand.

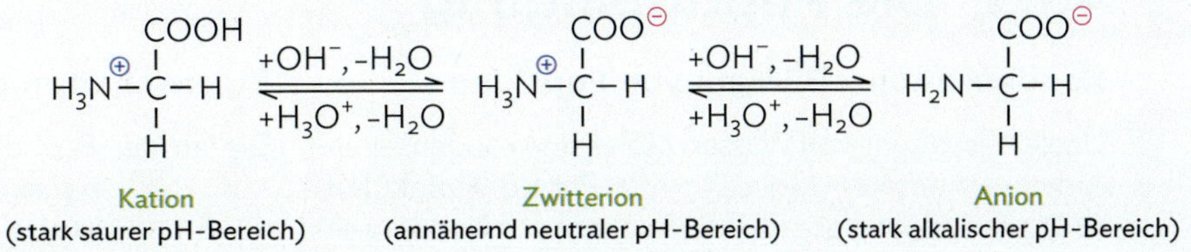

B4 Abhängigkeit des Ladungszustandes von Aminocarbonsäure-Molekülen (hier exemplarisch Glycin-Molekül) vom pH-Wert und dem IEP

Unter physiologischen Bedingungen liegt eine Aminocarbonsäure als sogenanntes **Zwitterion** vor. Die Carboxy-Gruppe ist hier deprotoniert und bildet damit eine negativ geladene Carboxylat-Gruppe. Die Amino-Gruppe ist protoniert und entspricht damit einer positiv geladenen Ammonium-Gruppe (**B4** Mitte). Das Zwitterion hat eine Gesamtladung von Null. Zwischen einzelnen Zwitterionen wirken relativ starke ionische Wechselwirkungen. Diese verursachen die hohen Schmelztemperaturen der Aminocarbonsäuren. In wässrigen Lösungen stört die zwitterionische Struktur außerdem die Bildung einer Hydrathülle und verursacht damit eine schlechte Löslichkeit in Wasser.
In elektrischen Feldern werden Zwitterionen von beiden Polen gleichermaßen angezogen und bewegen sich daher nicht. Infolgedessen fließt kein Strom (**V2**).

Isoelektrischer Punkt

In Gegenwart eines Überschusses an Oxonium- bzw. Hydroxid-Ionen wird die Carboxy-Gruppe eines Amninocarbonsäure-Moleküls protoniert bzw. die Amino-Gruppe deprotoniert. Aminocarbonsäuren sind also **Ampholyte**, die je nach Reaktionspartner als Säure oder Base agieren (**V4**).
Nach dem Protonenaustausch liegen die Aminocarbonsäure-Moleküle als Kationen oder Anionen vor, die beide besser wasserlöslich sind als das Zwitterion (**B4, V3**). Der pH-Wert, bei dem die Moleküle einer Aminocarbonsäure überwiegend als Zwitterionen vorliegen, ist für jede Aminocarbonsäure charakteristisch (**B3**). Dieser heißt **isoelektrischer Punkt**, abgekürzt **IEP**. Bei Aminocarbonsäuren ohne zusätzliche funktionelle Gruppen in der Seitenkette ist der IEP genau der Mittelwert der pK_S-Werte der Carboxy- und Amino-Gruppen (**V5**).
Der Ladungszustand der Aminocarbonsäure hängt vom IEP und dem pH-Wert der Lösung ab. Bei pH > IEP liegt eine Aminocarbonsäure überwiegend als Kation vor und bei pH < IEP überwiegend als Anion (**B4**).

Moleküle proteinogener Aminocarbonsäuren besitzen eine Carboxy- und eine Amino-Gruppe am ersten bzw. zweiten Kohlenstoff-Atom. Anhand ihrer Seitenkette werden sie als neutral (polar bzw. unpolar), sauer und basisch unterschieden. In Feststoffen liegen Aminocarbonsäure-Moleküle als Zwitterionen mit einer negativ geladenen Carboxylat-Gruppe und einer positiv geladenen Ammonium-Gruppe vor. Zwischen Zwitterionen wirken relativ starke ionische Wechselwirkungen. Amincarbonsäure-Moleküle sind Ampholyte. Der pH-Wert, bei dem die Moleküle einer Aminocarbonsäure überwiegend als Zwitterionen vorliegen, wird isoelektrischer Punkt (IEP) genannt.

AUFGABEN

A1 Recherchieren Sie die Valenzstrichformeln der Moleküle der Aminocarbonsäuren Arginin, Leucin, Asparaginsäure und Threonin. Ordnen Sie diese Moleküle begründet den verschiedenen Gruppen neutral (polar bzw. unpolar), sauer und basisch zu.

A2 Stellen Sie begründete Hypothesen über die Löslichkeit von Phenylalanin und Serin in Benzin an.

A3 Geben Sie die Valenzstrichformel des Prolin- und Lysin-Moleküls an wie sie in einer Lösung mit pH = 7 überwiegend vorliegen.

A4 Berechnen Sie den IEP von Valin mit dem pK_S-Wert der Carboxy-Gruppe von 2,29 und dem pK_S-Wert der Amino-Gruppe von 9,74.

A5 Glutaminsäure-Moleküle besitzen insgesamt drei funktionelle Gruppen, die an Protonenaustauschreaktionen teilnehmen können. Geben Sie die Valenzstrichformeln aller Ladungszustände eines Glutaminsäure-Moleküls an wie sie der Reihe nach auftreten, wenn man eine stark saure Glutaminsäurelösung mit Natriumhydroxidlösung titriert.
Hinweise:
Carboxy-Gruppe am ersten Kohlenstoff-Atom: pK_{S1} = 1,99. Carboxy-Gruppe der Seitenkette: pK_{S2} = 3,90. Amino-Gruppe: pK_{S3} = 9,90.

A6 Beurteilen Sie, ob Nahrungsergänzungsmittel, die Aminocarbonsäuren enthalten, sinnvoll sind.

4.1.3 Die Peptidbindung

Kondensation – Bildung von Peptiden

Unter Abspaltung von Wasser-Molekülen kondensieren Aminocarbonsäure-Moleküle zu **Peptid-Molekülen** (**B5**). Man nennt diese Reaktion daher auch **Kondensationsreaktion**. Sie findet nicht spontan statt, sondern wird von Ribosomen, den „Proteinfabriken" der Zellen, katalysiert. Auf molekularer Ebene reagiert dabei jeweils die Carboxy-Gruppe des einen Aminocarbonsäure-Moleküls mit der Amino-Gruppe des zweiten Kohlenstoff-Atoms eines anderen Aminocarbonsäure-Moleküls. Dabei wird eine **Peptid-Gruppe** als neue funktionelle Gruppe gebildet. An den Enden eines Peptid-Moleküls findet sich je noch eine freie Amino- bzw. Carboxy-Gruppe. In **Protein-Molekülen** sind oft mehr als hundert Aminocarbonsäure-Moleküle durch die so entstehenden **Peptidbindungen** verbunden.

Die Spaltung eines Peptid-Moleküls wird als **Hydrolyse** bezeichnet und läuft z. B. bei der Verdauung im Körper ab. Dabei entstehen unter Anlagerung von Wasser-Molekülen wieder die Aminocarbonsäure-Moleküle (**B5**).

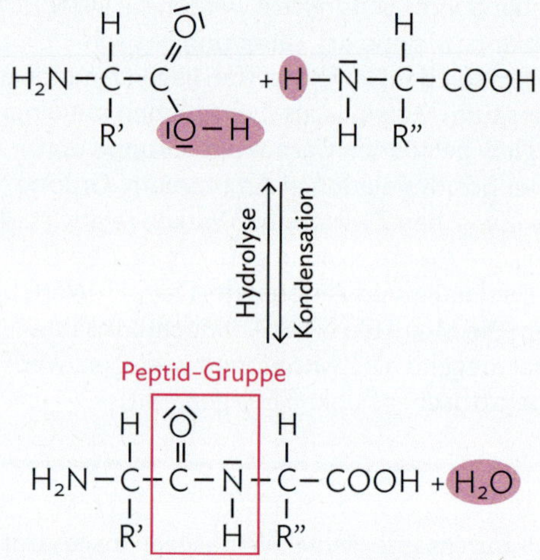

B5 Bildung und Spaltung von Peptid-Molekülen

Eigenschaften der Peptid-Gruppe

Die an der Peptidbindung beteiligten Atome –CO–NH– liegen alle in einer Ebene, die Peptid-Gruppe ist also **planar** gebaut (Video ➥ QR 06043-035).

06043-035

Messungen der Atomabstände in der Peptid-Gruppe zeigen, dass der Abstand zwischen den Atomen der Carbonyl-Gruppe länger als gewöhnlich ist. Der Abstand zwischen dem Kohlenstoff- und Stickstoff-Atom der Peptidbindung ist hingegen kürzer (**M6**).

Die Ursache hierfür ist die Mesomeriestabilisierung (➥ **5**, Kap. 1) der Peptid-Gruppe (**B6**). Diese führt zu einem **partiellen Doppelbindungscharakter** der Peptidbindung und damit zur deren besonderen Stabilität. Die eingeschränkte Drehbarkeit der einzelnen Aminocarbonsäure-Moleküle innerhalb eines Peptid-Moleküls ist außerdem die Ursache für die Sekundärstruktur der Proteine (➥ Kap. 4.2.2).

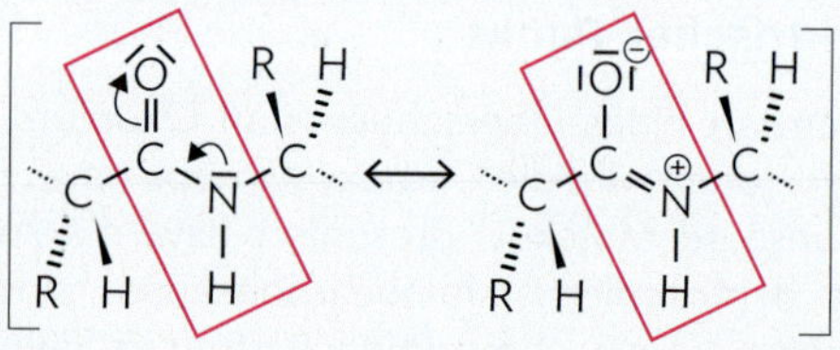

B6 Partieller Doppelbindungscharakter der Peptid-Gruppe durch Mesomeriestabilisierung

Unter Abspaltung von Wasser-Molekülen kondensieren Aminocarbonsäure-Moleküle zu Peptid-Molekülen. Die Peptidbindung ist wegen des partiellen Doppelbindungscharakters besonders stabil und nicht drehbar. Durch Hydrolyse werden Peptid-Moleküle wieder in Aminocarbonsäure-Moleküle gespalten.

AUFGABEN

A1 Stellen Sie analog zu **B5** die Kondensationsreaktion der Moleküle Serin, Glycin und Lysin zu einem Tripeptid-Molekül dar.

A2 Recherchieren Sie die Struktur der Peptidbindung bei Beteiligung eines Moleküls der Aminocarbonsäure Prolin.

A3 In Peptid-Molekülen liegen die Peptidbindungen normalerweise in *E*-Konfiguration vor. Zeichnen Sie das in **B5** dargestellte Dipeptid-Molekül in *Z*-Konfiguration und stellen Sie begründete Vermutungen darüber an, dass diese Isomere bei Peptid-Molekülen in der Natur viel seltener vorkommen.

A4 Formulieren Sie die Reaktionsgleichung für die Hydrolyse des Süßstoffes Aspartam in Asparaginsäure (mit freier Amino-Gruppe) und Phenylalanin (mit freier Carboxy-Gruppe).

4.1.4 Nachweisreaktionen für Peptide

Mit verschiedenen analytischen Methoden lassen sich einzelne Aminocarbonsäuren oder die Peptid-Gruppen in einem Protein experimentell nachweisen.

a) Dünnschichtchromatografie von Aminocarbonsäuren mit anschließendem Ninhydrin-Nachweis

VORGEHEN

1. Stellen Sie für die Dünnschichtchromatografie (DC) zunächst das Laufmittel her. Verwenden Sie dafür 35 mL Aceton, 35 mL Butan-1-ol, 10 mL Ethansäure und 20 mL Wasser. Befüllen Sie die DC-Kammer damit.
2. Lösen Sie jeweils eine Spatelspitze Cystein, Glycin, Leucin und Methionin in ca. 5 mL destilliertem Wasser.
3. Tragen Sie je zwei Tropfen der Lösungen ca. 2 cm entfernt vom unteren Rand einer DC-Platte auf und trocknen Sie die Platte anschließend kurz mit einem Föhn.
4. Stellen Sie die Platte in die DC-Kammer und verschließen Sie die Kammer. Belassen Sie die Platte in der Kammer bis die Laufmittelfront fast den oberen Rand der Platte erreicht hat. Entnehmen Sie die Platte anschließend und trocknen Sie sie im Abzug mit dem Föhn.
5. Besprühen Sie zum Anfärben der Aminocarbonsäuren auf der DC-Platte diese gleichmäßig mit Ninhydrinreagenz (0,3 g Ninhydrin in 100 mL Butan-1-ol gelöst). Trocknen Sie die Platte ca. 15 Minuten bei 100 °C im Trockenschrank bis purpurfarbene Flecken sichtbar werden.

Der Grund für die Färbung ist die Reaktion von Ninhydrin mit Aminocarbonsäuren zum Farbstoff RUHEMANNS Purpur (**B1** links). Die Ninhydrinfärbung eignet sich v. a. für den Nachweis einzelner Aminocarbonsäuren und kurzer Peptide.

ENTSORGUNG: R, G3

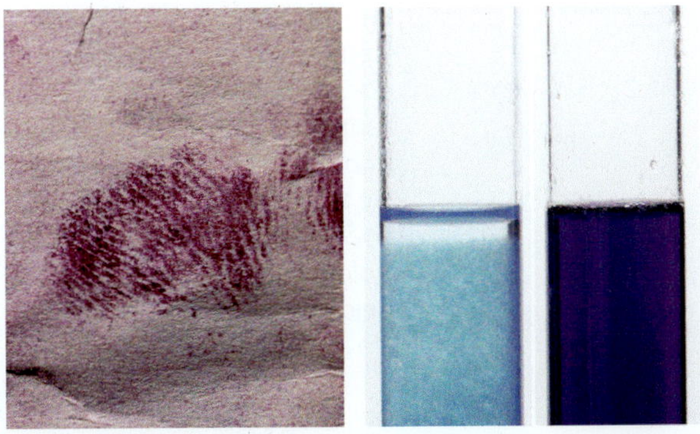

B1 Positiver Ninhydrin-Nachweis zum Nachweis von Aminocarbonsäuren in einem Fingerabdruck (links) und Biuret-Probe (rechts - negativ: Hellblau, positiv: Violett)

b) Biuret-Probe

VORGEHEN

1. Verrühren Sie das Eiklar eines Hühnereis, 50 mL Wasser und einen Spatel Kochsalz miteinander. Filtrieren Sie das Gemisch anschließend mit Watte.
2. Vermischen Sie 2 mL des Filtrats mit 2 mL Natriumhydroxidlösung (c = 1 mol/L). Erhitzen Sie auf ca. 60 °C.
3. Geben Sie 5 mL Biuretreagenz hinzu. Stellen Sie dieses her, indem Sie 1,5 g $CuSO_4 \cdot 5\ H_2O$ und 6 g Natrium-Kalium-Tartrat in 500 mL Wasser lösen, anschließend 300 mL Natriumhydroxidlösung (c(NaOH) = 2,77 mol/L) unter Rühren zugeben und zuletzt mit Wasser auf 1 L auffüllen.

Der Farbumschlag von Hellblau nach Violett ist ein positiver Nachweis auf Proteine (Video ➡ QR 06043-036). Ursache der Färbung (**B1** rechts) ist ein Komplex aus den Amino-Gruppen der Peptidbindungen und den Kupfer(II)-Ionen des Biuretreagenzes.

06043-036

ENTSORGUNG: G2

c) Xanthoprotein-Reaktion

VORGEHEN

1. Ein Teelöffel Magerquark wird auf ein Uhrglas gegeben und einige Tropfen konzentrierter salpetersaurer Lösung werden hinzugefügt.
2. An den Kontaktstellen wird eine Verfärbung nach Gelb sichtbar (Video ➡ QR 06043-037).

Die Ursache der Gelbfärbung (**B2**) ist die Nitrierung der Seitenketten der Aminocarbonsäure-Moleküle mit aromatischen Resten: Tryptophan, Tyrosin und Phenylalanin.

06043-037

ENTSORGUNG: R

B2 Positive Xanthoprotein-Reaktion

AUFGABE

A1 Entscheiden und begründen Sie, welche der Nachweisreaktionen für welches der folgenden Gemische geeignet ist und welche nicht:
a) Alanin, Glutaminsäure und Tyrosin
b) Lysin, Serin und Histidin
c) Polypeptid aus diversen Aminocarbonsäuren

4.1.5 Systematische Benennung von einfachen 2-Aminocarbonsäuren

Die **systematische Benennung** von 2-Aminocarbonsäuren erfolgt am besten ausgehend von der **FISCHER-Projektion** der Aminocarbonsäure anhand der üblichen Nomenklaturregeln. Alkyl-, Hydroxy- und Amino-Gruppen werden dabei wie Substituenten behandelt. Die hierzu nötigen Regeln sind Ihnen bereits größtenteils aus der Mittelstufe bekannt. Zur Vertiefung und Reaktivierung zur Benennung mit der FISCHER-Projektion wird im Folgenden ein schrittweises Vorgehen gezeigt.

VORGEHEN

1. Erstellen Sie die FISCHER-Projektion der zu benennenden Aminocarbonsäure (ausführliche Anleitung ➡ QR 06043-038): 06043-038
   a. Ordnen Sie die Kohlenstoff-Atomkette senkrecht an, sodass die Carboxy-Gruppe oben steht. Bei mehreren Carboxy-Gruppen steht die oben, die sich näher an der Amino-Gruppe befindet.
   b. Ordnen Sie Atombindungen so an, dass – vom Betrachter aus gesehen – waagerechte Bindungen nach vorne und senkrechte Bindungen nach hinten weisen.
   c. Zeichnen Sie das Molekül. Dabei werden Kohlenstoff-Atome entlang der senkrechten Hauptkette und räumliche Bindungen nicht explizit dargestellt. Die Amino-Gruppe am zweiten Kohlenstoff-Atom steht bei proteinogenen **L-Aminocarbonsäuren** immer **links**.
2. Die Anzahl der Kohlenstoff-Atome in der senkrechten Kette bestimmt den Namen des entsprechenden Stammalkans, z. B. „-pentan-“.
3. Namen von Aminocarbonsäuren enden stets mit der Endung „-säure“, da die Carboxy-Gruppe die höchste Priorität der funktionellen Gruppen hat. Fügen Sie bei mehreren Carboxy-Gruppen noch die Silbe „di“ ein, z. B. „-pentandisäure“.
4. Stellen Sie weitere Substituenten (Alkyl-, Hydroxy- und Amino-Gruppen) dem Stammnamen voran, z. B. 2-Aminopentandisäure (**B1**).

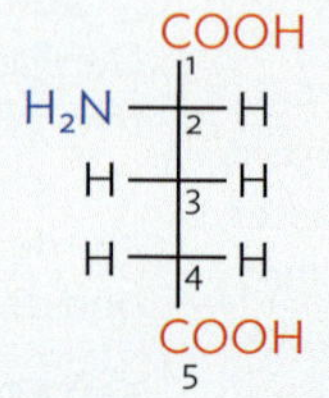

B1 FISCHER-Projektion der Glutaminsäure (2-Aminopentandisäure)

Bei allen proteinogenen Aminorcarbonsäure-Molekülen befindet sich die Amino-Gruppe in der FISCHER-Projektion am zweiten Kohlenstoff-Atom des Molekülgerüsts. Daher nennt man diese Aminocarbonsäuren **2-Aminocarbonsäuren**. Eine gleichbedeutende, aber veraltete Bezeichnung lautet **α-Aminocarbonsäuren**.

AUFGABEN

A1 Benennen Sie die Aminocarbonsäuren Serin, Lysin und Asparagin (➡ Kap. 4.1) mit ihren systematischen Namen nach IUPAC.

A2 Zeichnen Sie die FISCHER-Projektionen von Valin (2-Amino-3-methylbutansäure) und Serin (2-Amino-3-hydroxypropansäure).

A3 Bauen Sie ein Molekülmodell des Alanin-Moleküls (2-Aminopropansäure). Zeichnen Sie beide Spiegelbildisomere in der FISCHER-Projektionsformel und benennen Sie diese.

A4 Erstellen Sie die FISCHER-Projektionen jeweils von der D- und L-Form von Glycin und Threonin.

A5 Proteinogene Aminocarbonsäuren werden von Enzymen nur in der L-Form hergestellt oder weiterverarbeitet. Erklären Sie dies mithilfe des Schlüssel-Schloss-Prinzips (Informationen ➡ QR 06043-039). 06043-039

A6 Zeichnen Sie die FISCHER-Projektion eines beliebigen Isomers von Isoleucin (2-Amino-3-methylpentansäure), kennzeichnen Sie alle chiralen Kohlenstoff-Atome und leiten Sie aus deren Zahl die Anzahl an Stereoisomeren von Isoleucin insgesamt ab. Zeichnen Sie von allen jeweils die FISCHER-Projektion.

4.1.6 Elektrophoresen auswerten

Aminocarbonsäure-Moleküle bilden in wässriger Lösung Ionen, deren Gesamtladung vom pH-Wert der Lösung abhängt. Deshalb können deren Gemische bei einem bestimmten pH-Wert in einem elektrischen Feld getrennt werden. Dieses Trennverfahren nennt man **Elektrophorese**.

Dabei wird das Aminocarbonsäuregemisch als Lösung z. B. auf ein Filterpapier aufgebracht, das mit einer Pufferlösung getränkt ist, die einen bestimmten pH-Wert konstant hält. Durch Anlegen einer elektrischen Spannung (ca. 300 V) entsteht ein elektrisches Feld, in dem die Aminocarbonsäure-Anionen zum Pluspol, und die Aminocarbonsäure-Kationen zum Minuspol gezogen werden (**B1**).

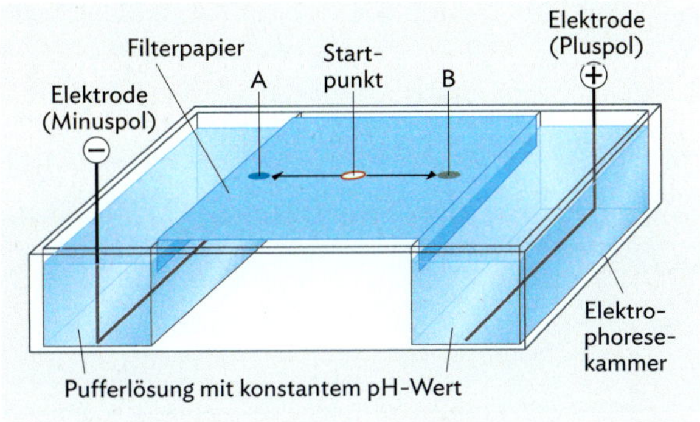

B1 Elektrophorese eines Aminocarbonsäuregemisches. Die zu trennenden Aminocarbonsäure-Moleküle liegen beim gewählten pH-Wert als Kation (A) bzw. Anion (B) vor und wandern zu den jeweils entgegengesetzt geladenen Polen.

Die Geschwindigkeit, mit der die Ionen dabei wandern, hängt unter anderem von ihrer Größe ab. So bewegen sich große Ionen langsamer als kleine. Nach Ende der Elektrophorese wird das Filterpapier aus der Pufferlösung genommen und getrocknet. Das Filterpapier wird dann z. B. mit Ninhydrin behandelt (➡ **FM** 4.1.4). Dabei entsteht ein Fleckenmuster (**B2**). Sind die im zu trennenden Gemisch enthaltenen Aminocarbonsäuren und der pH-Wert der Pufferlösung bekannt, lassen sich diese Flecken eindeutig zuordnen.

Werten Sie die Elektrophorese eines Aminocarbonsäuregemisches aus.

VORGEHEN

1. Notieren Sie die Bestandteile des zu trennenden Aminocarbonsäuregemisches und deren isoelektrische Punkte (IEP), z. B. Glycin (IEP = 6,0), Serin (IEP = 5,7) und Phenylalanin (IEP = 5,5).
2. Vergleichen Sie den pH-Wert der Pufferlösung (z. B. pH = 5,7) mit den isoleketrischen Punkten der zu trennenden Aminocarbonsäuren. Für ihre Ionenform gilt dabei:
   - pH < IEP: Kation, z. B. Glycin
   - pH = IEP: Zwitterion, z. B. Serin
   - pH > IEP: Anion, z. B. Phenylalanin
3. Ordnen Sie die Flecken auf dem Filterpapier zu (**B2**):
   - Fleck zwischen Startpunkt und Minuspol = Kation, z. B. Glycin
   - Fleck auf dem Startpunkt = Zwitterion, z. B. Serin
   - Fleck zwischen Startpunkt und Pluspol = Anion, z. B. Phenylalanin
   - mehrere Flecken auf der gleichen Seite relativ vom Startpunkt aus = gleiche Molekülladung bei unterschiedlicher Größe

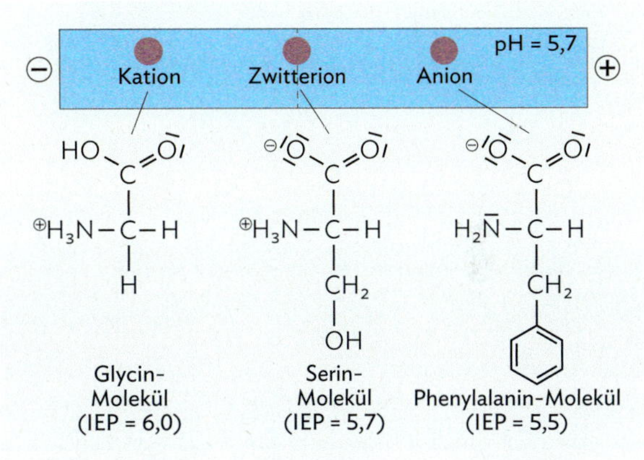

B2 Die durch Ninhydrinfärbung entstandenen Flecken auf dem Filterpapierstreifen lassen sich den zu trennenden Aminocarbonsäuren zuordnen (gestrichelte Linie = Startpunkt).

AUFGABEN

A1 Nach der Elektrophorese eines Gemisches der Aminocarbonsäuren Valin (IEP = 6,0), Glutamin (IEP = 5,7) und Histidin (IEP = 7,6) bei pH = 6 wird das folgende Muster (**B3**) erhalten:

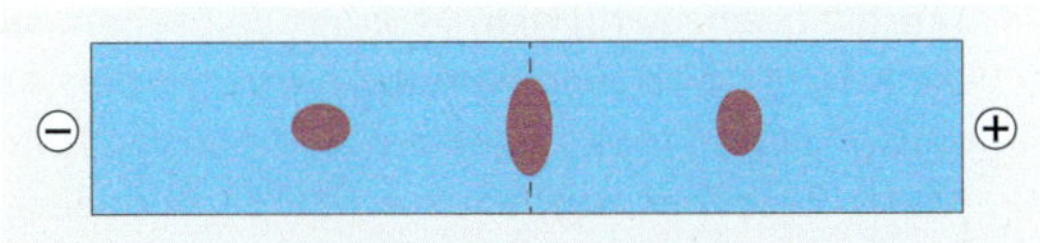

B3 Fleckenmuster nach einer Elektrophorese

Ordnen Sie die einzelnen Flecken begründet den Aminocarbonsäuren zu.

A2 Begründen Sie, ob man Isoleucin und Alanin (beide IEP = 6,0) durch Elektrophorese trennen kann.

A3 Lysin (IEP = 9,7) wandert in einem elektrischen Feld bei pH = 1 viel schneller als bei pH = 4. Erläutern Sie dies anhand geeigneter Valenzstrichformeln.

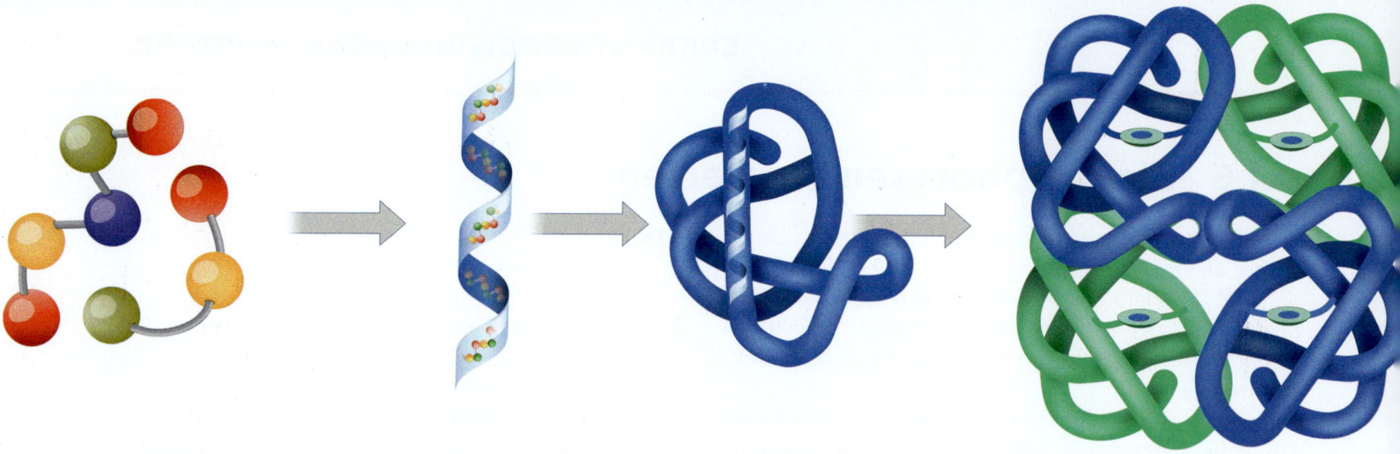

4.2 Eigenschaften und Verwendung von Proteinen

Proteine zählen zu den Grundbausteinen des Lebens. Sie sind Makromoleküle mit komplexer räumlicher Struktur, von der ihre Funktion maßgeblich abhängt. Durch äußere Einflüsse kann die dreidimensionale Proteinstruktur verändert oder zerstört werden. Dabei verlieren die Moleküle häufig ihre biologisch aktive Wirkung. Welche Faktoren sind für die Veränderungen verantwortlich und was ist dabei auf molekularer Ebene zu beobachten?

4.2.1 Versuche und Material

M Die Aminocarbonsäuresequenz

M1 Die Reihenfolge der Aminocarbonsäure-Bausteine eines Protein-Moleküls wird als Aminocarbonsäuresequenz bezeichnet. Die Aminocarbonsäuresequenz kann man verkürzt darstellen, indem die Kürzel der in einem Peptid auftretenden Aminocarbonsäuren in der richtigen Reihenfolge notiert werden. Der linksstehende Aminocarbonsäure-Baustein trägt dabei eine freie Amino-Gruppe, der rechtsstehende Aminocarbonsäure-Baustein eine freie Carboxy-Gruppe. Asp-Phe (Asparaginsäure-Phenylalanin) ist beispielsweise die Aminocarbonsäuresequenz des Süßstoffes Aspartam. Eine chemische Verbindung zweier Aminocarbonsäure-Moleküle wie bei den Molekülen von Aspartam wird auch als Dipeptid bezeichnet. Analog nennt man Verbindungen aus drei Aminocarbonsäure-Molekülen Tripeptide, aus vieren Tetrapeptide usw.

AUSWERTUNG

a) Bauen Sie mit dem Molekülbaukasten (**B1**) alle möglichen Modelle für ein Tripeptid aus den drei Aminocarbonsäuren Glycin (Gly, Aminoethansäure), Alanin (Ala, 2-Aminopropansäure) und Cystein (Cys, 2-Amino-3-sulfanylpropansäure). *Hinweis:* Diese Aufgabe kann in Gruppen bearbeitet werden.

b) Bauen Sie mit dem Molekülbaukasten (**B1**) ein cyclisches Tripeptid Ihrer Wahl.

c) Formulieren Sie die Aminocarbonsäuresequenzen für Ihre Molekülmodelle aus den Aufgaben **a)** und **b)**.

B1 Molekülbaukasten

V/M Die Wirkung äußerer Einflüsse auf die Proteinstruktur

Viele Stoffe und Teilchen sowie äußere Einflüsse aus dem Alltag können schädliche Auswirkungen auf körpereigene Proteine und damit auch auf unseren Organismus haben. Worum genau handelt es sich dabei?

Am Beispiel von Eiklarlösung soll stellvertretend für ein Protein die Wirkung verschiedener Alltagsstoffe auf die Proteinstruktur untersucht werden.

V2 Stellen Sie eine Eiklarlösung her, indem Sie das Eiklar eines Hühnereis mit 200 mL Wasser verrühren und eine Spatelspitze Natriumchlorid zugeben. Geben Sie mit einer Pipette in je fünf Reagenzgläser (RG) 5 mL der Eiklarlösung und führen Sie folgende Versuche durch:

RG 1: Pipettieren Sie 3 mL salzsaure Lösung (c = 1 mol/L) zu.

RG 2: Pipettieren Sie 3 mL Natriumhydroxidlösung (c = 1 mol/L) zu.

RG 3: Pipettieren Sie 10 mL Ethanol (c = 1 mol/L) zu.

RG 4: Pipettieren Sie 5 mL Kupfer(II)-sulfatlösung (w = 2 %) zu.

RG 5: Erhitzen Sie das Reagenzglas in der rauschenden Flamme des Brenners.

M3 Beim Erhitzen wird die räumliche Struktur der im Eiklar enthaltenen Protein-Moleküle verändert. **B2** zeigt schematisch die Veränderungen, die bei der Zerstörung einer Proteinstruktur auf molekularer Ebene stattfinden (Video ➥ QR 06043-040).

06043-040

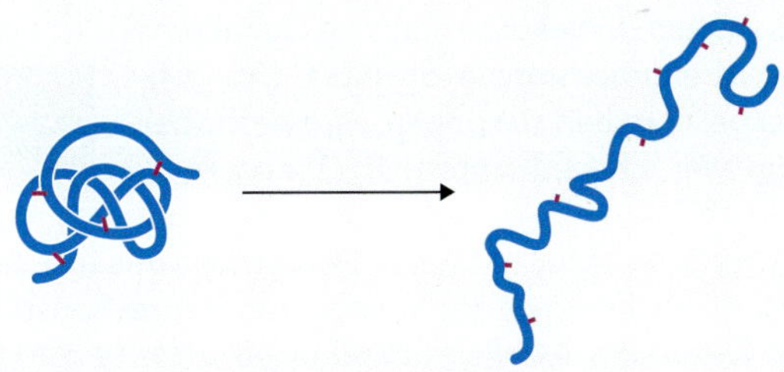

B2 Veränderung einer Proteinstruktur durch äußere Einflüsse

AUSWERTUNG

a) Notieren Sie Ihre Beobachtungen aus **V2** tabellarisch und stellen Sie eine begründete Hypothese auf, welcher Stoff oder äußerer Einfluss jeweils die Strukturänderung der Protein-Moleküle in der Eiklarlösung herbeiführt.

b) Vergleichen Sie Ihre Beobachtungen in RG 1 – 5.

c) Interpretieren Sie die Darstellung aus **B2**. Stellen Sie eine Vermutung darüber auf, wie die Veränderung der Proteinstruktur in **V2** auf Teilchenebene ablaufen könnte.

d) Schließen Sie mithilfe von **M3** auf mögliche Ursachen der Beobachtungen in RG 1 – 5 auf molekularer Ebene.

e) Notieren Sie weitere Beispiele aus Ihrem Alltag, bei denen ebenfalls Proteinstrukturen durch äußere Einflüsse zerstört werden.

ENTSORGUNG: RG 1 + 2: G1, RG 3: G3, RG 4: G2, RG 5: A

M Proteine in der Nahrung

M4 Proteine bilden eine Klasse der drei Makronährstoffe und können über tierische und pflanzliche Proteinquellen aufgenommen werden. Da viele Menschen fleischlos (vegetarisch) leben oder tierische Produkte gänzlich ablehnen (vegan), gibt es inzwischen viele tierische Ersatzprodukte.

AUSWERTUNG

a) Recherchieren Sie zu der Verwendung pflanzenbasierter Proteinquellen und wie pflanzenbasierte Ersatzprodukte hergestellt werden.

b) Bewerten Sie anhand einer Internetrecherche im Hinblick auf ökologische, ökonomische und ethische Gesichtspunkte die Aussage, dass pflanzliche Ersatzprodukte umweltschonender sind als tierische. Beurteilen Sie Ihre Quellen kritisch.

4.2.2 Einfach bis komplex – die Proteinstrukturen

Primärstruktur

Jedes Protein-Molekül besitzt eine charakteristische, dreidimensionale Struktur. Um diese besser beschreiben zu können, wird sie modellhaft in vier Ebenen unterteilt (Video ➡ QR 06043-041).

06043-041

Die **Primärstruktur** gibt die **Aminocarbonsäuresequenz**, die Reihenfolge der Aminocarbonsäure-Bausteine, an. Diese sind über Peptidbindungen im Protein-Makromolekül, dem **Polypeptid**-Molekül, miteinander verknüpft (**B1**). Vereinfacht gibt man zur Darstellung der Primärstruktur die am Aufbau beteiligten Aminocarbonsäure-Moleküle mit den aus drei Buchstaben bestehenden Kürzeln an (➡ QR 06043-042). Dabei wird die Aminocarbonsäuresequenz so dargestellt, dass die freie Amino-Gruppe links steht und das Aminocarbonsäure-Molekül mit der freien Carboxy-Gruppe rechts (**M1**).

06043-042

B1 Primärstruktur des Oxytocin-Moleküls. Ein wehenauslösendes Hormon aus neun Aminocarbonsäure-Bausteinen

Sekundärstruktur

Die **Sekundärstruktur** beschreibt die räumliche Anordnung einzelner Abschnitte einer Peptid-Kette, die sich regelmäßig wiederholen. Zwischen der N–H-Gruppe des einen und der C=O-Gruppe eines anderen Aminocarbonsäure-Bausteins bilden sich Wasserstoffbrücken aus. Abhängig von den Aminocarbonsäure-Resten ergeben sich verschiedene räumliche Strukturen, in denen sich eine Peptid-Kette anordnen kann. Die geläufigsten sind die α-Helix- und β-Faltblattstruktur.

In der **α-Helixstruktur** (griech. *helix*, Spirale) windet sich das Molekül zu einer rechtsgängigen Spirale auf (**B2**). Dabei stehen die N–H-Gruppen einer Windung und die C=O-Gruppen des vierten darauffolgenden Aminocarbonsäure-Bausteins übereinander und bilden Wasserstoffbrücken aus. Die unterschiedlichen Reste der Aminocarbonsäure-Bausteine weisen nach außen.

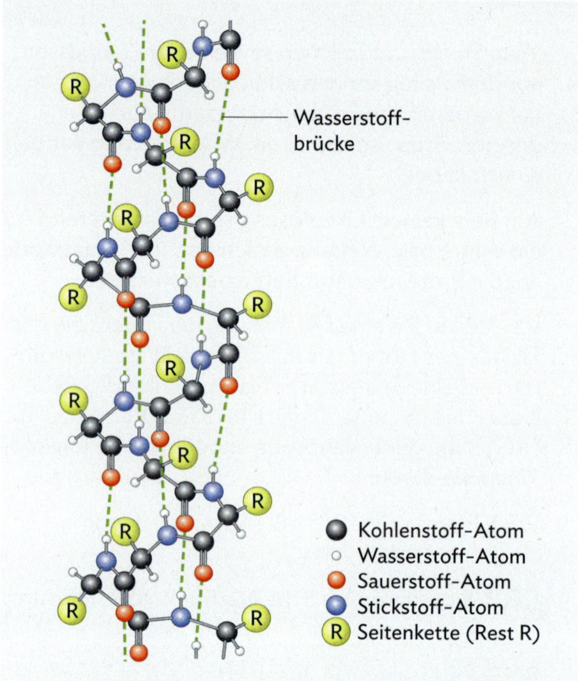

B2 α-Helixstruktur

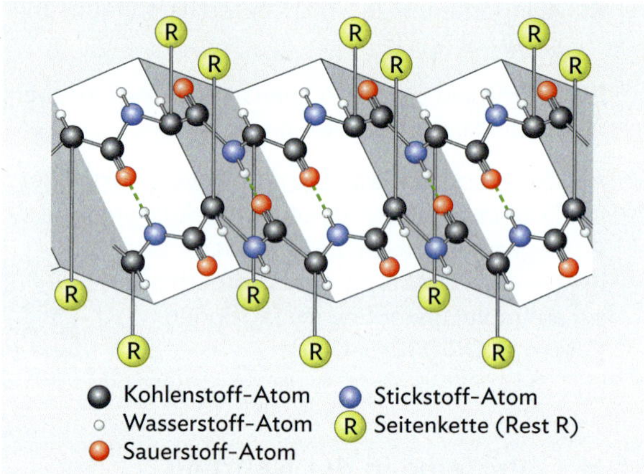

B3 β-Faltblattstruktur

Die **β-Faltblattstruktur** wird durch Wasserstoffbrücken zwischen nebeneinanderliegenden Abschnitten einer Peptid-Kette stabilisiert. Die Seitenketten der Aminocarbonsäure-Bausteine stehen abwechselnd oberhalb und unterhalb der Faltblattebene (**B3**).

Die Seitenketten liegen in dieser Struktur sehr eng beisammen, sodass bevorzugt Aminocarbonsäure-Moleküle mit verschieden geladenen oder kleinen Resten vorkommen. Beispiele hierfür sind unter anderem die Aminocarbonsäure-Moleküle Glycin mit einem Wasser-

stoff-Atom oder Alanin mit einer Methyl-Gruppe als Rest. Aminocarbonsäure-Moleküle mit strukturell anspruchsvollen oder großen Resten, wie beispielsweise das Tryptophan-Molekül mit einem konjugierten Ringsystem, finden sich bevorzugt in α-Helices.
In Protein-Molekülen kommen oftmals sowohl Bereiche mit α-Helices als auch mit β-Faltblattstrukturen vor.

Tertiärstruktur

Die **Tertiärstruktur** beschreibt die gesamte dreidimensionale Architektur eines Protein-Moleküls. Sie beruht auf den Wechselwirkungen zwischen den Aminocarbonsäure-Resten (**B4**).
Für die Ausbildung der Tertiärstruktur sind folgende Bindungen und zwischenmolekulare Wechselwirkungen verantwortlich:

1. Ionenbindungen zwischen positiv und negativ geladenen Atomen in Seitenketten
2. Disulfidbrücken über Elektronenpaarbindungen von Schwefel-Atomen zweier Cystein-Reste
3. Wasserstoffbrücken zwischen OH-, NH_2- und COOH-Gruppen von Seitenketten
4. LONDON-Dispersionswechselwirkungen zwischen unpolaren Seitenketten

Sowohl die Sekundär- als auch die Tertiärstruktur eines Protein-Moleküls sind bereits durch die Aminocarbonsäuresequenz, die Primärstruktur, vorgegeben.

Quartärstruktur

Besteht ein Protein-Molekül aus mehreren Polypeptid-Molekülen oder weist es zusätzlich Bindungen zu anderen Molekülen auf, spricht man von der **Quartärstruktur**. Die Quartärstruktur ist also ein Zusammenschluss mehrerer Protein-Moleküle zu einer funktionalen Einheit. Dabei werden die einzelnen Peptid-Ketten durch die gleichen Kräfte zusammengehalten wie bei der Tertiärstruktur. Die Quartärstruktur ermöglicht einem Protein-Molekül die Ausübung dessen biologischer Funktion. Beispiele für Proteine mit Quartärstrukturen sind das Hormon Insulin und der rote Blutfarbstoff Hämoglobin. Jedoch besitzen nicht alle Proteine eine Quartärstruktur.

Die Proteinstruktur wird modellhaft in die Primär-, Sekundär-, Tertiär- und Quartärstruktur eingeteilt. Die Stabilisierung der dreidimensionalen Struktur erfolgt durch Ionenbindungen, Disulfidbrücken, Wasserstoffbrücken und LONDON-Dispersionswechselwirkungen.

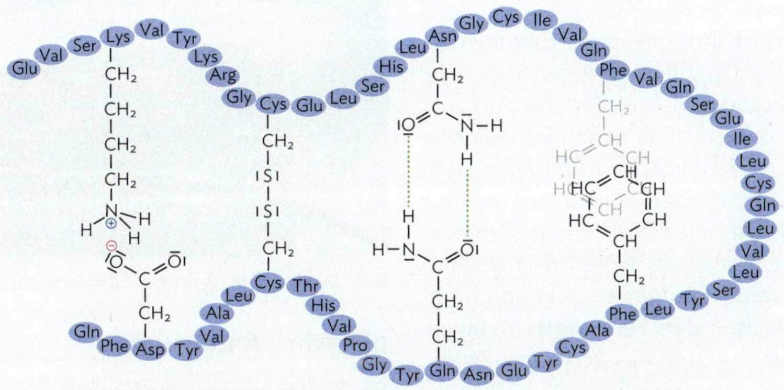

B4 Wechselwirkungen und Bindungen, zu denen es zwischen den Aminocarbonsäure-Resten in Protein-Molekülen kommen kann.

AUFGABEN

A1 Zeichnen Sie die Struktur des Oxytocin-Moleküls (**B1**).

A2 Erläutern Sie, welche Wechselwirkungen u. a. die Tertiärstruktur von Protein-Molekülen stabilisieren, die besonders viele Cystein-Bausteine enthalten.

A3 Drucken Sie sich das Arbeitsblatt unter ➡ QR 06043-043 aus. Umkreisen Sie die Peptidbindungen in den Molekülausschnitten der α-Helix- und der β-Faltblattstruktur und ergänzen Sie die passenden Atomsymbole. Beschreiben Sie die räumliche Anordnung der Atome in einer Peptidbindung.

06043-043

4.2.3 Denaturierung durch Umwelteinflüsse

Denaturierung

Proteine sind unter physiologischen Bedingungen, d. h. bei pH = 7,4 und einer Temperatur von 37 °C, äußerst stabil. Ihre Strukturen sind jedoch gegenüber einigen Umgebungseinflüssen empfindlich. Wenn Proteine auf über 60 °C erhitzt oder mit sauren bzw. basischen Lösungen, organischen Lösemitteln oder Schwermetallsalzen versetzt werden, findet ihre **Denaturierung** statt (**B5**).

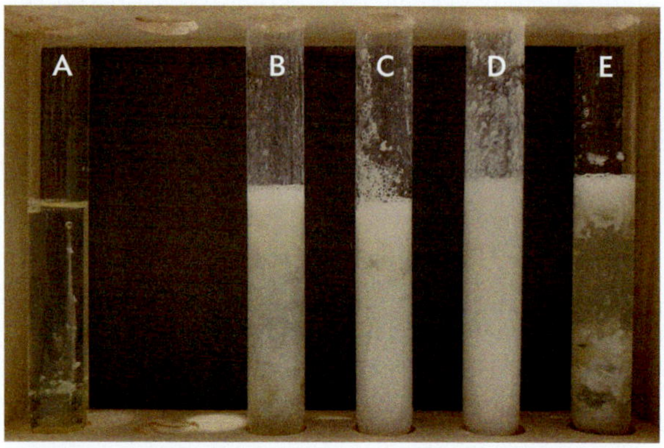

B5 Denaturierung von Proteinen (A) durch Schwermetallsalze (B), salzsaure Lösung (C), Ethanol (D) und Hitze (E)

Bei der Denaturierung wird die räumliche Struktur eines Proteins verändert (**B6**) und häufig geht damit auch seine biologische Funktion verloren. Meist ist der Vorgang der Denaturierung irreversibel, d. h. er ist nicht wieder rückgängig zu machen. Auf molekularer Ebene werden bei der Denaturierung die zwischenmolekularen Wechselwirkungen und Bindungen, die die Sekundär-, Tertiär- und Quartärstruktur stabilisieren, zerstört. Anschließend werden ganz regellos neue Bindungen geknüpft und Wechselwirkungen zwischen den Seitenketten eingegangen. Auf diese Weise entsteht ein weit verzweigtes Molekülnetz des denaturierten Proteins, das wasserunlöslich ist und ausfällt.

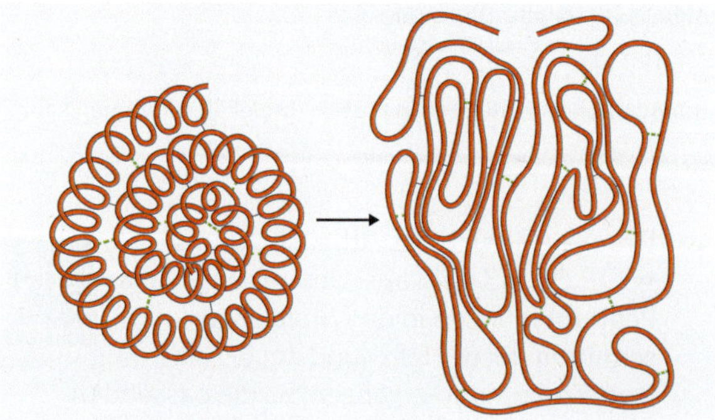

B6 Schematische Darstellung der Veränderung der Protein-Molekülstruktur bei der Denaturierung

Hitze

Durch Hitze werden Ionenbindungen, Disulfidbrücken, Wasserstoffbrücken und LONDON-Dispersionswechselwirkungen aufgebrochen und es bilden sich neue Bindungen und Wechselwirkungen innerhalb der Moleküle sowie zwischen den Molekülen. Dadurch verändert sich die räumliche Struktur des Proteins (Video ➡QR 06043-044). Durch diese Vorgänge kommt es z. B. zu den sichtbaren Veränderungen beim Kochen eines Eis (**B5** (E), **M3**). Beim Braten von Fleisch (**B7**) entsteht aus dem Kollagen des Bindegewebes durch Denaturierung Gelatine, die das Fleisch zart macht.

06043-044

Aus Proteinen bestehende Enzyme unterliegen aufgrund der Denaturierung ebenfalls einer Temperaturabhängigkeit, wodurch die Enzymaktivität mit steigender Temperatur sinkt (➡ Kap. 4.3).

B7 Denaturierung durch Hitze beim Braten von Fleisch

pH-Wert-Änderungen

Bei der Denaturierung können auch chemische Prozesse ablaufen, beispielsweise die Bildung von Ester- oder Peptidbrücken zwischen Aminocarbonsäure-Resten. Diese Reaktionen werden von Säuren und Basen katalysiert. Dadurch wird die Ausbildung von Wasserstoffbrücken aufgehoben (**B5** (C), **V2**). Während der Verdauung werden die in Nahrungsmitteln enthaltenen Proteine durch die Magensäure (u. a. salzsaure Lösung) denaturiert und so die Eiweißverdauung eingeleitet. Ebenso führen basische Lösungen zu Veränderungen in den Ladungsverhältnissen der Aminocarbonsäure-Reste und damit zur Denaturierung. Gleichzeitig nutzt man den Einfluss des pH-Wertes auf die Proteinstruktur bei der Käseherstellung aus (**B8**).

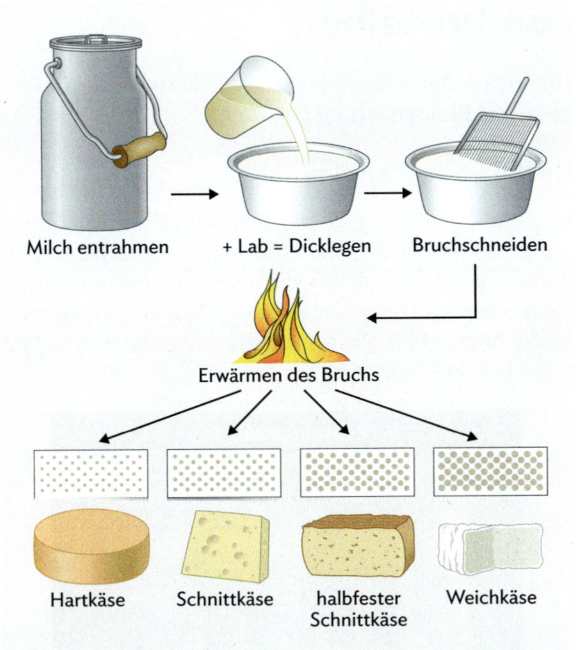

B8 Käseherstellung

Ethanol

Ethanol-Moleküle führen durch ihre polaren Hydroxy-Gruppen zur Zerstörung der Wasserstoffbrücken und damit zur Veränderung der Sekundär- und Tertiärstruktur (**B5** (D), **V2**). Auf diesen Vorgängen beruht auch die konservierende und desinfizierende Wirkung von Ethanol: Denaturierte Membranproteine von Mikroorganismen wie Bakterien oder Pilzen lassen die Zellmembran durchlöchert zurück. So können diese Mikroorganismen nicht weiter überleben. Gleichzeitig verlieren sie ihre biologische Funktion.

Schwermetallsalze

Schwermetall-Ionen bilden mit den Anionen der Aminocarbonsäure-Reste Ionenbindungen aus und führen so zur Zerstörung der Tertiärstruktur und damit zur Denaturierung (**B5** (B), **V2**). Beispielsweise sind Quecksilber- und Bleisalze hochgiftig, da sie die aus Proteinen bestehenden Enzyme des Organismus denaturieren. Damit werden lebenswichtige Stoffwechselprozesse gestört. Man spricht auch von der irreversiblen Hemmung eines Enzyms (➡ Kap. 4.3.2).

Proteinnachweis und Denaturierung

Die Denaturierung lässt sich auch beim Nachweis von Proteinen durch die Xanthoprotein-Reaktion beobachten (➡ **FM** 4.1.4, ➡ QR 06043-045). Durch die Reaktion mit salpetersaurer Lösung flocken die Proteine aus und färben sich gelb (➡ Kap. 2.1.2).

06043-045

Bei der Biuret-Probe reagieren Proteine mit dem Schwermetallsalz Kupfer(II)-sulfat (➡ **FM** 4.1.4, ➡ QR 06043-046). Dabei wechselwirken die Kupfer(II)-Ionen mit den Stickstoff-Atomen der Peptid-Gruppen, wodurch die Sekundärstruktur des Protein-Moleküls zerstört wird. In basischer Lösung zeigt sich eine Violettfärbung, die als Nachweis von Proteinen dient.

06043-046

Denaturierungsprozesse im Alltag

Denaturierungsprozesse spielen auch bei der technologischen Herstellung von Lebensmitteln eine wichtige Rolle. So werden z. B. bei der Käseherstellung die Proteine (insbesondere Caseine) der Milch durch saure Lösungen oder Enzyme aus Milchsäurebakterien oder Lab beim Dicklegen ausgeflockt (**B8**). Unkontrolliert führt die von Milchsäurebakterien gebildete Milchsäure durch Ausflockung zum Sauerwerden von Milch.
Beim Haarstyling werden gezielt Denaturierungsprozesse genutzt. So werden beim Dauerwellverfahren Disulfidbrücken durch die Wirkung eines Reduktionsmittels gespalten und später neu geknüpft. Aufgrund dessen behält die Dauerwelle länger ihre Form.

Bei Denaturierungsvorgängen kommt es zur meist irreversiblen Veränderung der räumlichen Proteinstruktur. Dabei werden die Bindungen und Wechselwirkungen der Sekundär-, Tertiär- und Quartärstruktur verändert.

AUFGABEN

A1 Erläutern Sie die Vorgänge auf molekularer Ebene, die beim Sauerwerden von Milch ablaufen.

A2 Erläutern Sie, welche molekularen Vorgänge an den Aminocarbonsäure-Resten eines Protein-Moleküls bei Zugabe einer basischen Lösung zur Denaturierung führen.

A3 Begründen Sie die Wichtigkeit einer sicheren Entsorgung schwermetallhaltiger Batterien und Akkus im Alltag.

A4 Erklären Sie auf molekularer Ebene, welche Vorgänge bei lebensbedrohlich hohem Fieber im Körper ablaufen.

4.2.4 Biologische Bedeutung von Proteinen

Proteine im menschlichen Körper

Proteine finden vielfältig Verwendung im menschlichen Körper (➡ QR 06043-047). Sie kommen in allen Zellen vor. Führend sind sie beispielsweise als **Baustoffe** daran beteiligt, Zellen zu erneuern und Fasern auszubilden, um Geweben ihre Form und Elastizität zu geben. So sind sie am Aufbau von Muskeln, dem Erhalt von Sehnen, Bändern, Nerven- und Bindegeweben, sowie dem Wachstum von Haaren und Nägeln beteiligt. Ein bekannter Proteinbaustoff ist das α-Keratin (➡ **Exkurs** 4.2.5). So können menschliche Haarreste z. B. als **Werkstoff** zur Beseitigung von Ölverschmutzungen im Meerwasser genutzt werden. Proteine finden ebenfalls Einsatz als **Transportstoffe**. Hämoglobin ist hier ein typischer Vertreter. Als Teil der roten Blutkörperchen transportiert es Sauerstoff über die Blutbahn durch den ganzen Körper (➡ **Exkurs** 4.2.5). Weiterhin sind Proteine bei der Signalübertragung und Regulation des Körpers als **Botenstoffe** beteiligt. Oxytocin z. B. wird beim Geburtsprozess gebraucht (➡ **B1**, Kap. 4.2.2). Auch **Antikörper** sind Bestandteile des Immunsystems. Sie erkennen Krankheitserreger und können spezifisch Abwehrreaktionen in Gang setzen. Ihre Bildung kann zur Immunität gegenüber Krankheiten führen. Eine weitere Klasse der Proteine sind **Enzyme**, die auch als **Biokatalysatoren** bezeichnet werden. Ihre Aufgabe besteht darin, chemische Reaktionen zu beschleunigen (➡ Kap. 4.3.2). Sie werden auch häufig in der Biotechnologie verwendet.

06043-047

Biotechnologie

Die Biotechnologie ist eine interdisziplinäre Wissenschaft, die sich mit der Entwicklung effizienter chemischer Reaktionen oder Diagnosemethoden durch Einsatz von u. a. Enzymen beschäftigt. Klassische Anwendungen wie die Gärung von Lebensmitteln sind seit Jahrtausenden bekannt. Heutzutage werden Proteine in der Antikörpertechnologie oder beim Proteinengineering erforscht. Durch die Integration der Prinzipien der Natur in aktuelle (Produktions-)Abläufe soll ein Wandlungsprozess in den modernen Wirtschaftsbereichen zugunsten der Nachhaltigkeit stattfinden. Dieser Prozess wird **Biologisierung** genannt.

Nachhaltige Proteine

Wie bereits bekannt, ist der menschliche Körper nicht in der Lage alle 20 Aminocarbonsäure-Moleküle zu synthetisieren. Daher müssen die fehlenden Aminocarbonsäure-Moleküle über proteinreiche Nahrung aufgenommen werden (**M4**). **Proteinquellen** sind u. a. Fleisch, Eier und (Soja-)Milch (**B9**).

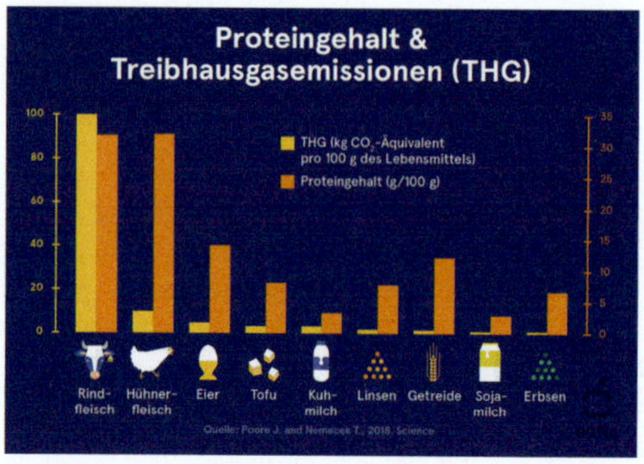

B9 Vergleich des Kohlenstoffdioxidausstoßes und des Proteingehaltes verschiedener Lebensmittel

Die Produktion von Proteinquellen tierischen Ursprungs hat stärkere Umweltauswirkungen als die Produktion pflanzlicher Proteine. Für eine ressourcenschonende Ernährungsweise ist es nicht nötig komplett auf tierische Produkte zu verzichten. Dennoch ist es empfehlenswert mehr pflanzliche Proteinquellen in die Ernährung aufzunehmen (weiterführende Informationen ➡ QR 06043-048).

06043-048

Proteinen kommt eine hohe biologische Bedeutung zu. Sie sind als Bau-, Transport- und Botenstoffe sowie als Antikörper und Enzyme maßgeblich an der Erhaltung des Körpers beteiligt. Gewonnen werden sie aus tierischen und pflanzlichen Produkten und können in der Biotechnologie eingesetzt werden.

AUFGABEN

A1 Erstellen Sie eine Übersicht über die auf der Seite genannten Klassen an Proteinen, deren Einsatzgebiete und geben Sie jeweils ein Beispiel.

A2 1 kg Rindfleich kostet 36,50 Euro, 1 kg Tofu kostet 6,50 Euro. Bewerten Sie den Verzehr beider Lebensmittel als Proteinquelle vor dem Hintergrund der Wirtschaftlichkeit und Nachhaltigkeit (**B9**).

A3 Recherchieren Sie zu Antikörpertechnologien und Proteinengineering und geben Sie je zwei Pro- und Kontra-Argumente an. Fällen Sie anschließend ein eigenes Urteil zu beiden Verfahren.

4.2.5 Modelle für Eiweißstrukturen

Proteine erfüllen in unserem Körper lebenswichtige Aufgaben. Um biologisch aktiv zu sein, muss nicht nur jede einzelne Polypeptid-Einheit in einem Protein die richtige Tertiärstruktur haben, die Einheiten müssen auch genau in der richtigen räumlichen Ausrichtung zueinander und zu den übrigen Bestandteilen des Systems zusammengefügt sein. Diese Quartärstruktur enthält nun die Information für seine auszuübende biologische Funktion. Die Quartärstruktur des Hämoglobins (B1) ist ein Beispiel dafür, dass auch kleinste biologische Funktionseinheiten aus mehreren chemischen Komponenten bestehen.

Hämoglobin ist ein Transportprotein, das aufgrund seiner kugelförmigen Gestalt zu den **globulären** Proteinen gehört (weiterführende Informationen ➡ QR 06043-049). Seine Quartärstruktur besteht aus vier Peptid-Ketten, an die je eine **Häm-Gruppe** gebunden ist (**B2**). Im Zentrum der Häm-Gruppe befindet sich ein Eisen(II)-Ion, welches durch die freien Elektronenpaare der Stickstoff-Atome des Ringsystems in Position gehalten wird und ein Sauerstoff-Molekül reversibel binden kann (**B2**).

06043-049

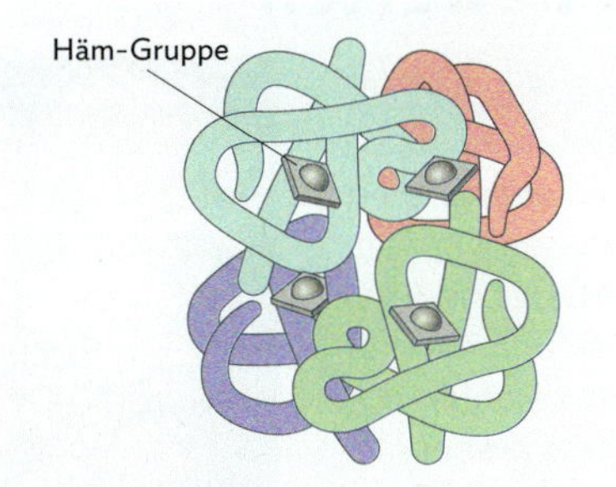

B1 Quartärstruktur des Hämoglobin-Moleküls

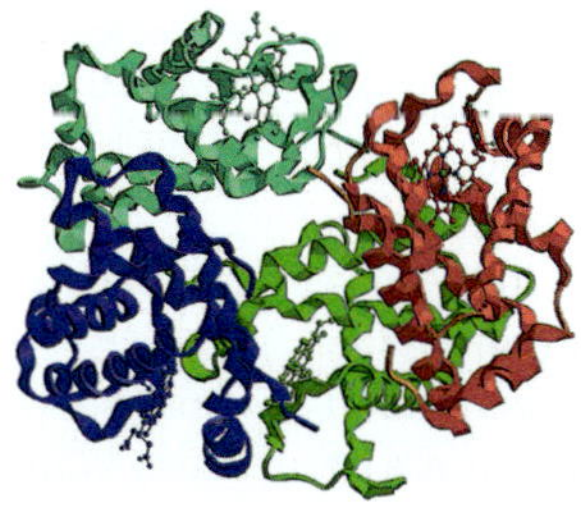

B3 Modell des Proteinteils des Hämoglobin-Moleküls

Modelle mit Bänderstrukturen (Ribbons) sind häufig verwendete Modelldarstellungen für die räumliche Struktur von Proteinen. Sie stellen die Peptid-Kette ohne die Seitenketten dar. α-Helices werden dabei als schraubenförmig gewundene Bänder, β-Faltblattstrukturen als Pfeile und ungeordnete Bereiche als röhrenförmige Elemente dargestellt (**B3**). Proteinstrukturen und ihre Bändermodelle können in Proteindatenbanken angesehen und modelliert werden. Unter ➡ QR 06043-050 finden Sie Beispiele von Datenbanken, in denen Sie sich Protein-Moleküle Ihrer Wahl in verschiedenen Darstellungsformen ansehen können.

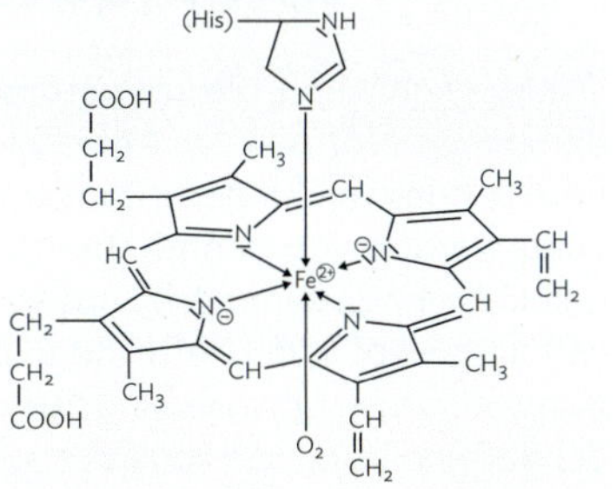

B2 Häm-Gruppe

06043-050

Das Strukturprotein unserer Haare ist das **α-Keratin**. Es gehört ebenso wie die Kollagene in der Haut und den Knochen zur Gruppe der **fibrillären** Proteine, welche aus langgestreckten Molekülen aufgebaut sind. Sie besitzen durch zahlreiche Wasserstoffbrücken zwischen den benachbarten Polypeptid-Ketten eine hohe Festigkeit, während sie im Bereich der α-Helixstrukturen dehnbar und elastisch sind. So besteht das Kollagen-Molekül aus einer verdrehten Tripelhelix. Mehrere dieser nebeneinander liegenden Tripelhelices bilden wiederum eine Kollagenmikrofibrille und bewirken so die hohe Zugfestigkeit (**B4**).

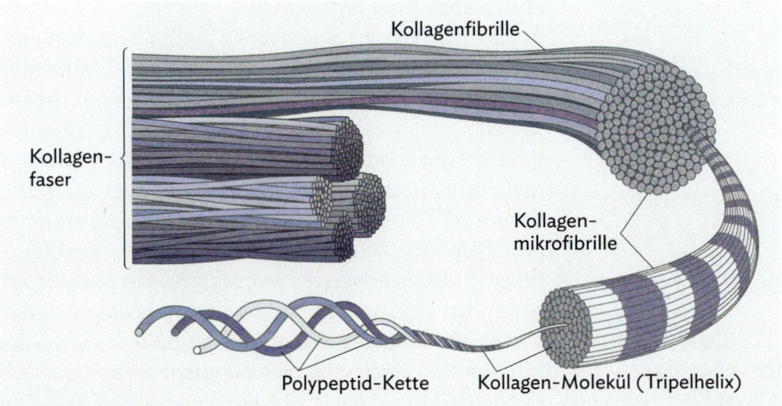

B4 Kollagen: ein fibrilläres Protein

AUFGABEN

A1 Diskutieren Sie anhand des Hämoglobins (**B1**, **B3**) die Vor- und Nachteile der Darstellung eines Proteins im Modell.

A2 Erklären Sie die hohe Zugfestigkeit eines Kollagen-Moleküls und erläutern Sie die bei Zugbelastung auftretenden Prozesse auf molekularer Ebene.

4.2.6 Die Verwendung von verschiedenen Proteinquellen bewerten

Die Möglichkeiten, die uns naturwissenschaftliche Teildisziplinen eröffnen, sind überall in unserem Alltag zu finden. Entscheidungen in verschiedenen Lebensbereichen werden von chemischen Erkenntnissen geprägt. Ökologische Zusammenhänge können erhebliche Auswirkungen auf wirtschaftliche und politische Entscheidungen haben. Oftmals sind auch ethische Konfliktfelder davon berührt, die kontroverse Diskussionen hervorrufen können. Beispiele für solche Konfliktfelder können die Nachhaltigkeit von tierischen Proteinquellen in Hinblick auf Umweltbelastungen und Tierschutz sein oder der Einsatz von gentechnisch veränderten Organismen (GVO) zur Steigerung der pflanzlichen/tierischen Proteinproduktion sowie die Herausforderung der Reduzierung von (Plastik-)Müll bei Verpackungen (➥ Kap. 4.7). Um am gesellschaftlichen Diskurs in reflektierter Weise teilnehmen zu können, ist neben fachlichen Kenntnissen zu naturwissenschaftlichen Zusammenhängen auch Wissen über **Bewertungsverfahren** nötig. Außerdem ist es unumgänglich, die Problemfelder der Naturwissenschaften **aus unterschiedlichen Blickwinkeln betrachten** zu können, sich mithilfe geeigneter Kriterien eine **eigene Meinung** zu bilden, **Entscheidungen zu treffen** und letztendlich **deren Folgen zu reflektieren**. Eine verantwortungsvolle Entscheidungsfindung umfasst also nicht nur objektives Sachwissen, sondern auch individuelle Aspekte wie persönliche Interessen oder Wertvorstellungen (**B1**).

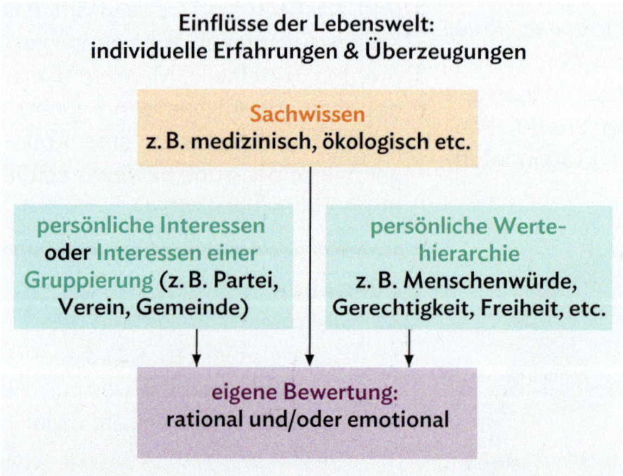

B1 Veschiedene Aspekte ethischen Bewertens

Im Zusammenhang mit ethischen Konfliktfeldern treten meist **Dilemma-Situationen** auf. Darunter versteht man Zwangslagen, in denen sich eine Person zwischen zwei oder mehreren Handlungsoptionen entscheiden muss,

B2 Tierische und pflanzliche Proteinquellen: Zu den tierischen Proteinquellen zählen z. B. Fleisch, Fisch und Meeresfrüchte sowie Milchprodukte wie Käse oder Quark und Eier. Die besten pflanzlichen Proteinquellen bilden Hülsenfrüchte wie Linsen oder Kichererbsen, Nüsse und Samen, Sojaprodukte wie Tofu oder Tempeh und verschiedene Gemüsesorten, allen voran Grünkohl, Brokkoli und Spinat.

welche jeweils negative Auswirkungen haben. Beispielsweise können Konflikte zwischen individuellen und gesellschaftlichen Interessen ein Dilemma auslösen. Die folgenden Schritte können bei einer reflektierten Entscheidungsfindung hilfreich sein.

VORGEHEN

1. Beschreiben Sie die vorliegende Dilemma-Situation. **Nehmen** Sie Ihre eigenen Assoziationen zu dem Thema **wahr** und positionieren Sie sich.
   Beispiel: Einerseits sollte ich mich gesund und ausgewogen ernähren, andererseits liegt mir das Klima und das Tierwohl am Herzen. Steht dies im Widerspruch oder lassen sich die Werte miteinander vereinen?
2. **Analysieren** Sie die Situation auf weitere (alternative) Handlungsoptionen. Diese müssen nicht von Ihnen befürwortet werden. Ein erster Perspektivenwechsel ermöglicht allerdings die Einschätzung unterschiedlicher Folgen Ihrer Entscheidung.
   Es gibt viele verschiedene Proteinquellen tierischen oder pflanzlichen Ursprungs, die sich jeweils in der Nährstoffzusammensetzung bzw. den enthaltenen Aminocarbonsäuren unterscheiden. Einige Beispiele sind in **B2** *angeführt. Mögliche Handlungsoptionen sind: „Ich esse weniger tierische Proteinquellen.“, „Das Fleisch oder die Milch kommt vom Bio-Bauern.“ oder „Es gibt auch andere mögliche Proteinquellen.“. Wer z. B. in erster Linie auf pflanzliche Proteinquellen setzen will, sollte mehrere vegane Lebensmittel bewusst kombinieren, da diese häufig unterschiedliche Aminocarbonsäuren enthalten. Alternativ kann es z. B. auch eine Handlungsoption sein, nur die günstigste Proteinquelle zu kaufen und seine Ernährung damit zu decken.*

3. Recherchieren Sie nach Tatsachen und untersuchen Sie diese auf davon berührte Normen und Werte. Ziehen Sie aus der Kombination von Fakten und Werten eine Schlussfolgerung und formulieren Sie so vollständige, dreistufige **Argumente**.
Die Seiten 112 – 116 geben einige grundlegende Hinweise und Informationen zu den Eigenschaften und der Verwendung von Proteinen. Da das Thema gesunde Ernährung und die Verwendung tierischer bzw. pflanzlicher Proteinquellen sehr komplex ist, sollten weitere Hintergründe und Fakten ggf. im Internet recherchiert werden, wobei die verwendeten Quellen jeweils beurteilt werden müssen (➥ Kap. 3.6.3). Mögliche Werte, die bei der Bewertung von Proteinquellen eine Rolle spielen können, sind Gesundheit, Nachhaltigkeit, Tierwohl, Gerechtigkeit, Genuss und Wirtschaftlichkeit. Jede Handlungsoption beeinflusst diese Werte entweder einschränkend oder unterstützend.
*Das Argumentieren in ethischen Zusammenhängen folgt einem bestimmten Muster: Zunächst wird eine **Tatsache** dargelegt. Daraufhin folgt eine persönliche **Meinung**, der stets mindestens ein Wert zugrunde liegt. Daraus wird eine bestimmte **Schlussfolgerung** abgeleitet.*
***Beispiel 1**:*
Tierhaltung verbraucht i. d. R. mehr Ressourcen (Flächen, Wasser, Abfallentsorgung) als der Anbau von Pflanzen. Die Schonung von Ressourcen und der Schutz der Umwelt ist im Sinne der Nachhaltigkeit zu befürworten. Angesichts dieser Überlegenen sollten wir unseren Konsum tierischer Proteinquellen reduzieren und uns für pflanzliche Proteinquellen entscheiden.
***Beispiel 2**:*
Tierische Proteinquellen sind reich an essenziellen Nährstoffen, v. a. Vitamin B12, die für eine ausgewogene Ernährung wichtig sind, wohingegen pflanzliche Proteinquellen diese Nährstoffe oft nicht in ausreichenden Mengen enthalten. Zur Förderung meiner Gesundheit und meines Wohlbefindens achte ich auf eine ausgewogene Ernährung, die meinen gesamten Nährstoffbedarf abdeckt. Die Verwendung von tierischen Proteinquellen ist daher pflanzlichen Proteinquellen vorzuziehen.
4. **Gewichten** Sie die Argumente hinsichtlich der Werte, die durch sie berührt werden, anhand einer (persönlichen) **Wertehierarchie**.
*Für die verantwortungsbewusste Bewertung einer Situation benötigt man geeignete Kriterien zur Gewichtung der Argumente. Diese können naturwissenschaftlicher Art sein, z. B. in Form von einfachen Kosten-Nutzen-Betrachtungen, aber auch moralisch-ethische, wirtschaftliche, soziale oder politische Aspekte miteinbeziehen. Anschließend sind diese individuell zu gewichten (**B1**), da verschiedene Personen unterschiedlichen Werten auch unterschiedlich viel Beachtung schenken. Zur Gewichtung der Werte hilft es, eine persönliche Wertehierarchie aufzustellen (Arbeitsblatt ➥ QR 06043-082). Diejenigen Werte, denen man selbst die größte Bedeutung beimisst, sollten also schwerer wiegen als andere. Außerdem ist zu berücksichtigen, ob einzelne Werte durch andere aufgewogen werden oder ob sie diese komplett überwiegen. Anhand dieser Kriterien werden dann Handlungsoptionen miteinander verglichen und eine Entscheidung gefunden.*

06043-082

5. **Entscheiden** Sie sich anhand der Gewichtung der Argumente und der Folgenabschätzung für eine der vorliegenden Handlungsoptionen.
6. **Reflektieren** Sie das ursprünglich gefällte Urteil.
Das Vergleichen möglicher Folgen des eigenen Urteils sowie alternativer Urteile kann neue Aspekte aufdecken. Dies kann dazu führen, dass das ursprüngliche Urteil angepasst bzw. revidiert werden muss oder dass es durch den Prozess zusätzlich gefestigt wird.

(Basierend auf dem WAAGE^{R}-Modell, nach LANGLET et. al., 2022, MNU Themenreihe Bildungsstandards, Bewertungskompetenz)

AUFGABE

A1 Die Schülermitverantwortung macht den Vorschlag, dass in der Schulmensa künftig nur noch vegane Produkte angeboten werden sollen. Alle Schülerinnen und Schüler sollen darüber abstimmen.
a) Nehmen Sie Ihre eigenen Gedanken zu dem Thema wahr. Beschreiben Sie, welche gegenläufigen Interessen hier vorliegen und nehmen Sie eine erste Positionierung vor.
b) Analysieren Sie die Situation auf weitere (alternative) Handlungsoptionen und besprechen Sie diese gemeinsam im Kursverband.
c) Recherchieren Sie ökologische, ökonomische und ethische Gesichtspunkte zur Verwendung von tierischen und pflanzlichen Proteinquellen. Beurteilen Sie die Informationen dabei bezüglich ihrer fachlichen Richtigkeit, Vertrauenswürdigkeit und der Intention der Autorin bzw. des Autors (➥ Kap. 3.6.3).
d) Nennen Sie Werte, die von den recherchierten Tatsachen berührt werden und formulieren Sie vier dreistufige Argumente, die jeweils unterschiedliche Gesichtspunkte berücksichtigen.
e) Gewichten Sie die Argumente hinsichtlich Ihrer persönlichen Wertehierarchie.
f) Entscheiden Sie sich anhand der Gewichtung der Argumente für eine der vorliegenden Handlungsoptionen zum Angebot in der Mensa.
g) Vergleichen Sie Ihre Argumente und Entscheidungen im Kursverband und reflektieren Sie Ihr gefälltes Urteil.

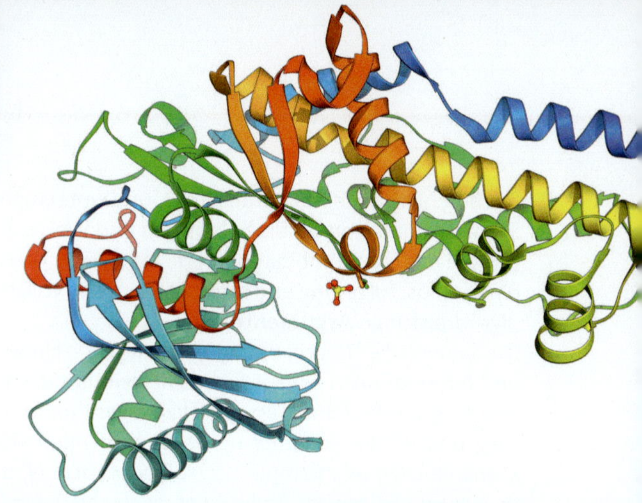

4.3 Enzyme

Um die teilweise giftigen Abgase von Verbrennungsmotoren in unschädliche Produkte umzuwandeln, besitzt ein Auto einen Katalysator. Dieser beschleunigt die chemischen Abbaureaktionen auch bei niedrigeren Temperaturen. Auch in unserem Körper werden für fast alle Reaktionen Katalysatoren benötigt: die Enzyme. Wie wirken Sie? Welche Faktoren beeinflussen die Geschwindigkeit ihrer Reaktionen?

4.3.1 Versuche und Material

V Substratspezifität

Das Bakterium *Helicobacter pylori* befällt den Magen. Der Zerstörung durch den sauren Magensaft entgeht der Erreger, indem er das Enzym Urease zur Verarbeitung von Harnstoff herstellt. Wie kann dies im Labormaßstab gezeigt werden und welche Substrate spaltet dieses Enzym?

V1 Geben Sie in ein Reagenzglas 5 mL Harnstofflösung (w = 2 %) und einige Tropfen Phenolphthaleinlösung (w = 0,1 %). Stellen Sie in einem zweiten Reagenzglas eine Ureaselösung her, indem Sie eine Mikrospatelspitze pulverförmige Urease in 1 mL Wasser lösen. Geben Sie nun die Harnstofflösung zur Ureaselösung.

V2 Wiederholen Sie **V1** und geben Sie anstelle von Harnstofflösung eine Lösung von *N*-Methylharnstoff (w = 2 %) hinzu.

V3 Wiederholen Sie **V1** mit unterschiedlichen Konzentrationen an Harnstofflösung (Hilfen ➡ QR 06043-051).

06043-051

AUSWERTUNG

a) Erklären Sie anhand der Beobachtungen aus **V1** und mithilfe der Abbildung **B1**, wie die Ureasereaktion das Überleben im sauren Magensaft ermöglicht.

b) Recherchieren und zeichnen Sie die Valenzstrichformeln des Harnstoff- und *N*-Methylharnstoff-Moleküls.

c) Stellen Sie anhand von **b)** eine begründete Vermutung über das unterschiedliche Reaktionsverhalten in **V1** und **V2** an.

d) Erläutern Sie unter Einbezug von **V3** den Einfluss der Substratkonzentration auf die Enzymaktivität.

ENTSORGUNG: A, G3

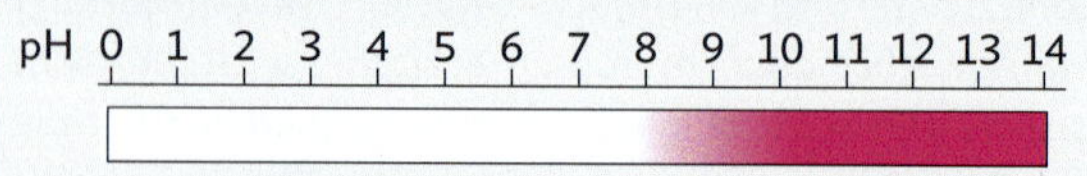

B1 pH-abhängige Farbigkeit einer Phenolphthaleinlösung

V Temperaturabhängigkeit

Die Herstellung von Hefeteig für Pizza kann manchmal schwierig sein. Mal gelingt der Teig gut, mal nicht. Was beeinflusst die Hefeaktivität?

V4 Stellen Sie eine Hefesuspension in einem Becherglas her, indem Sie 12 g Glucose in 100 mL Wasser lösen und einen Block Presshefe (42 g) einrühren. Die Suspension sollte ca. 15 Minuten ruhen. Verteilen Sie im Anschluss je 2,5 ml Hefesuspension mit einer Pipette auf fünf Reagenzgläser. Stellen Sie vier der Versuchsansätze jeweils in ein Becherglas mit 15 °C, 25 °C, 35 °C und 45 °C temperiertem Wasser, das fünfte Reagenzglas stellen Sie zur Seite und nutzen es für einen Folgeversuch. Stellen Sie die Stoppuhr auf 10 Minuten und messen Sie die Höhe der Schaumbildung in den einzelnen Reagenzgläsern nach 5 Minuten und nach 10 Minuten.

V5 Geben Sie zu dem Reagenzglas fünf aus **V4** eine Spatelspitze Kuper(II)-sulfat hinzu und beobachten Sie.

AUSWERTUNG

a) Erklären Sie die Schaumbildung in den Reagenzgläsern in **V4** unter Verwendung einer Reaktionsgleichung (Hilfen ➡ QR 06043-052).

06043-052

b) Zeichnen Sie ein Diagramm, das die Hefeaktivität aus **V4** in Form der Schaumhöhe (in mm) bei unterschiedlichen Temperaturen in Abhängigkeit von der Zeit zeigt.

c) Erklären Sie den Zusammenhang zwischen der Temperatur der Lösung und der resultierenden Schaummenge in **V4**.

d) Erläutern Sie, dass sich der Versuch in **V4** nicht bei einer Temperatur von 95 °C durchführen lässt.

e) Stellen Sie eine Vermutung auf, wie sich die Hefeaktivität verändert, wenn man in **V5** zu dem verbleibenden Versuchsansatz Kupfer(II)-sulfat dazugibt.

ENTSORGUNG: A, G2

V pH-Abhängigkeit

Pepsin ist ein Enzym des Magensaftes. Die im Nahrungsbrei vorkommenden Proteine werden im Magen durch das enthaltene Enzym Pepsin in kleine Polypeptid-Einheiten gespalten. Bei welchem pH-Wert hat Pepsin seine größte Aktivität? Kann Pepsin Fleisch rückstandslos zersetzen?

V6 Geben Sie in einen Erlenmeyerkolben einen Teelöffel Quark und 100 mL Wasser. Schütteln Sie kräftig, bis eine homogene Suspension entstanden ist. Stellen Sie in einem Reagenzglas eine Pepsinlösung her, indem Sie einen gehäuften Spatel Pepsin in 10 mL Wasser lösen. Befüllen Sie drei weitere Reagenzgläser wie folgt:

① 4 mL Quarksupsension + 2 mL Pepsinlösung + 2 mL destilliertes Wasser

② 4 mL Quarksuspension + 2 mL Pepsinlösung + 2 mL salzsaure Lösung der Konzentration $c = 1$ mol/L

③ 4 mL Quarksuspension + 2 mL salzsaure Lösung der Konzentration $c = 1$ mol/L + 2 mL destilliertes Wasser

Verschließen Sie die Reagenzgläser und geben Sie diese für 5 Minuten in ein Becherglas mit warmem Wasser (ca. 45 °C). Stoppen Sie die Zeit bis zu einer deutlichen Aufhellung der Lösung.

V7 Befüllen Sie ein weiteres Reagenzglas ④ wie ②. Dieses wird bei Raumtemperatur belassen. Stoppen Sie ebenfalls die Zeit bis zur Aufhellung der Lösung.

AUSWERTUNG

a) Erklären Sie anhand der Beobachtungen aus **V6**, bei welchem pH-Wert Pepsin das Optimum der Enzymwirkung hat.

b) Erläutern Sie anhand von **V7** die Auswirkung der Temperatur auf die Enzymaktivität von Pepsin.

c) Stellen Sie eine begründete Vermutung an, dass Peptidasen nicht als frei verkäufliches Verdauungsmittel angeboten werden. Erläutern Sie mögliche Maßnahmen, um die Einnahme von Peptidasen sinnvoll zu gestalten.

ENTSORGUNG: G1

4.3.2 Eigenschaften und Wirkmechanismus von Enzymen

Biokatalysatoren

Biokatalysatoren bzw. **Enzyme** sind bei nahezu allen chemischen Reaktionen in lebenden Organismen, unter anderem bei der Verdauung oder anderen Stoffwechselprozessen, von Bedeutung. Heute kennt man etwa 2.700 verschiedene Enzyme, die im menschlichen Organismus wirken, und es werden ständig neue Enzyme entdeckt. Genau wie technische Katalysatoren beschleunigen Enzyme bestimmte chemische Reaktionen, indem sie andere Reaktionswege mit niedrigeren Aktivierungsenergien ermöglichen. So kann z. B. das Enzym-Molekül **Urease** schon bei Raumtemperatur Harnstoff-Moleküle in Kohlenstoffdioxid- und Ammoniak-Moleküle zerlegen (**V1**).

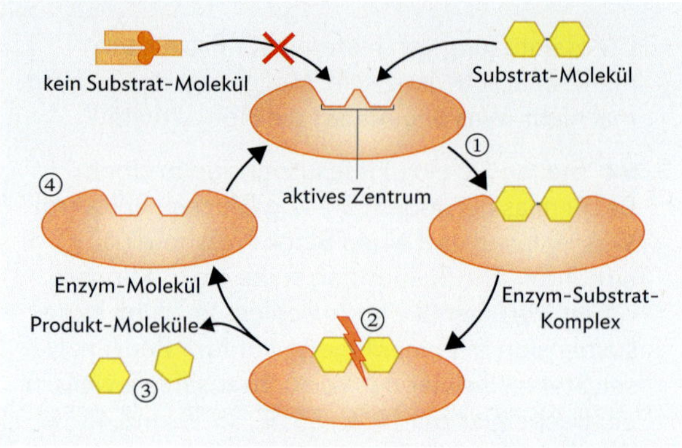

B2 Modellhafte Darstellung des Wirkmechanismus eines Enzyms

Wirkmechanismus von Enzymen

Relevant für die Wirkung eines Proteins als Enzym ist seine Tertiärstruktur (➡ Kap. 4.2.2). Durch die dreidimensionale Faltung entsteht eine charakteristische „Tasche“, das sogenannte **aktive Zentrum** (**B1**), in welchem die Reaktion katalysiert wird.

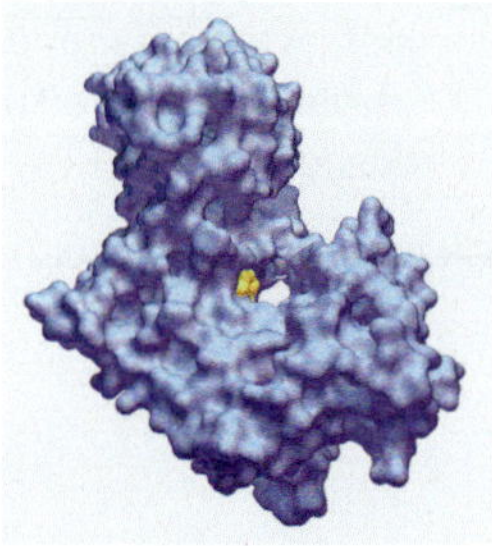
B1 Schematische Darstellung eines Enzyms mit aktivem Zentrum

Substrate sind Edukte einer enzymkatalysierten Reaktion. Sie wechselwirken, z. B. über LONDON-Dispersionswechselwirkungen oder mit Wasserstoffbrücken, mit dem aktiven Zentrum des Enzym-Moleküls. Befindet sich das Substrat-Molekül im aktiven Zentrum, spricht man vom **Enzym-Substrat-Komplex**. Nur bestimmte Substrat-Moleküle passen in das aktive Zentrum eines Enzym-Moleküls – so wie nur ein bestimmter Schlüssel in ein Schloss passt (**B2**). EMIL FISCHER prägte im Jahr 1894 dafür den bildlichen Ausdruck **Schlüssel-Schloss-Prinzip** (➡ QR 06043-053).

06043-053

Die Eigenschaft, nur bestimmte Substrat-Moleküle umzusetzen, nennt sich **Substratspezifität**. Das Enzym Urease kann nur die Hydrolyse von Harnstoff, nicht aber die von *N*-Methylharnstoff katalysieren (**V2**). Während ein Enzym meist nur bestimmte Substrate umsetzt, können verschiedene Enzyme mit einem Substrat unterschiedliche Reaktionen durchführen. Die **Wirkungsspezifität** vieler Enzyme zeichnet sich dadurch aus, dass sie aus vielen möglichen Reaktionen nur eine bestimmte katalysieren.

Eine enzymkatalysierte Reaktion lässt sich in vier Phasen einteilen (**B2**): ① die Bindung von einem oder mehreren Substrat-Molekülen an das aktive Zentrum des Enzym-Moleküls, ② die eigentliche chemische Reaktion und ③ die Freisetzung eines oder mehrerer Produkt-Moleküle. Das Enzym-Molekül ist anschließend wieder für weitere Reaktionen verfügbar (④).

Die Reaktionsgeschwindigkeit

Verschiedene Außenfaktoren wie z. B. die **Substratkonzentration** beeinflussen die Reaktionsgeschwindigkeit (**V3**). Sind genügend Enzym-Moleküle vorhanden, so steigt die Reaktionsgeschwindigkeit zunächst proportional zur Substratkonzentration an. Bei einer sehr geringen Substratkonzentration können die vorhandenen Substrat-Moleküle von den zahlreichen freien Enzym-Molekülen umgehend umgesetzt werden. Bei einer mäßigen Steigerung der Substratkonzentration steigt die Reaktionsgeschwindigkeit, da mehr Enzym-Moleküle gleichzeitig tätig sind (**B3**). Ab einer gewissen Substratkonzentration können nicht mehr alle Substrat-Moleküle sofort umgesetzt werden, da alle Enzym-Moleküle bereits besetzt sind (**Substratsättigung**). Damit ist die maximale Reaktionsgeschwindigkeit erreicht (**B3**).

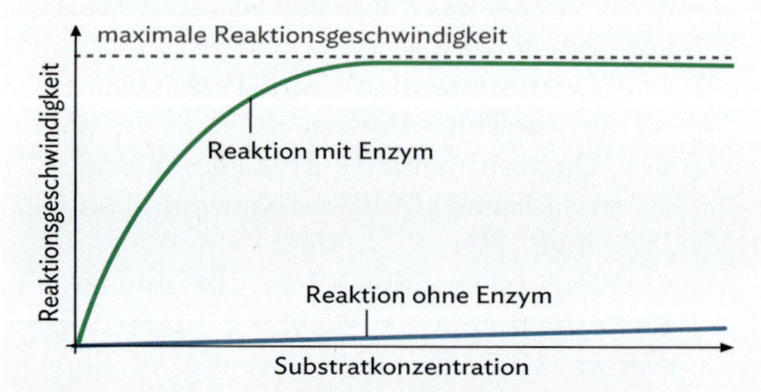

B3 Abhängigkeit der Reaktionsgeschwindigkeit von der Substratkonzentration

Auch die **Enzymkonzentration** kann die Reaktionsgeschwindigkeit beeinflussen. Bei gegebener Substratkonzentration ist die Enzymaktivität dabei proportional zur Enzymkonzentration.

Temperaturabhängigkeit der Enzymaktivität

Jedes Enzym besitzt ein Temperaturoptimum, bei dem die Enzymaktivität jeweils am höchsten ist (**V4**, **V7**). Mit zunehmender Temperatur erfolgt bis zum Temperaturoptimum ein Anstieg der Enzymaktivität nach der **Reaktionsgeschwindigkeits-Temperatur-Regel (RGT-Regel**). Das bedeutet, dass ein Temperaturanstieg um 10 °C ungefähr eine Verdopplung der Reaktionsgeschwindigkeit bewirkt. Ab einer gewissen Temperatur nimmt die Enzymaktivität jedoch stark ab, da die Enzyme denaturieren (**B4**). Es kommt zu einer starken räumlichen Veränderung der Proteinstruktur (➥ Kap. 4.2.3).

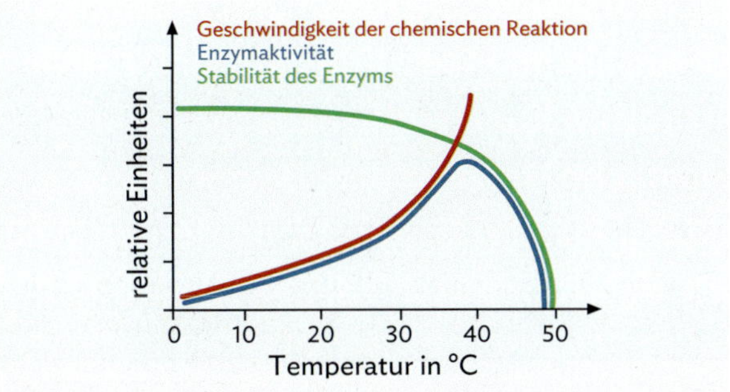

B4 Temperaturabhängigkeit der Enzymaktivität

pH-Abhängigkeit der Enzymaktivität

Jedes Enzym besitzt sein Aktivitätsoptimum bei einem bestimmten pH-Wert. Pepsin ist z. B. ein Enzym zur Spaltung von Proteinen, das im Magen bei einem niedrigen pH-Wert (ca. 1 – 2) aktiv ist (**V6**). Bereits geringe pH-Wert-Schwankungen können lebensbedrohlich werden, da die Aktivität wichtiger Enzyme durch Veränderungen in ihrer Molekülstruktur verringert wird (➥ Kap. 4.2.3).

Einfluss von Schwermetall-Ionen

Die Enzymaktivität kann auch durch die Anwesenheit von Schwermetall-Ionen beeinflusst werden. Schwermetall-Ionen bilden mit den Anionen der Aminocarbonsäure-Reste Ionenbindungen aus und führen zur Zerstörung der Tertiärstruktur und damit zur Denaturierung (**V5** und ➥ Kap. 4.2.3). Hierauf beruht z. B. die giftige Wirkung von Schwermetallsalzen auf den menschlichen Organismus.

Enzyme in der Biotechnologie

Enzyme spielen auch in der Biotechnologie eine wichtige Rolle. Die meisten handelsüblichen Waschmittel enthalten entweder nur Proteasen oder eine Kombination aus Proteasen und Lipasen. Ihre Funktion besteht darin, hochmolekulare Verschmutzungen in ihre Bausteine zu zerlegen. Dies erleichtert die Aufgabe der Tenside, den Schmutz von den Fasern zu lösen, oder ermöglicht es erst. So enthalten viele Waschmittel eiweiß- und fettspaltende Enzyme. Bei der Verwendung dieser Waschmittel sollte man aber beachten, die Wäsche mit niedrigen Temperaturen bis maximal 60 °C zu waschen, um eine Denaturierung der wirkenden Enzyme möglichst zu verhindern.

Enzyme beschleunigen biochemische Reaktionen in Lebewesen nach dem Prinzip eines Katalysators. Dabei sind sie meist substrat- und wirkungsspezifisch. Die Enzymaktivität wird von vielen äußeren Faktoren beeinflusst. Hohe Temperaturen und Schwermetall-Ionen zerstören Enzyme irreversibel. Durch eine Änderung des pH-Wertes kann die Struktur des Enzyms reversibel geändert werden, sodass es seine Funktion nicht erfüllen kann. Niedrige Temperaturen verringern die Aktivität von Enzymen.

AUFGABEN

A1 Betrachten Sie die 3-D-Darstellung des aktiven Zentrums der Urease unter ➥ QR 06043-054. Beschreiben Sie die Wechselwirkungen zwischen dem Harnstoff-Molekül (= Urea-Molekül) und den Aminocarbonsäure-Bausteinen des Enzym-Moleküls sowie den vorliegenden Metall-Ionen.

06043-054

A2 Nennen Sie drei verschiedene Faktoren, die die Enzymaktivität beeinflussen.

A3 Auf einer Lactasetablettenverpackung findet sich folgender Hinweis: „Die Einnahme soll nicht zusammen mit Heißgetränken erfolgen". Erklären Sie diesen Hinweis.

A4 Die Zellen der Magenwand bestehen zu einem großen Teil aus Proteinen. Die im Nahrungsbrei vorkommenden Proteine werden im Magen durch das Enzym Pepsin in kleine Polypeptid-Einheiten gespalten. Stellen Sie eine Hypothese dafür auf, weshalb sich die Magenwand dabei nicht selbst verdaut.

4.4 Molekularer Bau und Eigenschaften von Kunststoffen

Meerestiere, die sich in Geisternetzen verfangen, Seevögel, die Küken mit Plastikfeuerzeugen und Verschlusskappen füttern, Plastikinseln im Meer: Kunststoffmüll stellt ein enormes Umweltproblem dar. Andererseits retten Kunststoffe Leben und sorgen für einen höheren Lebensstandard. Ob künstliche Herzklappen, Beinprothesen, Schutzbrillen im Labor oder Helme für Radfahrer: „Plastik“ ist aus der modernen Welt kaum wegzudenken. Warum haben Kunststoffe derart unterschiedliche Facetten?

4.4.1 Versuche und Material

V Kunststoffe im Meer

Eine Prognose besagt, dass sich 2050 mehr Kunststoffteile im Meer befinden werden als Biomasse (d. h. Lebewesen). Teile davon sind in extensiven Müllstrudeln sichtbar, aber bei Tauchgängen wird deutlich, dass nicht jeder Kunststoffgegenstand auf der Wasseroberfläche schwimmt. Woran liegt dieses unterschiedliche Verhalten der Kunststoffe?

V1 Untersuchen Sie das Verhalten von Polyethen (PE), Polystyrol (PS), Polyvinylchlorid (PVC), Polymethylmethacrylat (PMMA) und Phenolformaldehyd (PF) in Ethanol und Wasser (➡ QR 06043-055). Wiegen Sie dazu von jedem Kunststoff einen Schnipsel mit gleicher Masse ab. Füllen Sie je ein Becherglas halbvoll mit Ethanol oder Wasser. Geben Sie die Kunststoffschnipsel in die Lösungen und rühren Sie mehrmals mit einem Glasstab um.

06043-055

V2 Lösen Sie anschließend Kochsalz im Wasser, bis eine gesättigte Lösung entsteht und wiederholen Sie **V1**.

AUSWERTUNG

a) Stellen Sie eine Hypothese zum Schwimmverhalten der Kunststoffe in **V1** auf. Berücksichtigen Sie dabei die Kunststoffsorten sowie die Lösemittel.

b) Untersuchen Sie Alltagsgegenstände: Recherchieren Sie dazu deren Werkstoffe und beurteilen Sie das Schwimmverhalten mithilfe geeigneter Kenngrößen. Prüfen Sie Ihre Ergebnisse experimentell.

ENTSORGUNG: A, G3, Kunststoffe gegebenenfalls wiederverwerten

V Wasserlösliche Kunststoffe

Manche Haushaltschemikalien wie Spülmitteltabs sind in Kunststofffolie verpackt, die zusammen mit dem Reinigungsmittel in die Maschine gegeben wird. Nach dem Waschvorgang ist die Folie verschwunden. Auch manche medizinischen Nähte sind vom Körper resorbierbar: Diese Fäden müssen nicht gezogen werden. Warum müssen diese Kunststoffe nach Gebrauch nicht entsorgt werden?

V3 Untersuchen Sie die Wasserlöslichkeit von verschiedenen wasserlöslichen Spülmitteltabs, Waschmittelkapseln und Wäschesäcken bei Wassertemperaturen von 5 °C, 20 °C, 40 °C und 60 °C.

V4 Untersuchen Sie die Wasserlöslichkeit von resorbierbarem Nahtmaterial aus Polyglycolsäure und herkömmlichen Fäden aus Polyamid-Nylon oder Polystyrol bei Wassertemperaturen von 5 °C, 20 °C, 40 °C und 60 °C.

AUSWERTUNG

a) Notieren Sie Ihre Ergebnisse aus **V3** in tabellarischer Form.
b) Recherchieren und vergleichen Sie die Struktur der drei Nahtmaterialien in **V4**. Stellen Sie eine begründete Hypothese zu deren Wasserlöslichkeit auf und geben Sie an, welche Teilchen nach dem Lösen vorliegen.
c) Diskutieren Sie Vor- und Nachteile von wasserlöslichen Verpackungsmaterialien.

ENTSORGUNG: A

V Eigenschaften von Kunststoffen

Es gibt sehr viele Kunststoffe, die alle verschiedene Eigenschaften haben, z. B.: PE, Polypropylen (PP), PS, PMMA, PVC, PF, Polyester (PES), Bakelit oder Nylon (PA). Welche Eigenschaften zeigen diese Stoffe?
Hinweise: Die untersuchten Kunststoffproben sollten dieselbe Dicke und Form haben. Eine arbeitsteilige Durchführung der folgenden Versuche ist empfehlenswert.

V5 Untersuchen Sie die Bruchfestigkeit und die mechanischen Eigenschaften der im Eingangstext genannten Kunststoffproben durch Abknicken.

V6 Halten Sie die Kunststoffproben in den Rand der nichtleuchtenden Flamme eines Gasbrenners. Nehmen Sie die Kunststoffproben nach dem Anzünden aus der Flamme.

V7 Erwärmen Sie die Kunststoffproben mit einem Heißluftföhn. Untersuchen Sie ihre Verformbarkeit im warmen Zustand mit einer Tiegelzange.

V8 Füllen Sie die Kunststoffproben aus **V7** in Reagenzgläser. Erhitzen Sie diese im Abzug zunächst schwach, anschließend stärker.

V9 Entfernen Sie die dünne Aluschicht auf einer CD vorsichtig mit einem Messer. Erhitzen Sie die CD mit einem Feuerzeug oder über einer Kerzenflamme. Pusten Sie vorsichtig auf die CD, sobald der Kunststoff erweicht.

V10 Untersuchen Sie die Beständigkeit der Kunststoffproben gegenüber verschiedenen Lösemitteln sowie sauren und basischen Lösungen. Legen Sie die Kunststoffproben in Petrischalen mit Wasser, Aceton, *n*-Octan sowie salzsaurer Lösung und Natriumhydroxidlösung (jeweils c = 0,1 mol/L).

V11 Füllen Sie einen Metallbecher und verschiedene Kunststoffbecher mit 70 °C warmen Wasser. Messen Sie die Temperatur in Abständen von 2 Minuten.

AUSWERTUNG

a) Vergleichen Sie das Verhalten der Kunststoffproben in **V5** – **V11**. Stellen Sie Ihre Ergebnisse in einer Tabelle dar.
b) Ordnen Sie die Kunststoffe PE, PS, PMMA, PVC, PF, PET und PA nach ihren Eigenschaften.
c) Leiten Sie die Eigenschaften der verschiedenen Kunststoffklassen mithilfe von **b)** her.
d) Ermitteln Sie die Materialien von alltäglichen Kunststoffgegenständen. Untersuchen Sie deren Eigenschaften experimentell und ordnen Sie sie in die Kunststoffklassen aus **c)** ein.
e) Nennen Sie Anforderungen, die die Materialien von Einmalhandschuhen, Schutzbrillen und Steckdosengehäusen erfüllen müssen.

ENTSORGUNG: R, G1, G3

4.4.2 Eigenschaften von Kunststoffen

Mehr als 150 Millionen Tonnen Plastikmüll befinden sich in den Meeren. Nach einer Schätzung des Fraunhofer Instituts übertrifft der Anteil an Kunststoff bis 2050 den Anteil an Biomasse – Fische, Pflanzen und andere Lebewesen – im Meer.

Kunststoffe im Alltag

Von den **Kunststoffen**, die in den Meeren landen, ist nur ein Teil sichtbar: Plastiktüten oder Folien aus Polyethen treiben in Plastikinseln mit einer Fläche, die zum Teil viermal so groß ist wie Deutschland, an der Meeresoberfläche. Joghurtbecher aus Polystyrol oder PET-Trinkflaschen sinken dagegen auf den Grund (**V1**, **V2**).
Das Schwimmverhalten der Kunststoffe basiert sowohl auf ihrer eigenen Dichte (**B1**) als auch auf der Dichte der Lösemittel. Ist die Dichte des Kunststoffes geringer als die der Flüssigkeit, schwimmt das Material, andernfalls sinkt es ab. Dieses Phänomen wird beim **Schwimm-Sink-Verfahren** im Rahmen des Recyclingprozesses von Kunststoffen ausgenutzt (➥ QR 06043-056).

06043-056

Kunststoff	Dichte in g/cm^3
Polyethen (PE)	0,919 – 0,963
Polyethylenterephthalat (PET)	1,38
Polymethylmethacrylat (PMMA)	1,18
Polypropylen (PP)	0,895 – 0,915
Polystyrol (PS)	1,05
Polyvinylalkohol (PVOH)	1,19 – 1,31
Polyvinylchlorid (PVC)	1,20 – 1,35

B1 Dichte ausgewählter Kunststoffe

Neben den großen Plastikteilen im Meer leisten auch winzige Kunststoffpartikel einen Beitrag zur Plastikkrise. Einige Spülmittel- oder Waschmaschinentabs sind in Plastikfolien verpackt, die sich in Wasser lösen und nach dem Reinigungsprozess in das Abwasser gelangen (**V3**). Derartige Verpackungsmaterialien aus Polyvinylalkohol (PVOH) bringen mehrere Vorteile mit sich: weniger Verpackungsmüll, optimale Dosierung und Vermeidung von Hautkontakt mit Reinigungsmitteln.
Die Löslichkeit der Verpackungen kann angepasst werden. Je nach Herstellungsprozess lösen sich die PVOH-Folien in kaltem Wasser oder bei erhöhten Wassertemperaturen (**V3**). Ferner sind sie gegenüber Fetten, Ölen oder organischen Lösemitteln beständig und eignen sich als Sauerstoffbarrieren. Zudem leisten sie in Form von Wäschesäcken einen Beitrag zum Infektionsschutz beim gefahrlosen Transport infektiöser Wäsche.
In der Medizin ist Polyglycolsäure (PGA) ein essenzieller wasserlöslicher Kunststoff (**V4**). Das Nahtmaterial zur Wundversorgung von inneren Organen oder Blutgefäßen im Rahmen chirurgischer Eingriffe besteht aus PGA. Nach ca. zwei Wochen beginnen Fäden aus PGA sich im Körper zu lösen. Fünf Wochen nach Anbringen der Wundnaht ist das Material vollständig resorbiert, sodass die Fäden nicht gezogen werden müssen. Die Zeit, bis das Nahtmaterial vom Körper resorbiert ist, hängt von der gewählten Kunststoffsorte ab. Die Auswahl der Fäden erfolgt nach der durchschnittlichen Regenerationszeit des betroffenen Gewebes und der Belastung der Wundnaht.
Neben ihrer Dichte und dem Löslichkeitsverhalten unterscheiden sich Kunststoffe in weiteren Kenneigenschaften (**V5** – **V11**). Diese Unterschiede sind für ihre Aufbereitung und den Einfluss auf den Kunststoffkreislauf relevant. Die molekulare Struktur von Kunststoffen auf der Teilchenebene erklärt die auf der Stoffebene sichtbaren Materialeigenschaften.

Kunststoffe als Makromoleküle

Wasser hat eine molekulare Masse von 18 g/mol, die Molmasse von Glucose beträgt 78 g/mol. Bis zu Beginn des 20. Jahrhunderts galt der Glauben, dass ein Stoff maximal eine molekulare Masse von 300 g/mol haben kann. Das Konzept von großen Molekülen, die aus über 100.000 Atomen aufgebaut sein können, war unbekannt.
Der deutsche Chemiker HERMANN STAUDINGER jedoch erforschte lange Zeit die Struktur und Eigenschaften von Kunststoffen. Trotz ihrer Vielfältigkeit folgen diese Werkstoffe immer dem gleichen Bauprinzip. STAUDINGER postulierte, dass Kunststoffe aus riesigen Molekülen, genannt **Makromoleküle** oder **Polymere**, bestehen. Diese wiederum sind aus vielen kleinen Bausteinen, den **Monomeren**, die sich wiederholen, aufgebaut. Die Monomer-Teilchen sind ausschlaggebend für die Eigenschaften eines Kunststoffs. Sie sind meist organische Moleküle, die durch chemische Reaktionen zu Makromolekülen verknüpft werden. Der Kunststoff aus diesen Makromolekülen ist entweder hart und schwer, nur nach Erwärmen verformbar oder weich und elastisch.
Für die Entdeckung der Kunststoff-Makromoleküle wurde STAUDINGER 1953 der Chemie-Nobelpreis verliehen (weiterführende Informationen zur Geschichte der Kunststoffe ➥ QR 06043-057).

06043-057

Copolymerisate

Werden bei der Synthese von Kunststoffen zwei verschiedene Monomer-Bausteine A und B kombiniert, weist der entstehende Kunststoff neue, aber ähnliche Eigenschaften wie die beiden Monomer-Bausteine auf. Soft-Touch-Griffe von Stiften, Zahnbürsten oder Werkzeugen müssen weich aber trotzdem formstabil sein. Bei der Herstellung der entsprechenden Werkstoffe wird z. B. ein Monomer von Typ A, genutzt, das elastische Polymere liefert. Monomer A wird während der Synthese mit einem anderen Monomer B versetzt, das formstabile aber thermisch verformbare Polymere generiert. Das entstehende Polymer ist ein sogenanntes **Copolymerisat** und zeigt auf Stoffebene beide Eigenschaften: Es ist dehnbar, aber dennoch fest und kann unter dem Einfluss von Wärme in die gewünschte Form gebracht werden. Eines der präsentesten Copolymerisate ist das ABS-Copolymerisat, das in Legosteinen oder Kaffeemaschinen zu finden ist. Materialien aus dem ABS-Copolymerisat sind besonders fest und formstabil, können aber in eine neue Form gebracht werden.
Für noch mehr Vielfalt sorgen die Unterschiede der Copolymerisate auf Teilchenebene. Je nach Reaktionsbedingungen entstehen verschiedene Polymerstrukturen:

- Werden die Monomer-Bausteine A und B zeitgleich in das Reaktionsgefäß gegeben, entsteht ein **statistisches Copolymerisat**. Die Monomer-Bausteine werden zufällig miteinander verknüpft; dabei entsteht eine ungeordnete Polymerstruktur (**B2** 1).
- Befindet sich neben den Monomeren A und B ein Katalysator im Reaktionsgefäß ordnen sich die Monomere A und B immer abwechselnd an (**B2** 2). Ein **alternierendes Copolymerisat** entsteht.
- Wird Monomer B erst in das Reaktionsgefäß gegeben, wenn alle Monomere A vollständig zu einem Polymer verknüpft sind, bildet sich ein **Block-Copolymerisat**. Sobald Monomer B verbraucht ist, wird wieder Monomer A als Edukt zugegeben. Im Polymer wechseln sich größere Bereiche aus den gleichen Monomeren ab. Werden die gleichen Mengen an Monomeren genutzt, sind die Blöcke gleich groß (**B2** 3a). Die Blockgröße kann durch Variation der Stoffmenge der jeweiligen Monomere gesteuert werden (**B2** 3b).
- Bildet Monomer A ein Polymer, das Doppelbindungen enthält, können dort Polymer-Ketten aus einem anderen Monomer B „aufgepfropft“ werden. Ein **Pfropf-Copolymerisat** enthält eine Polymer-Kette A als Hauptkette, die durch Reaktion mit Polymer B mit Seitenketten versehen wird (**B2** 4).

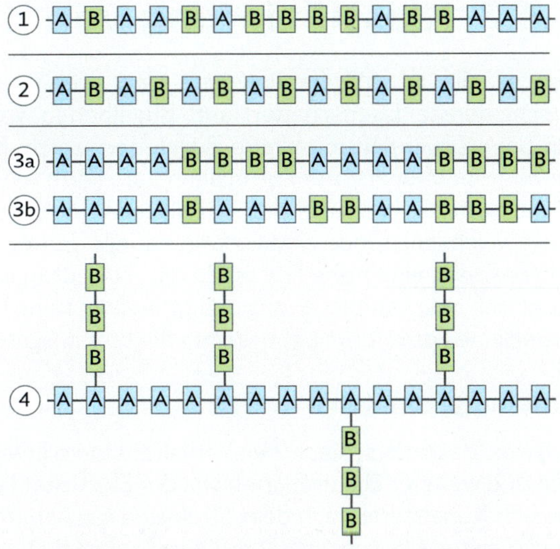

B2 Verschiedene Arten von Copolymerisaten

Kunststoffe bestehen aus Makromolekülen (Polymeren), die aus vielen kleinen, sich wiederholenden Bauteilen (Monomeren) aufgebaut sind. Die Wahl des Monomers bedingt die Eigenschaften, nach denen die Kunststoffe klassifiziert werden. Copolymerisate setzen sich aus zwei oder mehr verschiedenen Monomeren zusammen. Der entstehende Kunststoff weist neue, aber ähnliche Eigenschaften wie alle Monomere auf.

AUFGABEN

A1 Leiten Sie den allgemeinen Aufbau eines Kunststoff-Moleküls anhand der in **B1** vorgestellten Kunststoffvertreter her.

A2 Eine Mehrwegflasche aus Glas wiegt leer ca. 600 g bei einem Volumen von 0,7 L. Eine Mehrwegflasche aus Kunststoff wiegt bei einem Volumen von 1 L nur ca. 70 g. Stellen Sie Vor- und Nachteile beider Materialien gegenüber. Beurteilen Sie beide Varianten auch hinsichtlich ihrer Nachhaltigkeit.

A3 Recherchieren und bewerten Sie die Verwendung von wasserlöslichen Kunststoffen als Antwort auf die Plastikkrise.

A4 Projekte wie „Ocean Cleanup" oder „Everwave" sollen das Meer von Plastik befreien. Vergleichen und bewerten Sie beide Lösungsansätze. Diskutieren Sie mögliche Alternativen.

4.4.3 Klassifizierung von Kunststoffen

Obwohl alle Kunststoffe Polymere sind, weisen sie verschiedenste Eigenschaften auf: Bügelperlen werden beim Erwärmen mit einem Bügeleisen weich, bei Raumtemperatur erstarren sie in der neuen Form. Würde dagegen das Gehäuse des Bügeleisens bei Erwärmung weich, entstünde eine Gefahrenquelle. Ein Fahrradhelm zeigt eine hohe Formstabilität. Ein Luftballon dehnt sich beim Aufblasen aus und schnellt in seine ursprüngliche Form zurück, sobald ihm die Luft ausgeht.

Einteilung von Kunststoffen

Aufgrund des unterschiedlichen Verhaltens beim Erwärmen und weiterer Eigenschaften wie der Elastizität lassen sich Kunststoffe nach dem Struktur-Eigenschafts-Prinzip in drei Klassen einteilen: **Thermoplaste**, **Duroplaste** und **Elastomere** (**B3**). Die Einteilung beruht auf den Zusammenhängen zwischen der molekularen Struktur, insbesondere des Vernetzungsgrades der Makromoleküle, und den Eigenschaften der Kunststoffe (**V5 – V11**).

Thermoplaste

Die Monomere von Thermoplasten verbinden sich jeweils mit genau zwei Bindungspartnern. So entstehen lange Polymer-Ketten ohne Quervernetzungen. Zwischen den einzelnen Ketten treten lediglich zwischenmolekulare Wechselwirkungen auf. Diese sind deutlich schwächer als echte Elektronenpaarbindungen. Beim Erhitzen werden die zwischenmolekularen Wechselwirkungen überwunden. Die Polymer-Ketten sind gegeneinander verschiebbar und der Werkstoff wird weich und formbar. Beim Abkühlen bilden sich die zwischenmolekularen Kräfte wieder aus und der Werkstoff erstarrt in der neuen Form (**B4**).

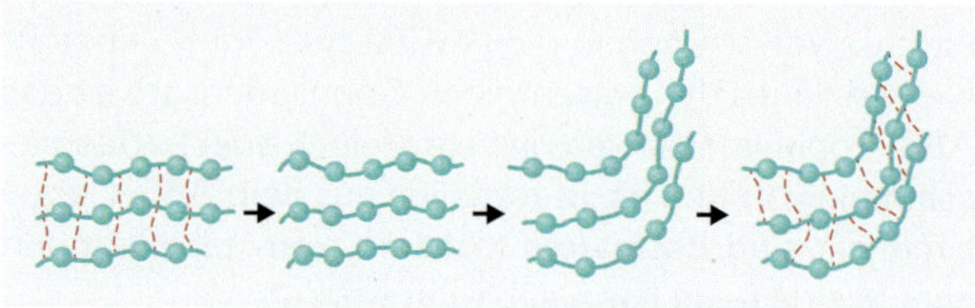

B4 Hitzeinduzierte Verformbarkeit eines Thermoplasts

	Thermoplast	Duroplast	Elastomer
Wortherkunft	griech. *thermós*, warm, heiß *plássein*, bilden, formen	lat. *durus*, hart griech. *plássein*, bilden, formen	griech. *elastó*, dehnbar *méros*, Teil
Strukturmodell	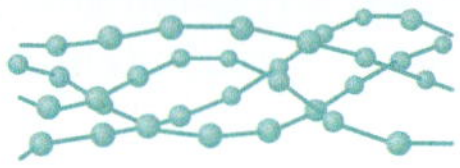	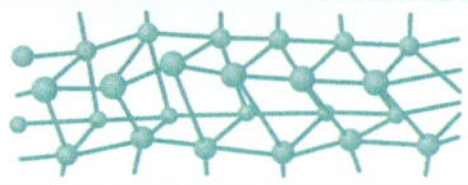	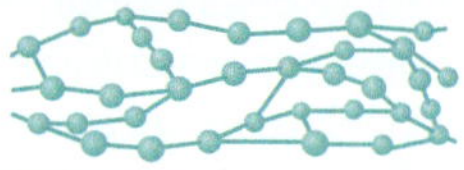
Struktur-beschreibung	lineare Makromoleküle mit amorphen und kristallinen Bereichen	engmaschige dreidimensionale Netze, viele Quervernetzungen	weitmaschige dreidimensionale Netze, wenige Quervernetzungen
Monomere	bifunktionelle Monomere	bi- und trifunktionelle Monomere	viele bifunktionelle Monomere, wenige trifunktionelle Monomere
Verhalten beim Erhitzen	• wird weich und verformbar • härtet beim Abkühlen in der neuen Form aus • Zersetzung bei hoher Temperatur	Zersetzung bei hoher Temperatur	• Erweichen, kein Schmelzen • Zersetzung bei hoher Temperatur
Verformbarkeit	• im warmen Zustand • behält neue Form bei	nein	• bei mechanischer Belastung • behält neue Form nicht bei
Beispiele	Polyethen (PE) Polypropen (PP) Polystyrol (PS) Polytetrafluorethylen (PTFE) Polyvinylchlorid (PVC)	Epoxidharze Phenolharze (PF) Polyesterharze	Naturkautschuk (*Gummi elasticum*) Polybutadien Latex Neopren
Anwendungen	Schutzbrille Bügelperlen Trinkflaschen Teflonbeschichtungen	Schutzhelme Elektronikgehäuse Topfgriffe Herdleisten	Haargummis Einmalhandschuhe Neoprenanzüge Kondome

B3 Klassifizierung der Kunststoffe nach ihrem thermischen Verhalten und der Reaktion auf mechanische Belastung

Die Temperatur, ab der Thermoplaste verformbar werden, hängt von der Kettenlänge und der Ordnung der Ketten ab. In der Struktur vieler Polymere gibt es **kristalline Bereiche**, in denen sich die Polymer-Ketten nahezu parallel anordnen. Sie sind dicht gepackt und werden durch starke zwischenmolekulare Wechselwirkungen zusammengehalten. In den **amorphen Bereichen** liegen die Ketten verknäult und ungeordnet vor (**B5**). Durch weniger ausgeprägte zwischenmolekulare Wechselwirkungen sind sie beweglicher. Je ungeordneter die Ketten eines Thermoplasts sind, desto niedriger ist dessen Schmelztemperatur.

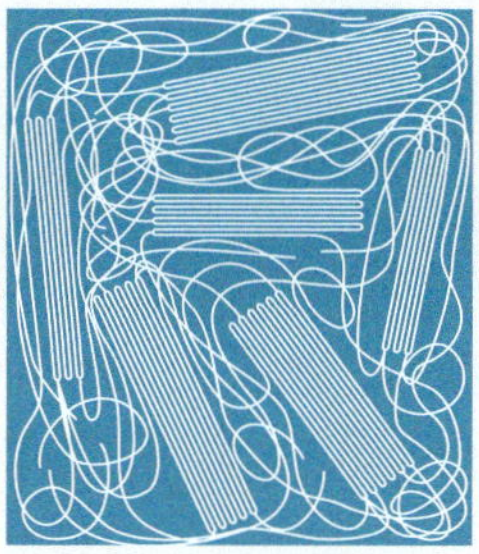

B5 Struktur eines Thermoplasts mit amorphen und kristallinen Bereichen

Duroplaste

Duroplaste sind dauerhaft formbeständige Kunststoffe von hoher Temperaturbeständigkeit und Härte (**V5 – V8**), die aus einer Kombination von bi- und trifunktionellen Monomeren aufgebaut sind. Trifunktionelle Monomere können sich an drei Stellen zu einem dreidimensionalen Polymernetzwerk verknüpfen. Je höher der Anteil an trifunktionellen Monomeren ist, desto engmaschiger wird das Polymernetz. Die Polymer-Ketten können sich nicht mehr gegeneinander verschieben. Der hohe Grad an Vernetzungen kann nur durch die Zufuhr von großen Energiemengen überwunden werden. Statt sich zu verformen, verkohlen Duroplaste schließlich (**B6**). Je höher der Vernetzungsgrad eines Duroplasts ist, desto höher liegt seine Zersetzungstemperatur.

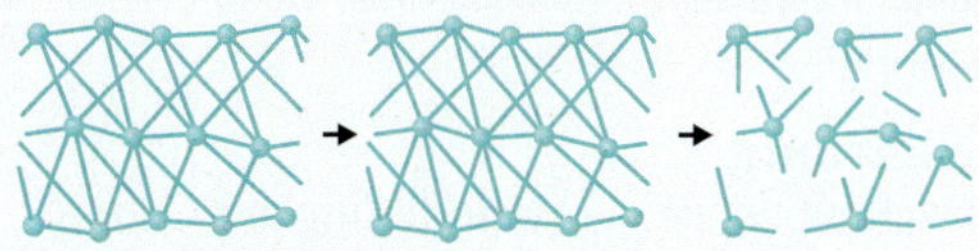

B6 Hitzeinduzierte Zersetzung eines Duroplasts

Elastomere

Die Elastizität ist namensgebend für die Kunststoffklasse der Elastomere. Sie sind ähnlich den Duroplasten aus quervernetzten Polymer-Ketten aufgebaut. Allerdings sind die entstehenden 3-D-Netzwerke aufgrund der geringeren Anzahl an Quervernetzungen deutlich weitmaschiger. Aufgrund des niedrigen Vernetzungsgrades bleibt die Verformbarkeit bei Elastomeren erhalten. Durch Druck oder Zug stehen die Quervernetzungen zwar unter Spannung, bleiben aber intakt (**B7**). Das Polymernetz kann diesen äußeren Zwang kompensieren. Fällt die Druck- oder Zuglast weg, kehren die gespannten Bindungen in ihre ursprüngliche Form zurück. Der Kunststoff liegt anschließend unverändert vor. Je mehr Quervernetzungen auf Teilchenebene vorliegen, desto weniger elastisch zeigt sich der Kunststoff auf Stoffebene.

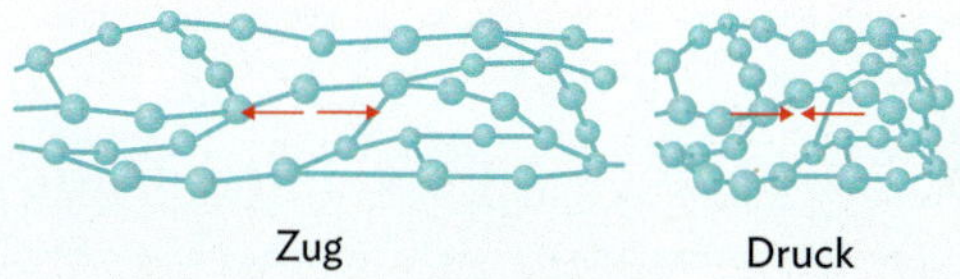

B7 Strukturelle Veränderungen eines Elastomers bei Zug- und Druckbelastung

Anders als Thermoplaste schmelzen Elastomere nicht. Wie Duroplaste zersetzen sie sich bei hohen Temperaturen. Bei enormer Kälte verlieren Elastomere ihre gummielastischen Eigenschaften, sie werden spröde und können zerbrechen. Durch diese und weitere Arten der Abnutzung gelangen jährlich 500.000 Tonnen Mikroplastik in die Umwelt.

Kunststoffe werden im Hinblick auf ihre physikalischen Eigenschaften in Thermoplaste, Duroplaste und Elastomere klassifiziert. Die Einteilung beruht auf den Zusammenhängen zwischen der molekularen Struktur, insbesondere des Vernetzungsgrades der Makromoleküle, und den Eigenschaften der Kunststoffe wie Schmelzverhalten, Zersetzung, Härte und Elastizität.

AUFGABEN

A1 Erklären Sie das Verhalten eines Thermoplasts beim Erwärmen auf Teilchenebene.

A2 Beurteilen Sie, aus welchen Kunststofftypen die folgenden Alltagsgegenstände produziert werden: Glätteisen, Radiergummi, Endoprothesen.

A3 Vergleichen Sie die drei Kunststoffklassen. Diskutieren Sie ihre Vor- und Nachteile.

A4 Beurteilen Sie einen Duroplast vor dem Aspekt der Nachhaltigkeit.

A5 Im Labor wird eine Schutzbrille untersucht. Planen Sie ein Experiment, um die Schutzbrille in eine der drei Kunststoffklassen einzuordnen. Beachten Sie dabei Validität und Reliabilität des Experiments.

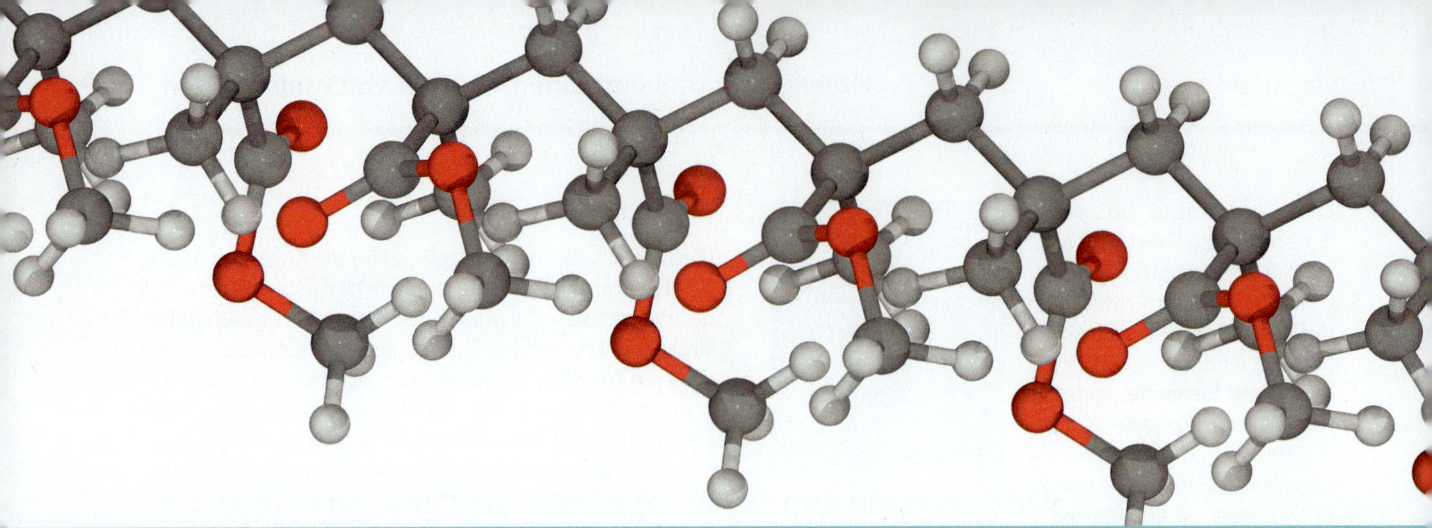

4.5 Synthese von Polymeren

Kunststoffe sind Polymere. Es gibt viele verschiedene Polymere, wodurch sie für die unterschiedlichsten Zwecke eingesetzt werden können. Auch wegen der kostengünstigen Herstellung sind sie sehr beliebt. Doch wie funktioniert die Herstellung von verschiedenen Kunststoffen?

4.5.1 Versuche und Material

V Herstellung von Acrylglas

Acrylglas ist ein vielseitiger Kunststoff, der beispielsweise in Displays, medizinischen Produkten, in Brillengläsern, für Sicherheitsabdeckungen oder in 3-D-Druckern Verwendung findet. Auch in manchen Nagelstudios wurde Acrylglas für die Modellage von Kunstnägeln verwendet. Wie kann man Acrylglas im Labor herstellen?

V1 Geben Sie 10 mL Methylmethacrylat und eine erbsengroße Menge an Härterpaste (im Baumarkt erhältlich, enthält ca. 50 % Dibenzoylperoxid) (Versuch mit AIBN ➡ QR 06043-058) in ein Becherglas und verrühren Sie gut. Füllen Sie das Gemisch in eine Kammer (**B1**). Kontrollieren Sie währenddessen die Dichtheit der Kammer. Erwärmen Sie die gefüllte Kammer 60 Minuten bei 70 °C im Wasserbad. Alternativ können Sie diese über Nacht bei 55 °C im Trockenschrank lagern. Öffnen Sie die abgekühlte Kammer vorsichtig und lösen Sie die Scheibe aus Acrylglas heraus.

06043-058

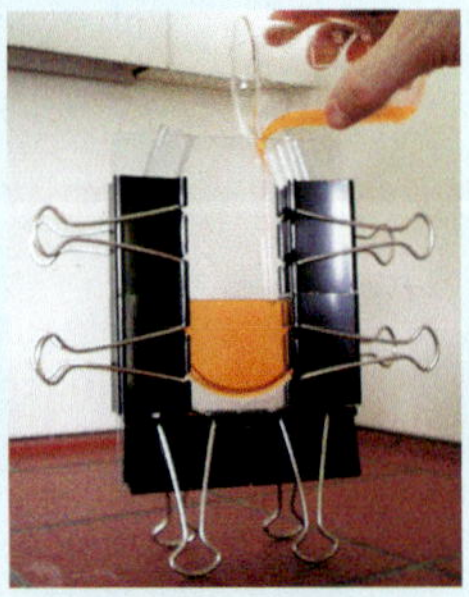

B1 Erzeugung von Polymerplatten durch Kammergießen

V2 Untersuchen Sie das Acrylglas aus **V1** auf seine Verformbarkeit. Geben Sie ein Stück in ein Reagenzglas und erhitzen Sie es vorsichtig über dem Gasbrenner.

AUSWERTUNG

a) Beschreiben Sie die Veränderung des Gemisches während der Zeit im Wasserbad in **V1**.
b) Das entstandene Acrylglas heißt auch Polymethylmethacrylat. Stellen Sie eine Vermutung über den molekularen Aufbau und die Entstehung des Acrylglases an.
c) Ordnen Sie das Acrylglas anhand der beobachteten Eigenschaften in **V2** einer der folgenden Kunststoffklassen zu: Thermoplast, Duroplast oder Elastomer (➡ Kap. 4.4.3). Beschreiben Sie anhand dessen den molekularen Aufbau.

ENTSORGUNG: R

V Herstellung von Nylon

Am 15. Mai 1940 wurden erstmals Nylonstrümpfe an Privatpersonen verkauft. Es bildeten sich lange Schlangen vor den Geschäften und am frühen Abend waren fünf Millionen Paare restlos ausverkauft. Die Herstellung von Nylon, einer synthetischen Seide, war eine Revolution und wurde zum Zeichen des Wirtschaftswunders nach dem 2. Weltkrieg. Nylon ist vielseitig einsetzbar und ermöglichte damit neue Wirtschaftszweige. Wie kann Nylon im Labor hergestellt werden?

V3 Stellen Sie die folgenden Lösungen her:

Lösung 1: Lösen Sie 1,1 g Hexan-1,6-diamin und 20,4 g Natriumhydroxid in 25 mL destilliertem Wasser. Geben Sie gegebenenfalls eine Spatelspitze Methylenblau zu, um die Lösung anzufärben.
Lösung 2: Lösen Sie 1 mL Adipinsäuredichlorid in 25 mL *n*-Octan.

Schichten Sie nun Lösung 2 vorsichtig auf Lösung 1, indem Sie das Becherglas mit Lösung 1 leicht schräg halten und Lösung 2 vorsichtig am Rand des Becherglases auf die Lösung eingießen. Dabei entsteht eine Grenzschicht zwischen den beiden Lösungen. Ziehen Sie diese Grenzschicht mit einer Pinzette heraus und legen Sie den Faden auf einen Glasstab. Sie können den Faden nun durch Drehen des Glasstabes kontinuierlich aus der Mischung ziehen und aufwickeln (**B2**). Lassen Sie den Faden trocknen (Video ➥ QR 06043-059).

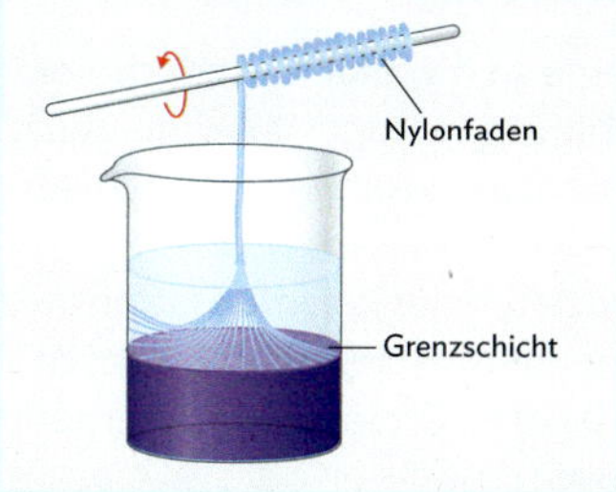

B2 Versuchsaufbau zu **V3**

06043-059

AUSWERTUNG

a) Erklären Sie, dass die beiden Lösungen in **V3** sich nicht vermischen und welchen Einfluss das auf die Nylonherstellung hat.
b) Beschreiben Sie das hergestellte Nylon und stellen Sie eine Vermutung über dessen molekularen Aufbau an.

ENTSORGUNG: Die beiden Phasen werden im Scheidetrichter getrennt und jeweils entsorgt: G1, G4

M Multifunktionelle Monomere

Je nach Monomer können Polymere mit unterschiedlichen Eigenschaften hergestellt werden. Da Monomere an bestimmten funktionellen Gruppen verknüpft werden, spielt also die Anzahl dieser Gruppen eine wichtige Rolle.

M4 Hat ein Monomer zwei solcher funktionellen Gruppen, spricht man von einem bifunktionellen Monomer, hat es drei funktionelle Gruppen, spricht man von einem trifunktionellen Monomer. In einem stark vereinfachten Modell mit den Atomen eines Molekülbaukastens (**B3**) kann der Einfluss dieser Anzahl verdeutlicht werden. Die Anzahl der Verbindungsstäbe der Atome soll in dem Modell die Anzahl der funktionellen Gruppen darstellen, über die die Monomere verknüpft werden können.

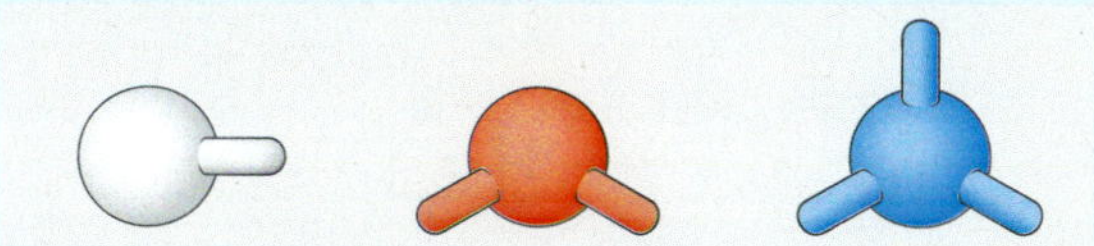
B3 Atome des Molekülbaukastens für den Modellversuch **M4**

AUSWERTUNG

a) Erklären Sie anhand des Modells in **M4**, welche Anzahl an funktionellen Gruppen mindestens nötig ist, um Polymere zu bilden.
b) Erstellen Sie je ein Polymer aus den folgenden Monomeren:
   I. nur bifunktionelle Monomere
   II. viele bifunktionelle Monomere und wenige trifunktionelle Monomere
   III. gleich viele bi- und trifunktionelle Monomere
c) Beschreiben Sie den molekularen Aufbau der gebauten Polymere aus **b)** und ordnen Sie diese begründet einer der Kunststoffklassen Thermoplast, Duroplast oder Elastomer zu.
d) Beschreiben Sie die Grenzen des Modells in **M4**.

4.5.2 Radikalische Polymerisation

Polymerisationsreaktion

Eine **Polymerisation** ist eine sich vielfach wiederholende Reaktionsfolge zur Bildung eines Makromoleküls, dem sogenannten **Polymerisat**. Welche Polymerisationsreaktionen gibt es und wie laufen diese ab?
Es existieren verschiedene Arten der Polymerisation, der Reaktionstyp ist vom verwendeten Initiator und den Monomeren abhängig. So existieren die ionische Polymerisation mit geeigneten BRØNSTED-Säuren oder -Basen als Initiatoren, die Polymerisation an Katalysatoren und die **radikalische Polymerisation** mit **Radikalen** als Initiatoren.
Um radikalisch polymerisieren zu können, müssen die Monomer-Moleküle eine bestimmte Voraussetzung erfüllen: Sie müssen mindestens eine Kohlenstoff-Kohlenstoff-Doppelbindung aufweisen. Diese wird durch Wärme, Licht oder Initiatoren aktiviert.
Ob es sich bei den entstehenden Polymeren um Thermoplaste oder Duroplaste handelt, wird von den verwendeten Monomeren bestimmt. Enthalten die Monomere nur eine C=C-Doppelbindung, so entstehen lineare Polymer-Ketten, wohingegen bei Vorhandensein weiterer C=C-Doppelbindungen vernetzte Makromoleküle entstehen können.
Bei der radikalischen Polymerisation entstehen keine niedermolaren Nebenprodukte. Der Mechanismus gliedert sich in die folgenden drei Schritte auf.

Startreaktion

Um die Reaktion in Gang zu setzen, müssen Radikale gebildet werden. Es handelt sich dabei um Teilchen mit einem ungepaarten Elektron. Die Stoffe, die zur Radikalbildung eingesetzt werden, nennt man auch **Radikalstarter**. Ein häufig verwendeter Radikalstarter ist Dibenzoylperoxid (**B1**, **V1**). Aufgrund der sehr hohen Elektronegativität der Sauerstoff-Atome ist die Bindung zwischen den beiden Sauerstoff-Atomen sehr instabil. Durch Energiezufuhr, beispielsweise in Form von Wärme oder Licht, kann diese Bindung **homolytisch** gespalten werden. Dabei verbleibt jeweils ein Elektron der Elektronenpaarbindung bei je einem Sauerstoff-Atom. Die dabei entstehenden Radikale zerfallen weiter, indem sich das ungepaarte Elektron mit einem Elektron der benachbarten Bindung paart und gemeinsam ein bindendes Elektronenpaar bildet. Dabei entstehen ein Kohlenstoffdioxid-Molekül und ein Phenyl-Radikal, das sogenannte **Startradikal** (**B1**).
Im Versuch erkennt man die Startreaktion an der Bläschenbildung, da das entstehende Kohlenstoffdioxid gasförmig ist. Für eine übersichtlichere Darstellung wird das Startradikal in Reaktionsmechanismen oft vereinfacht dargestellt, indem man den Molekül-Rest mit R abkürzt und das ungepaarte Elektron als Punkt zeichnet (R •).

Kettenreaktion

Aufgrund des ungepaarten Elektrons sind Radikale sehr reaktiv. Da sie eine Elektronenpaarung anstreben, lagern sich Radikale an die elektronenreiche C=C-Doppelbindung des Monomer-Moleküls an und spalten diese auf. Eine neue Elektronenpaarbindung entsteht, indem das Startradikal dabei an das Monomer-Molekül gebunden wird. Dabei entsteht ein neues, längeres Radikal, das wiederum sehr reaktiv ist (Kettenstart).
Das neue Radikal kann mehrmals mit weiteren Monomer-Molekülen reagieren, wodurch eine immer längere Molekül-Kette entsteht. Eine solche kontinuierlich weiter ablaufende Reaktion heißt **Kettenreaktion** (**B2**).

Kettenabbruch

Die Kettenreaktion läuft solange weiter, bis zwei Radikale aufeinandertreffen. Die beiden ungepaarten Elektronen bilden zusammen ein neues, bindendes Elektronenpaar und die beiden Radikale werden aneinandergebunden. Diesen Vorgang bezeichnet man als **Rekombination**. Da in diesem Fall keine Radikale mehr vorliegen, wird die Kettenreaktion abgebrochen (**B2**).

PMMA – ein Thermoplast

Polymethylmethacrylat (PMMA) wird aus Methylmethacrylat hergestellt. Bei dieser Reaktion werden nacheinander Methylmethacrylat-Moleküle miteinander ver-

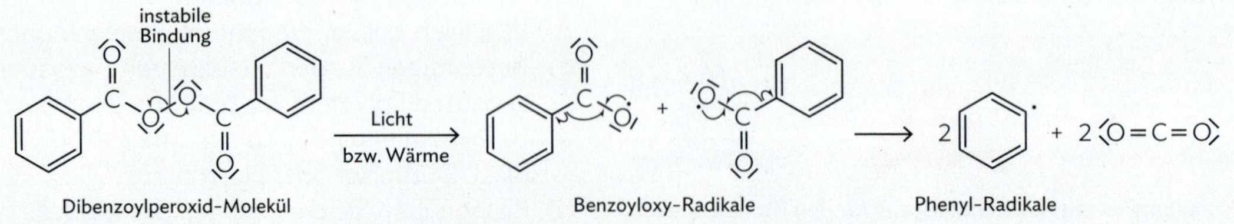

B1 Bildung von Startradikalen am Beispiel von Dibenzoylperoxid

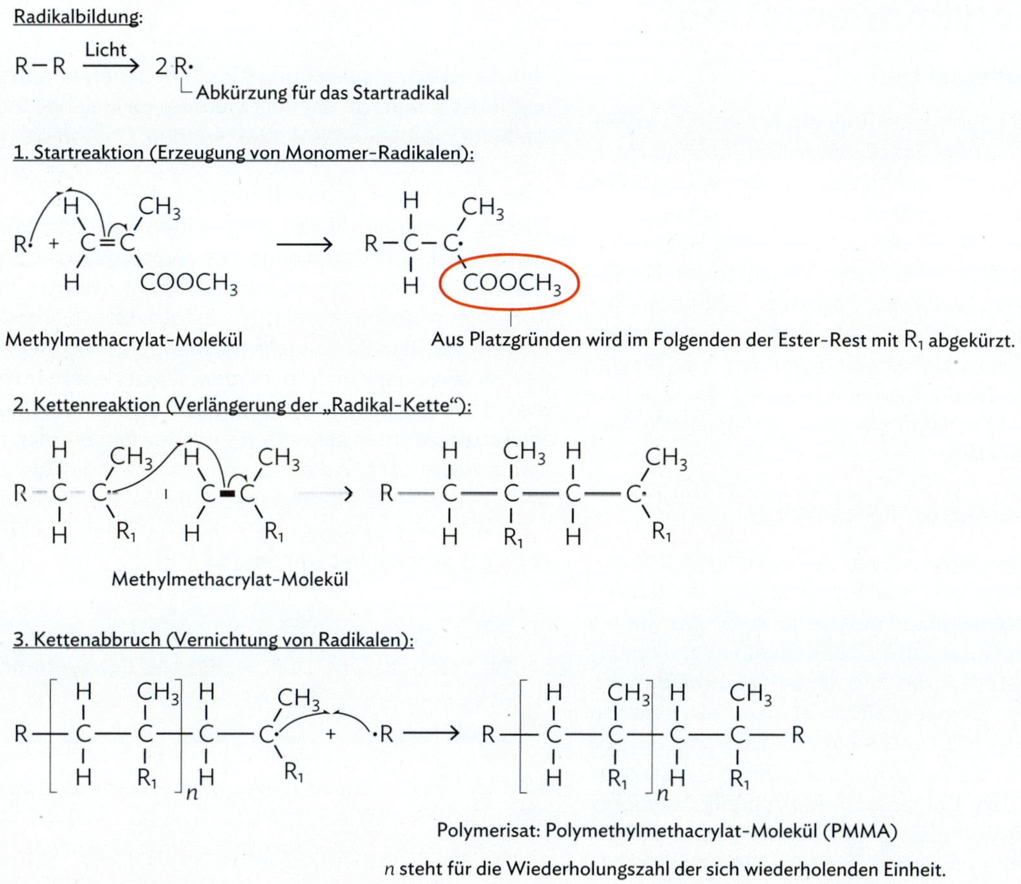

B2 Mechanismus der radikalischen Polymerisation am Beispiel PMMA

knüpft, sodass eine immer längere Molekül-Kette entsteht. Das Polymer besteht aus langkettigen, unverzweigten Molekülen (**B2**). Es handelt sich also um einen Thermoplast (➥ Kap. 4.4.3) mit der Eigenschaft bei Temperaturerhöhung zu schmelzen (**V2**). PMMA, auch Acrylglas genannt, ist ein vielseitig einsetzbarer Kunststoff. Durch seine Eigenschaften ist es ein idealer Glasersatz, beispielsweise für Brillengläser. Beim 3-D-Druck kann es als Filament verwendet werden. Früher wurde es auch für künstliche Fingernägel verwendet.

Bei der radikalischen Polymerisation werden Monomer-Moleküle mit mindestens einer C=C-Doppelbindung zu Polymer-Molekülen verknüpft. Bei der Startreaktion werden Startradikale gebildet, die in einer Kettenreaktion immer längere Molekül-Ketten bilden. Die Reaktion endet mit dem Kettenabbruch, bei dem die Radikale vernichtet werden.

AUFGABEN

A1 Formulieren Sie mithilfe von **B2** den vollständigen Mechanismus für die radikalische Polymerisation von Vinylchlorid (**B3**) zu Polyvinylchlorid (PVC).

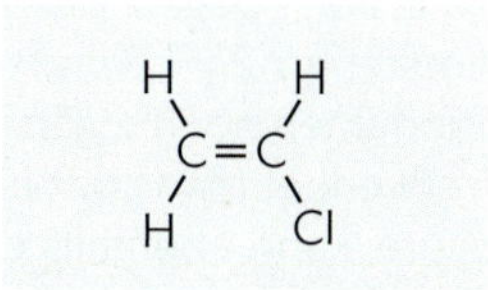

B3 Vinylchlorid-Molekül

A2 Eine PMMA-Probe wird untersucht. Dabei stellt man fest, dass die Probe Moleküle mit unterschiedlichen Kettenlängen enthält. Erklären Sie diesen Befund mithilfe des Reaktionsmechanismus in **B2**.

A3 Beurteilen Sie folgende Aussage: „Da die Reaktion durch den Radikalstarter in Gang gesetzt wird, ist der Radikalstarter ein Katalysator."

4.5.3 Polykondensation

Kondensationsreaktion

Kunststoffe, die durch eine **Polykondensation** synthetisiert werden, sind **Polykondensate**. Dafür werden Monomer-Moleküle mit mindestens zwei funktionellen Gruppen benötigt. Je nachdem, welche funktionellen Gruppen (➥ **7**, Kap. 1) bei den Monomer-Molekülen verwendet werden, erhält man verschiedene Kunststoffarten wie beispielsweise **Polyester** (**PES**) oder **Polyamide** (**Nylon**). Neben den Polymeren entstehen noch niedermolekulare Verbindungen wie z. B. Wasser oder Hydrogenchlorid. Man nennt sie Kondensate. Die Moleküle dieser Verbindungen sind im Vergleich zu den Polymeren sehr klein.

Nukleophil-Elektrophil-Reaktion

Bei einer Polykondensation handelt es sich um eine Reaktion zwischen einem **Nukleophil** und einem **Elektrophil** (**B4**). Ein Molekül mit einer Amino-Gruppe ist ein Beispiel für ein Nukleophil. Es enthält ein negativ polarisiertes Stickstoff-Atom mit einem nichtbindenden Elektronenpaar. Demgegenüber ist beispielsweise ein Carbonsäure-Molekül ein Elektrophil. Es besitzt ein positiv polarisiertes Kohlenstoff-Atom. Durch das Elektronendefizit an dem Kohlenstoff-Atom greift das nichtbindende Elektronenpaar des Stickstoff-Atoms dort an (**B4**). Dabei wird eine neue Bindung zwischen einem Nukleophil und einem Elektrophil geknüpft und neue Moleküle entstehen.
Um ein Polymer zu bilden, müssen die Monomer-Moleküle je mindestens zwei solcher funktionellen Gruppen haben. So kann ein Molekül an beiden Seiten je mit einem weiteren Molekül verknüpft werden und es entstehen immer größere Moleküle.

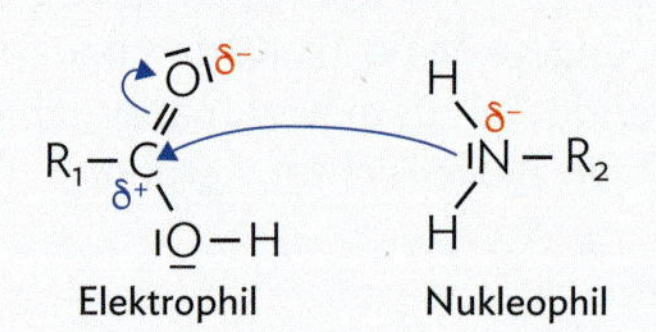

B4 Carbonsäure-Molekül als Elektrophil mit einer Carboxy-Gruppe (links) und Amin-Molekül als Nukelophil mit einer Amino-Gruppe (rechts)

Reaktionsgleichung einer Polykondensation

Für die Synthese des Polyamids **Nylon** (**V3**) werden Adipinsäuredichlorid, dessen Moleküle zwei Säurechlorid-Gruppen enthalten, und Hexan-1,6-diamin, dessen Moleküle zwei Amino-Gruppen enthalten, verwendet (**B5**).

Um die Reaktionsgleichung für die Reaktion aufzustellen, muss zunächst überlegt werden, an welcher Stelle die beiden Moleküle verknüpft werden. Das Adipinsäuredichlorid-Molekül mit dem positiv polarisierten Kohlenstoff-Atom ist das Elektrophil. Das Nukleophil ist das Hexan-1,6-diamin-Molekül mit einem negativ polarisierten Stickstoff-Atom mit einem nichtbindenden Elektronenpaar. Es entsteht also eine Bindung zwischen dem Kohlenstoff-Atom und dem Stickstoff-Atom. Da es sich um eine **Kondensationsreaktion** handelt, muss ein kleines Molekül abgespalten werden. Dazu beachtet man die Atom-Gruppen, die je an den Kohlenstoff- und Stickstoff-Atomen gebunden sind. Kombiniert man das Chlor-Atom des Adipinsäuredichlorid-Moleküls mit dem Wasserstoff-Atom des Hexan-1,6-diamin-Moleküls, entsteht ein Hydrogenchlorid-Molekül. Dieses kann gut abgespaltet werden (**B5**).

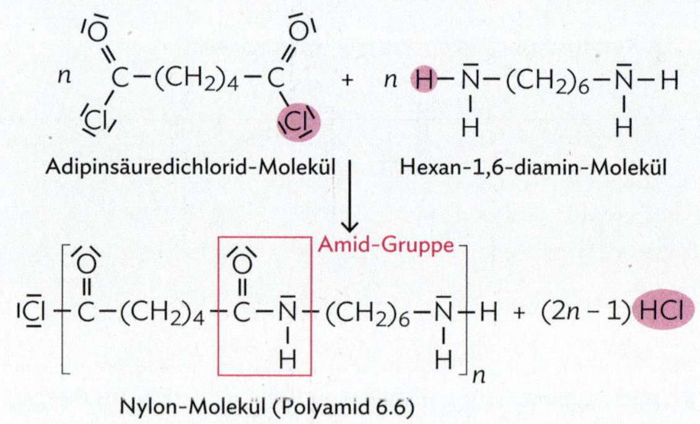

B5 Reaktionsgleichung für die Synthese eines Nylon-Moleküls

Damit ein Polymer entstehen kann, werden jeweils sehr viele Monomere benötigt. Dabei kann die Anzahl der Monomere in einem Polymer aber stark variieren. Daher wird die Anzahl der Monomere in der Reaktionsgleichung immer allgemein mit n angegeben. Das Polymer-Molekül wird so gezeichnet, dass die sich wiederholende Einheit in eckigen Klammern mit einem tiefgestellten n steht. Dazu werden die Monomere wie in **B5** verknüpft. Der Rest der Moleküle wird unverändert gezeichnet. Die jeweils abgespaltenen Gruppen stehen am Rand außerhalb der eckigen Klammer. Bei jeweils n Monomeren entstehen $2n$-1 Kondensat-Moleküle, welche bei den Produkten noch ergänzt werden.
Verwendet man statt eines Säurechlorids eine Carbonsäure, kann ebenfalls ein Polyamid hergestellt werden. Dabei entsteht Wasser als Kondensat. Allerdings wird oft das Säurechlorid verwendet, da es reaktiver ist. Nachteilig ist beim Säurechlorid, dass es nach dem ersten Öffnen bereits rasch mit dem in der Luft enthaltenen Was-

serdampf reagiert. Hierbei entstehen Rückstände, die den Gefäßdeckel oftmals verkleben lassen.

Polyamide

Synthetische Kunststoffe mit technischer Verwendung werden als Polyamide bezeichnet. Durch ihren Namen wird diese Stoffklasse von den chemisch verwandten Proteinen unterschieden. Proteine bestehen aus Aminocarbonsäure-Molekülen (➥ Kap. 4.1.3). Die zwischen diesen Molekülen gebildeten Peptidbindungen unterscheiden sich chemisch nicht von den Amid-Gruppen. Polyamide leiten sich meist von primären Aminen ab und zeichnen sich durch ihre typische **Amid-Gruppe -CO-NH-** aus (**B5**). Polyamide aus sekundären Aminen sind ebenfalls möglich.

Polyester

Polyester werden auch durch eine Polykondensation gebildet. Dabei werden Carbonsäure- und Alkohol-Moleküle mit je zwei funktionellen Gruppen verwendet. Das Carbonsäure-Molekül agiert als Elektrophil und das Alkohol-Molekül als Nukleophil. Das nichtbindende Elektronenpaar des Sauerstoff-Atoms der Hydroxy-Gruppe des Alkohol-Moleküls kann am positiv polarisierten Kohlenstoff-Atom der Carboxy-Gruppe des Carbonsäure-Moleküls angreifen. Dabei entsteht unter Ausbildung einer neuen Bindung eine **Ester-Gruppe -COO-** (**B6**).

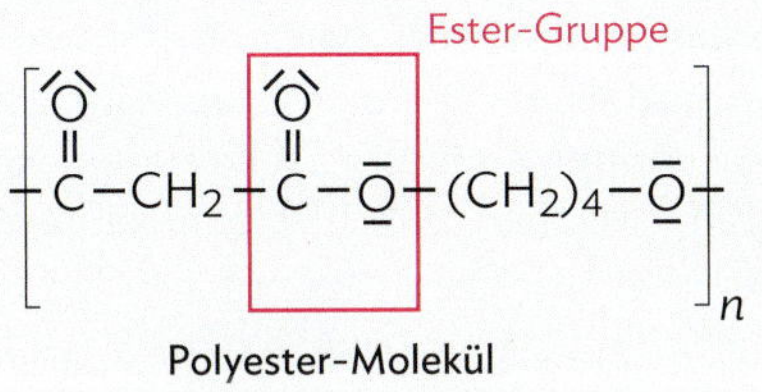

B6 Ausschnitt aus einem Polyester-Molekül

Bei der Reaktion wird rein formal eine Hydroxy-Gruppe aus dem Carbonsäure-Molekül abgespalten, welche theoretisch zusammen mit einem Wasserstoff-Atom des Alkohol-Moleküls ein Wasser-Molekül als Kondensat-Molekül bildet.

Wichtige Polykondensate

Durch die Polykondensation lassen sich Kunststoffe mit vielfältigen Einsatzmöglichkeiten herstellen. Als es 1935 gelang Nylon (**B5**), eine synthetische seidenähnliche Faser, herzustellen, handelte es sich um eine Art wirtschaftliche Revolution. Nylonstrümpfe waren in jedem Haushalt zu finden (Arbeitsblatt zu Nylon ➥ QR 06043-060). So gelang mit Nylon eine Unabhängigkeit von den für Kleidung notwendigen und teuren Naturfasern wie beispielsweise Seide.

06043-060

Seit den 1970er Jahren weitete sich die Produktion von PES-Fasern (**B6**) weiter aus. Diese machen derzeit den Großteil der Fasern in der Textilindustrie aus. Außerdem werden Polyester auch zur Herstellung von Folien und Verpackungsmaterialien wie beispielsweise Flaschen und Joghurtbecher verwendet. Weitere Beispiele zu wichtigen Polykondensaten finden Sie unter ➥ QR 06043-061.

06043-061

Bei einer Polykondensation werden aus Monomer-Molekülen mit mindestens zwei funktionellen Gruppen Polymer-Moleküle gebildet. Dabei wird aus je zwei Monomer-Molekülen ein niedermolekulares Kondensat-Molekül als Nebenprodukt abgespalten. Es handelt sich um eine Nukleophil-Elektrophil-Reaktion.
Bei der Synthese von Polyamid-Molekülen reagieren Carbonsäure- mit Amin-Molekülen. Die Carbonsäure-Moleküle werden oft durch Carbonsäurechlorid-Moleküle ersetzt.
Durch die Reaktion von Carbonsäure- mit Alkohol-Molekülen entstehen Polyester-Moleküle.

AUFGABEN

A1 Formulieren Sie den Reaktionsmechanismus für die Polykondensation von *n* Butandisäure- mit *n* Pentan-1,5-diol-Molekülen.

A2 Begründen Sie, ob eine Polykondensation möglich ist, bei der als Monomer-Molekül nur das 4-Hydroxybutansäure-Molekül verwendet wird. Formulieren Sie gegebenenfalls die entsprechende Reaktionsgleichung.

A3 Einwegplastikflaschen bestehen aus Polyethylenterephthalat (PET), welches in einer Polykondensation synthetisiert wird. Leiten Sie aus dem Polyethylenterephthalat-Molekül (➥ QR 06043-062) die entsprechenden Monomer-Moleküle ab und formulieren Sie die Reaktionsgleichung für die Synthese.

06043-062

4.5.4 Multifunktionelle Monomere

Vielfalt der Kunststoffe

Kunststoffe können sehr unterschiedliche Eigenschaften haben und sind daher in fast allen Bereichen des täglichen Lebens zu finden. Es gibt zum einen hitzebeständige Kunststoffe, die beispielsweise als Griffe für Töpfe verwendet werden können. Andere Kunststoffe wiederum sind schmelzbar und damit als Filament in einem 3-D-Drucker geeignet. Es gibt kratzfeste Kunststoffe, die als Brillengläser zum Einsatz kommen und elastische, die beispielweise für Autoreifen verwendet werden. Doch wie kann diese Vielfalt an Kunststoffen synthetisiert werden?

Anzahl der funktionellen Gruppen

Nicht jedes Molekül ist zur Bildung eines Polymers durch eine Polykondensation geeignet. Die Anzahl der funktionellen Gruppen spielt eine entscheidende Rolle (**M4**). Hat ein Molekül beispielsweise nur eine funktionelle Gruppe, kann nur ein weiteres Molekül daran gebunden werden. Dementsprechend kann kein Polymer daraus gebildet werden. Es sind also mindestens zwei funktionelle Gruppen nötig.
Um z. B. Nylon herzustellen verwendet man ein Monomer-Molekül mit zwei Carbonsäurechlorid-Gruppen und ein Monomer-Molekül mit zwei Amino-Gruppen (**V3**, **B5** in Kap. 4.5.3). Diese Moleküle nennt man **bifunktionelle Monomere**. Dabei entstehen langkettige Moleküle (**B7**). Der synthetisierte Kunststoff ist also ein Thermoplast und damit schmelzbar. Solche Kunststoffe können beispielsweise in 3-D-Druckern verwendet werden. Aber auch recyclebare Materialien, die nicht hitzebeständig sein müssen, werden häufig aus Thermoplasten gefertigt.
Monomer-Moleküle, die drei funktionelle Gruppen haben, nennt man **trifunktionelle Monomere**. Durch Kombination von bifunktionellen und trifunktionellen Monomer-Molekülen, lassen sich die Eigenschaften von Kunststoffen beeinflussen (**M4**). Elastomere enthalten beispielsweise viele Monomer-Moleküle mit zwei funktionellen Gruppen. Das führt zu weitmaschigen Verknüpfungen, wodurch die Kunststoffe elastisch werden (**B7**). Diese können z. B. für Autoreifen oder Gummibänder verwendet werden.
Duroplaste hingegen enthalten einen größeren Anteil an trifunktionellen Monomer-Molekülen. Verwendet man sogar nur trifunktionelle Monomer-Moleküle, erhält man sehr engmaschige Polymer-Moleküle. Diese Kunststoffe lassen sich ebenfalls als Duroplaste klassifizieren. Sie sind besonders hitzebeständig und häufig sehr kratzfest (**B7**).

Polymere aus Citronensäure

Das Citronensäure-Molekül hat drei Carboxy-Gruppen, ist also dreifach funktionalisiert. An jeder dieser funktionellen Gruppen kann ein weiteres Molekül gebunden werden. Reagieren Citronensäure-Moleküle z. B. mit Glykol-Molekülen, die zwei funktionelle Gruppen haben, können sowohl weichere, als auch härtere Kunststoffe entstehen (**B8**).
Zunächst bilden sich lange Polymer-Ketten. Je länger die Reaktion läuft, umso härter wird der entstehende Kunststoff, da Quervernetzungen zwischen den unterliegenden Molekül-Ketten entstehen. Wird ein Kunststoff aus Citronensäure- und Glycerin-Molekülen, die drei funktionelle Gruppen haben, hergestellt, entsteht ein sehr engmaschiges Polymer (**B8**). Der entstandene Kunststoff ist entsprechend sehr hart.
Durch die zusätzliche Hydroxy-Gruppe im Citronensäure-Molekül können an dieser Stelle zudem weitere Verknüpfungen zwischen zwei Citronensäure-Molekülen entstehen.

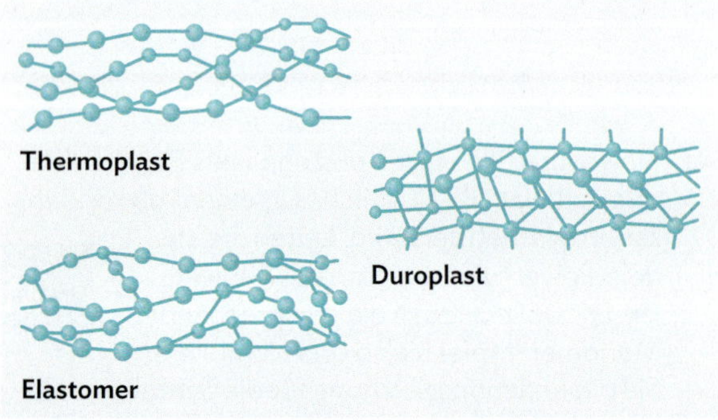

B7 Modelle von verschiedenen Polymer-Ketten

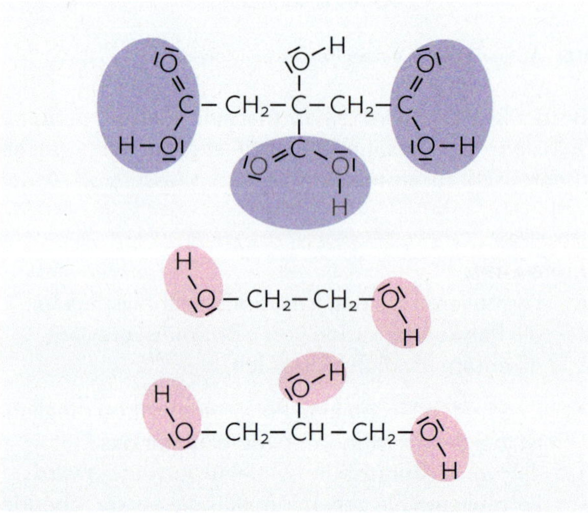

B8 Moleküle von Citronensäure, Glykol und Glycerin

Vielfalt der Kunststoffe im Alltag

Kunststoffe können je nach ihren Eigenschaften für ganz unterschiedliche Zwecke eingesetzt werden. Polybenzimidazol-Moleküle (PBI) werden aus einem Monomer-Molekül mit vier Amino-Gruppen und einem Monomer-Molekül mit zwei Ester-Gruppen synthetisiert. Dabei entsteht aufgrund der vielen funktionellen Gruppen der Monomer-Moleküle ein engmaschiges Polymer-Molekül. Der Kunststoff ist also ein Duroplast und damit sehr hitzeresistent. Daher wird PBI für Schutzausrüstung bei der Feuerwehr und dem Militär verwendet. Es kann aber wegen seiner hohen mechanischen Stabilität auch in der Luft- und Raumfahrt für Dichtungen und Isolierungen oder auch für Leitlager, die hohen Reibungen ausgesetzt sind, verwendet werden.
Ein Kunststoff mit vollkommen anderen Eigenschaften ist Polytrimethylenterephthalat (PTT). Es wird aus einem Monomer-Molekül mit zwei Hydroxy-Gruppen und einem Monomer-Molekül mit zwei Carboxy-Gruppen hergestellt. Da die Monomer-Moleküle jeweils nur zwei funktionelle Gruppen haben, entstehen langkettige, unverzweigte Polymere. PTT ist also ein Thermoplast und kann daher thermisch gut verarbeitet werden. Es wird unter anderem in der Textilindustrie verwendet, was die entsprechende Kleidung gut recycelbar macht. Auch in der Automobilindustrie wird der Kunststoff wegen seiner Haltbarkeit und Flexibilität oft für Sitzbezüge verwendet.
Es gibt natürlich noch viele weitere Kunststoffe, die im Alltag verwendet werden. Viele davon werden aber unter anderem auch durch eine radikalische Polymerisation synthetisiert.

Die Monomer-Moleküle haben einen Einfluss auf die Eigenschaften der synthetisierten Kunststoffe. Kombiniert man ausschließlich bifunktionelle Monomer-Moleküle, entstehen Thermoplasten. Werden zusätzlich trifunktionelle Monomer-Moleküle verwendet, können je nach Verhältnis, Elastomere und Duroplaste gebildet werden.

AUFGABEN

A1 In **B9** sind verschiedene Monomer-Moleküle abgebildet.
a) Formulieren Sie jeweils den Reaktionsmechanismus für die Reaktionen der Monomer-Moleküle 1 und 2 in der gleichen Spalte.
b) Begründen Sie jeweils, ob es sich bei den daraus gebildeten Polymer-Molekülen um Thermoplaste oder Duroplaste handelt.

A2 Bei einer radikalischen Polymerisation reicht eine Doppelbindung zwischen zwei Kohlenstoff-Atomen im Monomer-Molekül aus.
a) Erklären Sie, dass keine zweite Doppelbindung nötig ist, um Monomer-Moleküle zu Polymer-Molekülen reagieren zu lassen.
b) In einer radikalischen Polymerisation soll ein Kunststoff gebildet werden. Das verwendete Monomer Buta-1,3-dien hat zwei Doppelbindungen im Molekül (**B10**). Begründen Sie, ob es sich bei dem entstehenden Kunststoff um einen Thermoplast oder einen Duroplast handelt.

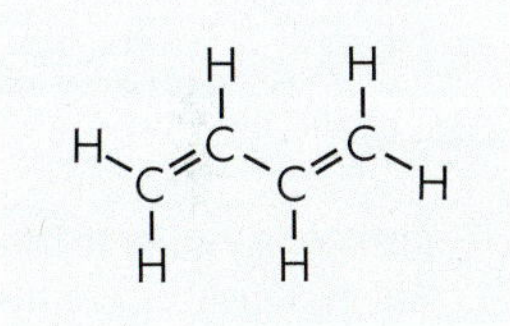

B10 Buta-1,3-dien-Molekül

Monomer-Molekül 1	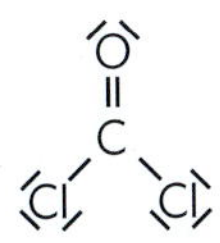 Carbonyldichlorid	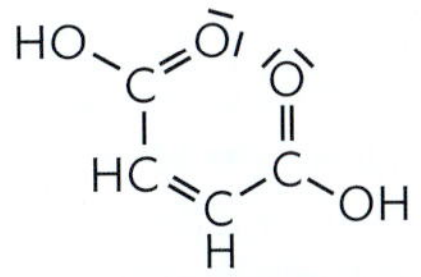 Maleinsäure	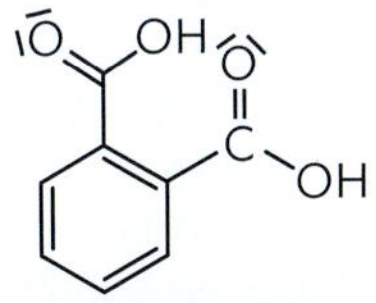 Phthalsäure
Monomer-Molekül 2	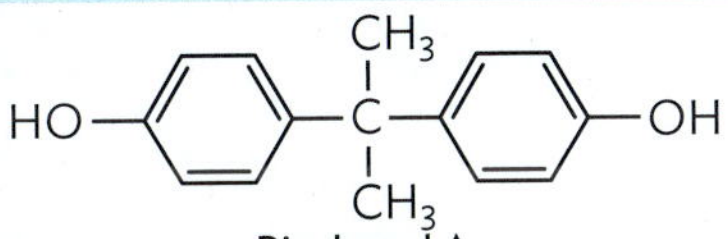 Bisphenol A	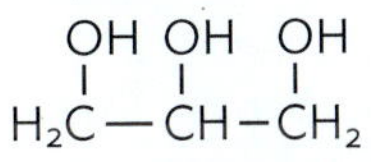 Glycerin	$HO-(CH_2)_4-OH$ 1,4-Butandiol

B9 Überblick über einige Monomer-Moleküle

4.6 Moderne Werkstoffe und Nanotechnologie

Moderne Werkstoffe und Nanotechnologie sind Errungenschaften der chemischen Forschung und Grundbaustein des technologischen Fortschritts einer Gesellschaft. Zu den sogenannten modernen Werkstoffen bzw. neuen Materialien zählen neben der Nanotechnologie u. a. biegsames Glas, elektrisch leitfähige Kunststoffe oder ultraleichte Verbundwerkstoffe. Wie kann die Chemie mit diesen modernen Materialien einen Beitrag zur Bewältigung globaler Probleme leisten?

4.6.1 Versuche und Material

V Synthese eines leitfähigen Polymers

Spezielle Kunststoffe können den elektrischen Strom leiten und finden dann Anwendung z. B. in der Sensor- und Solarzellentechnik oder der Mikrobiologie. Wie können sie hergestellt werden?

LV1 In einem Becherglas werden in 120 mL destilliertem Wasser unter Rühren 2 g Natriumlaurylsulfat gelöst und 1 mL Pyrrol hinzugegeben. Zwei Edelstahlelektroden werden im Abstand von ca. 2 cm in die Lösung getaucht und eine Spannungsquelle angeschlossen (**B1**). Es wird für 30 Minuten bei 3 V elektrolysiert (➡**19**, Kap. 1). Die schwarz gefärbte Elektrode wird mit destilliertem Wasser abgespült und mit einem Föhn getrocknet. Die schwarze Schicht wird mit einem spitzen Gegenstand als dünne Folie von der Elektrode entfernt und auf einen Objektträger gelegt. Mit Krokodilklemmen wird die dünne Schicht fixiert und ein Stromkreis mit einer 4,5 V-Flachbatterie geschlossen (**B2**).

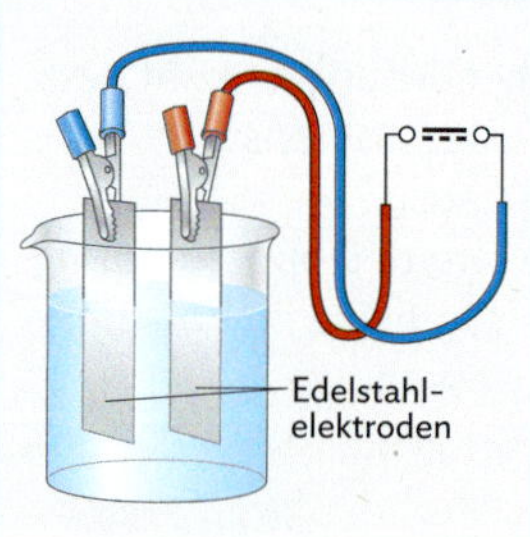

B1 Herstellung eines leitfähigen Polymers durch Elektrolyse

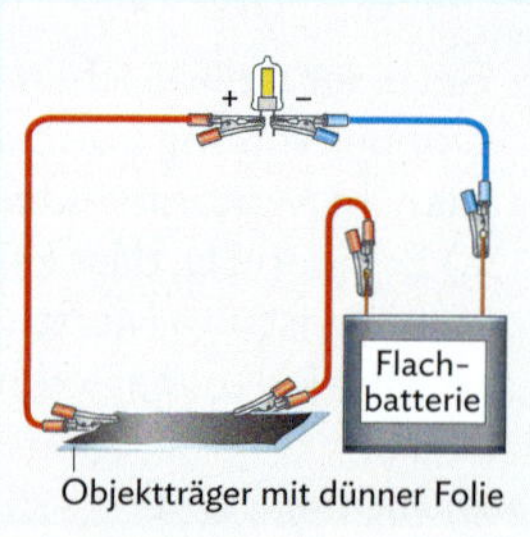

B2 Überprüfung der elektrischen Leitfähigkeit des hergestellten Polymers

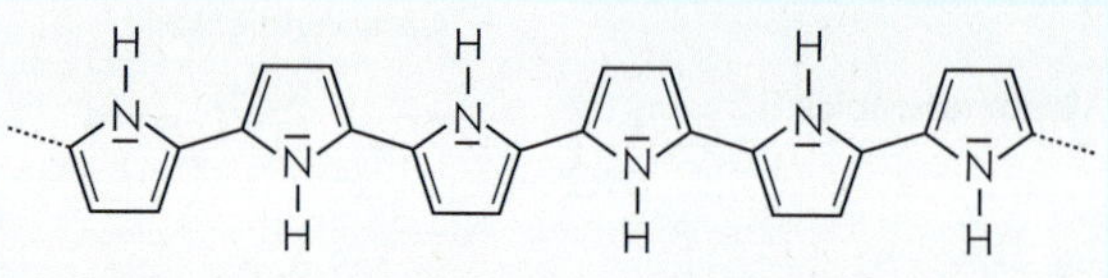

B3 Ausschnitt des Polypyrrol-Polymers

AUSWERTUNG

a) Natriumlaurylsulfat ist ein anionisches Tensid. Recherchieren Sie dessen Struktur und erklären Sie die Notwendigkeit des Einsatzes im ersten Reaktionsschritt in **LV1**.

b) Geben Sie für den Polypyrrolausschnitt in **B3** eine verkürzte Schreibweise an.

c) Beschreiben Sie die Struktur des Polypyrrol-Moleküls in **B3** in eigenen Worten. Stellen Sie eine begründete Vermutung zu dem Strukturmerkmal des Polypyrrol-Moleküls auf, das dessen elektrische Leitfähigkeit bedingt.

ENTSORGUNG: R, G3

V Silikonherstellung

Silikone begegnen uns in vielen Formen im Alltag: als Öle, als elastischer Silikonkautschuk oder als formstabile Materialien. Wie können Silikone hergestellt warden und wie kann man deren Synthesen steuern?

LV2 In ein Reagenzglas werden 2 mL Chlortrimethylsilan pipettiert und 6 mL destilliertes Wasser hinzugegeben. Nach 1 Minute werden aus der wässrigen Phase einige Tropfen Flüssigkeit mit einer Pipette entnommen und mit Indikatorpapier untersucht. In einem weiteren Reagenzglas werden außerdem zu 1 mL Silbernitratlösung zwei Tropfen der Flüssigkeit aus dem Reaktionsgefäß getropft.

LV3 Der Versuch aus **LV2** wird mit 2 mL Dichlordimethylsilan und 12 mL destilliertem Wasser sowie mit 2 mL Trichlormethylsilan und 18 mL destilliertem Wasser wiederholt.

AUSWERTUNG

a) Stellen Sie die Ergebnisse aus **LV2** und **LV3** übersichtlich in einer Tabelle dar, deren Spalten die Valenzstrichformeln der drei untersuchten Chlormethylsilane enthalten. Tragen Sie in die Zeilen die Heftigkeit der Reaktion, die Beschaffenheit des Produktgemisches sowie das Testergebnis mit Indikatorpapier und mit Silbernitratlösung ein.

b) Begründen Sie die unterschiedlichen Volumina an Wasser, die in **LV2** und **LV3** zu den verschiedenen Silanen gegeben wurden.

c) Stellen Sie eine begründete Vermutung hinsichtlich der Beschaffenheit der Produkte und der Struktur der eingesetzten Silane auf.

ENTSORGUNG: G2, G4

V (Super-)hydrophobe Oberflächen

Kaum sichtbar, aber effektiv und wirksam: Dünne Schichten aus speziellen Polymeren können die Eigenschaften von Oberflächen massiv beeinflussen. Welchen Nutzen hat dies in unserem Alltag und welche Bedeutung haben Silikone bei der Behandlung von Oberflächen?

V4 Teilen Sie die Oberfläche eines Porenbetonsteins mit einem Bleistift in zwei Teilbereiche. Tragen Sie auf eine der beiden Seiten mit dem Pinsel etwas Silikonöl (alternativ: Paraffin) auf. Die zweite Seite bleibt unbehandelt. Färben Sie Leitungswasser mit einigen Tropfen Farbstoff (z. B. Tinte) und pipettieren Sie auf die beiden Teilbereiche der Betonoberfläche je wenige Tropfen Wasser. Beobachten Sie die Form der Tropfen auf beiden Seiten.

V5 Pipettieren Sie auf ein frisches Blatt einer Pflanze mit Lotuseffekt (z. B. Kapuzinerkresse oder Tulpe) und auf ein Blatt einer Pflanze ohne Lotuseffekt (z. B. Löwenzahn) je einige Wassertropfen.

AUSWERTUNG

a) Notieren Sie für **V4** und **V5** jeweils Ihre Beobachtungen zur Form und zum Abrollverhalten der Wassertropfen.

b) Stellen Sie anhand Ihrer Versuchsergebnisse aus **V4** und **V5** eine begründete Vermutung über die strukturellen Unterschiede einer Oberfläche mit und ohne Lotuseffekt auf.

c) Recherchieren Sie technologische Anwendungsmöglichkeiten des Lotuseffekts im Alltag.

ENTSORGUNG: R

4.6.2 Polymere als moderne Werkstoffe in Alltag und Technik

Polymere im Alltag – eine Erfolgsgeschichte

Die Vielseitigkeit und die Möglichkeit der „maßgeschneiderten" Synthese von Polymeren mit bestimmten Eigenschaften machen synthetische Polymere zu einem unverzichtbaren Bestandteil unseres Lebens. Alltag und Technik können auf Polymere nicht verzichten. Je nach Einsatzgebiet können Eigenschaften wie Formbarkeit, Härte, Elastizität, Bruchfestigkeit und Wärmebeständigkeit gezielt eingestellt werden (➡ Kap. 4.5). Klassische Werkstoffe wie Metalle, Holz, Keramik oder Glas wurden damit in vielen Anwendungsbereichen durch Kunststoffe ersetzt. Moderne Polymere sind zu einem wesentlichen Bestandteil unseres Alltags geworden und leisteten einen Beitrag zu Innovation und Fortschritt, stehen aber auch jüngst vermehrt in der Kritik.

Natur- und Kunstfasern in Textilien

Naturfasern wie Wolle und Seide werden nach und nach durch **Kunstfasern** aufgrund der hervorragenden Eigenschaften dieser abgelöst. Kunstfasern bilden immer häufiger die Basis für moderne Alltags- und Funktionsbekleidung. Im Gegensatz zu Kunstfasern werden Naturfasern aus natürlichen Quellen gewonnen und können ohne weitere chemische Umwandlung verarbeitet werden.
Wolle ist eine wichtige tierische Faser, die aus dem Fell des Hausschafes gewonnen wird. Ihre Bausteine sind Proteine, aufgebaut aus Aminocarbonsäuren, die über Peptidbindungen miteinander verknüpft sind (➡ Kap. 4.2). Durch ihre Proteinstruktur ist Wolle empfindlich gegenüber basischen Lösungen und hohen Temperaturen.
Seide ist ebenfalls ein Naturprodukt aus langkettigen Protein-Molekülen. Die Raupen des Maulbeerspinners erzeugen in ihren Spinndrüsen lange Fäden für den Bau eines Kokons zum Verpuppen. Die Fäden werden industriell in heißem Wasser eingeweicht und abgewickelt. Aus mehreren dieser Fäden wird ein Seidenfaden gewonnen.
Kunstfasern hingegen sind Fasern, die chemisch-technisch unter anderem aus Polymeren hergestellt werden. Das Polyamid Nylon, das durch eine Polykondensation von Diaminen mit Dicarbonsäuren oder Carbonsäuredichloriden gewonnen wird, war dabei die erste vollsynthetische Faser (➡ Kap. 4.5.3).
Polyethylenterephthalat (PET) ist ein Polyester und insbesondere aus PET-Einwegflaschen bekannt. In der Textilindustrie findet es Anwendung, weil es reißfest und witterungsbeständig ist. PET-Fasern nehmen nur sehr wenig Wasser auf. Sie werden deshalb in schnelltrocknender Sportbekleidung eingesetzt.

Moderne Werkstoffe und Spezialkunststoffe

B1 Mikroskopische Aufnahme eines faserverstärkten Kunststoffs

Kunststoffe sind gut handhabbar. Ihre Grenzen erreichten Kunststoffe aus nur einem Polymer-Typ aber dort, wo extreme mechanische Anforderungen herrschen. Dies führte zur Entwicklung von **Verbundwerkstoffen** aus zwei Komponenten: Als sogenannte **Matrix** dient ein Polymer, in das ein Verstärkungsmaterial (**Faser**) eingebettet ist (**B1**). Dieses muss zugfest und temperaturbeständig sein. In Betracht kommen hier vor allem Kohlefasern, die in Lagen aus parallel verlaufenden Fasern in die Matrix eingebettet werden. Dieses Verfahren ist aufwendig, **faserverstärkte Kunststoffe** (**FVK**) mit **Carbonfasern** sind deshalb teuer. Als Alternative können auch Glas, Aluminium oder Stahl als Faserstoff eingesetzt werden.
Einsatz finden Carbonfasern in der Luftfahrtindustrie als Tragflächenmaterial oder als Material für Rotorblätter. Im Alltag können Verbundwerkstoffe für Golfschläger oder Fahrräder genutzt werden. Probleme haben faserverstärkte Kunststoffe im Recycling, da Faser und Matrix voneinander getrennt werden müssen. Bei beiden Werkstoffen sollte auf Nachhaltigkeit geachtet werden.
Zu den Spezialkunststoffen zählen auch **Klebstoffe**. Dabei wird für eine feste Verklebung von Materialien die Kontaktfläche gut mit Klebstoff benetzt. Beim Aushärten des zuvor flüssigen Klebstoffes entsteht ein makromolekularer Klebstofffilm: Die geklebten Stellen halten zusammen. Nach der Art und Weise des Aushärtens lassen sich physikalisch härtende Klebstoffe von chemisch härtenden Klebstoffen unterscheiden. Bei physikalisch härtenden Klebstoffen ist ein Polymer in einem Lösemittel gelöst. Durch Verdunsten des Lösemittels kann der Klebstoff abhärten. Bei chemisch härtenden läuft während des Vorgangs des Aushärtens eine chemische Reaktion ab: Die enthaltenen Monomere polymerisieren beim Aushärten.

Elektrisch leitfähige Kunststoffe

Lange Zeit galten Kunststoffe insgesamt als hervorragende Isolatoren (Nichtleiter). Die Kombination der elektrischen Eigenschaften von Metallen mit den Vorteilen der Kunststoffe galt als ausgeschlossen. Doch bereits in den 1960er Jahren wurde durch einen Zufall entdeckt, dass bestimmte Kunststoffe elektrischen Strom auch ohne die Zumischung von leitenden Stoffen wie Metallen intrinsisch leiten können. Ein Beispiel ist das Polymer Polypyrrol (**LV1**). Das Polymer weist aufgrund seiner chemischen Struktur elektrische Leitfähigkeit auf. Es verfügt über **konjugierte C=C-Doppelbindungen**. Da C-C-Einfachbindungen und C=C-Doppelbindungen abwechselnd vorliegen, können sich die Elektronen der Doppelbindung leicht bewegen, sie sind delokalisiert.

Mit dieser Struktureigenschaft alleine wäre das Polymer allenfalls ein Halbleiter. Da zusätzlich Elektronenfehlstellen im Polymer vorhanden sind, erhöht sich die Leitfähigkeit stark (**B2**). Man spricht von **Dotierung**. In dotierten Polymeren können Elektronen durch sogenanntes „Elektronenhopping" zwischen den Polymer-Ketten wechseln und sind so ebenfalls delokalisiert.

Elektrisch leitfähige Polymere finden sich heute unter anderem in Displays mit OLED-Technologie und in transportierbaren Polymerphotovoltaikmodulen. Die Einsatzmöglichkeiten sollen aber auch in Zukunft vielfältig sein: Wegen ihres geringeren Gewichts als vergleichbare Stoffe, sind leitfähige Polymere besonders in der Elektromobilität als Akkumulatoren oder für Brennstoffzellen interessant. Das Besondere ist, dass es möglich ist, leitende Polymere aus Lösungen herzustellen und so leitende Polymerschichten ähnlich wie beim Tintenstrahldruck hergestellt werden können.

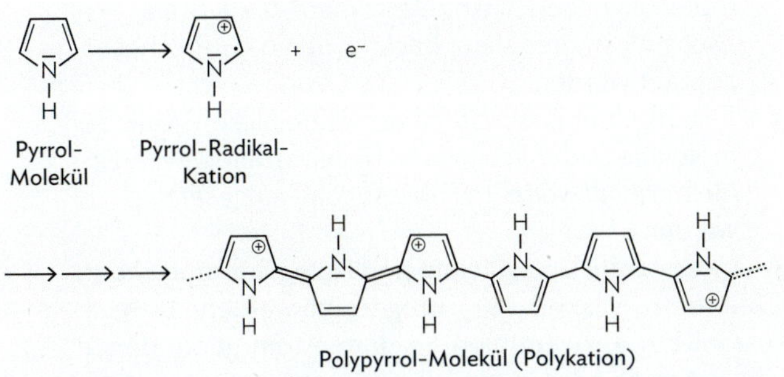

B2 Verkürzte Darstellung der Polymerisation eines Pyrrol-Moleküls

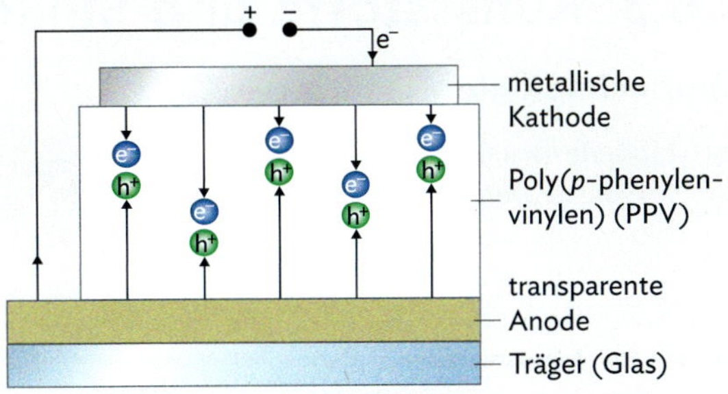

B3 Vereinfachter schematischer Aufbau einer OLED

Organische Leuchtdioden

Die große technische Bedeutung elektrisch leitfähiger Polymere zeigt die Entwicklung der **OLEDs** (*organic light emitting diodes*), in denen ein organisch halbleitendes Polymer zum Einsatz kommt. Vereinfacht ist ein elektrisch leitfähiges Polymer zwischen einer transparenten Anode und einer metallischen Kathode verbaut (**B3**). Beim Anlegen einer Gleichspannung werden in Polymer-Molekülen am Pluspol Löcher h^+ erzeugt und am Minuspol Elektronen e^- in die Polymer-Moleküle injiziert. Unter dem Einfluss des elektrischen Feldes wandern Elektronen und Löcher in den Monomer-Einheiten des Polymers. Es kommt zu einer Rekombination von Löchern und Elektronen. Bei der Rekombination geht das Elektron aus der niedrigsten, unbesetzten Energiestufe (LUMO) in die höchste, besetzte Energiestufe (HOMO) über (➡ **4**, Kap. 1). Es erfolgt die Emission eines Photons. Man spricht von **Elektrolumineszenz**.

Moderne Werkstoffe sind für ihren Anwendungszweck „maßgeschneiderte" Kunststoffe. Sie finden Anwendung als Kunstfasern in Textilien oder als Matrix für Verbundwerkstoffe wie Carbonfasern. Elektrisch leitfähige Polymere spielen in der modernen Technik eine wichtige Rolle.

AUFGABEN

A1 Nennen Sie Gründe für die „Erfolgsgeschichte" der Kunststoffe.

A2 Stellen Sie die Vor- und Nachteile von Kunstfasern den natürlichen Fasern wie Wolle und Seide gegenüber.

A3 Recherchieren Sie Vor- und Nachteile von OLEDs und stellen Sie deren Einsatzmöglichkeiten den klassischen LEDs gegenüber.

A4 Poly-3,4-ethylendioxythiophen (kurz: PEDOT) ist ein elektrisch leitfähiges Polymer (**B4**). Erklären Sie anhand geeigneter Valenzstrichformeln von Grenzstrukturen die elektrische Leitfähigkeit dieses Polymers.

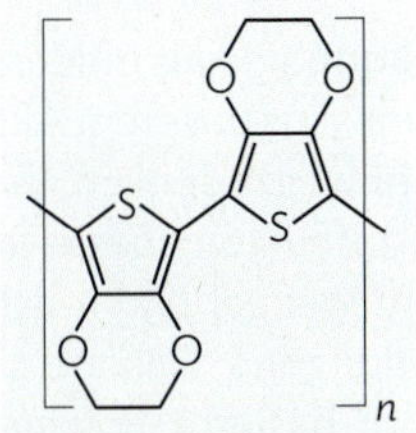

B4 Sich wiederholender Ausschnitt aus dem PEDOT-Molekül

4.6.3 Kunststoffe und Silikone in der Nanotechnologie

Nanotechnologie

Die Einheitenvorsilbe „nano" (griech. *nános*, Zwerg) entspricht dem Faktor $1 \cdot 10^{-9}$. Ein Nanometer entspricht also lediglich 0,000000001 Metern. Warum aber wird an **Nanopartikeln**, also Partikel zwischen 1 – 1.000 nm, und der **Nanotechnologie** intensiv geforscht?

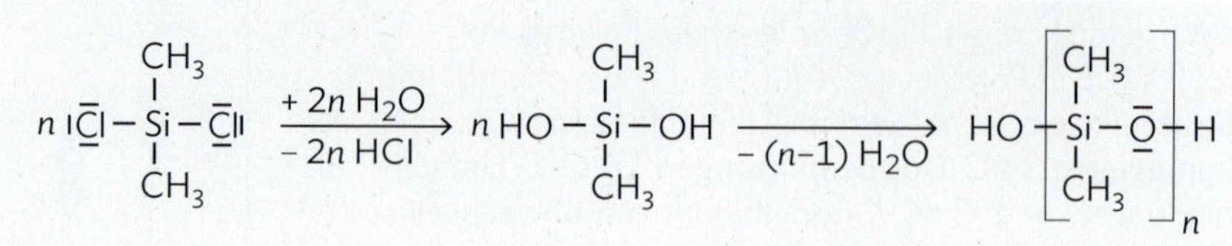

B6 Synthese eines linearen Silikon-Moleküls aus einem bifunktionellen Dichlordimethylsilan-Molekül

Durch die geringe Größe der Partikel ist das Verhältnis zwischen Volumen und Oberfläche nahezu identisch. Dies bedeutet, dass der Oberfläche der Partikel eine entscheidende Rolle zukommt. Bei Nanopartikeln bestimmen die Oberflächen-Atome die chemischen und physikalischen Eigenschaften. Über die gezielte Einstellung der Partikelgröße unterschiedlicher Stoffe, lassen sich so ganz gezielt die Stoffeigenschaften steuern.

Nanopartikel von Titandioxid kommen beispielsweise in Sonnencreme als UV-Blocker zum Einsatz. Historisch wurden bereits seit ca. 500 n. Chr. Gold-Nanopartikel zur Herstellung von rubinrotem Glas verwendet. Genau diese rubinrote Farbe (**B5**) ist auch aus Corona-Schnelltests bekannt: Rot erscheinende Gold-Nanopartikel interagieren auf dem Teststreifen mit Antigenen und bilden die charakteristischen Balken.

B5 Rubinrote Lösung von Gold-Nanopartikeln

Insgesamt kann die Nanotechnologie zukünftig zur Bewältigung von globalen Problemen im Bereich Klima, Mobilität und Medizin beitragen. Silikone können beispielsweise nanotechnologisch für die Behandlung von Oberflächen beitragen und so durch eine gesteigerte Haltbarkeit der Flächen und Produkte einen Beitrag zur Nachhaltigkeit leisten.

Silikone

Silikone sind als moderne und vielfältige Werkstoffe bekannt. Aus unserem Alltag und der Technik sind sie nicht mehr wegzudenken. In der Regel sind Kunststoffe Kohlenstoff-Atom-basierte Polymere. Ihr Grundgerüst besteht weitgehend aus Kohlenstoff-Atomketten (C-C-Bindungen). Silikone sind im Vergleich dazu Silicium-Atom-basierte Polymere, man nennt sie auch fachsprachlich polysiloxanbasierte Polymere. Ihr Grundgerüst besteht abwechselnd aus Silicium- und Sauerstoff-Atomen (Si–O–Si–O– ...) (**B6**). Durch diesen strukturellen Aufbau der Silikon-Makromoleküle werden sie häufig als „Grenzgänger" zwischen organischer und anorganischer Chemie bezeichnet. In den Seitenketten, können aber auch Alkyl-Gruppen vorkommen. Ihr Alleinstellungsmerkmal, ihre anorganischen und organischen Molekülbestandteile, führen zu einem einzigartigen Spektrum an Eigenschaften, die Kunststoffe nicht aufweisen.

Die Si–O-Bindung ist aufgrund ihrer hohen Bindungsenergie Ursache für die hohe Temperatur- und UV-Beständigkeit der Silikone. Ihre weiteren Eigenschaften hängen von der Kettenlänge und dem Vernetzungsgrad ab:

- Kurze und linear gebaute Silikon-Makromoleküle finden als Silikonöle Einsatz in Schmiermitteln und zur **Hydrophobierung** von Oberflächen (**V4**).
- Langkettige und vernetzt gebaute Silikon-Makromoleküle bilden Silikonelastomere, die z. B. als Dichtungsmaterialien, Backformen oder Prothesen genutzt werden.
- Eng und dreidimensional vernetzte Silikon-Makromoleküle bilden form- und hitzebeständige Harze, die beispielsweise im Fahrzeugbau eingesetzt werden.

Ausgangsstoffe sind Silicium und Halogenalkane, die zu Chlormethylsilanen (**B7**) umgesetzt werden. Je nach Anzahl der am zentralen Silicium-Atom gebundenen Chlor-Atome oder Methyl-Reste entstehen mono-, bi-, oder trifunktionelle Chlormethylsilan-Moleküle als Edukte für die Synthese von Silikonen. Je nach Funktionalität der eingesetzten Chlormethylsilan-Moleküle, entstehen bei der Silikonherstellung unter Abspaltung von Wasser-Molekülen unterschiedlich vernetzte Silikon-Polymere (**B6**, **LV2**, **LV3**).

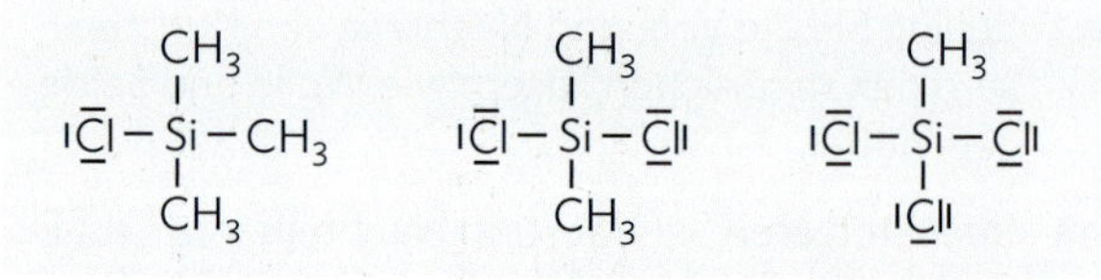

B7 Valenzstrichformeln der Moleküle von Chlortrimethylsilan (links), Dichlordimethylsilan (Mitte) und Trichlormethylsilan (rechts)

(Super-)Hydrophobierung von Oberflächen

Silikone finden unter anderem Einsatz in der Nanotechnologie. So können winzige Nano-Silikonfilamente auf Oberflächen aufgebracht werden. Das Verfahren ist allerdings aufwendig: Um winzige Silikon-Teilchen herzustellen, findet die Polymerisationsreaktion im gasförmigen Zustand statt. Beschichtungen mit Nano-Silikonfilamenten sind stark wasserabweisend, also **superhydrophob**. Wassertropfen auf superhydrophoben Oberflächen liegen als nahezu runde Kügelchen vor (**B8** links). Eine Benetzung der Oberfläche findet nicht statt (Video ➡ QR 06043-063). Aufnahmen zeigen, dass die Oberflächen von stark wasserabweisenden Gegenständen eine raue Struktur im Mikro- und Nanomaßstab aufweisen. Unter anderem durch Silikone können so verschiedenartige Oberflächen effektiv vor witterungsbedingten Einwirkungen und Feuchtigkeit geschützt werden (**V4**).

06043-063

Dieser Effekt wird auch als **Lotuseffekt** bezeichnet, da das Phänomen zuerst auf der Blattoberfläche des Lotusbaumes beobachtet werden konnte (**B8** rechts, **V5**).

B8 Schema einer wasserabweisenden (super-)hydrophoben Oberfläche (links) und Lotuseffekt auf einer Pflanze (rechts)

Einsatz von Silikonen in Kosmetika

Silikone sind nicht toxisch und können vom menschlichen Organismus weder aufgenommen, noch verstoffwechselt werden. Diese Eigenschaften, gepaart mit ihrer Vielseitigkeit, machen Silikone auch zu beliebten Zusatzstoffen in Kosmetika. Dort können sie beispielsweise als Schmiermittel zur besseren Verteilung von Lotionen und Cremen genutzt werden oder als Haftmittel (z. B. in Lippenstiften). In Haarpflegemitteln werden Silikone häufig genutzt, da sie eine glatte und dünne Schicht auf die sonst raue Haaroberfläche legen können. Das Haar erscheint nach Verwendung silikonhaltiger Produkte voller, geschmeidiger und gesünder. Silikone wirken dabei nur oberflächlich und besitzen keine pflegende Wirkung.

INFO

In der Stoffgruppe der **per- und polyfluorierten Alkylverbindungen (engl. *per- and polyfluoroalkyl substances*, abgekürzt PFAS)** sind die Wasserstoff-Atome in den Alkyl-Ketten einer organischen Verbindung durch Fluor-Atome ausgetauscht. Die starke C-F-Bindung führt zu besonderen Eigenschaften, die im Alltag in Lebensmittelverpackungen, Halbleiterprodukten und als Kühlmittel in Klimageräten Anwendung finden. Ein sehr bekannter Vertreter ist **Polytetrafluorethen**. PFAS bauen sich durch ihre Stabilität nicht ab und lagern sich daher dauerhaft in der Umwelt ab. Zudem werden sie vom deutschen Umweltbundesamt (UBA) als toxisch, reproduktionsgefährdend sowie möglicherweise krebserzeugend eingestuft und stehen mit Gesundheitsgefahren in Zusammenhang. Aus diesem Grund wird häufig eine Beschränkung von PFAS gefordert. Allerdings sind ein Verbot oder hilfreiche Einschränkungen durch die technische Bedeutung oder den Mangel an Alternativen schwierig und umstritten. Daher ist es stets notwendig, moderne Werkstoffe, neben ihren Einsatzmöglichkeiten, auch auf Umwelt- und Gesundheitsgefahren hin zu prüfen.

Silikon-Moleküle sind siliciumhaltige Polymere. Je nach Vernetzungsgrad der Makromoleküle entstehen unterschiedliche Eigenschaften und Anwendungsgebiete. Silikone finden unter anderem Anwendung in der Kosmetik. Auch in der Nanotechnologie spielen Silikone eine Rolle, z. B. als Nano-Silikonfilamente für (super-)hydrophobe Oberflächen.

AUFGABEN

A1 Vergleichen Sie die Struktur von Silikon-Makromolekülen mit der Struktur von PTFE-Makromolekülen, um die Eigenschaften dieser Kunststoffe auf der Stoffebene zu erklären. Recherchieren Sie Informationen dazu im Internet.

A2 Nennen Sie Einsatzmöglichkeiten von Silikonen in Alltag und Technik.

A3 Formulieren Sie die Valenzstrichformeln für das Produkt der Hydrolyse von Trichlormethylsilan. Zeichnen Sie einen Ausschnitt aus dem Makromolekül, das durch dessen Polykondensation gebildet wird.

A4 Stellen Sie Einsatzmöglichkeiten der Nanotechnologie in einer übersichtlichen Mindmap dar.

A5 Erstellen Sie eine beschriftete Skizze eines Wassertropfens auf einer Oberfläche mit und ohne Lotuseffekt. Erklären Sie das Phänomen auf Teilchenebene.

4.7 Verwertung und Recycling von Kunststoffabfällen

Kunststoffe sind Wertstoffe. In nahezu allen Bereichen in Alltag und Technik spielen Kunststoffe eine wichtige Rolle. Dabei vergisst man oft die rohstoffintensive Herstellung und die nachfolgende Verwertung der Abfälle. Welche Möglichkeiten gibt es zum Recycling und zur Vermeidung von übermäßigen Kunststoffabfällen?

4.7.1 Versuche und Material

M Verwertung von Kunststoffabfällen

M1 In der Presse liest man immer wieder, Deutschland sei „Recyclingweltmeister“. Grund dafür ist unter anderem eine Recyclingrate von 99,4 % bei Kunststoffabfällen. Im Jahr 2021 sind in Deutschland insgesamt 5,7 Millionen Tonnen Kunststoffabfall angefallen. Die Tabelle **B1** zeigt die Aufteilung des Abfalls auf die unterschiedlichen Verwertungsmethoden.

Verwertungsmethode	Anteil
werkstoffliche Verwertung	34,6 %
rohstoffliche Verwertung	0,4 %
energetische Verwertung	64,4 %
Deponie	0,6 %

B1 Unterschiedliche Verwertungsmethoden von Kunststoffabfällen in Deutschland

AUSWERTUNG

a) Beschreiben Sie anhand von **B1** die Aufteilung der Kunststoffabfälle in die unterschiedlichen Verwertungsmethoden.

b) Definieren Sie kurz die drei Verwertungsmethoden für Kunststoffe aus **M1**. Recherchieren Sie dazu Informationen im Internet.

c) Beurteilen Sie anhand der Daten kritisch die Zuschreibung „Recyclingweltmeister“ für Deutschland.

d) Recherchieren Sie im Internet einen Werbefilm zum Thema Kunststoffvermeidung. Beurteilen Sie die Filmquelle und achten Sie besonders auf mögliche Gefahren zur Meinungsbeeinflussung beim Zuschauenden.

V Recycling von Polystyrolabfällen

Empfindliche Gegenstände werden bei Versand häufig durch Polystyrolformteile (PS) vor Beschädigung geschützt. Der Karton eines Pakets kann einfach recycelt werden – aber funktioniert das auch mit den PS-Teilen?

V2 Zerkleinern Sie mit einem Messer PS-Verpackungsmaterial (Kantenlänge: 2 – 5 mm). Ein kugelförmiges Teesieb wird mit dem Material so befüllt, dass es sich unter leichtem Druck noch schließen lässt. Das gefüllte Sieb wird für 5 Minuten in ein siedendes Wasserbad gegeben.

AUSWERTUNG

a) Vergleichen Sie die Eigenschaften des ursprünglichen Altmaterials mit dem Material aus dem Teesieb in **V2**.

b) Ordnen Sie Styropor einer Kunststoffart zu und erklären Sie die Vorgänge auf Teilchenebene.

c) Recherchieren Sie das großtechnische Recycling von Polystyrolabfällen und beurteilen Sie, ob der Einsatz von PS-Verpackungen nachhaltig sein kann.

ENTSORGUNG: R

V Trennung von Kunststoff im Dichtegradienten

Getränkeverpackungen oder andere kunststoffhaltige Verpackungen werden oft nicht ordnungsgemäß entsorgt, sondern finden ihren Weg in die Weltmeere. Dort können Kunststoffe zu Mikroplastik zersetzt werden. Aber ist es nicht möglich, die Plastikteile von der Meeresoberfläche abzutragen?

Ein Video zum Schwimmverhalten eines Tischtennisballs als Beispiel für Abfall im Meer finden Sie unter ➡QR 06043-064.

06043-064

V3 Geben Sie 150 mL einer gesättigten Kochsalzlösung (etwa 30 g Kochsalz für 150 mL) in einen 250-mL-Messzylinder. Überschichten Sie über die Glasinnenwand des Messzylinders die Kochsalzlösung langsam mit abgestandenem Leitungswasser. Stellen Sie den Messzylinder ab und beobachten Sie die Einstellung des Gradienten.
Zerschneiden Sie nun mit einer Schere verschiedene fettfreie Plastikteile (maximal 1 x 1 cm) und geben Sie diese in den Messzylinder.

AUSWERTUNG

a) Beobachten und notieren Sie anhand der Skala des Messzylinders, auf welcher Höhe sich welche Plastikteile in **V3** sammeln.

b) Ermitteln Sie anhand des Recyclingcodes auf der Unterseite der Proben, um welchen Kunststoff es sich handelt. Recherchieren Sie die jeweilige Dichte.

c) Übertragen Sie folgende Tabelle aus **B2** in Ihre Unterlagen und ergänzen Sie diese entsprechend.

d) Schwimmbretter bestehen aus expandiertem Polystyrol. Erklären Sie anhand der Erkenntnisse aus **V3** den Auftrieb des Schwimmbretts.

e) Leider nimmt die Verschmutzung von Gewässern mit Kunststoffgegenständen stark zu. Oft treiben leere PET-Flaschen auf der Wasseroberfläche. Diskutieren Sie dies in Hinblick auf **V3**.

ENTSORGUNG: A, R

Plastikgegenstand	Recyclingcode	Kunststoff	Dichte des Kunststoffs in g/cm^3	Position im Messzylinder
?	?	?	?	?

B2 Übersichtstabelle zu **V3**

4.7.2 Verwertung und Recycling von Kunststoffen

Plastik – Fluch und Segen zugleich?

Kunststoffe sind aus unserem Alltag nicht mehr wegzudenken. Die Allgegenwärtigkeit kunststoffhaltiger Produkte führt aber auch zu einer wenig reflektierten Nutzung dieser rohstoffintensiven Produkte. Inzwischen findet sich Plastik in allen Ökosystemen unserer Erde. Aus diesem Grund kommt dem **Recycling** der Rohstoffe eine besondere Bedeutung zu. Aber auch neuartige, biologisch abbaubare Kunststoffe und „Bioplastik" aus **nachhaltigen Rohstoffen** kommen immer mehr zum Einsatz. Welche Möglichkeiten gibt es für eine nachhaltige Verwendung kunststoffhaltiger Produkte?

Ordnung in der Vielfalt der Kunststoffe

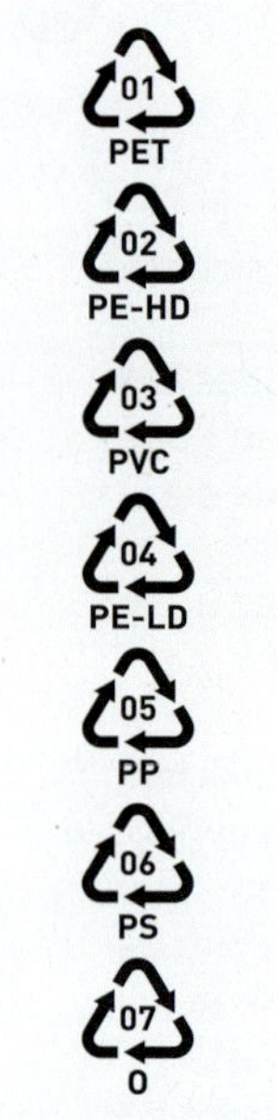

B1 Recyclingcodes

Heute kennt man mehr als 200 verschiedene Kunststoffarten. Folglich besteht das Verpackungsmaterial in Abfällen aus einer Vielzahl unterschiedlicher Kunststoffe. Um die verschiedenen Verpackungsmaterialien voneinander unterscheiden zu können, wurden in der Europäischen Union bereits 1997 Recyclingcodes eingeführt, die eine eindeutige Zuordnung der unterschiedlichen Materialien erlaubt (**B1**). Die Kennzeichnung findet sich zumeist eingeprägt auf der Unterseite der kunststoffhaltigen Verpackungen.
Für die großtechnische Sortierung von Kunststoffabfällen aber spielt die Kennzeichnung keine Rolle. Moderne Infrarotsensoren erkennen die unterschiedlichen Materialien und sortieren diese. Problematisch ist die Trennung von Verbundmaterialien, die nicht aus einem einzigen Material oder Kunststoff bestehen (➡ Kap. 4.6.2). Typische Verbundmaterialien sind Getränkekartons, die aus Karton, Polyethen und teilweise einer Schicht Aluminium bestehen. Verbundmaterialien werden deshalb häufig der energetischen bzw. thermischen Verwertung zugeführt.

Recycling von Kunststoffen

In den letzten 20 Jahren hat sich die Menge des weltweit produzierten Plastiks nahezu verdoppelt. Grundlage für die Produktion sind fossile Rohstoffe wie Erdöl und Erdgas. Die entstehenden Polymere sind außerdem schlecht abbaubar und sammeln sich in der Umwelt, auf Deponien oder im Meer an. Dem Recycling der Kunststoffe kommt aus diesem Grund eine wichtige Rolle zu. Unter dem Begriff Recycling werden alle Prozesse der Aufbereitung und Wiederverwendung von Rohstoffen verstanden.
Zieht man Verluste beim Recyclingprozess ab, werden weltweit nur etwa 10 % des Plastiks wiederverwertet. In Deutschland liegt der Wert für die Verwertung von Kunststoffabfällen aus dem Haushaltsbereich bei 95 % (**M1**). Für die Verwertung der Kunststoffabfälle kommen verschiedene Verfahren zum Einsatz.

Thermische Verwertung

Nach wie vor wird der größte Teil des anfallenden Kunststoffmülls thermisch verwertet, also verbrannt (**B2**). Die dabei entstehende Wärmeenergie erzeugt Dampf, der durch Generatoren in elektrische Energie umgewandelt wird. Das Verfahren wird besonders für Verbundmaterialien und verschmutzte oder schadstoffbelastete Kunststoffe angewandt. Bei der Verbrennung entstehen hochgiftige organische und anorganische Substanzen, die durch geeignete Filteranlagen entfernt werden müssen. Rückstände dieses Prozesses wie Schlacken und Stäube werden auf Mülldeponien gebracht. Die **thermische Verwertung** ist zwar billig und einfach, aber weder umweltfreundlich noch energieeffizient, da aufwendige Filteranlagen nötig sind, Kohlenstoffdioxid freigesetzt und wertvolle Rohstoffe verschwendet werden.

B2 Verbrennungsanlage für die thermische Verwertung von Kunststoffen

Werkstoffliche Verwertung

Einige Kunststoffe können nach dem Recyclingprozess ohne Nachteile genauso wie Neuware eingesetzt werden. Beim **werkstofflichen Recycling** werden sortenreine, thermoplastische Kunststoffe gereinigt, zerkleinert und danach direkt oder gemischt mit neuem Kunststoff wiederverarbeitet (**V2**).

Erfolgreich wird dies bei Polyethylenterephthalat-Flaschen (PET-Flaschen) betrieben. Alte Flaschen werden von Papierresten der Etiketten durch Windsichtung befreit. Nach einer Vorwäsche werden die leichteren Kunststoffe der Verschlussklappen in einem **Schwimm-Sink-Verfahren** (V3) abgetrennt und gesondert recycelt. Das recycelte PET-Granulat ist in seinen optischen und physikalischen Eigenschaften mit Neuware vergleichbar, allerdings nicht immer gleichwertig: Teilweise sind die Materialeigenschaften des recycelten Kunststoffs im Vergleich zum Primärprodukt schlechter. Außerdem ist die Anzahl der Wiederverwertungen beschränkt, denn die Kunststoffe altern und werden brüchig. Aus diesem Grund ist die generelle Akzeptanz der meisten Recyclingkunststoffe bei den Produzenten noch gering.
Alternativ können **Rezyklate**, also recycelte Kunststoffe, in anderen Produkten eingesetzt werden. So hat die Textilindustrie recyceltes PET als Material für Textilien für sich entdeckt. So kann das verwendete PET für hochwertige Produkte wiederverwendet werden, man spricht von **Upcycling** (B3). Beim **Downcycling** werden Produkte aus dem Rezyklat erzeugt und zu weniger wertigen Produkten wie beispielsweise Parkbankbohlen verarbeitet.

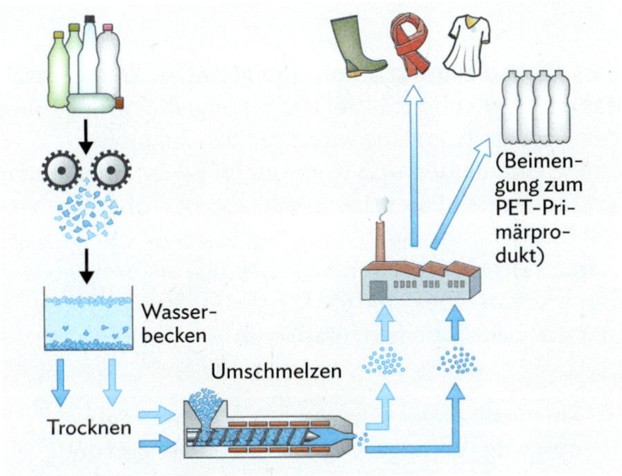

B3 Wertstoffkreislauf: Upcycling von PET-Flaschen zu Textilfasern

Rohstoffliche Verwertung

Zur **rohstofflichen Verwertung** kommt es bei verschmutzten oder vermischten Kunststoffabfällen. Ähnlich wie bei der Aufbereitung von Erdöl, werden Kunststoffe durch Hydrolyse oder Pyrolyse zerlegt. Bei der Hydrolyse werden die Polymer-Ketten mittels Wasserdampf bei hohen Temperaturen und hohem Druck in ihre Monomer-Moleküle gespalten. Aus diesen lassen sich neue Makromoleküle synthetisieren. Bei der **Pyrolyse** hingegen zerlegt man die Makromoleküle in einem geschlossenen Reaktor bei hoher Temperatur und unter Sauerstoffausschluss in niedermolekulare Teilchen, die dann als petrochemische Grundstoffe eingesetzt werden können. Beide Verfahren haben sich bisher als unrentabel erwiesen und sind ohne große technische Bedeutung.

Kompostierung

Für biologisch abbaubare Kunststoffe besteht außerdem die Möglichkeit der **Kompostierung**. Basis für diese Kunststoffe sind oft Stärke und Cellulose, aber auch abbaubare Polyester wie Polymilchsäure (PLA). Bei geeigneten Bedingungen können Mikroorganismen die Polymere in ihre Ausgangsmonomere spalten oder durch aerobe Umsetzung zu Kohlenstoffdioxid und Biogasen umsetzen. Allerdings sind nicht alle Kunststoffe aus Agrarprodukten auch biologisch abbaubar. Biologisch abbaubare Kunststoffe haben den Anschein einer besseren Ökobilanz. Nach aktuellem Stand ist dies aber nicht immer der Fall, da z. B. ein hoher Flächenbedarf beim Anbau der Rohstoffe und Probleme beim Abbau des Polymers die Gesamtbilanz belasten. Da der Anteil biologisch abbaubarer Polymere nach wie vor sehr klein ist, ist es nicht wirtschaftlich diese extra zu sortieren. Sie werden deshalb häufig mit den restlichen Kunststoffabfällen der energetischen Verwertung zugeführt.
Insgesamt stehen leider häufig ökonomische Gesichtspunkte der nachhaltigen Wiederverwertung von Kunststoffen im Weg. Unter ökologischen und ökonomischen Gesichtspunkten aber, ist ein Verwertungsmix, der aus allen vier Verwertungsverfahren besteht, am sinnvollsten für eine optimale Ressourcenschonung.

Bei der Wiederverwertung von Kunststoffen werden die thermische, werkstoffliche und rohstoffliche Verwertung sowie die Kompostierung unterschieden. Ein Verwertungsmix ist ökonomisch und ökologisch am sinnvollsten.

AUFGABEN

A1 Stellen Sie die drei Recyclingverfahren in einem übersichtlichen Flussdiagramm dar und vergleichen Sie diese hinsichtlich ökonomischer und ökologischer Aspekte.

A2 Identifizieren Sie anhand des Recyclingcodes die Kunststoffart von drei Produkten aus Ihrem Alltag und recherchieren Sie, wie die einzelnen Kunststoffe verwertet werden könnten und wie sie real verwertet werden.

4.7.3 Vermeidung von Kunststoffabfällen

Maßnahmen zur Abfallvermeidung

Die einfachste und beste Möglichkeit zur Vermeidung von Kunststoffabfällen ist es, so wenig wie möglich Kunststoffabfall anfallen zu lassen. Dies kann durch eine Verringerung der Abfallmengen, also Abfallvermeidung, und durch die getrennte Sammlung der dennoch anfallenden Abfälle erreicht werden, damit diese optimal verwertet werden können. In Deutschland wird die Trennung regional unterschiedlich gehandhabt, zum Beispiel durch den gelben Sack oder Wertstoffhöfe.

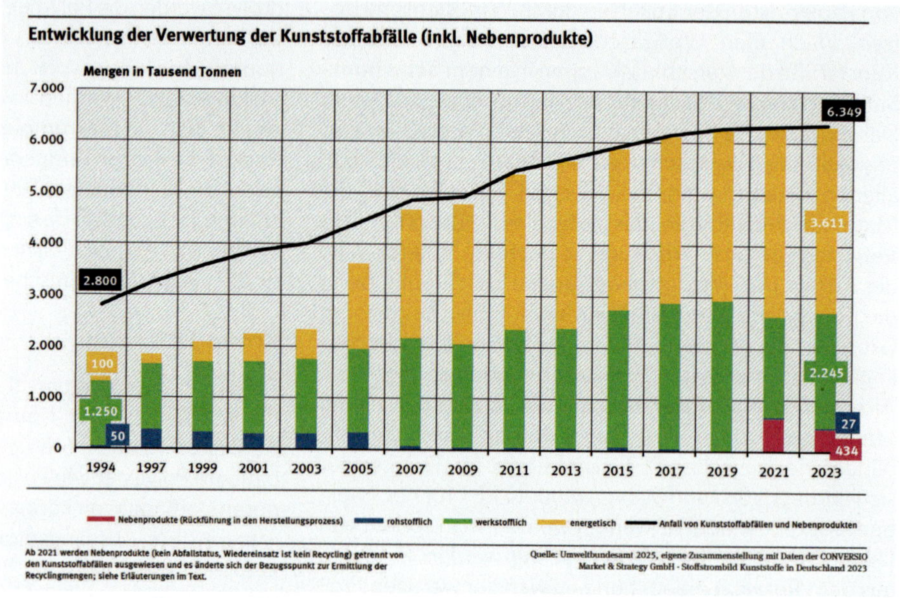

B4 Entwicklung der Gesamtmenge an Kunststoffabfällen und ihrer Verwertung (Quelle: Umweltbundesamt 2025)

Das Vorhaben der Abfallvermeidung ist auch Grund für das Verpackungsgesetz, nach dem ab 2022 alle Einweggetränkeverpackungen mit einem Pfand belegt werden. Ab 2025 sollen nach EU-Richtlinien Einweggetränkeflaschen zu mindestens 25 % aus Rezyklat bestehen.

Trotz des immer größeren Bewusstseins der Gesellschaft, fielen im Jahr 2021 in Deutschland noch insgesamt 6,3 Millionen Tonnen Kunststoffabfälle an. Davon entstehen etwa 3,2 Millionen Tonnen durch Verpackungsabfälle aus Kunststoff. Etwa 38 kg Kunststoffverpackungen fällt in Deutschland pro Person an. Die Tendenz ist weiterhin steigend. Auch zeigt sich, dass der thermischen Verwertung immer größere Bedeutung zukommt, während der Anteil werkstofflichen Recyclings rückläufig ist (**B4**). All diese Entwicklungen führen dazu, dass der Aufklärungsarbeit und gezielten Einsparmaßnahmen bei Lebensmittelverpackungen (Verringerung des Plastikanteils) eine wichtige Rolle zukommt.

Einige Gemeinden und Kommunen gehen noch einen Schritt weiter: Die schwäbische Stadt Tübingen beispielsweise führte eine „Verpackungssteuer“ auf Einwegverpackungen, -geschirr und -besteck ein, um wiederverwendbare ToGo-Verpackungen in der Gastronomie und der Gesellschaft zu etablieren.

Ein nachhaltiger Umgang mit Abfällen kann durch die Verringerung von Abfallmengen und eine sachgerechte Sammlung und Trennung erreicht werden.

AUFGABEN

A1 Auf einer Getränkeflasche finden Sie ein Label mit der Aufschrift „Flaschen aus 100 % Recyclingmaterial“. Das Granulat für diese Flaschen wird meist in Containern aus China zur Weiterverarbeitung verschifft. Geben Sie Gründe für diese Produktionswege an und formulieren Sie Fragen, die man stellen sollte, um die Nachhaltigkeit einer Verpackung zu beurteilen.

A2 Formulieren Sie Maßnahmen zur gezielten Vermeidung von Kunstoffabfällen in Ihrer Schule. Identifizieren Sie mögliche Handlungsoptionen und überlegen Sie, welche Probleme und Hindernisse auftreten könnten.

A3 Diskutieren Sie die Einführung einer deutschlandweiten Verpackungssteuer auf Einwegverpackungen.

4.7.4 Mikroplastik

Nach dem Brand eines Containerschiffs im Mai 2021, das u.a. 28 Container mit Plastikgranulat zur Herstellung von Kosmetika an Bord geladen hatte, wurde Mikroplastikgranulat an die Strände von Sri Lanka gespült (B1). Die dadurch ausgelöste Umweltverschmutzung und das Tiersterben waren enorm. Das ist eine Folge der Mikroplastikanreicherung in Gewässern. Welche Ursachen gibt es noch? Wozu wird Mikroplastikgranulat verwendet und wie gelangt es auf unsere Teller?

Abkürzung	Kunststoff
AC	Acrylates Copolymerrisat
ACS / C10-30	Acrylates Crosspolymer
PA	Polyacrylat
PQ	Polyquaternium
PEG	Polyethylenglycol
PPG	Polypropylenglycol
PTFE	Polytetrafluorethen
PVP	Polyvinylpyrrolidon

B1 Kleine Kunststoffpartikel im Sand an einem Strand (links) und Übersicht über einige Kunststoffe und ihre Abkürzungen, die häufig Kosmetika zugesetzt werden (rechts)

Als **Mikroplastik** werden Kunststoffpartikel mit einer Größe von unter fünf Millimetern bezeichnet. Man unterscheidet dabei zwischen primärem Mikroplastik, das bei der Freisetzung in die Umwelt bereits als kleine Partikel vorliegt und sekundärem Mikroplastik, welches mit der Zeit durch Wellengang, Sonneneinstrahlung oder Verwitterung aus großen Kunststoffgegenständen entsteht.
Der größte Anteil des primären Mikroplastiks stammt vom Autoreifenabrieb. Diese Abriebteilchen sind aufgrund giftiger Additive, die den Reifen zur Optimierung der Eigenschaften beigemischt werden, sehr gefährlich für die Umwelt. Die kleinen Partikel werden teilweise über die Luft transportiert und gelangen durch Regen in Gewässer, in die Kanalisation und langfristig ins Meer oder werden in den Boden gespült.
Eine weitere Quelle für Mikroplastik sind Kunstrasenflächen, bei denen häufig Kunststoffgranulat eingesetzt wird. Dieses wird durch den Wind in die Umwelt transportiert oder bleibt an Schuhen sowie Kleidung hängen und gelangt beispielsweise über das Abwasser der Waschmaschine in die Umwelt. Die Kläranlagen können Mikroplastik wegen der geringen Partikelgröße nicht vollständig aus dem Abwasser herausfiltern. Es gelangt daher ebenfalls in die Gewässer. Auch beim Waschen synthetischer Kleidung können sich Mikrofasern lösen und ins Abwasser gelangen.
Weiterhin werden zahlreichen Kosmetikprodukten, z. B. Peelings, Hautcremes, Duschgels oder Sonnencremes, Mikroplastikpartikel als Funktionsträger zugesetzt. Sie wirken beispielsweise als Peelingpartikel, Bindemittel, Filmbildner oder Füllmittel. Auch sie gelangen über das Abwasser langfristig ins Meer.

Der Weg des Mikroplastiks auf unsere Teller

Aufgrund der geringen Größe können die mikroskopisch kleinen Kunststoffpartikel über sehr lange Distanzen transportiert werden. Sie sind außerdem sehr resistent gegenüber Umwelteinflüssen, wodurch sie über viele Jahre in der Umwelt verweilen können. Selbst in sehr entlegenen und einsamen Gebieten wie der Arktis oder in Tiefseesedimenten wurde bereits Mikroplastik entdeckt. Durch ihre große Oberfläche ziehen die Partikel zudem auch leicht Umweltgifte oder Krankheitserreger an, die an ihnen haften bleiben. Die Mikropartikel werden mit den Schadstoffen beispielsweise von Meeresbewohnern aufgenommen und können dabei unter anderem durch Anreicherung im tierischen Gewebe sowie dessen Veränderung, zu Entzündungen und Vergiftungen bis hin zum Tod führen. Auf diese Weise gelangt das Mikroplastik letztlich über die Nahrungskette auch auf unsere Teller. Selbst im Leitungswasser oder in verschiedenen Lebensmitteln wie Honig oder Milch sind ebenfalls Spuren von Mikroplastik nachweisbar. Über die Auswirkungen des Mikroplastiks im menschlichen Körper ist allerdings bisher nur wenig bekannt.

AUFGABEN

A1 Untersuchen Sie Ihre Kosmetikartikel des täglichen Bedarfs mithilfe der Tabelle in **B1** auf Mikroplastikzusätze und notieren Sie die Ergebnisse.

A2 Recherchieren Sie die Funktion der Mikroplastikzusätze in Ihren Kosmetikartikeln.

A3 Recherchieren Sie ein Rezept für ein Peeling ohne Mikroplastik, das Sie auch zu Hause einfach herstellen können.

A4 Diskutieren Sie Maßnahmen zur globalen, nachhaltigen Vermeidung der Verschmutzung der Meere durch Kunststoffe nach ökologischen, ökonomischen, sozialen, kulturellen sowie politischen Kriterien und deren wechselseitige Abhängigkeit.

4.8 Fossile und nachwachsende Rohstoffe für die Kunststoffherstellung

Der Begriff Zelluloid umfasst eine ganze Gruppe von Kunststoffverbindungen. Das erste Zelluloid, ein Thermoplast, wurde 1856 von ALEXANDER PARKES unter dem Namen Parkesine hergestellt. Es basierte auf Zellulose, einem Naturstoff. Bis erstmals Kunststoffe aus erdölbasierten Edukten hergestellt wurden, ist viel Zeit vergangen. Nun findet wieder ein Wandel zurück zu biobasierten und nachwachsenden Edukten für die Kunststoffherstellung statt. Wieso ist das so?

4.8.1 Versuche und Material

V Herstellung von Stärkefolie

Eine Strategie zur Vermeidung von langfristig problematischen Plastikabfällen ist die Verwendung biologisch abbaubarer Kunststoffe. Werden diese auch noch aus nachwachsenden Rohstoffen wie z. B. Stärke gewonnen, so wird auch die Abhängigkeit von fossilen Rohstoffen in der Kunststoffindustrie verringert. Wie stellt man eine Folie aus Stärke her?

V1 Vermischen Sie 4 g Stärke mit 22 mL destilliertem Wasser in einem Becherglas und geben Sie 2 mL Glycerinlösung sowie 0,02 g Schwefel hinzu. Decken Sie das Becherglas ab, erwärmen Sie die Mischung unter Rühren bis zum Eindicken und lassen Sie sie ca. 15 Minuten sieden (füllen Sie gegebenenfalls destilliertes Wasser nach). Gießen Sie die Mischung anschließend auf eine Polyethen- oder Silikonunterlage und verteilen Sie sie durch Schwenken möglichst dünn und großflächig. Trocknen Sie die ausgebreitete Masse über Nacht bei Raumtemperatur und ziehen Sie die erhaltene Folie danach von der Unterlage ab.

AUSWERTUNG

a) Vergleichen Sie das Aussehen der eingesetzten Stärke mit dem Produkt aus **V1**.
b) Untersuchen Sie folgende Produkte mit LUGOLscher Lösung auf die Existenz von Stärke: reine Stärke (als Blindprobe), selbsthergestellte Folie aus **V1**, Geschirrreinigertab mit selbstauflösender Folie, PP- oder PVC-Folie.

c) Leiten Sie mithilfe eines Etiketts von Glycerin (**B1**) die geänderten Eigenschaften des Produkts aus **V1** ab, falls bei der Versuchsdurchführung auf diese Zutat verzichtet werden würde.
d) Recherchieren Sie die Eigenschaften von Stärkefolien und leiten Sie daraus zwei Einsatzgebiete im Alltag ab.

ENTSORGUNG: R

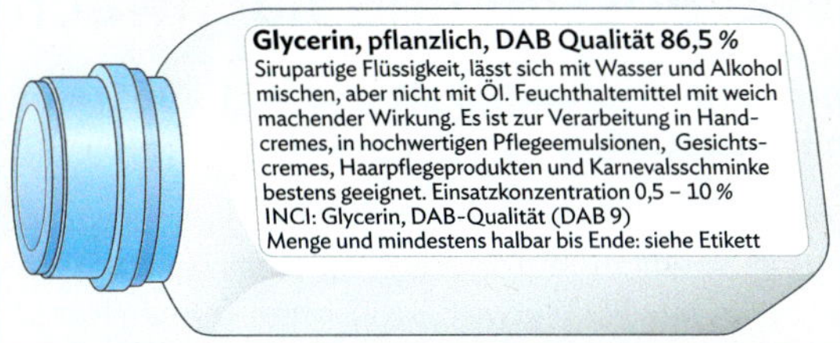

B1 Etikett einer Glycerinflasche

V Polymerisation von Milchsäure

Polymilchsäure (engl. *polylactic acid*, PLA) ist ein Thermoplast, der unter anderem in der Verpackungsindustrie eine hohe Bedeutung hat. Im privaten Rahmen ist PLA als Druckmaterial für FDM-3-D-Drucker von großer Bedeutung. Wie kann es im Labor hergestellt werden?

V2 Geben Sie 3 mL Milchsäure und wenige Kristalle Zinn(II)-chlorid mit einem Siedesteinchen in ein Reagenzglas. Erhitzen Sie das Reagenzglas, bis sich der Inhalt schwach gelblich verfärbt. Beenden Sie das Erhitzen spätestens dann, wenn kein Wasserdampf mehr austritt. Gießen Sie den Inhalt des Reagenzglases anschließend in eine Einwegpetrischale und lassen Sie die Mischung abkühlen (Video ➡ QR 06043-065).

06043-065

AUSWERTUNG

a) Untersuchen Sie die Konsistenz des Produktes aus **V2** während des Abkühlens.
b) Beschreiben Sie die Bildung von Polymilchsäure in **V2** mithilfe der Reaktionsgleichung in **B2** ausgehend vom Milchsäure-Molekül (2-Hydroxypropansäure) über das Lactid-Molekül, welches sich durch Abspaltung von Wasser-Molekülen aus zwei Milchsäure-Molekülen bildet.
c) Untersuchen Sie die biologische Abbaubarkeit der hergestellten Polymilchsäure(-fäden bzw. -platten) im Gartenkompost.
Hinweis: Bei dieser Aufgabe handelt es sich um ein Langzeitexperiment.

ENTSORGUNG: G2

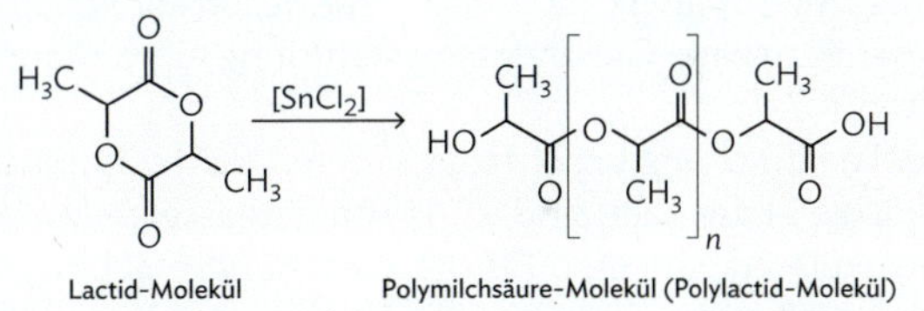

B2 Reaktionsgleichung für die Synthese eines Polymilchsäure-Moleküls in **V2**

M Fossile oder nachwachsende Rohstoffe – welche Rohstoffe sind besser?

Aktuell ist ein großer Teil des hohen Lebenstandards ohne fossile Rohstoffe kaum vorstellbar. Damit verbunden sind eine Rohstoffknappheit und eine starke Belastung für die Umwelt. Um diesen Entwicklungen entgegenzuwirken, wurde eine Trendwende hin zu nachwachsenden Rohstoffen eingeleitet. Welche Rohstoffe sind besser?

M3 Ein Kriterium zur Bewertung verschiedener Kunststoffe im Hinblick auf deren Nachhaltigkeit ist die CO_2-Bilanz für deren Lebenszyklus von der Produktion bis zur Verwertung. Dafür wird die entstehende Menge an Kohlenstoffdioxid je Tonne produziertem Kunststoff betrachtet.

AUSWERTUNG

a) Definieren Sie mithilfe einer Internetrecherche die Begriffe biobasierter Kunststoff und biologisch abbaubarer Kunststoff. Gruppieren Sie die ausgewählten Kunststoffe unter ➡ QR 06043-066 in diese Kategorien ein.

06043-066

b) Beurteilen Sie ausgehend von **a)** die Umweltverträglichkeit der Kunststoffe. Nutzen Sie selbst gewählte Kriterien neben der CO_2-Bilanz.
c) Diskutieren Sie gemeinsam mit einer anderen Gruppe aus Ihrem Kurs die jeweils verwendeten Quellen für Ihre Internetrecherche anhand ihrer wissenschaftlichen Aussagekraft.

4.8.2 Fossile und nachwachsende Rohstoffe im Vergleich

Chemische Beständigkeit und Abbaubarkeit von Kunststoffen

Die Menge anfallender Kunststoffabfälle kennt nur eine Richtung: streng monoton steigend. Allein in Deutschland sind im Jahr 2021 etwa 6,3 Millionen Tonnen Kunststoffabfall angefallen, von denen über 60 % lediglich energetisch verwertet (also verbrannt) werden (➡ Kap. 4.7.2). Dieses Verfahren wird angewendet, da Kunststoff nur sehr langsam verrottet.
Im Gegensatz zu natürlichen makromolekularen Stoffen kann der überwiegende Anteil an Kunststoffen nicht enzymatisch abgebaut werden. Mikroorganismen sind nicht oder nur äußerst langsam in der Lage, diese zu zersetzen.
Gelangen somit Verpackungsmaterialien wie z. B. Tüten, PE- oder PET-Falschen in die Umwelt bzw. in Gewässer, kann deren Zerfall viele Jahrzehnte andauern. Bei einer Plastikflasche muss man davon ausgehen, dass dieser Prozess sogar mehrere Jahrhunderte dauert.
In Folge von u. a. mechanischem Abrieb können Kunststoffprodukte in Teilchen mit einer Größe von fünf Millimetern oder kleiner zerrieben werden. Damit ist das Müllproblem jedoch nicht beseitigt: Es entsteht sogenanntes **Mikroplastik**, das sich in Lebewesen anreichern und damit zu einer Gesundheitsgefährdung führen kann (➡ Kap. 4.7.4).
Aktuelle Forschung beschäftigt sich mit Bakterien und Pilzen, die in der Lage sind, künstlich hergestellte Makromoleküle zu zerlegen. Bis die Forschungsergebnisse jedoch großtechnisch einsatzbereit sind, werden noch einige Jahre vergehen. Grund genug, sich mit schon jetzt umsetzbaren Lösungen zu beschäftigen.

Rohstoffquellen zur Herstellung von Kunststoffen

Die Anfänge der Kunststoffindustrie liegen in der Verwendung von **nachwachsenden Rohstoffen** für die Kunststoffherstellung. Die Nutzung **fossiler Ressourcen** wie Erdöl oder Erdgas als Rohstoffquelle begann erst nach Beendigung des Zweiten Weltkrieges. Seit Mitte der 1990er Jahre gibt es wieder verstärkte Bemühungen, Kunststoffe teilweise oder auch vollständig aus nachwachsenden Rohstoffen herzustellen und auf dem Markt zu etablieren (**M3**). Zu diesen zählt **Polylactid** (**PLA**), ein durch Fermentation aus einer Kohlenhydratquelle wie Maisstärke gewonnener Polyester (**V2**). Innerhalb dieser Klasse der sogenannten **Biokunststoffe** wird er, neben stärkebasiertem Kunststoff, am häufigsten hergestellt.

Industriell wird PLA aufgrund seiner vorteilhaften Eigenschaften als Thermoplast vor allem für die Herstellung von Einwegverpackungen und in der Medizintechnik, z. B. für Implantate, verwendet. Ein expandierendes Anwendungsgebiet hat sich in den vergangenen Jahren insbesondere durch den Einsatz von PLA in FDM-3-D-Druckern entwickelt.
PLA gehört zu den **bioabbaubaren Kunststoffen** – allerdings nur im industriellen Maßstab, denn in der Natur finden sich die dafür optimalen Bedingungen nicht. Die meisten Komposthaufen werden nicht ausreichend warm, um die Zersetzung von PLA in einer angemessenen Zeitspanne zu gewährleisten.
Es ist wichtig zu betonen, dass nicht alle auf nachwachsenden Rohstoffen basierenden Kunststoffe auch gleichzeitig biologisch abbaubar sind. Darüber hinaus sind auch manche auf fossilen Rohstoffen basierenden Kunststoffe biologisch abbaubar (**B1**).

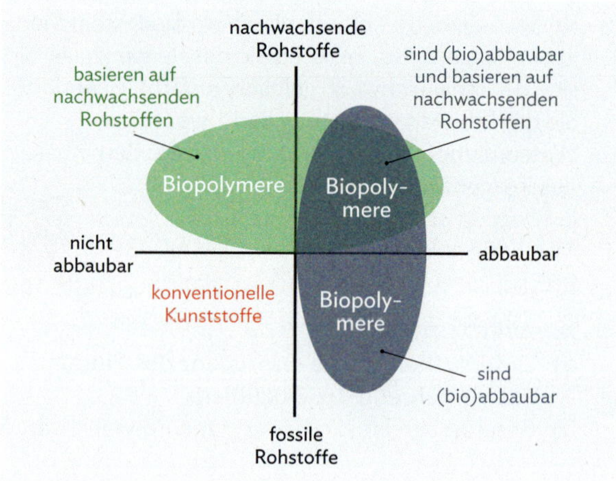

B1 Klassifizierung von Biopolymeren

Passgenaue Kunststoffe

Die Entwicklung neuer Kunststoffe geschieht im Spannungsfeld zwischen gewünschter Haltbarkeit bzw. Abbaugeschwindigkeit und biologischer Verträglichkeit. Eine Schutzfolie für Pflanzen auf dem Acker soll Wind und Wetter trotzen können, im Anschluss an die gewünschte Nutzung jedoch möglichst schnell und restlos verschwinden (**V1**).
Zusätzlich werden den Kunststoffen je nach Anwendungsgebiet weitere Additive beigemischt, um möglichst passgenaue Eigenschaften zu erzielen. Diese Zusatzstoffe wiederum beeinflussen auch die Abbaubarkeit und die Umweltverträglichkeit der Endprodukte massiv.

Gut für die Ernte …

Ob Lichtschutz und Wärmegewinnung durch Folien für die Spargelreihen zur Ausdehnung der Erntezeit des in Deutschland beliebtesten Gemüses oder in folierten Ballen hergestellte Silage als konserviertes Futtermittel insbesondere für die Wintermonate ohne frische Ernte: Ohne die zumeist fossil hergestellten Polyethen- bzw. Polypropylenfolien ist die industrielle Landwirtschaft heute kaum mehr vorstellbar.

… schlecht für die Natur

Etwa 13.000 Tonnen Kunststoffe werden in Deutschland jährlich durch die Landwirtschaft laut einer durch den Naturschutzbund Deutschland (NABU) beauftragten Studie freigesetzt. Schon alleine für den Spargelanbau werden laut deren Berechnungen etwa 100 Tonnen Kunststofffolie pro Jahr in der Natur ausgebracht (**V1**). Durch andauernde Witterungseinwirkung wird diese flächig ausgebrachte Folie mit der Zeit spröde und in Form von Plastikabrieb allmählich in der Natur verteilt. Die Herstellung von Silage in Ballen oder Fahrsilos nutzt weitere 376 Tonnen Folie pro Jahr, eine Wiederverwendung dieser Folien ist nicht unbegrenzt oft möglich.
Schon aus dem Eigeninteresse einer sauberen Nahrungsmittelproduktion bemühen sich Landwirte, den Eintrag von Mikroplastik in die Natur so gering wie möglich zu halten. Wirken jedoch Stürme auf schon lange ausgebrachte Folien ein, ist an ein Einsammeln aller Müllstücke kaum mehr zu denken.

Die Kreislaufwirtschaft als Ziel

Sortenreine, saubere Kunststoffabfälle können heute meist gut recycelt werden (➡ Kap. 4.7.2). Eine Möglichkeit für nachhaltiges Handeln besteht also aus der gezielten Sammlung von Agrarfolien und deren direktem Recycling zu neuen Folien von gleichbleibender Qualität – eine große Herausforderung.

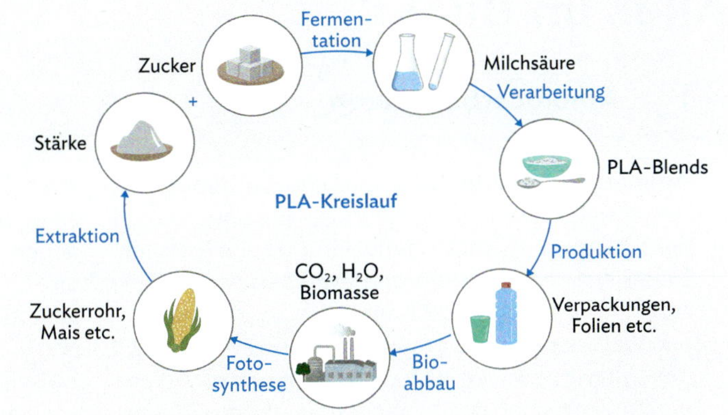

B2 Der Kreislauf von PLA: ein biobasierter, biologisch abbaubarer Kunststoff

Ein Kunststoff, für den dieser Kreislauf schon gut funktioniert, sofern die Sammlung und das Recycling sichergestellt werden können, ist PLA (**B2**). In industriellen Anlagen findet der biologische Abbau statt um die Prozessparameter besser als in der freien Natur einstellen zu können. Das dabei entstehende Kohlenstoffdioxid und Wasser reagiert durch Fotosynthese zu Bausteinen von neuen Pflanzen, die Biomasse des Abbaus dient als Dünger. In der Gesamtbilanz ergibt sich ein geschlossener Rohstoffkreislauf.

Kunststoffe auf Basis nachwachsender Rohstoffe sind nicht grundsätzlich besser als Kunststoffe auf fossiler Basis. Entscheidend für die langfristige Wirkung auf die Umwelt ist, neben der CO_2-Bilanz bei der Herstellung des Kunststoffs, die (biologische) Abbaubarkeit, welche sich ausgehend von der Bindung zwischen den Monomeren einschätzen lässt.

AUFGABEN

A1 Vergleichen Sie herkömmliche Spargelfolien mit solchen aus biobasierten und biologisch abbaubaren Kunststoffen. Notieren Sie Vor- und Nachteile.

A2 Recherchieren Sie bei Ihrem lokalen Entsorgungsbetrieb, ob Tüten aus biologisch abbaubarem Kunststoff eine geeignete Verpackung für Biomüll sind. Gestalten Sie ein Informationsposter zu nachhaltigen Alternativen.

A3 Erläutern Sie Ursachen für das seit Mitte der 1990er Jahre wiederkommende Interesse an der Herstellung von Kunststoffen aus nachwachsenden Rohstoffen.

A4 Recherchieren Sie zu den Unterschieden bei der Kompostierbarkeit von Stärkefolien bzw. Folien aus PLA.

Alles im Blick

1 Aminocarbonsäuren

Aminocarbonsäuren sind spezielle Carbonsäuren, deren Moleküle neben der Carboxy-Gruppe -COOH noch mindestens eine Amino-Gruppe -NH_2 tragen. Dabei ist eine Amino-Gruppe jeweils an das Kohlenstoff-Atom gebunden, das der Carboxy-Gruppe benachbart ist. Dieses Kohlenstoff-Atom wird als α-Kohlenstoff-Atom bezeichnet, die entsprechenden Aminocarbonsäuren nennt man **α-** oder **2-Aminocarbonsäuren**.
22 in der Natur vorkommende 2-Aminocarbonsäuren unterscheiden sich in ihren organischen Resten. Anhand dieser werden Aminocarbonsäuren als neutral (polar bzw. unpolar), sauer und basisch unterschieden. In Feststoffen liegen Aminocarbonsäuren als **Zwitterionen** mit einer negativ geladenen Carboxylat-Gruppe und einer positiv geladenen Ammonium-Gruppe vor. Sie können als Ampholyte reagieren. Zwischen Zwitterionen wirken relativ starke ionische Wechselwirkungen.
Der pH-Wert, bei dem eine Aminocarbonsäure überwiegend als Zwitterion vorliegt, wird **isoelektrischer Punkt** (**IEP**) genannt.

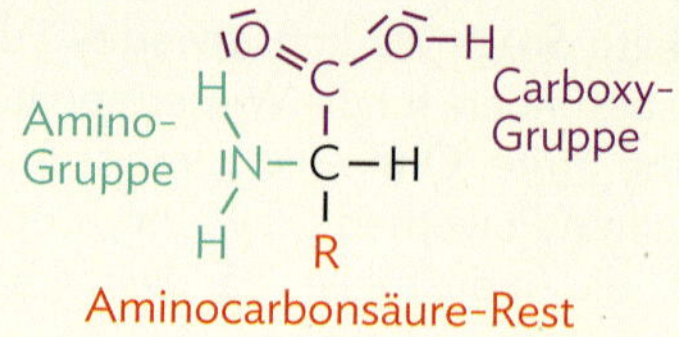

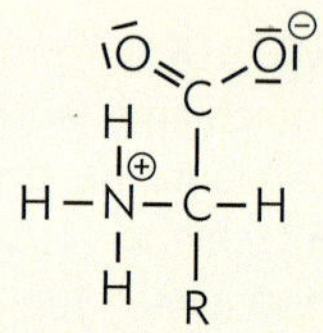

Zwitterion

2 Bildung und Spaltung von Peptiden

Aminocarbonsäure-Moleküle reagieren in einer **Kondensationsreaktion** zu **Peptid-Molekülen**. Dabei reagiert jeweils die Carboxy-Gruppe des einen Aminocarbonsäure-Moleküls mit der Amino-Gruppe des zweiten Kohlenstoff-Atoms eines anderen Aminocarbonsäure-Moleküls. Dabei wird unter Abspaltung eines Wasser-Moleküls eine **Peptid-Gruppe** als neue funktionelle Gruppe gebildet.

Die Peptidbindung ist aufgrund des partiellen Doppelbindungscharakters besonders stabil und nicht drehbar.
Die Spaltung eines Peptid-Moleküls wiederum in Aminocarbonsäure-Moleküle durch Anlagerung eines Wasser-Moleküls wird als **Hydrolyse** bezeichnet.

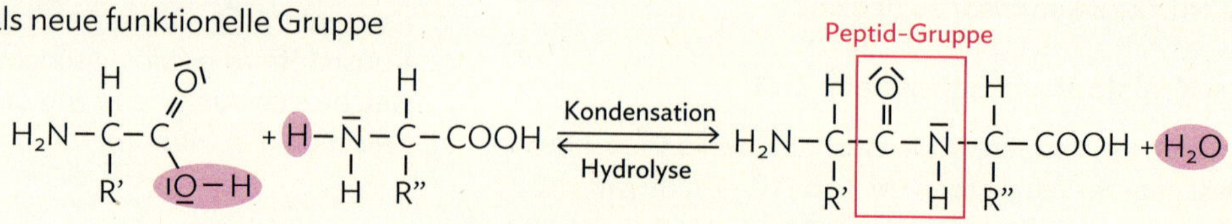

3 Strukturen der Proteine und Denaturierung

Die **Proteinstruktur** wird modellhaft in die **Primär-** (Aminocarbonsäuresequenz), **Sekundär-** (räumliche Anordnung einzelner Abschnitte), **Tertiär-** (dreidimensionale Proteinstruktur) und **Quartärstruktur** (Zusammenschluss mehrerer Protein-Moleküle zu einer funktionalen Einheit) eingeteilt. Die Stabilisierung der dreidimensionalen Struktur erfolgt durch Ionenbindungen, Disulfidbrücken, Wasserstoffbrücken und LONDON-Dispersionswechselwirkungen.Proteine sind unter physiologischen Bedingungen äußerst stabil. Wenn Proteine jedoch auf über 60 °C erhitzt, mit sauren oder basischen Lösungen versetzt, mit organischen Lösemitteln oder Schwermetallsalzen gemischt werden, findet ihre **Denaturierung** statt. Dabei kommt es zur irreversiblen Veränderung der Proteinstruktur.

4 Enzyme

Enzyme sind **Biokatalysatoren**, die biochemische Reaktionen in Lebewesen beschleunigen. Sie wirken **substratspezifisch**, d. h. sie interagieren nur mit einem bestimmten Substrat, das sie katalysieren. Aufgrund der räumlichen Gestalt passt das Substrat-Molekül zum **aktiven Zentrum** des Enzym-Moleküls – wie ein Schlüssel ins Schloss. So entsteht der **Enzym-Substrat-Komplex**, für dessen Bildung eine geringere Aktivierungsenergie nötig ist. Enzyme sind zudem **wirkungsspezifisch**. Je nach Enzym wird nur eine bestimmte Reaktion bewirkt. Die Enzymwirkung wird von vielen äußeren Faktoren beeinflusst.

5 Struktur und Eigenschaften von Kunststoffen

Kunststoffe bestehen aus Makromolekülen (**Polymeren**), die aus vielen kleinen, sich wiederholenden Bauteilen (**Monomeren**) aufgebaut sind.
Im Hinblick auf ihre physikalischen Eigenschaften werden Kunststoffe in **Thermoplaste**, **Duroplaste** und **Elastomere** klassifiziert. Die Einteilung beruht auf den Zusammenhängen zwischen der molekularen Struktur, insbesondere des **Vernetzungsgrades** der Makromoleküle, und den Eigenschaften der Kunststoffe wie Schmelzverhalten, Zersetzung, Härte und Elastizität. Thermoplaste sind thermisch verformbar, Durpolaste sind sehr formstabil und Elastomere weisen eine große Elastizität auf.
Copolymerisate setzen sich aus zwei oder mehr verschiedenen Monomeren zusammen.

6 Synthese von Polymeren – radikalische Polymerisation und Polykondensation

Bei der **radikalischen Polymerisation** werden Monomere mit mindestens einer C=C-Doppelbindung zu Polymeren verknüpft. Bei der **Startreaktion** werden Startradikale gebildet, die in einer **Kettenreaktion** immer längere Molekülketten bilden. Die Reaktion endet mit dem **Kettenabbruch**, bei dem die Radikale vernichtet werden.
Bei einer **Polykondensation** werden aus Monomer-Molekülen mit mindestens zwei funktionellen Gruppen Polymer-Moleküle gebildet. Dabei wird ein niedermolekulares Kondensat-Molekül als Nebenprodukt abgespalten. Es handelt sich um eine **Nukleophil-Elektrophil-Reaktion**. Bei der Synthese von **Polyamiden** reagieren Carbonsäure- mit Amin-Molekülen. Durch die Reaktion von Carbonsäure- mit Alkohol-Molekülen entstehen **Polyester**.

7 Verwertung von Kunststoffen

Bei der Wiederverwertung von Kunststoffen werden **thermische**, **werkstoffliche** und **rohstoffliche Verwertung** sowie **Kompostierung** unterschieden. Ein Verwertungsmix aus allen vier Verwertungsverfahren ist ökonomisch und ökologisch am sinnvollsten.

8 Moderne Werkstoffe und Nanotechnologie

Kunststoffe sind **moderne Werkstoffe**. Sie finden Anwendung als Kunstfasern oder als Matrix für **Verbundwerkstoffe**. **Elektrisch leitfähige Polymere** spielen in moderner Technik eine wichtige Rolle. Die Leitfähigkeit entsteht durch konjugierte Doppelbindungen und **Dotierung**.
Silikone sind Silicium-Atom-basierte Polymere.
Aufgrund des Verhältnisses zwischen Volumen zu Oberfläche von nahezu 1:1 haben **Nanopartikel** andere Eigenschaften als makroskopische Partikel. Diese Stoffeigenschaften werden genutzt, um gezielt die gewünschten Eigenschaften zu erzeugen.

Zum Üben und Weiterdenken

A1 Ein Tripeptid besteht aus den Aminocarbonsäuren Asparaginsäure, Lysin und Leucin.
a) Recherchieren Sie zu den drei Aminocarbonsäuren und zeichnen Sie die Halbstrukturformel dieses Tripeptid-Moleküls.
b) Markieren Sie in der Halbstrukturformel aus a) alle Peptidbindungen.
c) Entscheiden und begründen Sie, welche Ihnen bekannten Methoden dieses Tripeptid nachweisen können.

A2 Ein Gemisch der in der Tabelle **B1** angegebenen Aminocarbonsäuren soll durch Elektrophorese bei pH = 6,0 getrennt werden.

Name der Aminocarbonsäure	isoelektrischer Punkt (IEP)
Arginin	10,8
Cystein	5,0
Isoleucin	6,0

B1 Verschiedene Aminocarbonsäuren und deren isoelektrische Punkte

a) Fertigen Sie eine Skizze des mit Ninhydrin angefärbten Papierfilterstreifens nach Ende der Elektrophorese an und ordnen Sie die Flecken begründet den einzelnen Aminocarbonsäuren aus der Tabelle in **B1** zu.
b) Beurteilen Sie, ob die Trennung des Gemisches bei pH = 5,0 besser oder schlechter funktioniert.

A3 Histamin ist ein Bestandteil des Wespengifts, das allergische Reaktionen wie die Nesselbildung auslösen kann. Histamin wird im Körper mithilfe von Enzymen aus der Aminocarbonsäure Histidin durch Abspaltung von Kohlenstoffdioxid gebildet.

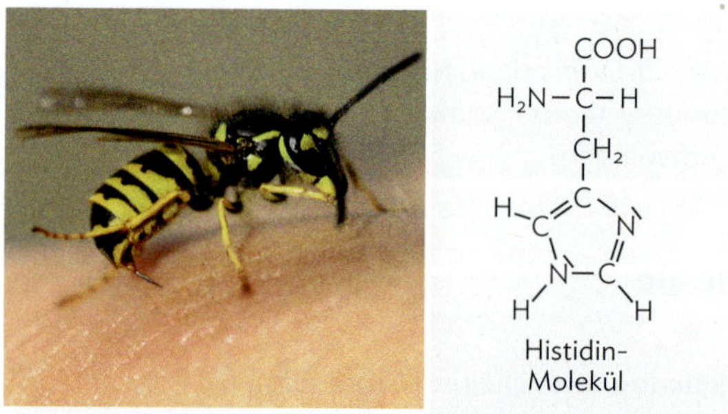

B2 Stich einer Wespe (links) und Struktur eines Histidin-Moleküls (rechts)

a) Geben Sie die Valenzstrichformel des Histamin-Moleküls unter Berücksichtigung der Angaben in der Aufgabe an.
b) Erklären Sie, dass es sich beim Histidin-Molekül (**B2**) um einen Ampholyt handelt.
c) Schmerzhafte Rötungen und Nesseln lassen sich nach einem Wespenstich auch mit einem sogenannten „Stichheiler" behandeln. Dabei handelt es sich um einen elektrischen Stift, welcher durch kurzzeitiges Erwärmen auf ca. 50 °C eine Schmerzlinderung verspricht. Erläutern Sie die Wirkungsweise des „Stichheilers".

A4 Rote Blutkörperchen enthalten in hoher Konzentration das Tripeptid Glutathion, welches aufgrund seiner antioxidativen Wirkung auch als Nahrungsergänzungsmittel beworben wird.
a) Geben Sie die Aminocarbonsäure-Bausteine des Glutathion-Moleküls in **B3** an.
b) Das Glutathion-Molekül ist aufgrund der besonderen Peptidbindungen kein echtes Tripeptid-Molekül. Erläutern Sie diesen Sachverhalt anhand der folgenden Struktur:

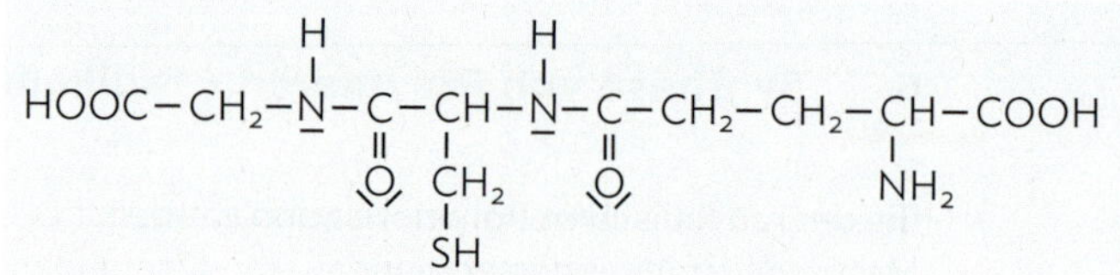

B3 Halbstrukturformel des Glutathion-Moleküls

c) Erläutern Sie die Art der zwischenmolekularen Wechselwirkungen und chemischen Bindungen, die Aminocarbonsäure-Reste im Glutathion-Molekül zu anderen Glutathion-Molekülen ausbilden können.

A5 Das Enzym Katalase bewirkt den Zerfall von Wasserstoffperoxid in Sauerstoff und Wasser.
a) Recherchieren Sie die Anzahl an Wasserstoffperoxid-Molekülen, die ein Katalase-Molekül gleichzeitig in einem Durchlauf umsetzen kann.
b) Planen Sie einen Versuch, mit dem sich der Einfluss des pH-Wertes, von Schwermetallsalzlösungen und von Ethanol auf die Reaktion ermitteln lässt. Erklären Sie, wie positive oder negative Einflüsse auf die Katalaseaktivität dabei quantitativ erfasst werden können.

A6 Polyester und Polyamide sind typische Produkte der Polykondensation, die unterschiedliche funktionelle Gruppen in den Monomeren nutzen. Nennen sie jeweils die funktionellen Gruppen der Monomere, die nötig sind, um Polyester bzw. Polyamide zu synthetisieren.

A7 Formulieren Sie die Reaktionsgleichungen für die Polykondensation von ...
a) Terephthalsäure (**B4**) und Ethan-1,2-diol.
b) Adipinsäure (Hexan-1,6-disäure) und Hexa-1,6-diamin.

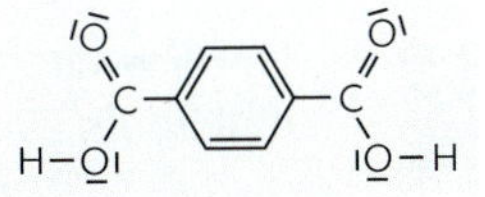

B4 Terephthalsäure-Molekül

A8 a) Geben Sie jeweils einen Strukturausschnitt von zwei verschiedenen Polymeren an, die bei der Polymerisation von Glycerin (Propan-1,2,3-triol) und Terephthalsäure (**B4**) entstehen können. Begründen Sie die Entstehung verschiedener Polymere.
b) Erläutern Sie, welche Vorteile die Verwendung von mehrfunktionellen Monomeren haben kann. Nennen Sie eine Eigenschaft des resultierenden Polymers, die durch die Verwendung von Glycerin und Terephthalsäure als Monomere verbessert wird.

A9 Bei der Produktion von Tischtennisschlägern werden u. a. Aramide verwendet. Aramid-Moleküle sind Polyamid-Moleküle, bei denen mindestens 85 % der Amid-Gruppen direkt an zwei Kohlenwasserstoff-Ringe gebunden sind. **B5** zeigt einen Ausschnitt aus einem Aramid-Makromolekül. Benennen Sie die Monomer-Moleküle, aus denen das Polymer-Molekül aufgebaut ist, und formulieren Sie eine Reaktionsgleichung für die Synthese dieses Polymer-Moleküls.

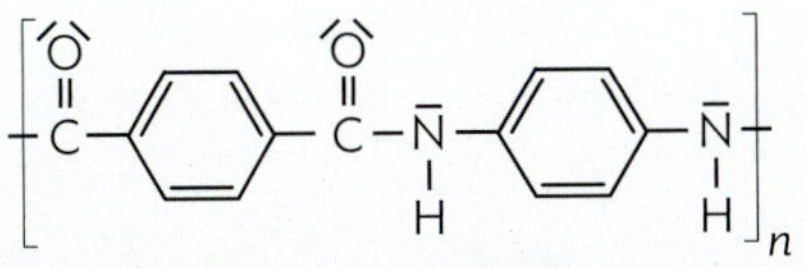

B5 Ausschnitt aus einem Aramid-Makromolekül

A10 Um den Bedingungen beim Wintersport standzuhalten, muss die Ausrüstung vielfältige Anforderungen erfüllen. Der Snowboardhelm ist im Falle eines Sturzes enormer Krafteinwirkung ausgesetzt, die durch die harte und spröde Helmschale abgefangen wird. Die Snowboardhandschuhe sind dagegen viel dehnbarer: Sie schmiegen sich eng an die Hand an und kehren nach Dehnung wieder in die Originalform zurück. Für den Komfort enthalten viele Snowboardschuhe eine Sohle, die ideal an das Fußbett angepasst wird, indem sie erwärmt wird, bevor ein Abdruck des Fußes gemacht wird. Geben Sie die Kunststoffklassen an, die in der jeweiligen Ausrüstung verarbeitet sind. Begründen Sie Ihre Zuordnung.

A11 Diskutieren Sie den Einsatz von Kunststoffen im Alltag.

A12 Lebensmittel, die mit Frischhaltefolie abgedeckt werden, können eine Zeit lang im Kühlschrank gelagert werden, ohne zu verderben. Frischhaltefolie ist elastisch und transparent. Sie besteht oft aus PE-LD (*low density* Polyethen).
a) Erläutern Sie die Begriffe amorph und teilkristallin.
b) Stellen Sie eine Hypothese auf, wie sich eine Adhäsionsfolie aus PE-HD (*high density* Polyethen) von der Frischhaltefolie unterscheidet. Begründen Sie Ihre Hypothese ausführlich.

A13 Joghurtbecher aus Kunststoff sind häufig nur weniger als einen Millimeter dick. Dafür befindet sich eine Banderole aus Karton um den Becher. Der Deckel ist meist aus Aluminium.
a) Erklären Sie vor dem Hintergrund eines werkstofflichen Recyclings die Wichtigkeit der Trennung von Aluminiumdeckel, Kunststoffbecher und Pappaufdruck.
b) Bewerten Sie Chancen und Risiken dieser Art der Verpackung im Hinblick auf das optimale Recycling aller Bestandteile.

A14 Die Verwendung von bioabbaubaren Kunststoffen wird immer beliebter.
a) Nennen Sie zwei Beispiele für bioabbaubare Kunststoffe sowie je ein Einsatzgebiet.
b) Beurteilen Sie Vor- und Nachteile des Einsatzes von biologisch abbaubaren Kunststoffen.

A15 Erläutern Sie unter Bezugnahme auf die untenstehende Tabelle **B6**, inwiefern der Export von Kunststoffabfällen einen nachhaltigen Umgang damit darstellt. Im Jahr 2022 hat Deutschland etwa 734.000 Tonnen Plastikabfälle exportiert.

Exportländer	Anteil
Niederlande	20 %
Türkei	12 %
Polen	11 %
Malaysia	9 %
Österreich	7 %

B6 Exportländer für den Plastikabfall aus Deutschland

A16 Beschreiben Sie die stoffliche Zusammensetzung von drei Verpackungen, die Ihnen im Verlauf des Tages begegnen. Bewerten Sie die Möglichkeiten zur rohstofflichen Verwertung und gehen Sie dabei auf technische Herausforderungen ein.

A17 Bewerten Sie die aktuellen Entwicklungen von Alternativprodukten zum Ersatz für einen der durch die EU-Richtlinie 2019/904 verbotenen Einwegkunststoffartikel.

Ziel erreicht?

Verfügen Sie über die Kompetenzen dieses Kapitels? Lösen Sie die entsprechenden Aufgaben auf dem Arbeitsblatt ➥ **QR 06043-067** und bewerten Sie sich mithilfe der Tabelle rechts unten.

06043-067

Unter ➥ **QR 06043-068** finden Sie außerdem eine Lernanwendung zur digitalen Überprüfung der geforderten Kompetenzen.

06043-068

KOMPETENZ A: Die Chemie von Aminocarbonsäuren charakterisieren

A1 Von Lösungen der unten gezeigten Aminocarbonsäuren (**B1**) wird jeweils der pH-Wert gemessen. Dabei erhält man die Messwerte pH = 8,5 und pH = 6,3.

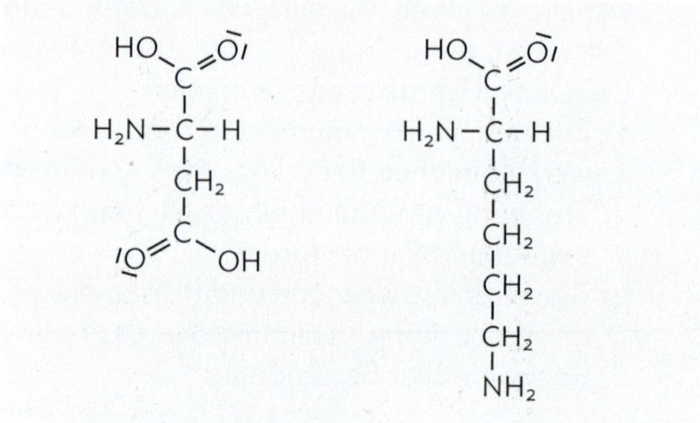

B1 Aminocarbonsäure-Moleküle von Asparaginsäure (links) und Lysin (rechts)

a) Ordnen Sie die beiden Aminocarbonsäuren begründet den gemessenen pH-Werten zu.
b) Entscheiden und begrünen Sie, ob die Lösungen jeweils den elektrischen Strom leiten.

A2 Der isoelektrische Punkt von Leucin (2-Amino-4-methylpentansäure) liegt bei ca. 6.
a) Zeichnen Sie die Valenzstrichformel des Leucin-Moleküls in der Zwitterionen-Form.
b) Zeichnen Sie die Valenzstrichformel des Leucin-Moleküls, wie es überwiegend bei pH = 1 vorliegt.
c) Zeichnen Sie die Valenzstrichformel des Leucin-Moleküls, wie es überwiegend bei pH = 14 vorliegt.

KOMPETENZ B: Die verschiedenen Ebenen des räumlichen Baus von Protein-Molekülen unterscheiden

B1 Entscheiden Sie, ob die folgenden Aussagen richtig oder falsch sind. Korrigieren Sie falsche Aussagen.
a) Die Primärsequenz bezeichnet die Reihe der Aminocarbonsäure-Bausteine, die durch die Primärstruktur einer Aminocarbonsäure vorgegeben wird.
b) Zwischen einer N-H-Gruppe und einer C-OH-Gruppe der Primärstruktur bilden sich die Wechselwirkungen aus, die für die Sekundärstruktur der Aminocarbonsäure-Molekülkette verantwortlich sind.
c) Besteht ein Protein-Molekül aus mehreren Polypeptid-Ketten oder weist es zusätzlich Bindungen zu anderen Molekülen auf, spricht man von der Quartärstruktur.
d) Die Quartärstruktur eines Proteins ist ein Zusammenschluss mehrerer Protein-Moleküle zu einer funktionalen Einheit.

B2 Die Tertiärstruktur beschreibt die gesamte dreidimensionale Architektur eines Protein-Moleküls. Sie beruht auf den Wechselwirkungen zwischen den Aminocarbonsäure-Resten (**B2**). Geben Sie die Bindungen und zwischenmolekularen Wechselwirkungen an, die für die Ausbildung der Tertiärstruktur verantwortlich sind.

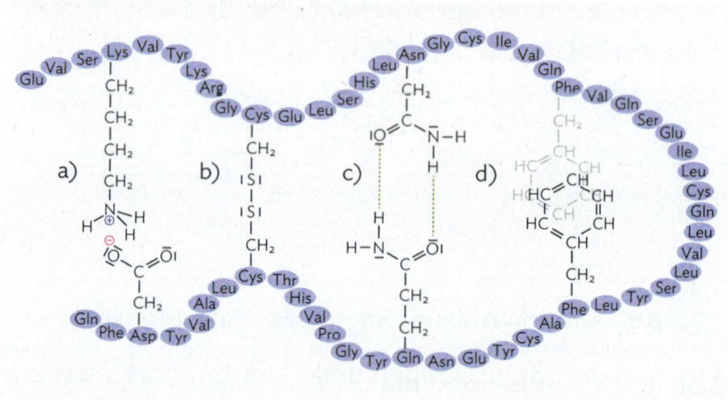

B2 Bindungen und Wechselwirkungen, die für die Ausbildung der Tertiärstruktur verantwortlich sind.

KOMPETENZ C: Die Funktionsweise von Enzymen und den Einfluss von Außenfaktoren beschreiben

C1 Die Abbildung **B3** zeig die modellhafte Darstellung des Wirkmechanismus eines Enzym-Moleküls.
a) Übernehmen Sie die Abbildung **B3** in Ihre Unterlagen und beschriften Sie die Platzhalter.
b) Erklären Sie anhand der Abbildung den Wirkmechanismus von Enzymen (① – ④).

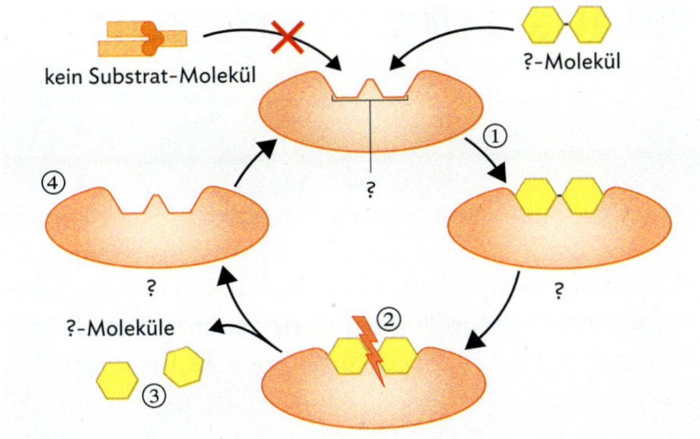

B3 Modellhafte Darstellung des Wirkmechanismus eines Enzym-Moleküls

C2 Es gibt eine Vielzahl an Enzymen, die unterschiedliche Reaktionen katalysieren. Allen Enzymen gemeinsam ist, dass sie wirkungs- und substratspezifisch sind. Erklären Sie diesen Sachverhalt.

KOMPETENZ D: Den Reaktionsmechanismus der radikalischen Polymerisation formulieren

D1 Formulieren Sie den vollständigen Mechanismus für die radikalische Polymerisation von Styrol (**B4**) zu Polystyrol (PS). Geben Sie außerdem den sich wiederholenden Strukturabschnitt des Polymers an.

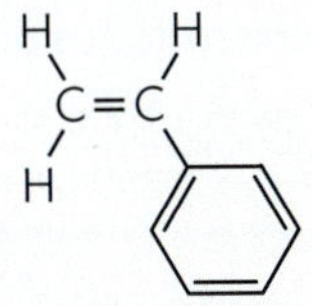

B4 Styrol-Molekül

KOMPETENZ E: Kunststoffe hinsichtlich ihres thermischen Verhaltens unterscheiden

E1 HERMANN STAUDINGER klassifizierte Kunststoffe u. a. nach ihrem thermischen Verhalten. Die Abbildung **B5** zeigt den modellhaften Aufbau der drei sich daraus ergebenden Kunststofftypen:

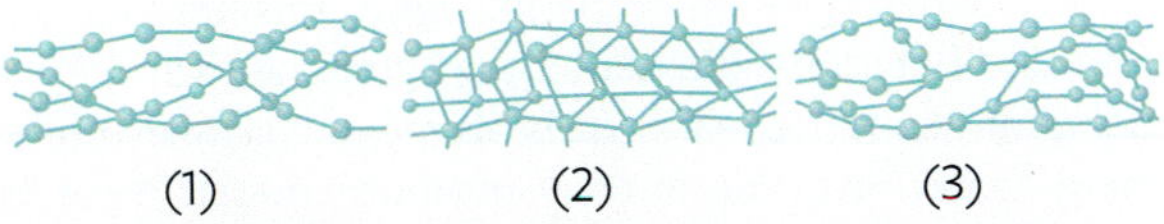

B5 Modellhafter Aufbau der drei Kunststofftypen

a) Ordnen Sie die modellhaften Strukturen (1) bis (3) den drei Kunststofftypen zu. Beschreiben Sie jeweils den Vernetzungsgrad und die hieraus resultierenden Erhitzungseigenschaften.
b) Geben Sie ein Beispiel für jeden Kunststofftyp.

KOMPETENZ F: Rohstoffe und Möglichkeiten der Abfallverwertung hinsichtlich der Nachhaltigkeit bewerten

F1 PET-Getränkeflaschen zeichnen sich durch eine besonders hohe Recyclingquote von etwa 94 % aus. Erläutern Sie die besondere Eignung von Getränkeflaschen aus PET (Polyethylenterephthalat) für Recyclingprozesse.

F2 Vergleichen Sie mögliche Edukte und Produkte für das werkstoffliche und das rohstoffliche Recycling von Kunststoffen.

Vergleichen Sie Ihre Antworten mit den Lösungen auf den Seiten 201 f. und kreuzen Sie auf dem Arbeitsblatt an.

Kompetenz	ja	nein	zum Nachlesen
A Die Chemie von Aminocarbonsäuren charakterisieren	---	---	S. 102 – 115
B Die verschiedenen Ebenen des räumlichen Baus von Protein-Molekülen unterscheiden	---	---	S. 110 – 113
C Die Funktionsweise von Enzymen und den Einfluss von Außenfaktoren beschreiben	---	---	S. 120 – 123
D Den Reaktionsmechanismus der radikalischen Polymerisation formulieren	---	---	S. 132 – 133
E Kunststoffe hinsichtlich ihres thermischen Verhaltens unterscheiden	---	---	S. 124 – 129
F Rohstoffe und Möglichkeiten der Abfallverwertung hinsichtlich der Nachhaltigkeit bewerten	---	---	S. 144 – 153

Abi-Training: Von der Schildlaus zum Werkstoff

AUFGABEN

Schellack ist ein von Schildläusen abgesondertes Harz und bereits seit mehr als 3.000 Jahren bekannt. Heute kommt Schellack häufig als ein Vorläufer synthetischer Harze zum Einsatz. Diese werden auch als Kunstharze bezeichnet und sind Polymere, die heutzutage große Anwendung in den verschiedensten Bereichen finden, beispielsweise in der pharmazeutische Industrie als magensaftresistentes Überzugsmittel für Medikamente zur verzögerten Freisetzung des Wirkstoffes, in der Automobilindustrie zur Innenverkleidung von Fahrzeugtüren oder als Bestandteil in Naturkosmetikprodukten wie Nagellack und Haarspray.

		BE
A1	Erklären Sie unter Angabe relevanter Strukturmerkmale die Bildung von Oligomeren aus den Polyhydroxysäuren Aleuritinsäure, Schellolsäure und Jalarsäure. Geben Sie für die Synthese eines möglichen Trimers aus Aleuritinsäure, Schellolsäure und Jalarsäure unter Nutzung der vereinfachten Darstellung (**M1**) eine Reaktionsgleichung an.	8
A2	Skizzieren und beschreiben Sie den Reaktionsmechanismus der Veresterung zweier Polyhydroxysäuren an geeigneten Strukturausschnitten.	6
A3	Erklären Sie die Löslichkeit von Schellack in Ethanol (**M2**). Erläutern Sie das Phänomen, dass Tabletten mit einem Schellacküberzug die Wirkstoffe erst im Darm freisetzen.	4
A4	Erklären Sie anhand der Molekülstruktur der Oligomere die Möglichkeit Schellack in Form einer Schmelze bei der Erzeugung eines Tablettenüberzuges (**M2**) zu verarbeiten.	4
A5	Formulieren Sie auch unter Angabe eines vereinfachten Strukturausschnitts des Duroplasts eine Hypothese, die erklärt, wie die Vernetzung zwischen Schellack und Harnstoff ablaufen könnte (**M3**).	4
A6	Erläutern Sie die Materialfestigkeit des Faserverbundwerkstoffs aus Schellack und Flachsfasern (**M3**).	4

MATERIAL

M1 Struktureller Aufbau des Stoffgemisches Schellack

Schellack ist ein Stoffgemisch aus monomeren Polyhydroxysäuren sowie deren Oligomeren, das durch Veresterung von drei (Trimere) bis sechs (Hexamere) monomeren Polyhydroxysäure-Bausteinen entsteht. Hauptbestandteile der Oligomere sind die Polyhydroxysäuren Aleuritinsäure (**B1**), Jalarsäure und Schellolsäure (**B2**), die statistisch verteilt vorliegen. Aleuritinsäure ist der am häufigsten auftretende monomere Baustein. Die Strukturen der Polyhydroxysäuren weisen Hydroxy-, Aldehyd- und Carboxy-Gruppen auf. Diese bestimmen das Löseverhalten von Schellack. In basischer Lösung liegen die freien sowie veresterten Polyhydroxysäure-Moleküle des Schellacks in ionischer Form vor.

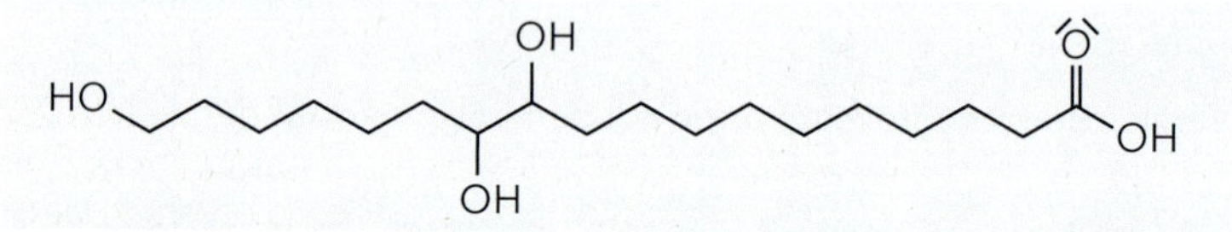

B1 Skelettstruktur des Aleuritinsäure-Moleküls

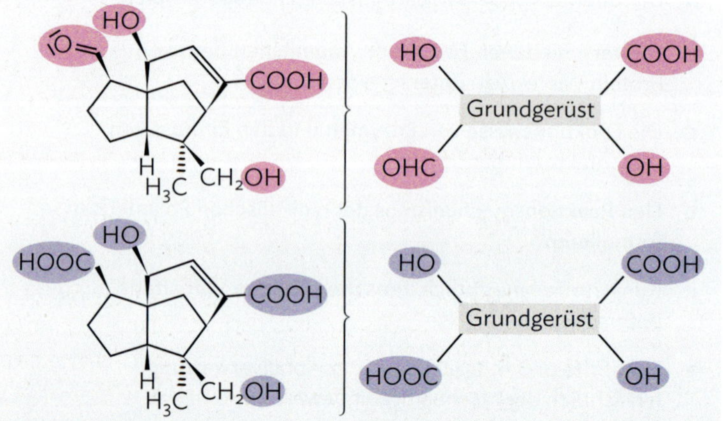

B2 Skelettstrukturen der Moleküle von Jalarsäure (oben) und Schellolsäure (unten) sowie deren vereinfachte Darstellung (jeweils rechts)

M2 Tablettenüberzüge aus Schellack

Tablettenüberzüge von pharmazeutischen Produkten müssen aus einem unbedenklichen Material sein. Damit die Freisetzung des Wirkstoffes des Medikaments erst an dem gewünschten Ort im Körper erfolgt, nutzt man die Löslichkeitseigenschaften dieser Materialien. Dazu berücksichtigt man beispielsweise die Tatsache, dass im Magen ein saures Milieu vorliegt, während im Darm vorwiegend basische pH-Werte gemessen werden können. Für einen Wirkstoff, der im Darm freigesetzt werden soll, muss der Tablettenüberzug aus einem Material bestehen, das säureresistent ist und sich erst in einer wässrigen basischen Umgebung auflöst. Hier findet Schellack als Material Anwendung, da es diese Kriterien erfüllt.
Grundsätzlich können Tabletten in zwei Vorgehensweisen mit Schellack überzogen werden. Eine Möglichkeit ist ein Überzug der Tabletten mit einer Schellackschmelze (Schmelzbereich: 65 – 85 °C). Des Weiteren können feste Überzüge für Tabletten mit einer ethanolischen Schellacklösung erzeugt werden. Hierfür wird die Lösung dünn auf die Tabletten aufgetragen. Nach Verdunsten des Lösemittels Ethanol bleibt ein dünner, fester Schellacküberzug auf der Tablette zurück (**B3**).

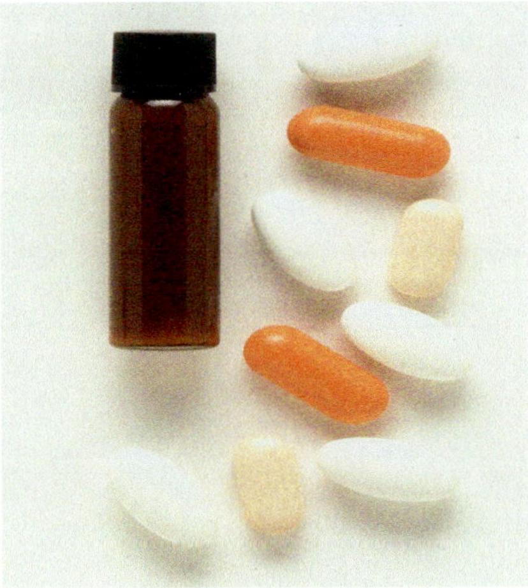

B3 Mit Schellack überzogene Tabletten

M3 Schellack in Faserverbundwerkstoffen der Automobilindustrie

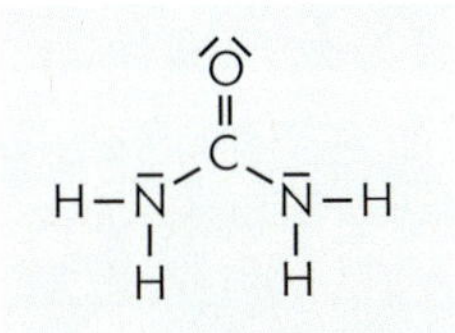

B4 Valenzstrichformel des Harnstoff-Moleküls

Schellack findet aufgrund seiner Unbedenklichkeit gegenüber Organismen, seiner Umweltverträglichkeit und guter Materialeigenschaften (z. B. Festigkeit, Haftung auf hydrophilen Oberflächen) auch in der Automobilindustrie Verwendung. Duroplaste, die auf Grundlage von Schellack hergestellt werden können, eignen sich beispielsweise für die Fertigung von formbeständigen Innenverkleidungen von Fahrzeugtüren. Innenverkleidungen dieser Art werden hergestellt, indem eine Lösung von Schellack in Ethanol mit Harnstoff (**B4**) versetzt wird. Durch den Harnstoff werden während des Trocknungsprozesses die Oligomere des Schellacks quervernetzt.
Mit der Schellack-Harnstofflösung wird ein Vlies aus Flachsfasern (**B5**) getränkt. Das getränkte Vlies wird in eine Form gegeben und getrocknet. Es entsteht ein Faserverbundwerkstoff auf Schellackbasis, bei dem die Flachsfasern über zwischenmolekulare Wechselwirkungen mit dem Werkstoffgerüst verbunden sind. Hieraus resultiert eine hohe Materialfestigkeit.

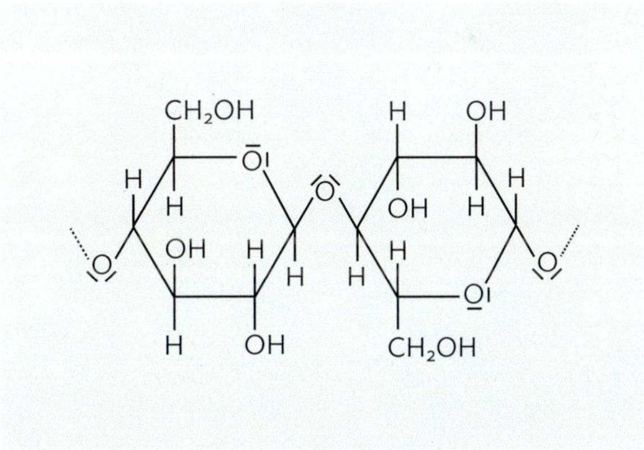

B5 Strukturausschnitt aus dem Makromolekül in einer Flachsfaser

5 Chemie und Nachhaltigkeit

06043-100

eA Hier finden Sie das digitale Zusatzmaterial zu den Inhalten für das erhöhte Anforderungsniveau.

06043-069

Arbeitsblatt unter QR-/Mediencode 06043-069

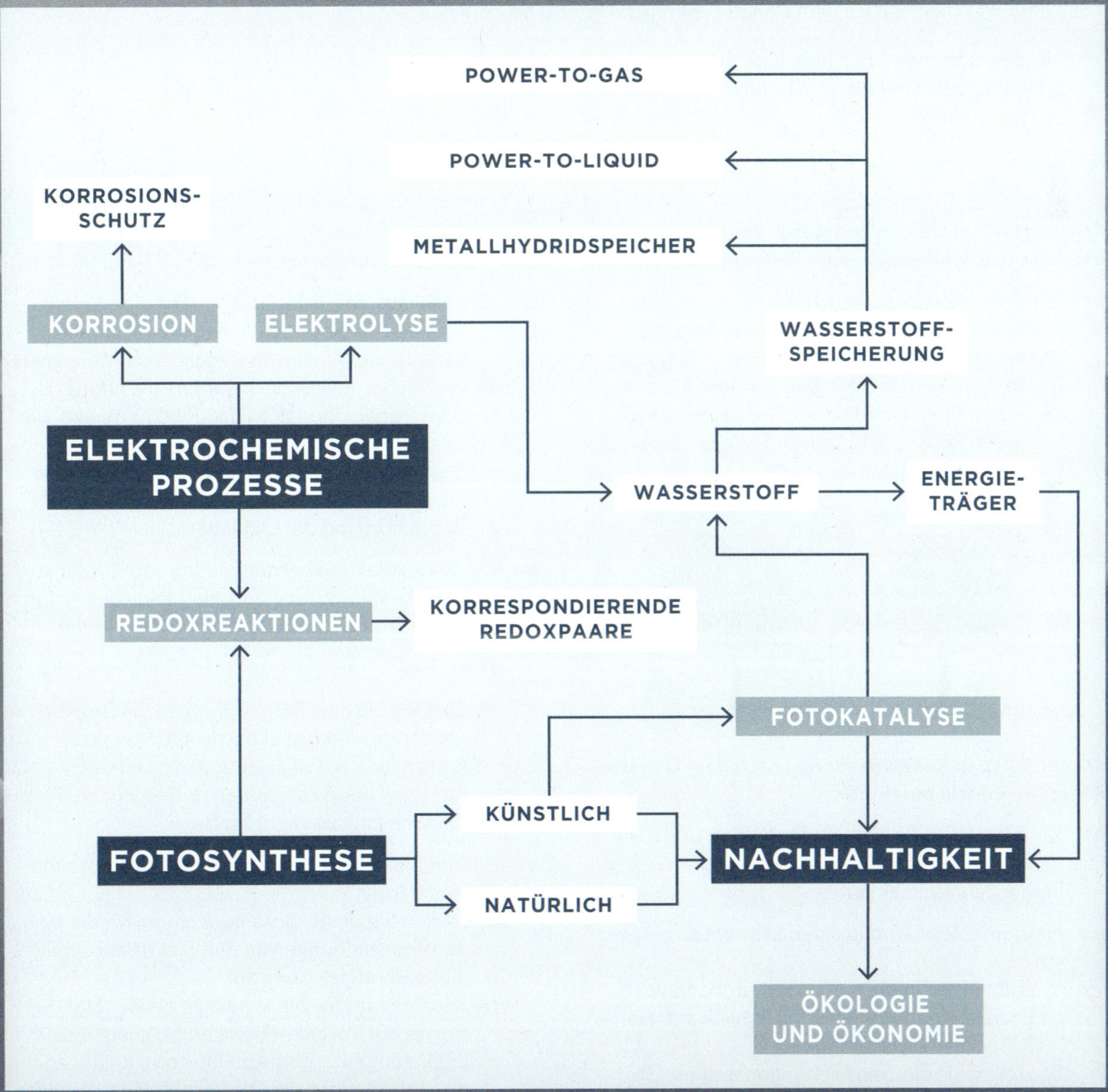

Startklar?

Schätzen Sie Ihre Kompetenz in den Bereichen A bis D ein und prüfen Sie sich anhand der entsprechenden Aufgaben (Arbeitsblatt ➥ QR 06043-070).

06043-070

Unter ➥ QR 06043-071 finden Sie außerdem eine Lernanwendung zur digitalen Überprüfung der geforderten Kompetenzen.

06043-071

Kompetenz	sehr gut	gut	schwierig
A Den Gasaustausch von Pflanzen anhand der Fotosynthese und der Zellatmung erklären	---	---	---
B Redoxreaktionen nach dem Donator-Akzeptor-Prinzip beschreiben	---	---	---
C Redoxreaktionen von Säure-Base-Reaktionen abgrenzen und Redoxgleichungen in wässrigen Lösungen aufstellen	---	---	---
D Die Vorgänge bei einer Elektrolyse und einer GALVANIschen Zelle erklären	---	---	---

KOMPETENZ A: Den Gasaustausch von Pflanzen anhand der Fotosynthese und der Zellatmung erklären

A1 Pflanzen betreiben wie Tiere auch einen Gasaustausch mit der Umgebung. Allerdings gibt es Unterschiede zwischen tagsüber und nachts. Beschriften Sie die Pfeile und erklären Sie den jeweiligen Gasaustausch anhand der zugrunde liegenden Reaktionen. Geben Sie auch jeweils die Gesamtreaktionsgleichung an.

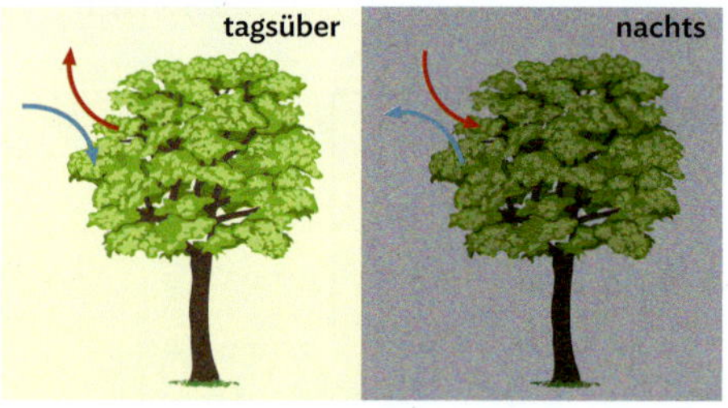

KOMPETENZ B: Redoxreaktionen nach dem Donator-Akzeptor-Prinzip beschreiben

B1 Definieren Sie die Begriffe Reduktion und Oxidation. Begründen Sie, dass die beiden Vorgänge immer zeitgleich ablaufen.

B2 Natriumchlorid wird aus den Elementen hergestellt.
a) Erläuteren Sie die Salzbildung anhand von Energiestufenmodellen in Hinblick auf das Donator-Akzeptor-Prinzip.
b) Stellen Sie die Teilgleichungen und die Gesamtgleichung für die Redoxreaktion auf.
c) Geben Sie an, ob es sich um eine exotherme oder eine endotherme Reaktion handelt.

B3 Zink soll aus Zinkoxid ZnO hergestellt werden.
a) Entscheiden Sie, ob sich Magnesium, Kupfer, Silber oder Aluminium als Reduktionsmittel eignen.
b) Geben Sie jeweils die Reaktionsgleichung (Gesamtgleichung) zu den Reaktionen an, die tatsächlich ablaufen würden.
c) Kennzeichnen Sie durch Pfeile in den Reaktionsgleichungen aus b) die Teilreaktionen der Reduktion und der Oxidation.

B4 Die Redoxreaktion bei der Bildung von Kupfer aus Kupfer(II)-sulfatlösung und Aluminium kann durch folgende Teilgleichungen beschrieben werden:

I) $Al \rightarrow Al^{3+} + 3e^-$ und II) $Cu^{2+} + 2e^- \rightarrow Cu$

a) Ordnen Sie den Teilgleichungen die Begriffe Oxidation und Reduktion begründet zu.
b) Fassen Sie die Teilgleichungen zu einer Gesamtgleichung zusammen und ergänzen Sie die Zustandsangaben der Stoffe.

B5 Bei der Elektrolyse von Zink(II)-iodid entstehen Zink und Iod.
a) Stellen Sie die Reaktionsgleichung für die beiden Teilgleichungen an den Elektroden sowie die Gesamtgleichung auf.
b) Beschreiben Sie die Vorgänge bei der Elektrolyse auf Teilchenebene durch geeignete Ergänzungen in den Abbildungen. Ergänzen Sie die Abbildungen (➥ QR 06043-070) auf dem Arbeitsblatt um eine passende Legende.

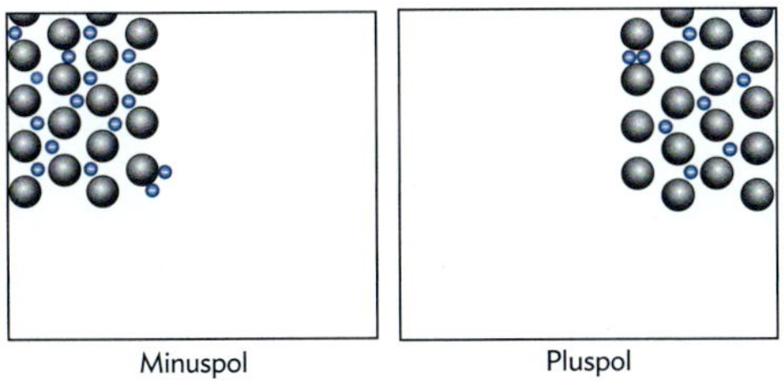

c) Geben Sie begründet an, ob es sich bei der Elektrolyse um eine exotherme oder endotherme Reaktion handelt.

KOMPETENZ C: Redoxreaktionen von Säure-Base-Reaktionen abgrenzen und Redoxgleichungen in wässrigen Lösungen aufstellen

C1 Vervollständigen Sie den Lückentext sinnvoll:

Donator-Akzeptor-Reaktionen sind Übertragungsreaktionen. Bei einer Säure-Base-Reaktion werden ein oder mehrere ___?___ von einem ___?___ (= ___?___) auf einen ___?___ (= ___?___) übertragen. Bei einer Redoxreaktion werden ein oder mehrere ___?___ von einem ___?___ auf einen ___?___ übertragen.

C2 Entscheiden Sie begründet mithilfe von Oxidationszahlen, ob es sich um eine Redoxreaktion oder eine Säure-Base-Reaktion handelt.

a) $2\ Li\ (s) + 2\ H_3O^+\ (aq) \rightarrow 2\ Li^+\ (aq) + H_2\ (g) + 2\ H_2O\ (l)$

b) $K_2CO_3\ (aq) + 2\ H_3O^+\ (aq) \rightarrow 2\ K^+\ (aq) + CO_2\ (g) + 3\ H_2O\ (l)$

C3 Erstellen Sie die Teilgleichungen und die Gesamtgleichung für die Reaktion, auf die sich die Nachrichtensprecherin bezieht. *Hinweis:* Es entstehen unter anderem Mn^{2+}-Ionen.

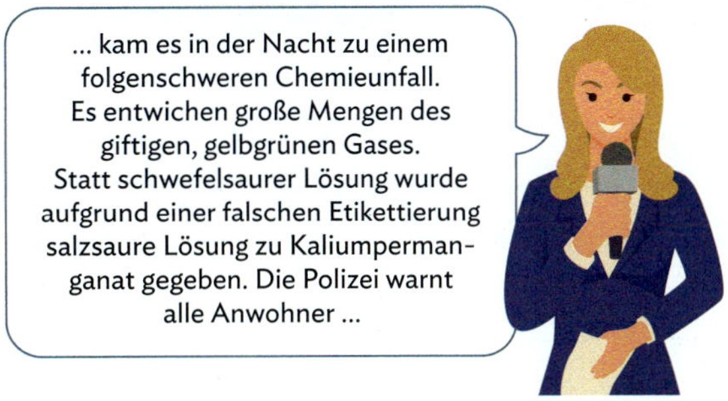

KOMPETENZ D: Die Vorgänge bei einer Elektrolyse und einer GALVANIschen Zelle erklären

D1 Die Elektrolyse ist eine erzwungene Redoxreaktion. Bei der Elektrolyse einer Kupfer(II)-chloridlösung wandern die Kupfer(II)-Kationen zum Minuspol und die Chlorid-Anionen zum Pluspol.
a) Formulieren Sie die Teilgleichungen für die Vorgänge an Plus- und Minuspol.
b) Erstellen Sie die Gesamtgleichung und kennzeichnen Sie Oxidation, Reduktion, Reduktions- und Oxidationsmittel sowie Elektronenakzeptor und -donator.
c) Erklären Sie die Beobachtungen an beiden Elektroden bei der Elektrolyse.

D2 Das Prinzip einer GALVANIschen Zelle wird z. B. in Batterien genutzt. Vergleichen Sie Eigenschaften und Vorgänge der Elektrolyse und einer GALVANIschen Zelle durch Gegenüberstellung in einer Tabelle.

Vergleichen Sie Ihre Antworten mit den Lösungen auf den Seiten 203 f. und geben Sie sich die entsprechende Punktzahl.

Kompetenz	sehr gut	gut	schwierig	zum Nachlesen
A Den Gasaustausch von Pflanzen anhand der Fotosynthese und der Zellatmung erklären	8 – 7	6 – 5	4 – 3	in Ihrem Biobuch
B Redoxreaktionen nach dem Donator-Akzeptor-Prinzip beschreiben	33 – 27	26 – 20	19 – 13	S. 18 – 19
C Redoxreaktionen von Säure-Base-Reaktionen abgrenzen und Redoxgleichungen in wässrigen Lösungen aufstellen	18 – 16	15 – 13	12 – 10	S. 18
D Die Vorgänge bei einer Elektrolyse und einer GALVANIschen Zelle erklären	15 – 13	12 – 10	9 – 7	S. 20 – 21

5.1 Grundprinzipien der Fotosynthese

Bei der Fotosynthese handelt es sich um einen der bedeutendsten biochemischen Prozesse, der seit ca. 3 Milliarden Jahren von bestimmten (fotoautotrophen) Organismen auf der Erde betrieben wird. Diese produzieren Sauerstoff und wandeln die Lichtenergie der Sonne in chemische Energie um. Wie funktioniert dieser wichtige Biosyntheseprozess und welche Vorgänge laufen dabei im Einzelnen ab?

5.1.1 Versuche und Material

V Nachweis von Fotosyntheseprodukten

Grüne Pflanzen erzeugen u. a. Glucose und Sauerstoff. Wie lassen sich diese Fotosyntheseprodukte auf einfache Weise im Labor nachweisen?

V1 Die in den Blättern grüner Pflanzen vorhandene Glucose soll experimentell nachgewiesen werden. Dafür stehen Ihnen die folgenden Chemikalien und Materialien zur Verfügung: Reibschale mit Pistill, feiner Sand, Filterpapier, Trichter, Reagenzgläser, TOLLENS-Reagenz (alternativ Glucoseteststäbchen), Wasserbad, Heizrührer und grüne Blätter (z. B. von Tulpen oder Schnittlauch).
Entwickeln Sie eine Versuchsanleitung und führen Sie das Experiment nach Rücksprache mit der Lehrkraft durch.

V2 Füllen Sie ein Reagenzglas zu etwa zwei Dritteln mit Wasser und geben Sie eine Spatelspitze Indigocarmin hinzu. Schütteln Sie kräftig, sodass die Lösung tiefblau gefärbt ist. Fügen Sie vorsichtig etwas Natriumdithionit hinzu, bis die Lösung gerade wieder farblos wird. Tauchen Sie anschließend den Spross einer Wasserpestpflanze in das Reagenzglas und geben Sie etwas Silikonöl hinzu.
Stellen Sie eine hell leuchtende Lampe daneben auf (Video ➡ QR 06043-072).

06043-072

AUSWERTUNG

a) Formulieren Sie die Reaktionsgleichung für die TOLLENS-Probe mit Glucose.
b) Erklären Sie die Beobachtungen bei **V2**.
c) Begründen Sie, dass die Zugabe von Silikonöl bei **V2** sinnvoll ist.
d) Stellen Sie die Reaktionsgleichung für die Fotosynthese auf.

ENTSORGUNG: G2, G3

M Temperaturabhängigkeit der Fotosynthese

Der Prozess der Fotosynthese läuft über zahlreiche Redoxreaktionen ab, die großteils von Enzymen katalysiert werden. Die Enzymaktivität ist u. a. von der Temperatur abhängig (➡ Kap. 4.3.2). Hängt also auch die Fotosyntheserate (= Fotosyntheseaktivität pro Zeiteinheit) von der Umgebungstemperatur ab?

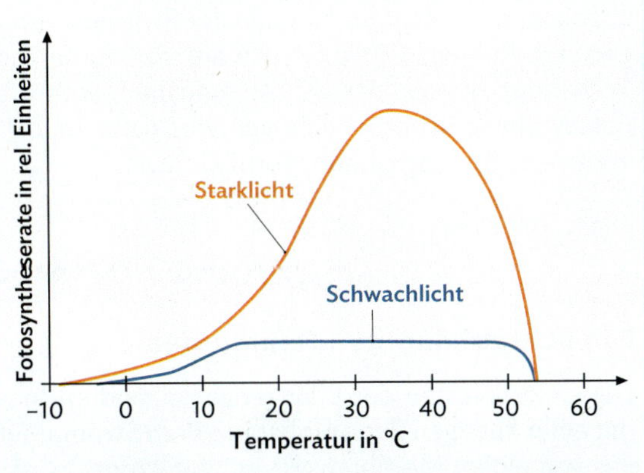

B1 Abhängigkeit der Fotosyntheserate von der Temperatur

M3 Um diese Frage zu beantworten, wurde die Fotosyntheserate in Abhängigkeit von der Temperatur ermittelt. Es wurden zwei Versuchsreihen durchgeführt, wobei eine Pflanze bei der ersten Versuchsreihe mit Starklicht und bei der zweiten mit Schwachlicht bestrahlt wurde (**B1**).

AUSWERTUNG

a) Vergleichen Sie den Kurvenverlauf bei Stark- und Schwachlicht im Bereich zwischen 15 und 45 °C. Begründen Sie, ob hier jeweils eine Temperaturabhängigkeit vorliegt.

b) *„Bei der Fotosynthese laufen zwei Prozesse ab: Einer davon ist stark temperaturabhängig, was auf enzymatische Tätigkeit hinweist, der andere dagegen nicht.“* Beurteilen Sie diese Aussage anhand von **B1**.

E Dem Sauerstoff auf der Spur

Die Herkunft des bei der Fotosynthese gebildeten Sauerstoffs konnte erst durch die Wissenschaftler RUBEN und KAMEN mithilfe der sogenannten Tracer-Methode eindeutig nachgewiesen werden. Wie gelang dieser Nachweis?

M4 Bei der Tracer-Methode werden Moleküle über seltene Isotope, z. B. ^{18}O und ^{14}C, markiert. Isotope sind Atome eines Elements, die sich nur in ihrer Neutronenzahl und damit in ihrer Masse voneinander unterscheiden. Neben dem häufig vorkommenden Isotop ^{16}O existiert auch das Isotop ^{18}O. Dieses kann man durch Massenspektrometrie verfolgen. RUBEN und KAMEN entwickelten zur Ermittlung der Herkunft der Sauerstoff-Atome zwei Experimente (**B2**):

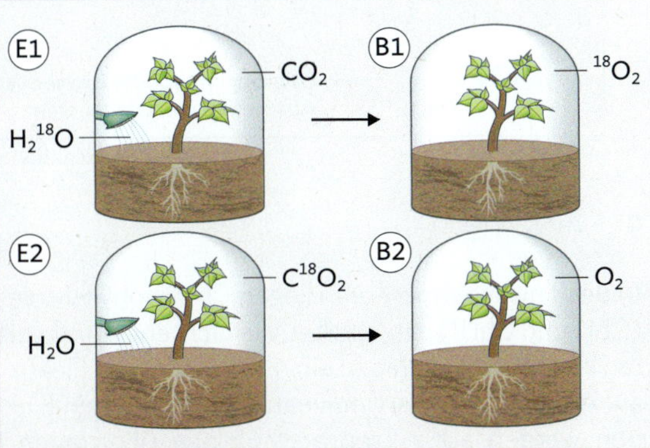

B2 Der historische Versuch nach RUBEN und KAMEN

Experiment 1 (E1): Pflanzen wurden mit markiertem Wasser $H_2{}^{18}O$ gegossen, CO_2 war nicht markiert.
Beobachtung 1 (B1): Der freigesetzte Sauerstoff bestand aus ^{18}O-Isotopen.
Experiment 2 (E2): Die Pflanzen wurden mit normalem Wasser H_2O gegossen und einer Atmosphäre mit $C^{18}O_2$ ausgesetzt.
Beobachtung 2 (B2): Der freigesetzte Sauerstoff enthielt ausschließlich normale ^{16}O-Isotope.

AUSWERTUNG

a) Formulieren Sie zu (E1) und (E2) jeweils eine Reaktionsgleichung, die die Versuchsergebnisse beinhaltet. Verwenden Sie dabei die Isotopenschreibweise für Sauerstoff (^{16}O bzw. ^{18}O).

b) Formulieren Sie eine begründete Vermutung, ob das ^{18}O-Isotop bei (E2) in anderen Molekülen als O_2 nachweisbar ist.

5.1.2 Der zweigeteilte Prozess der Fotosynthese

Bedeutung der Fotosynthese

Bei der **Fotosynthese** handelt es sich um einen der bedeutendsten biochemischen Prozesse der Erde. Bei grünen Pflanzen läuft die Fotosynthese in den Chloroplasten der Zellen ab. Sie produzieren Sauerstoff und nehmen im Gegenzug Kohlenstoffdioxid auf (**V2**). Für den Vorgang benötigen sie noch Wasser sowie Licht als Energiequelle. Die Lichtenergie wird dabei v. a. vom grünen Blattfarbstoff, dem **Chlorophyll**, aufgenommen. Ein großer Teil der Lichtenergie wird in chemische Energie umgewandelt und im Stoff Glucose gespeichert (**V1**). Die Gesamtreaktionsgleichung für den Prozess der Fotosynthese lautet somit:

$$6\,CO_2\,(g) + 6\,H_2O\,(l) \xrightarrow[\text{Chlorophyll}]{\text{Licht}} C_6H_{12}O_6\,(s) + 6\,O_2\,(g)$$

Der umgekehrte Prozess wird **Zellatmung** genannt. Bei dieser wird Glucose in Anwesenheit von Sauerstoff abgebaut. Dabei entstehen Kohlenstoffdioxid und Wasser. Die Zellatmung liefert die Energie zur Aufrechterhaltung der Lebensvorgänge im Körper. Sie läuft in den Mitochondrien der Zellen vereinfacht betrachtet nach der folgenden Reaktionsgleichung ab:

$$C_6H_{12}O_6\,(s) + 6\,O_2\,(g) \longrightarrow 6\,CO_2\,(g) + 6\,H_2O\,(l)$$

Aufgrund von Zellatmung wird von Organismen somit Kohlenstoffdioxid in die Atmosphäre emittiert. Pflanzen wiederum sind in der Lage, Kohlenstoffdioxid aus der Atmosphäre aufzunehmen und für ihre Stoffwechselprozesse zu nutzen. Durch die Fotosynthese werden der Erdatmosphäre jährlich etwa 100 Gt Kohlenstoff in Form von Kohlenstoffdioxid entzogen, woraus die Pflanzen etwa 700 Gt Biomasse produzieren. Da sich von dieser Biomasse auch Menschen und Tiere ernähren, ist das gesamte Leben auf der Erde von der Fotosynthese abhängig. Die bei der Fotosynthese gebildete Glucose wird in den Pflanzen zu weiteren Produkten wie Stärke, Cellulose, Fetten und Eiweißen verarbeitet. Sie stellen für andere Lebewesen wichtige Nährstoffe dar.

Die beiden Teilprozesse der Fotosynthese

Die eigentlichen Prozesse der Fotosynthese, die innerhalb der Chloroplasten ablaufen, warfen lange Zeit Rätsel auf und konnten größtenteils erst im 20. Jahrhundert aufgeklärt werden. Grundlegende Erkenntnisse lieferten z. B. die Experimente von von SAMUEL RUBEN und MARTIN KAMEN (**M4**). Diese konnten belegen, dass die Sauerstoff-Moleküle bei der Fotosynthese nicht aus den Kohlenstoffdioxid-Molekülen gebildet werden, sondern aus den Wasser-Molekülen. Zudem konnte aus verschiedenen Experimenten abgeleitet werden, dass die Fotosynthese in zwei Teilprozessen abläuft (**M3**):
Zunächst erfolgen **lichtabhängige Reaktionen** (Primärreaktionen), in denen Sauerstoff produziert wird. Die folgenden **lichtunabhängigen Reaktionen** (Sekundärreaktionen) scheinen also von der Sauerstoffproduktion abgekoppelt zu sein und dienen der Synthese von Glucose aus Kohlenstoffdioxid. Um die stöchiometrischen Verhältnisse korrekt darzustellen und die Teilschritte der Fotosynthese zu berücksichtigen, wird daher häufig eine erweiterte Bruttogleichung formuliert:

$$6\,CO_2\,(g) + 12\,H_2O\,(l) \longrightarrow C_6H_{12}O_6\,(s) + 6\,O_2\,(g) + 6\,H_2O\,(l)$$

Die lichtabhängigen Reaktionen

Die Chloroplasten der Pflanzenzellen sind im Inneren mit einer flüssigen Grundsubstanz, dem **Stroma**, gefüllt, das von einem Membransystem durchzogen wird, den sogenannten **Thylakoiden**. An diesen Thylakoidmembranen finden die lichtabhängigen Reaktionen (Primärreaktionen) der Fotosynthese statt. Die Abläufe können mit einem energetischen Modell, dem sogenannten **Z-Schema** vereinfacht dargestellt werden (**B1**).

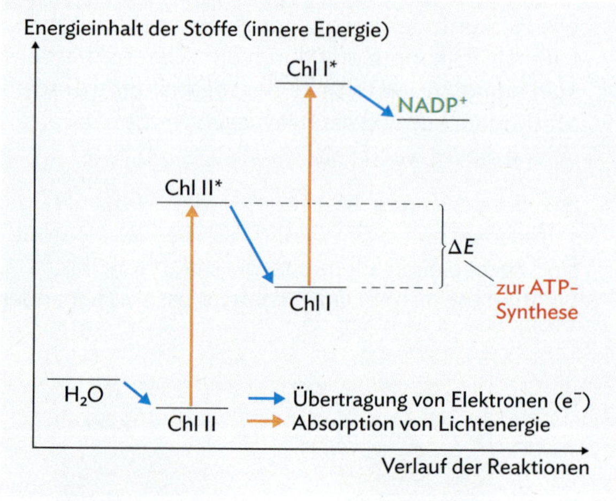

B1 Das Z-Schema

In der Thylakoidmembran liegen Chlorophyll-Moleküle (Chl I und Chl II) eingebettet, die Lichtenergie absorbieren können. Dies führt zu einer Anregung von Elektronen auf ein höheres Energieniveau. Die angeregten Elektronen werden auf Akzeptor-Moleküle übertragen und über mehrere Redoxsysteme weitergegeben (Elektronentransportkette), wobei Energie freigesetzt wird. Diese Energie wird genutzt, um energiereiches ATP aus ADP und Phosphat zu bilden:

ADP + Ⓟ + Energie ⇌ ATP

In den Chlorophyll-II-Molekülen entsteht dadurch eine Elektronenlücke, die mit Elektronen aus der **Fotolyse**, also der Zerlegung von Wasser-Molekülen mithilfe von Licht, geschlossen wird:

$$H_2O\ (l) \rightarrow 2\ H^+\ (aq) + 2\ e^- + \frac{1}{2}\ O_2\ (g)$$

INFO

Aufgrund ihrer hohen Ladungsdichte können Protonen (H^+-Ionen) in wässrigen Lösungen nicht existieren. Sie werden von den freien Elektronenpaaren der Sauerstoff-Atome der Wasser-Moleküle unter Bildung von Oxonium-Ionen gebunden. Zur Vereinfachung von Reaktionsgleichungen werden H^+ und H_3O^+ dennoch oft synonym verwendet.

Die angeregten Elektronen gelangen über die Elektronentransportkette zum Chlorophyll I, wo sie erneut durch Lichtabsorption angeregt werden. Sie dienen nach kurzem Elektronentransport der Bildung von energiereichem NADPH aus energiearmem $NADP^+$:

$$NADP^+ + 2\ H^+ + 2\ e^- + \text{Energie} \rightleftharpoons NADPH + H^+$$

Die lichtunabhängigen Reaktionen

In den lichtabhängigen Primärreaktionen werden die Produkte ATP und NADPH + H^+ hergestellt, wobei Sauerstoff eher als Neben- bzw. Abfallprodukt entsteht. Die kurzzeitigen Energiespeicher ATP und NADPH + H^+ werden hingegen in den lichtunabhängigen Reaktionen (Sekundärreaktionen) benötigt, um energiereiche Glucose herzustellen. Dieser Vorgang findet im Stroma der Chloroplasten statt und verläuft über viele enzymkatalysierte Redoxreaktionen. ATP und NADPH liefern dabei die nötige Energie sowie die Elektronen zur Reduktion der Kohlenstoffdioxid-Moleküle. Es kann folgende Bruttogleichung der lichtunabhängigen Reaktionen formuliert werden:

$$6\ CO_2 + 12\ NADPH + 12\ H^+ + 18\ ATP \longrightarrow C_6H_{12}O_6 + 6\ H_2O + 12\ NADP^+ + 18\ ADP + 18\ Ⓟ$$

Die lichtabhängigen Primärreaktionen und lichtunabhängigen Sekundärreaktionen sind somit durch das ATP-ADP-System und das $NADP^+$-NADPH-System miteinander gekoppelt bzw. aufeinander angewiesen (**B2**).

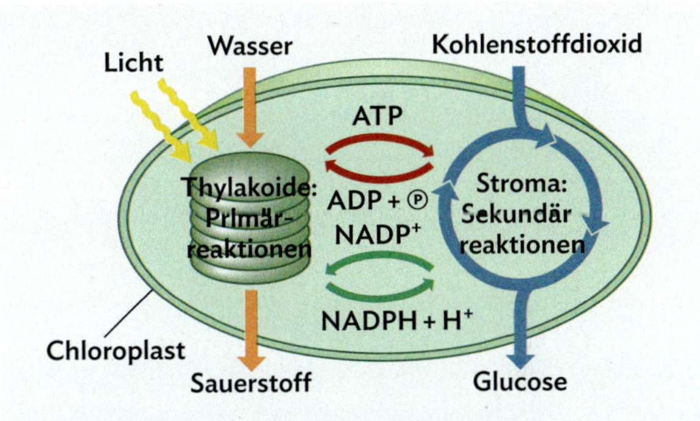

B2 Übersicht über die Prozesse der Fotosynthese

Im Prozess der Fotosynthese werden in Anwesenheit von Licht und Chlorophyll Kohlenstoffdioxid und Wasser zu Glucose und Sauerstoff umgesetzt. Dieser Prozess ist in zwei Teile gegliedert: Zunächst erfolgt die lichtabhängige Zerlegung der Wasser-Moleküle (Fotolyse). In diesen lichtabhängigen Reaktionen werden ATP und NADPH als energiereiche Zwischenspeicher bzw. Reduktionsmittel gebildet. Mithilfe dieser Produkte erfolgen in den anschließenden lichtunabhängigen Reaktionen die Reduktion der Kohlenstoffdioxid-Moleküle und die Synthese von Glucose-Molekülen.

AUFGABEN

A1 Früher verwendete man für die Teilprozesse der Fotosynthese anstelle von lichtabhängigen und lichtunabhängigen Reaktionen die Begriffe Licht- und Dunkelreaktion. Stellen Sie begründet dar, dass diese Bezeichnung zu Missverständnissen geführt hat und welchen Vorteil die modernen Begriffe bieten.

A2 Erklären Sie die Erweiterung der Reaktionsgleichung zur Fotosynthese um jeweils 6 H_2O auf Seiten der Edukte und der Produkte.

A3 Formulieren Sie die Bruttogleichung für die lichtabhängigen Reaktionen. Beachten Sie dabei, wie viele Moleküle ATP und NADPH jeweils für die lichtunabhängigen Reaktionen benötigt werden.

5.2 Elektrochemische und fotokatalytische Spaltung von Wasser-Molekülen

Wasserstoff gewinnt als alternativer Energieträger zunehmend an Bedeutung. Häufig erfolgt dessen Herstellung durch die elektrochemische Spaltung von Wasser-Molekülen. Auch Pflanzen können Wasser-Moleküle zerlegen, wobei sie das Sonnenlicht als Energiequelle nutzen. Welche Unterschiede und Gemeinsamkeiten gibt es zwischen den beiden Vorgängen und was versteht man unter „künstlicher Fotosynthese"?

5.2.1 Versuche und Material

V Elektrochemische Spaltung von Wasser-Molekülen

Wasserstoff kann auf unterschiedliche Weise gewonnen werden, z. B. aus Erdgas und Erdöl oder auch aus Biomasse und Elektrolyse. Wie funktioniert die Gewinnung von Wasserstoff auf möglichst nachhaltige Weise mittels Elektrolyse?

V1 Erstellen Sie eine Versuchsanleitung mit passender Skizze zur Herstellung von Wasserstoff mithilfe einer Elektrolyse. Dabei soll gezeigt werden, dass Wasser zersetzt wird. Ihnen stehen die folgenden Chemikalien und Materialien zur Verfügung: starke LED-Lampe, Solarzelle, Kabel mit passenden Klemmen, Graphitelektroden, Becherglas (600 mL), Reagenzgläser, Natriumsulfat, wasserfester Filzstift, Glimmspan und Gasbrenner. Führen Sie den Versuch nach Rücksprache mit der Lehrkraft durch.

AUSWERTUNG

a) Stellen Sie die passende Reaktionsgleichung für die Elektrolyse aus **V1** auf und weisen Sie die Spaltung der Wasser-Moleküle anhand Ihrer Versuchsergebnisse nach.

b) Vergleichen Sie die Abläufe bei der Zerlegung von Wasser-Molekülen bei der Fotosynthese mit den Vorgängen bei der Elektrolyse anhand selbstgewählter Kriterien.

c) Beurteilen Sie die Aussage: „Die künstliche Fotosynthese ist nichts anderes als die Elektrolyse von Wasser mithilfe einer Solarzelle."

ENTSORGUNG: A, R

V Photo-Blue-Bottle-Modellexperiment

Richtet man eine Taschenlampe auf Wasser aus, so passiert nichts. Es gibt jedoch auch chemische Reaktionen, die durch die Einwirkung von Licht initiiert werden. Was passiert dabei und wie kann man mit sichtbarem Licht chemische Reaktionen in Gang setzen?

V2 Lösen Sie 1 g EDTA (Dinatriumethylendiamintetraessigsäure), 561 mg Ethylviologen (1,1'-Diethyl-4,4'-bipyridiniumdibromid) und 12 mg Proflavin (3,6-Diaminoacridinhemisulfat) unter Rühren in 500 mL destilliertem Wasser vollständig auf. Bewahren Sie das entstehende gelbe Gemisch („PBB-Flüssigkeit") unter Lichtausschluss in einer braunen Flasche auf.
Füllen Sie 10 mL-Schraubgläschen zur Hälfte mit der PBB-Flüssigkeit. Richten Sie eine starke blaue Taschenlampe auf die Flüssigkeit im Gläschen. Sobald keine Veränderung der Farbe der Flüssigkeit mehr eintritt, schütteln Sie das Gläschen vorsichtig hin und her. Wiederholen Sie diese Schritte mehrmals.

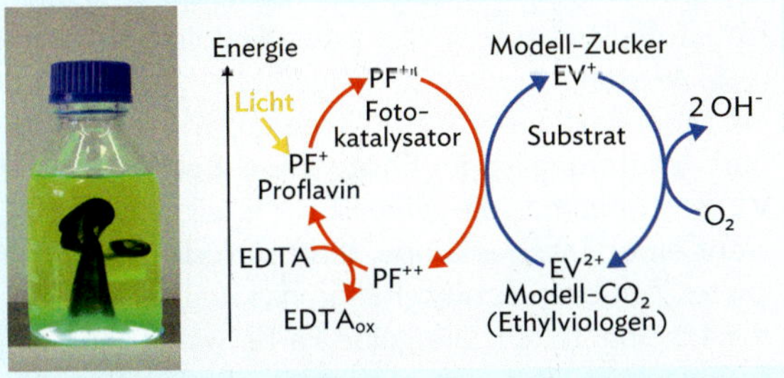

B1 Bestrahlung der gelben PBB-Flüssigkeit mit blauem Licht (links) und Reaktionsschema zum PBB-Modellexperiment aus **V2** (rechts)

AUSWERTUNG

a) Erläutern Sie anhand der Darstellung in **B1** die Funktionsweise eines sogenannten Fotokatalysators.

b) Beschreiben Sie mithilfe Ihrer Versuchsergebnisse aus **V2** die Aufgaben des wasserspaltenden Komplexes bei der Fotosynthese.

c) Nennen Sie zwei Nachteile des PBB-Modellexperiments aus **V2** im Vergleich zu den natürlichen Fotosynthesevorgängen.

ENTSORGUNG: G2, G3, G4

M Künstliche Blätter

Neben der klassichen Fotosynthese von Pflanzen gibt es auch die Möglichkeit der künstlichen Fotosynthese. Bei diesem chemischen Prozess warden mithilfe von Sonnenlicht chemische Produkte hergestellt. Wie funktioniert das und welche Ansätze dazu gibt es?

M3 Bereits 1972 beobachteten A. FUJISHIMA und K. HONDA die fotokatalytische Zerlegung von Wasser an einer Titandioxidoberfläche. Allerdings war dazu eine Belichtung mit UV-Licht notwendig. Mittlerweile hat man Materialien auf Halbleiterbasis entwickelt („künstliches Blatt"), die eine Wasserzersetzung auch mit sichtbarem Licht ermöglichen (**B2**).

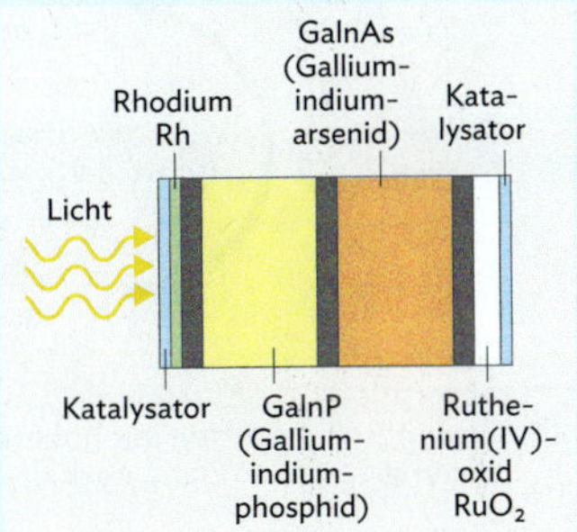

B2 Bau eines künstlichen Blattes auf Halbleiterbasis

AUSWERTUNG

a) Beschreiben Sie den in **B2** dargestellten Aufbau.

b) Die Spaltung des Wassers am künstlichen Blatt findet in zwei Teilvorgängen jeweils auf der Vorder- und Rückseite statt. Erläutern Sie den Nachteil, der sich daraus ergibt.

c) Stellen Sie eine Liste der verwendeten Rohstoffe für das künstliche Blatt auf (**B2**) und recherchieren Sie deren Herkunft und Beschaffungskosten.

d) Diskutieren Sie, ob die Bezeichnung „künstliches Blatt" für die in **B2** dargestellte Anordnung sinnvoll ist.

e) Schlagen Sie zwei Verbesserungsmöglichkeiten zur Effizienzsteigerung des „künstlichen Blattes" vor.

f) Mittlerweile gibt es „künstliche Blätter", mit denen man auch andere Stoffe wie z. B. Wasserstoff herstellen kann. Recherchieren Sie eine solche Alternative und nennen Sie zwei mögliche Vorteile.

5.2.2 Elektrochemische und fotokatalytische Spaltung von Wasser-Molekülen

Elektrolyse von Wasser

Wasserstoff hat gegenüber anderen Energieträgern einen hohen auf die Masse bezogenen Energieinhalt. Bei der Verbrennung entsteht zudem, im Gegensatz zu fossilen Kraftstoffen, bei welchen große Mengen an Treibhausgasen freigesetzt werden, lediglich Wasser. Die Industrie wird daher zukünftig große Mengen Wasserstoff benötigen, beispielsweise bei der Herstellung von Eisen und Stahl.
Wasserstoff kann umweltfreundlich durch die **Elektrolyse** von Wasser hergestellt werden, sofern die elektrische Energie aus nachhaltigen Quellen stammt. Eine Elektrolyse mithilfe von Strom aus Lichtenergie ist relativ einfach durchführbar, da entsprechende Solarzellen aus Halbleitermaterialien zur Verfügung stehen (**V1**). Bei der Elektrolyse von Wasser entstehen ausschließlich Wasserstoff und Sauerstoff:

$2\,H_2O\,(l) \rightarrow 2\,H_2\,(g) + O_2\,(g)$ | endotherm

Aber wäre es nicht wünschenswert, wenn man gar keinen Strom mehr benötigen würde und das Sonnenlicht direkt zur Zersetzung des Wassers verwenden könnte? Könnte man darüber hinaus unter Zusatz von Kohlenstoffdioxid auch andere Stoffe herstellen wie z. B. Kohlenwasserstoffe?

Fotokatalytische Spaltung von Wasser-Molekülen bei der Fotosynthese

Grüne Pflanzen sind in der Lage, Fotosynthese zu betreiben. Die bei der Fotosynthese bei den lichtabhängigen Vorgängen entstehenden Sauerstoff-Moleküle stammen aus den zugeführten Wasser-Molekülen (➥ Kap. 5.1). Somit findet in den Pflanzen die folgende Reaktion statt:

$2\,H_2O\,(l) \rightarrow 4\,H^+\,(aq) + 4\,e^- + O_2\,(g)$

Diese Reaktion findet am wasserspaltenden Komplex, einem Enzym, statt. Die entstehenden Protonen und Elektronen werden an nachfolgende Reaktionspartner weitergegeben, bis in den lichtunabhängigen Reaktionen in mehreren Schritten durch die Reduktion von Kohlenstoffdioxid Glucose entsteht (➥ Kap. 5.1).
Bei der Fotosynthese entsteht also kein elementarer Wasserstoff, sondern das Kohlenhydrat Glucose, das z. B. für den unmittelbaren Betrieb von Kraftfahrzeugen ungeeignet ist. Aufgrund der zahlreichen komplizierten Teilvorgänge und der Empfindlichkeit vieler Enzyme ist es nicht sinnvoll und möglich, die Fotosynthese exakt von der Natur zu kopieren. Es gibt jedoch einige vielversprechende Ansätze für die sogenannte **künstliche Fotosynthese**.

Künstliche Fotosynthese

Sowohl bei der künstlichen als auch bei der natürlichen Fotosynthese wird Licht in einem bestimmten Wellenlängenbereich absorbiert. Es kommt zur Ladungstrennung (**B1**). So entstehen z. B. am wasserspaltenden Komplex Protonen und Elektronen. Anstelle der Chlorophylle werden bei der künstlichen Fotosynthese bestimmte Farbstoff-Moleküle (**V2**) oder Halbleitermaterialien (**M3**) verwendet.
Ein Modellexperiment zum Kreislauf von Fotosynthese und Zellatmung ist der **Photo-Blue-Bottle-Versuch** in **V2**. Bestrahlt man die gelbe PBB-Flüssigkeit mit blauem Licht einer Taschenlampe, färbt sich die Lösung nach kurzer Zeit blau. Schüttelt man das Reaktionsgefäß mit der Lösung, taucht die gelbe Farbe wieder auf. Dieser Farbwechsel lässt sich mehrmals wiederholen. Damit kann man die Fotosynthese bei der Färbung nach Blau und die Zellatmung bei der Rückfärbung nach Gelb nachstellen (weiterführende Informationen ➥ QR 06043-073).

06043-073

Ein **Fotokatalysator**, z. B. der Farbstoff Proflavin in **V2**, absorbiert Licht, beschleunigt dabei eine bestimmte Reaktion und setzt deren Aktivierungsenergie herab. Schließlich geht er unverändert aus der Reaktion hervor. Auf der Seite der positiven Ladungen findet die Oxidation (Elektronenabgabe) statt, auf der Seite der negativen Ladungen die Reduktion (Elektronenaufnahme) (**B1**). Zusätzlich werden zwei Katalysatoren benötigt: Einer für die Oxidation des Wassers und der andere für die Reduktion von Protonen (oder anderer alternativer Elek-

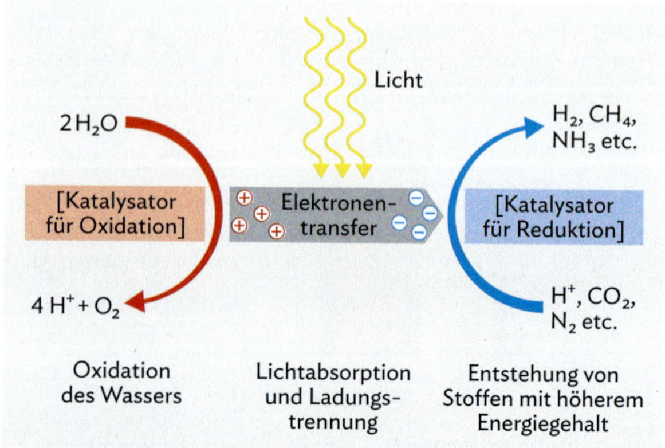

B1 Prinzip der künstlichen Fotosynthese

tronenakzeptoren). Oftmals werden dafür teure Edelmetalle verwendet, deren Gewinnung die Umwelt schädigt (weiterführende Informationen ➡ QR 06043-074).

06043-074

Bei der künstlichen Fotosynthese kann die Wasserzersetzung mit der Entstehung vieler unterschiedlicher Stoffe gekoppelt werden, die einen höheren Energieinhalt als die Edukte aufweisen. Dies stellt einen Vorteil gegenüber der natürlichen Fotosynthese dar.
Eine Besonderheit der künstlichen Fotosynthese stellt das „künstliche Blatt" dar (**B2**, **M3**). Es besteht häufig aus einem Halbleitermaterial, das in der Mitte einen p-n-Übergang aufweist (vgl. Infokasten). Bei Lichteinfall findet dort eine Ladungstrennung statt. Am Pluspol werden Elektronen an Oxonium-Ionen abgegeben, am Minuspol werden freigesetzte Elektronen aufgenommen:

Oxidation: $6\ H_2O\ (l) \rightarrow 4\ H_3O^+\ (aq) + 4\ e^- + O_2\ (g)$

Reduktion: $4\ H_3O^+\ (aq) + 4\ e^- \rightarrow 2\ H_2\ (g) + 4\ H_2O\ (l)$

INFO

Halbleiter sind Feststoffe, deren Leitfähigkeit zwischen denen der Leiter und Nichtleiter liegt. Durch gezieltes Einbringen von Fremd-Atomen (**Dotieren**) entstehen **p-** oder **n-Halbleiter** (Elektronenakzeptor bzw. Elektronendonator). Die Übergangsstelle zwischen p- und n-Halbleitern (**p-n-Übergang**) weist besondere Eigenschaften auf, die u. a. für elektronische Bauteile und Solarzellen bedeutsam sind.

Die bei der Oxidation gebildeten Oxonium-Ionen wandern in der Lösung auf die entgegengesetzte Seite des „künstlichen Blattes", sodass ein geschlossener Stromkreis vorliegt (**M3**).

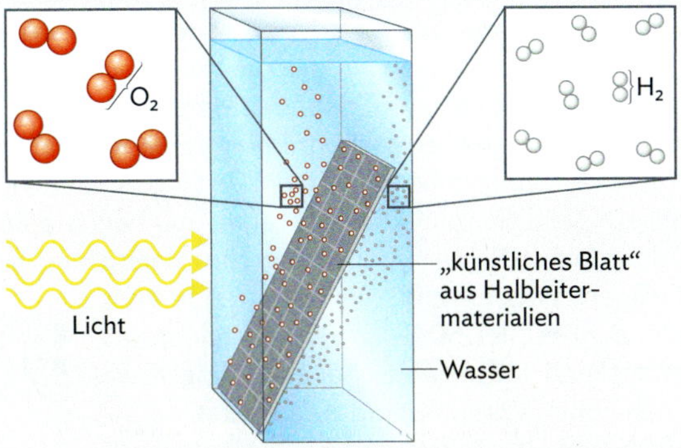

B2 Schematische Darstellung des künstlichen Blattes

Die elektrochemische Wasserspaltung setzt das Vorhandensein einer Stromquelle voraus. Es entstehen ausschließlich Wasserstoff und Sauerstoff.
Bei der fotokatalytischen Wasserspaltung wird Wasser mithilfe von Licht zersetzt. Diese Reaktion ist mit der Synthese energetisch höherwertiger Produkte gekoppelt.

AUFGABEN

A1 Vergleichen Sie das Modellexperiment des Photo-Blue-Bottle-Versuchs aus **V2** mit dem natürlichen Prozess der Fotosynthese.

A2 Beurteilen Sie, ob der blaue Stoff im PBB-Experiment ein guter Energiespeicher ist.

A3 Wasser-Moleküle kann man nicht nur mithilfe elektrischer Energie oder Lichtenergie spalten, sondern auch durch Zufuhr von Wärmeenergie. Begründen Sie, dass sich diese Methode technisch nur sehr schwer umsetzen lässt.

A4 Stellen Sie die Vorgänge bei der natürlichen Fotosynthese vereinfachend in Form von Teilgleichungen für die Oxidation und die Reduktion sowie als Gesamtgleichung dar.

A5 Eine weiterentwickelte Variante des Photo-Blue-Bottle-Experiments erlaubt nicht nur die Demonstration eines Fotokatalysators, sondern durch den zusätzlichen Einsatz eines anderen Katalysators auch die Herstellung von Wasserstoff. Nennen Sie die entscheidenden Vor- und Nachteile dieses Verfahrens gegenüber der Wasserstoffherstellung mithilfe eines Halbleiters („künstliches Blatt").

A6 Bei der künstlichen Fotosynthese erfolgt gleichzeitig mit der Oxidation von Wasser-Molekülen eine Reduktion von kleinen Teilchen wie Protonen (bzw. Oxonium-Ionen), Kohlenstoffdioxid- oder Stickstoff-Molekülen. Stellen Sie diese Reduktionen und die weitere Verwendung der dabei entstehenden Produkte jeweils in Form eines Kreisprozesses dar. Beurteilen Sie anschließend, ob es sich bei der künstlichen Fotosynthese um ein ökologisch nachhaltiges Verfahren handelt.

5.2.3 Ökologische und ökonomische Betrachtung

Ressourceneinsatz bei der Elektrolyse

Elektrolyseure werden auch bei der zukünftigen großtechnischen Realisierung der Fotosynthese noch benötigt werden, da erneuerbare elektrische Energie aus Wind- und Wasserkraftanlagen auf diesem Wege sehr effizient in chemische Energie umgewandelt werden kann.
Für den Bau einer einfachen Elektrolyseapparatur zur Wasserzerlegung benötigt man neben einer Natriumsulfatlösung lediglich einfache Glasgeräte und zwei Graphitelektroden (**V1**). Die großtechnische Herstellung von „**Grünem Wasserstoff**" (weiterführende Informationen ➡ QR 06043-075) muss jedoch kostendeckend und umweltschonend erfolgen, was einen hohen Wirkungsgrad voraussetzt.

06043-075

Alkalische Elektrolyseure sind seit langem bekannt und technisch ausgereift. Zwischen zwei Metallelektroden aus Titan, die mit einem Katalysator beschichtet sind, befindet sich ein poröses Diaphragma aus einer Spezialkeramik. Das Diaphragma lässt nur Hydroxid-Ionen durch, aber keine Sauerstoff- bzw. Wasserstoff-Moleküle. Als Elektrolyt dient eine etwa 30 %-ige Kaliumhydroxidlösung. Als Katalysator können neben Edelmetallen vergleichsweise günstige Metalllegierungen (z. B. RANEY-Nickel) verwendet werden.
Die **Protonen-Austauschmembran-Elektrolyse** (PEM-Elektrolyse) arbeitet mit reinem Wasser. Darin befindet sich eine Membran, die aus einem speziellen Polymer (➡ Kap. 4) besteht und für Protonen durchlässig ist, nicht jedoch für Gas- und Wasser-Moleküle. Sie ist auf der Seite des Minuspols mit Kohlenstoff beschichtet, auf dem sich fein verteiltes Platin befindet. Auf der Seite des Pluspols ist die Membran mit Iridium- oder Rutheniumoxid beschichtet. Die relativ teuren Edelmetalle wirken dabei als Katalysatoren. PEM-Elektrolyseure eignen sich vorzüglich für den Betrieb unter Lastwechsel, z. B. im Einsatz an Windkraftwerken, deren Leistung tagsüber stark schwankt. Ein weiterer Vorteil der PEM-Elektrolyse ist deren Reversibilität: Die Reaktionen können umgekehrt ablaufen, sodass ein PEM-Elektrolyseur auch als Brennstoffzelle betrieben werden kann (Informationen ➡ QR 06043-076).

06043-076

Die **Anionen-Austauschmembran-Elektrolyse** vereint die Vorteile der alkalischen Elektrolyse und der Protonen-Austauschmembran-Elektrolyse. Die Konzentration der verwendeten Kaliumhydroxidlösung ist dabei wesentlich geringer, und es können vergleichsweise kostengünstige Katalysatoren eingesetzt werden.
Hochtemperatur-Elektrolyseure arbeiten mit heißem Wasserdampf, wodurch sie sehr hohe Wirkungsgrade von bis zu 80 % erreichen können. Dabei kommen keramische Werkstoffe zum Einsatz, für deren Herstellung u. a. Metalle der seltenen Erden wie z. B. Yttrium und Zirconium benötigt werden. Die Gewinnung dieser speziellen Elemente kann sich schädlich auf die Umwelt auswirken (weiterführende Informationen ➡ QR 06043-077).

06043-077

Ressourceneinsatz bei der künstlichen Fotosynthese

Die künstliche Fotosynthese macht den Zwischenschritt der Umwandlung von Lichtenergie in elektrische Energie überflüssig, sodass keine Solarzellen und Elektrolyseure mehr benötigt werden. Allerdings erfordert die Herstellung „künstlicher Blätter" (**M3**, **B2** aus Kap. 5.2.2) den Einsatz spezieller lichtabsorbierender Materialien sowie die Herstellung geeigneter Halbleitermaterialien aus unterschiedlichen Elementen wie z. B. Gallium, Indium, Phosphor und Arsen.

Speicherung von Wasserstoff

Der erzeugte Wasserstoff muss richtig gespeichert werden, um ihn effizient nutzen zu können. Dabei gibt es verschiedene Möglichkeiten das Gas Wasserstoff zu speichern.
Die **physikalische Wasserstoffspeicherung** erfolgt durch Verdichten (Komprimieren) in Druckbehältern. Alternativ lässt sich Wasserstoff unter Druck verflüssigen, wenn er sehr stark abgekühlt wird. Flüssiger Wasserstoff muss in wärmegedämmten Tanks aufbewahrt werden. Ein Problem stellen dabei Wasserstoffverluste durch Verdampfen dar. Zudem muss bei beiden Speicherverfahren Energie aufgebracht werden.
Eine Alternative stellen Verfahren zur **chemischen Wasserstoffspeicherung** dar. Manche Metalle wie z. B. Lithium, Natrium und Magnesium reagieren mit Wasserstoff zu Hydriden. Dies sind feste Ionenverbindungen, sodass sich die Lagerung und Speicherung gegenüber dem gasförmigen Wasserstoff erheblich erleichtert. Man bezeichnet sie auch als **Metallhydridspeicher** (Arbeitsblatt ➡ QR 06043-078):

06043-078

$$Mg\,(s) + H_2\,(g) \rightarrow MgH_2\,(s) \qquad |\ \text{exotherm}$$

Durch Erwärmen bei normalem Luftdruck lässt sich durch die Umkehr dieser Reaktion Wasserstoff wieder freisetzen:

$$MgH_2\,(s) \rightarrow Mg\,(s) + H_2\,(g) \qquad |\ \text{endotherm}$$

Für den Einsatz in Kraftfahrzeugen sind möglichst hohe Energiedichten erwünscht. Einen Überblick über die verschiedenen Speicherformen und Energiedichten von Wasserstoff liefert die Tabelle in **B3**.

Speicherform von Wasserstoff	Energie pro Masse	Energie pro Volumen
gasförmig, 200 bar	142 MJ/kg	6,1 MJ/L
flüssig	120 MJ/kg	10,8 MJ/L
als Magnesium-hydrid	9 MJ/kg	21,4 MJ/L (bezogen auf den Feststoff)

B3 Energiedichten verschiedener Speicherformen von Wasserstoff

Power-to-Gas- und Power-to-Liquid-Technologien

Die Erzeugung von Wasserstoffgas mittels Elektrolyse ist ein Beispiel für ein **Power-to-Gas-Verfahren**. Dabei stellt man mithilfe elektrischer Energie Gase her, die als Energieträger dienen. Neben Wasserstoff sind dies vor allem Ammoniak und Methan (**B4**).

Ammoniak lässt sich energieeffizienter und weniger verlustreich transportieren als Wasserstoff. Es wird nach dem HABER-BOSCH-Verfahren aus Wasserstoff und Stickstoff hergestellt (Arbeitsblatt ➡ QR 06043-079).

06043-079

In einigen Hafenstädten, darunter Hamburg und Brunsbüttel, entstehen derzeit Terminals, an denen das Ammoniak zukünftig angeliefert werden soll. In speziellen Ammoniakcrackern wird es verdampft und an Katalysatoren bei Temperaturen ab 600 °C und einem Druck ab 50 bar in Wasserstoff und Stickstoff gespalten.

Von **Power-to-Liquid-Technologien** spricht man, wenn flüssige Kraftstoffe mithilfe elektrischer Energie hergestellt werden (**B4**). Dabei handelt es sich meist um einen Prozess, der viele Stufen beinhaltet. Zur Gewinnung von Kraftstoffen für benzinbetriebene Autos ist das Verfahren zum heutigen Zeitpunkt nicht sinnvoll, da akkubetriebene Elektroautos umweltfreundlicher sind. Schließlich kann Ökostrom direkt zum Aufladen der Akkus genutzt werden.

Flugzeuge hingegen werden noch einige Zeit auf flüssige Kraftstoffe angewiesen sein. Mithilfe von Power-to-Liquid-Technologien könnte man deren Ökobilanz verbessern.

Beide Verfahren sind nur sinnvoll, wenn „Grüner Wasserstoff“, der nicht aus fossilen Quellen stammt, eingesetzt wird. Die für Elektrolysen benötigte elektrische Energie muss dabei aus erneuerbaren Quellen stammen.

Der Einsatz der künstlichen Fotosynthese könnte wesentlich dazu beitragen, die Kosten für diese Verfahren zu senken und die Ökobilanz zu verbessern.

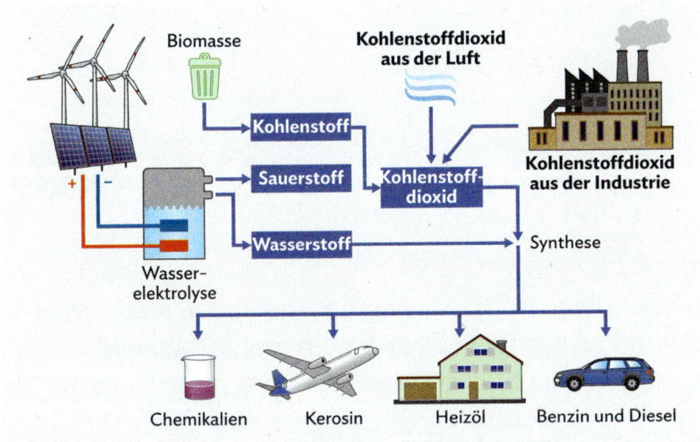

B4 Power-to-Gas- und Power-to-Liquid-Technologien

Die Elektrolyse von Wasser ist ökologisch sinnvoll, wenn die benötigte elektrische Energie aus erneuerbaren Quellen stammt. Sowohl für eine effiziente industrielle Elektrolyse, als auch für die fotokatalytische Wasserspaltung werden seltene und teure chemische Elemente benötigt, deren Gewinnung problematisch für die Umwelt ist. Die Speicherung von Wasserstoff kann auf physikalischem oder chemischem Weg erfolgen. Die Power-to-Gas- und die Power-to-Liquid-Technologien ermöglichen die Herstellung verschiedener gasförmiger und flüssiger Energieträger.

AUFGABEN

A1 Begründen Sie, dass alkalische Brennstoffzellen vor dem Zutritt von Kohlenstoffdioxid geschützt werden müssen.

A2 Zur Einsparung teurer Edelmetallkatalysatoren bringt man diese häufig auf ein poröses Trägermaterial auf. Erklären Sie den Vorteil dieser Vorgehensweise.

A3 Erläutern Sie die zentrale Bedeutung von Katalysatoren aus ökologischer und ökonomischer Sicht am Beispiel der Zersetzung von Wasser.

A4 Schlagen Sie für die folgenden Anwendungsfälle jeweils unter Angabe einer Begründung eine geeignete Möglichkeit zur Wasserstoffspeicherung vor:

a) privat genutzter PKW
b) stationäres Wasserstoffkraftwerk mit Brennstoffzellen
c) Transport von Wasserstoff von Australien nach Europa
d) Laptop mit Brennstoffzelle

5.3 Korrosion und Korrosionsschutz

Elektrochemische Vorgänge haben bei der Verwendung von Batterien oder Akkumulatoren einen praktischen Nutzen. Auch Elektrolysen werden zur Herstellung von Alltagsprodukten angewandt. Unerwünschte elektrochemische Reaktionen durch die sogenannte Korrosion können jedoch zu großen wirtschaftlichen Schäden führen und zeigen sich an Gebäuden z. B. als typischer brauner Rost. Wodurch zeichnet sich Korrosion aus und wie funktioniert Korrosionsschutz?

5.3.1 Versuche und Material

V Korrosion im Wassertropfen

Die Klinge eines Messers weist nach dem Reinigen im Geschirrspüler kreisförmige Rostspuren auf (**B1**). Das sieht nicht nur unschön aus, sondern kann auf Dauer auch das Material beschädigen. Was geschieht dabei auf der Teilchenebene?

B1 Lochfraßkorrosion an einer Messerklinge

V1 Sie benötigen zwei wässrige Lösungen. Geben Sie für die erste Lösung eine Spatelspitze Natriumchlorid und ein paar Tropfen Phenolphthaleinlösung in einige Milliliter destilliertes Wasser. Setzen Sie die zweite Lösung gleichermaßen an, jedoch unter Zugabe einer Spatelspitze Kaliumhexacyanidoferrat(III). Geben Sie je einen großen Tropfen der beiden Lösungen auf ein angeschliffenes Stahlblech und beobachten Sie.

AUSWERTUNG

a) Stellen Sie die ablaufenden Vorgänge in **V1** auf Teilchenebene dar.

b) Die Blaufärbung der zweiten Lösung mit Kaliumhexacyanidoferrat(III) ist ein Nachweis für Eisen(II)-Ionen. Geben Sie die Ionen an, die durch die Phenolphthaleinlösung in **V1** nachgewiesen werden können.

ENTSORGUNG: G2

V Kontaktkorrosion zwischen Kupfer und Zink

Bei der Montage einer Zinkdachrinne fallen Kupferschrauben in die Rinne und werden dort vergessen. Nach einiger Zeit hat sich an der Stelle der Schrauben ein Loch in der Dachrinne gebildet (**B2**). Wie konnte das passieren?

V2 Geben Sie einen Zinkstab in ein Becherglas mit verdünnter salzsaurer Lösung der Konzentration $c = 1$ mol/L. Beobachten Sie den Zinkstab dort einige Zeit. Fangen Sie das entstehende Gas, z. B. mit einer Spritze oder einem umgedrehten kleinen Reagenzglas, auf, um es später nachzuweisen.

V3 Bringen Sie den Zinkstab in der salzsauren Lösung aus **V2** mit einem Kupferstab in Kontakt. Beobachten Sie den Zinkstab erneut.

V4 Wiederholen Sie **V3** mit einem Magnesiumstab oder -band anstelle des Kupferstabes.

B2 Eine durch Korrosion beschädigte Dachrinne

AUSWERTUNG

a) Entwickeln Sie eine Hypothese, welches Gas bei **V2** entstanden ist. Überprüfen Sie Ihre Hypothese nach Rücksprache mit der Lehrkraft experimentell.

b) Benennen Sie den Elektronendonator für die Bildung des Gases in **V2**.

c) Formulieren Sie die Reaktionsgleichungen für die ablaufenden Reaktionen in **V2** und **V3**.

d) Erklären Sie die Beobachtungen aus **V3** und **V4** im Hinblick auf den unterschiedlich edlen Charakter der verwendeten Metalle.

e) Entwickeln Sie eine Hypothese zu dem Versuchsergebnis, wenn anstelle des Kupferstabes in **V3** oder des Magnesiumstabes in **V4** ein Platindraht verwendet werden würde und überprüfen Sie dies nach Rücksprache mit der Lehrkraft experimentell.

f) Formulieren Sie eine Schlussfolgerung aus Ihren experimentellen Beobachtungen aus **e)**.

ENTSORGUNG: G1, G2

V Kathodischer Korrosionsschutz

B3 Sauerstoffkorrosion eines Eisennagels

Pipelines oder Trassen aus Metallrohren werden durch Anlegen von elektrischer Spannung vor Korrosion geschützt. Wie muss dies erfolgen und welche chemischen Prozesse laufen dabei ab?

V5 Geben Sie einen Spatel Natriumchlorid und einen halben Spatel Kaliumhexacyanidoferrat(III) in destilliertes Wasser in einem Becherglas und stellen Sie so eine leitfähige wässrige Lösung her. Sättigen Sie die hergestellte Lösung ggf. mit Sauerstoff an. Tauchen Sie nun einen blanken Eisennagel in die angesetzte Lösung (**B3**). Beobachten Sie.

V6 Verbinden Sie den Nagel aus **V5** über ein Kabel mit einer zusätzlich in die Lösung getauchten Zinkelektrode und beobachten Sie erneut.

V7 Ersetzen Sie die Zinkelektrode aus **V6** durch einen Platin- oder Kupferdraht. Legen Sie eine Spannung von 3 bis 9 V an, indem Sie den Eisennagel mit dem Minuspol und den Metalldraht mit dem Pluspol einer Spannungsquelle verbinden.

AUSWERTUNG

a) Notieren Sie Ihre Beobachtungen aus **V5** – **V7** mit speziellem Fokus auf Farb- und Gasentwicklung.

b) Erklären Sie die an den Elektroden ablaufenden Reaktionen in **V6**. Stellen Sie einen Zusammenhang zwischen den Versuchsergebnissen aus **V5** – **V7** und dem Verfahren des aktiven Korrosionsschutzes her.

ENTSORGUNG: G2

5.3.2 Die Korrosion

Korrosion (lat. *corrodere*, zernagen) ist ein globales Problem. Besonders betroffen sind Stahlbrücken und -tragwerke aber auch z. B. Bahngleise, Fahrzeuge und Rohre. Es gibt verschiedene Arten von Korrosion. Welche sind dies und was sind Bedingungen sowie typische Abläufe der Korrosion?

Sauerstoffkorrosion

Gibt man wässrige Lösungen auf eine metallische Oberfläche, beispielsweise ein angeschliffenes Stahlblech, so kommt es zur Bildung von Lochfraßkorrosion – man nennt dies auch **Sauerstoffkorrosion** (**V1**, **V5**).
Im Primärvorgang am Stahlblech findet dabei die Oxidation von Eisen-Atomen zu Eisen(II)-Kationen statt:

$Fe\ (s) \rightarrow Fe^{2+}\ (aq) + 2\ e^-$

An der Grenzfläche Wasser-Luft werden zudem Sauerstoff-Moleküle zu Hydroxid-Ionen reduziert:

$O_2\ (g) + 2\ H_2O\ (l) + 4\ e^- \rightarrow 4\ OH^-\ (aq)$

Die mit Kaliumhexacyanidoferrat(III) versetzte Lösung färbt sich auf dem Stahlblech in **V1** an einigen Stellen blau – ein Nachweis für die entstehenden Eisen(II)-Ionen. Die Elektronen, die bei der Oxidation der Eisen-Atome freigesetzt werden, reagieren an einer anderen Stelle des Nagels mit den in der Lösung befindlichen Wasser- und Sauerstoff-Molekülen (**B1**). Die gebildeten Hydroxid-Ionen können durch die rosa Farbe des Indikators Phenolphthalein nachgewiesen werdenn (**V1**).

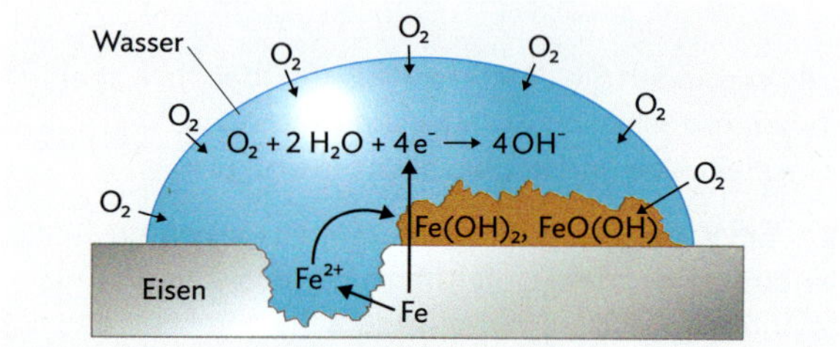

B1 Sauerstoffkorrosion an einem Stahlblech

Rosten von Eisen

Die Korrosion von Eisen wird umgangssprachlich auch als **Rosten** bezeichnet. Rostbildung tritt insbesondere bei der Sauerstoffkorrosion auf (**B1**). Rost ist chemisch betrachtet ein Gemisch aus Eisen(II)-oxid, Eisen(III)-oxid und Kristallwasser.
Die zuvor bei der Sauerstoffkorrosion gebildeten Eisen(II)-Ionen reagieren im weiteren Verlauf mit den ebenfalls gebildeten Hydroxid-Ionen und bilden schwerlösliches Eisen(II)-hydroxid:

$Fe^{2+}\ (aq) + 2\ OH^-\ (aq) \rightarrow Fe(OH)_2\ (s)$

Dieses wird durch den in der wässrigen Lösung vorhandenen Sauerstoff zu Eisen(III)-Ionen umgesetzt. Zusammen mit den Hydroxid-Ionen bildet sich in dieser Reaktion Eisen(III)-hydroxid:

$$4\ Fe^{2+}\ (aq) + 8\ OH^-\ (aq) + O_2\ (aq) + 2\ H_2O\ (l) \rightarrow 4\ Fe(OH)_3\ (s)$$

Durch Wasserabgabe entsteht dann Eisen(III)-oxid-hydroxid:

$Fe(OH)_3\ (s) \rightarrow FeO(OH)\ (s) + H_2O\ (g)$

Beim Verdunsten bilden diese Hydroxide durch Abgabe von Wasser Oxide:

$Fe(OH)_2\ (s) \rightarrow FeO\ (s) + H_2O\ (g)$

$2\ FeO(OH)\ (s) \rightarrow Fe_2O_3\ (s) + H_2O\ (g)$

Da die gebildete Rostschicht spröde und porös ist, kann sauerstoffhaltiges Wasser fortwährend in das Material eindringen und so zu weiterer Korrosion auch in tieferen Materialschichten führen.

Säurekorrosion

Bei der **Säurekorrosion** werden ebenfalls Eisen-Atome zu Eisen(II)-Kationen oxidiert (**B2**). Die Elektronen werden dabei jedoch an Oxonium-Ionen aus einer sauren Lösung abgegeben, welche dabei zu elementarem Wasserstoff reduziert werden:

$Fe\ (s) \rightarrow Fe^{2+}\ (aq) + 2\ e^-$

$2\ H_3O^+\ (aq) + 2\ e^- \rightarrow 2\ H_2O\ (l) + H_2\ (g)$

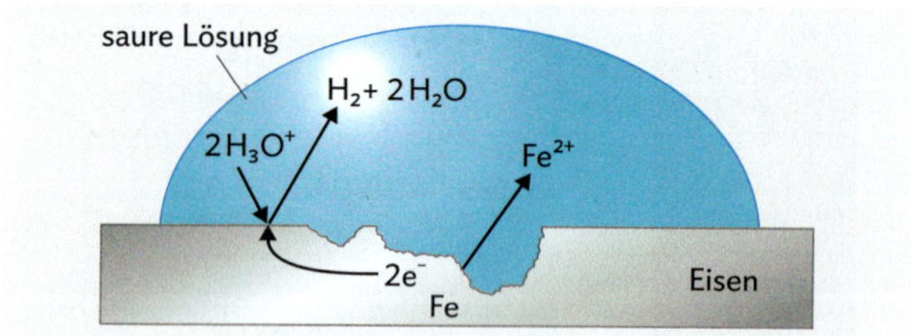

B2 Säurekorrosion an einem Stahlblech

Kontaktkorrosion

Fällt z.B. saurer Regen in eine Dachrinne aus Zink, lässt sich an ihrer Oberfläche eine leichte Gasentwicklung beobachten (**V2**). Befinden sich beispielsweise Kupferschrauben oder -nägel in der Dachrinne findet die Gasbildung hauptsächlich an der Kupferoberfläche statt und verläuft heftiger. Dennoch korrodiert dabei die Zinkdachrinne (**V3**).

Der Grund für diese beschleunigte, sogenannte **Kontaktkorrosion** der Zinkdachrinne ist die Bildung einer **Kontaktzelle**, einer kurzgeschlossenen GALVANIschen Zelle. Durch den Kurzschluss ist ein maximaler Elektronenfluss von der Anode zur Kathode gewährleistet. Dabei bildet die Zinkdachrinne die Anode, an der die Oxidation (Elektronenabgabe) stattfindet. Dort werden Zink-Atome zu Zink(II)-Kationen umgewandelt, die in Lösung gehen. Die Elektronen werden über die Kupferschrauben, die die Kathode bilden, abgeleitet. Dabei erfolgt die Reduktion (Elektronenaufnahme) von Oxonium-Ionen zu Wasserstoff-Molekülen (**B3**).

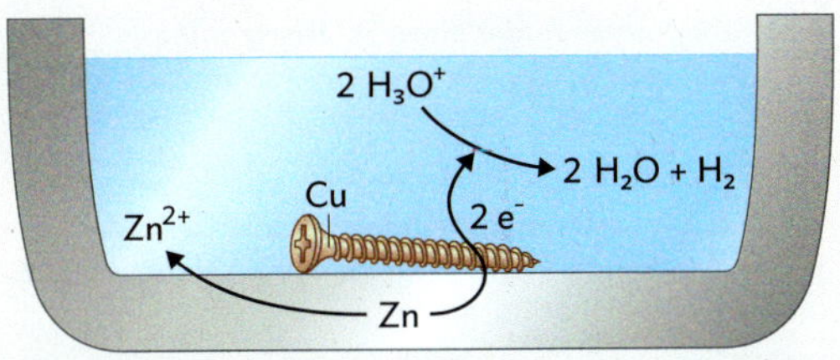

B3 Kontaktkorrosion am Beispiel von Kupferschrauben in einer Zinkdachrinne

Antrieb für die Kontaktkorrosion sind unterschiedliche elektrochemische Potenziale, bezogen auf den Nullpunkt der sogenannten **Spannungsreihe** (**B4**), den Wasserstoff markiert. Die Spannungsreihe ist eine Auflistung von Redoxpaaren nach ihrem **Standardpotenzial E^0**. Dies gibt einen Hinweis auf das Redoxverhalten eines Stoffes, zeigt also an, in welchem Maße dieser Stoff bereit ist im Verlauf einer Redoxreaktion Elektronen an andere Stoffe abzugeben oder von ihnen aufzunehmen. Je negativer das Standardpotenzial E^0 eines Redoxpaares ist, umso größer ist die Tendenz, Elektronen abzugeben (Reduktionswirkung). Jedes in der Spannungsreihe höherstehende („**edlere**") Metall kann den Kationen eines tieferstehenden („**unedleren**") Metalls Elektronen abgeben, d. h. kann es reduzieren und wird dabei selbst oxidiert.
Ersetzt man den Kupferstab aus **V3** durch einen Magnesiumstab, so erfolgt die Oxidation an der Magnesium-Anode und Zink wird dabei zur Kathode (**V4**).

reduzierte Form	oxidierte Form	Standardpotenzial E^0 in V
Mg	Mg^{2+}	−2,37
Al	Al^{3+}	−1,66
Zn	Zn^{2+}	−0,76
Fe	Fe^{2+}	−0,45
$H_2 + 2\,H_2O$	$2\,H_3O^+$	0,00
Cu	Cu^{2+}	+0,34
Fe^{2+}	Fe^{3+}	+0,77
Ag	Ag^+	+0,80
Pt	Pt^{2+}	+1,18

B4 Spannungsreihe mit Standardpotenzialen E^0 ausgewählter Redoxpaare (im sauren Milieu)

Manche Metalle bilden mit Luftsauerstoff, Wasser und oxidierenden Säuren eine nichtmetallische Passivschicht. Durch diese **spontane Passivierung** ändert sich das Standardpotenzial der Metalle. Die Metalle, die zuvor eigentlich sehr leicht oxidiert werden müssten und korrodieren, werden damit sehr korrosionsbeständig und weniger anfällig. Beispiele hierfür sind:

- Kupfer und Blei mit Luftsauerstoff,
- Aluminium und Eisen mit oxidierenden Säuren sowie
- Zink mit Wasser.

Korrosion ist eine oberflächlich ausgehende, selbstablaufende und irreversible chemische Reaktion. Dabei kommt es zur Zerstörung von Metallen durch sauerstoffhaltige (Sauerstoffkorrosion) oder durch saure wässrige Lösungen (Säurekorrosion). Stehen zwei unterschiedliche Metalle in elektrischem Kontakt, führt dies ebenfalls zu Korrosion, die in diesem Fall Kontaktkorrosion genannt wird. Die Bildung von Rost ist ein Beispiel für die Korrosion von Eisen. Sie führt zu großem wirtschaftlichen Schaden.

AUFGABEN

A1 Stellen Sie die Teilgleichungen und die Gesamtgleichung für die ablaufenden Redoxreaktionen aus **B3** auf.

A2 Zwei unbehandelte und unterschiedliche Metallbauteile sollen miteinander verschraubt werden. Ermitteln Sie eine Kombination, die wirtschaftlich praktikabel ist und ein möglichst geringes Korrosionsverhalten zeigt.

A3 Ihnen werden drei Versuchsansätze präsentiert: Ⓐ ein Eisennagel in leicht angesäuerter wässriger Lösung, Ⓑ der Eisennagel aus Ansatz Ⓐ steht in Kontakt mit einem Magnesiumspitzer und Ⓒ ein mit Kupferdraht umwickelter Eisennagel in leicht angesäuerter wässriger Lösung. Diskutieren Sie die zu erwartenden Beobachtungen.

5.3.3 Schutz vor Korrosion

Passiver Korrosionsschutz

Eisen rostet gerade dann, wenn es mit Sauerstoff und Wasser in Berührung kommt. Aufgrund seiner porösen Struktur schützt der Rost jedoch nicht vor weiterer Korrosion. Die am häufigsten angewendete Schutzmöglichkeit umfasst alle Maßnahmen, welche eine abschirmende Wirkung gegen korrosiv wirkende Substanzen erzielen. Dies geschieht entweder durch entsprechende **Beschichtung** des zu schützenden Metalls mit einem Korrosionsschutzmittel, z. B. einem Lack wie er bei Autokarosserien häufig eingesetzt wird, oder auch Kunststoffe (➡ Kap. 4.4) und Öle. Die Barrierewirkung dieses sogenannten **passiven Korrosionsschutzes** hält jedoch nur solange, wie die Beschichtung intakt ist.
Auch der komplette Überzug von Eisen mit einer Schicht eines edleren oder unedleren Metalls schützt vor Korrosion, z. B. durch Eintauchen von Eisenblechen in geschmolzenes Zinn bzw. Zink. Man spricht von der Feuerverzinnung bzw. Feuerverzinkung. Im ersten Fall beruht die Schutzwirkung auf der höheren Korrosionsbeständigkeit des edleren Metalls, wodurch Luft und Wasser von der Eisenoberfläche ferngehalten werden. Im zweiten Fall korrodiert das unedlere Metall leichter als das Eisen und bildet an der Luft eine schützende Oxidschicht aus. Auch in diesen Fällen sorgt die Barrierewirkung der schützenden Metallschichten für einen passiven Korrosionsschutz. Die Überzüge aus edleren Metallen schützen jedoch auch nur so lange, wie der Überzug unbeschädigt ist. So korrodiert z. B. verzinntes Eisen nach Beschädigung des Überzugs aus Zinn durch die Bildung von Kontaktzellen schneller als ungeschütztes Eisen.
Weitere Verfahren zum passiven Korrosionsschutz sind z. B. das **GALVANIsieren** oder **Eloxieren** (vgl. Infokasten).

Aktiver Korrosionsschutz

Greift man unmittelbar in die elektrochemischen Abläufe der Korrosion ein, so spricht man von **aktivem Korrosionsschutz**. Dieser existiert neben dem passiven Korrosionsschutz und es gibt verschiedene Arten:
Durch Legieren von Eisen mit bestimmten Elementen wie Chrom, Nickel, Molybdän, Aluminium oder Silizium kann die Korrosionsbeständigkeit erhöht werden.
Ein weiteres Schutzverfahren sind die sogenannten **Opferanoden** (**B5**). Dafür geeignetes Material sind Metalle, deren Atome aufgrund ihres kleineren Standardpotenzials leichter oxidiert werden, sodass die freiwerdenden Elektronen am Minuspol die Oxidation des zu schützenden Metallstücks verhindern (**V6**). Das Anodenmaterial wird entweder direkt oder leitend mit dem zu schützenden Metall verbunden. Werden diese Opferanoden nicht rechtzeitig ausgetauscht, kommt es zur Korrosion des zu schützenden Gegenstandes. Eingesetzt wird dieser Korrosionsschutz z. B. bei Pipelines, Schiffsrümpfen, Erd- oder Heiztanks (**B5**).
Der **kathodische Korrosionsschutz** funktioniert auch mit einem Fremdstrom. Zu diesem Zweck verbindet man den zu schützenden metallischen Gegenstand mit dem Minuspol einer äußeren Gleichstromquelle (**B6**, **V7**). Die Polung verhindert die Bildung positiv geladener Ionen.

B5 Opferanoden am Ruder eines Schiffsrumpfes

INFO

- Unter **GALVANIsieren** fasst man elektrolytische Verfahren wie Verchromen, Vergolden und Versilbern von unedleren Metallen zusammen.
- Im **Eloxalverfahren** (elektrolytische Oxidation von Aluminium) wird eine dünne (ca. 0,02 mm) Oxidschutzschicht auf ein Aluminiumstück aufgetragen:

$$2\,Al\,(s) + 9\,H_2O\,(l) \rightarrow Al_2O_3\,(s) + 6\,H_3O^+\,(aq) + 6\,e^-$$

- Bei der **Zinkphosphatierung** bildet sich eine Deckschicht aus $Zn_3(PO_4)_2 \cdot 4\,H_2O$ (teilweise im Gemisch mit $Zn_2Fe(PO_4)_2 \cdot 4\,H_2O$) auf der Stahloberfläche und schützt auf diese Weise vor Korrosion.

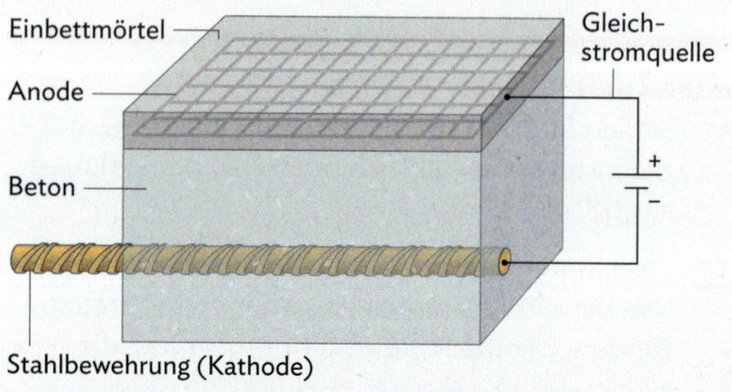

B6 Kathodischer Korrosionsschutz in Stahlbeton

Eine Anwendung im Alltag findet sich in Erdtanks oder bei Stahlbetonbrücken, welche starken Witterungsbedingungen ausgesetzt sind (**B6**). In vielen Fällen wird der kathodische Korrosionsschutz kombiniert mit Schutzüberzügen. Der Stromverbrauch wird dann sehr gering und dient nur dazu, das in den Poren solcher Überzüge freiliegende Metall zu schützen.

Ökologische und ökonomische Bedeutung

Auch wenn Rostfraß im Alltag oft unsichtbar geworden ist: Jede Sekunde werden weltweit fünf Tonnen Stahl durch Korrosion zersetzt. Der wirtschaftliche Schaden ist weitaus größer als der rein materielle Schaden, da aus sicherheitstechnischen und dekorativen Gründen ganze Bauteile oder Baugruppen nachbearbeitet, aufwändig saniert oder ausgetauscht werden müssen. Insgesamt fallen dadurch jedes Jahr Kosten von 3 bis 4 % des weltweiten Bruttoinlandsproduktes an, was alleine in Deutschland ca. 90 Milliarden Euro jährlich entspricht. Sachgerechter und vorbeugender Korrosionsschutz könnte die finanzielle Aufwendung um ca. 25 % verringern.
Durch Korrosion werden metallische Werkstücke immer dünner, poröser und brüchiger, wodurch es zu Verlusten bezüglich deren Sicherheit kommt, z. B. Leckagen an Rohrleitungen oder Schiffskörpern. Daraus resultieren wirtschaftliche Schäden oder gar Umweltschäden. In **B7** ist beispielsweise der Wasserverlust zwischen Wasserwerk und Endverbraucher in verschiedenen europäischen Ländern dargestellt. Es ist zu erkennen, dass teilweise bis ca. 30 % des Wassers nicht beim Verbraucher ankommen. Dies kann auf durch Korrosion verursachte Leckagen an Rohrleitungen zurückgeführt werden.
Ebenso ist die Beeinträchtigung der Leistungsfähigkeit betroffener Gegenstände möglich. Im konkreten Fall ist beispielsweise eine erhöhte Pumpleistung notwendig, wenn Rohre durch Korrosionsprodukte verstopft sind.
Auch in der Lebensmittelindustrie sind die Auswirkungen der Korrosion Ursache für erhebliche Schäden.

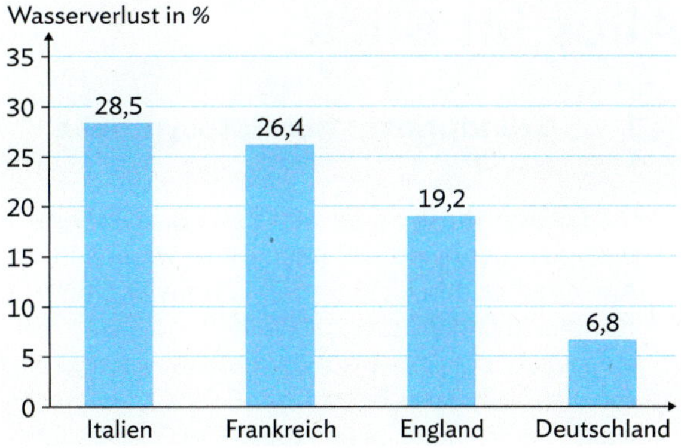

B7 Wasserverlust zwischen Werk und Verbraucher: ein Vergleich verschiedener europäischer Länder

Denn sowohl ein möglicher Verderb der Produkte, als auch gesundheitliche Schäden für Verbraucher bei der Aufnahme von Schwermetall-Ionen durch die Nahrung können die Folge sein. Viele moderne Technologien und Bereiche sind auf die Lösungsansätze zum Korrosionsschutz angewiesen.

Korrosionsschutz kann die Beeinträchtigungen durch Korrosion reduzieren. Die Oberflächen unedler Metalle lassen sich durch Beschichten vor Korrosion schützen. Hierzu können beim passiven Korrosionsschutz dünne Schichten aus Lacken oder edleren Metallen aufgetragen werden. Beim aktiven Korrosionsschutz werden elektrochemische Vorgänge genutzt, um die Korrosion zu verhindern. Das Prinzip der Opferanoden basiert darauf, dass unedle Metalle Elektronen liefern und so die Oxidation des zu schützenden Metalls verhindern. Die zu schützende Konstruktion kann auch als Kathode (Minuspol) an eine Gleichspannungsquelle angeschlossen und so vor Korrosion geschützt werden.

AUFGABEN

A1 Entwickeln Sie ein Experiment zum Verzinken eines Eisennagels, um diesen vor Korrosion zu schützen.

A2 Zink wird als Opferanode an Schiffsrümpfen verwendet. Zink-Ionen sind als „gewässergefährdend" eingestuft. Beurteilen Sie die Eignung als Opferanode auch unter ökonomischen und ökologischen Aspekten und schlagen Sie gegebenenfalls Alternativen vor.

A3 Fährt man auf der Autobahn vom Brennerpass in Richtung Süden, so erkennt man die typisch braunen, rostig erscheinenden Leitplanken. Recherchieren Sie die Zweckmäßigkeit dieser braunen Leitplanken.

A4 Recherchieren Sie zum Korrosionsschutz von Metallen durch Eloxieren und stellen Sie das industrielle Prinzip dar.

Alles im Blick

1 Grundprinzip der Fotosynthese

Die **Fotosynthese** ist der wichtigste Biosyntheseprozess in der belebten Natur. Dabei werden in Anwesenheit von Licht und Chlorophyll Kohlenstoffdioxid und Wasser zu Glucose und Sauerstoff umgesetzt. Das Leben auf der Erde wird maßgeblich von diesem Prozess bestimmt.

$$6\,CO_2\,(g) + 6\,H_2O\,(l) \xrightarrow{\text{Licht, Chlorophyll}} C_6H_{12}O_6\,(s) + 6\,O_2\,(g)$$

Der umgekehrte Prozess wird **Zellatmung** genannt.

Da nachgewiesen werden konnte, dass der von den Pflanzen freigesetzte Sauerstoff ausschließlich aus dem Wasser stammt, wird oft auch eine erweiterte Bruttogleichung der Fotosynthese formuliert:

$$6\,CO_2\,(g) + 12\,H_2O\,(l) \xrightarrow{\text{Licht, Chlorophyll}} C_6H_{12}O_6\,(s) + 6\,O_2\,(g) + 6\,H_2O\,(l)$$

Die Fotosynthese ist ein zweigeteilter Prozess: Zunächst laufen **lichtabhängige Reaktionen** (Primärreaktionen) ab, in denen Wasser-Moleküle mithilfe von Lichtenergie zerlegt werden (**Fotolyse**). Dabei werden ATP und NADPH als energiereiche Zwischenspeicher bzw. Reduktionsmittel gebildet. Mithilfe dieser Produkte erfolgen in den anschließenden **lichtunabhängigen Reaktionen** (Sekundärreaktionen) die Reduktion der Kohlenstoffdioxid-Moleküle und die Synthese von Glucose-Molekülen.

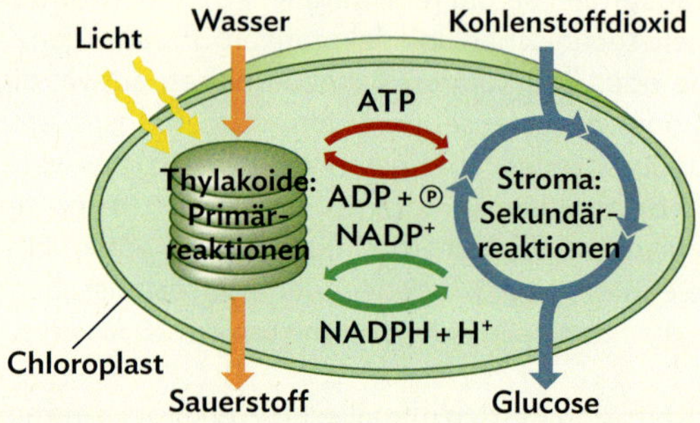

2 Elektrochemische und fotokatalytische Spaltung von Wasser-Molekülen

Wasserstoff hat gegenüber anderen Energieträgern einen hohen, auf die Masse bezogenen, Energieinhalt und bei der Verbrennung entsteht zudem lediglich Wasser. Zukünftig wird Wasserstoff daher ein bedeutender Energieträger sein.

Wasserstoff kann durch die **Elektrolyse** von Wasser (**elektrochemische Spaltung** von Wasser) hergestellt werden. Werden in Wasser zwei Elektroden getaucht und eine Gleichspannung angelegt, entsteht an beiden Elektroden ein farbloses Gas. Umweltfreundlich ist diese Reaktion, sofern die elektrische Energie aus nachhaltigen Quellen stammt. Es entstehen ausschließlich Wasserstoff und Sauerstoff:

$$2\,H_2O\,(l) \rightarrow 2\,H_2\,(g) + O_2\,(g) \qquad |\text{ endotherm}$$

Der Wasserstoff entsteht dabei am Minuspol und kann durch die Knallgasprobe nachgewiesen werden. Der Sauerstoff entsteht am Pluspol und kann durch die Glimmspanprobe nachgewiesen werden.

Im Gegensatz dazu wird Wasser bei der **fotokatalytischen Spaltung** von Wasser mithilfe von Licht zersetzt. Dies geschieht beispielsweise bei der Fotosynthese, es läuft die folgende Reaktion ab:

$$2\,H_2O\,(l) \rightarrow 4\,H^+\,(aq) + 4\,e^- + O_2\,(g)$$

Die entstehenden Protonen und Elektronen werden an nachfolgende Reaktionspartner weitergegeben, bis in den lichtunabhängigen Reaktionen in mehreren Schritten durch die Reduktion von Kohlenstoffdioxid Glucose entsteht. Hier entsteht also kein elementarer Wasserstoff, sondern das Kohlenhydrat Glucose, das z. B. für den unmittelbaren Betrieb von Kraftfahrzeugen ungeeignet ist. Die Reaktion ist also mit der Synthese energetisch höherwertiger Produkte gekoppelt.

3 Künstliche Fotosynthese

Sowohl bei der **künstlichen** als auch bei der natürlichen **Fotosynthese** wird Licht in einem bestimmten Wellenlängenbereich absorbiert. Es kommt zur Ladungstrennung. Am Pluspol werden Elektronen an Oxonium-Ionen abgegeben, am Minuspol werden freigesetzte Elektronen aufgenommen:

Oxidation: $6\ H_2O\ (l) \rightarrow 4\ H_3O^+\ (aq) + 4\ e^- + O_2\ (g)$

Reduktion: $4\ H_3O^+\ (aq) + 4\ e^- \rightarrow 2\ H_2\ (g) + 4\ H_2O\ (l)$

Anstelle der Chlorophylle werden bei der künstlichen Fotosynthese bestimmte Farbstoff-Moleküle oder Halbleitermaterialien zur Lichtabsorption verwendet.

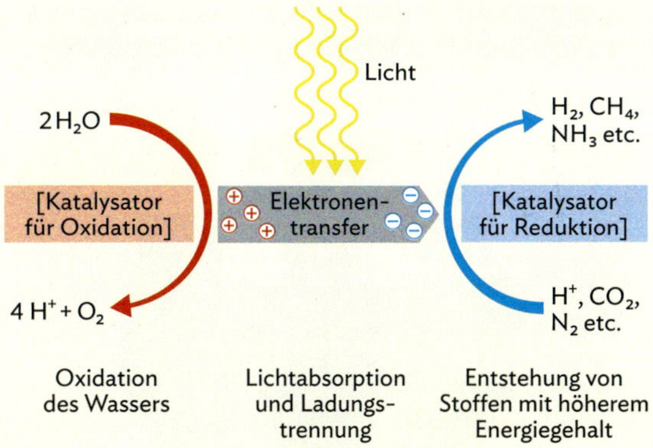

4 Speicherung von Wasserstoff

Wasserstoff muss richtig gespeichert werden, um ihn effizient nutzen zu können. Dabei gibt es verschiedene Möglichkeiten.

Die **physikalische Speicherung von Wasserstoff** erfolgt durch Verdichten (Komprimieren) in Druckbehältern. Alternativ lässt sich Wasserstoff unter Druck verflüssigen, wenn er sehr stark abgekühlt wird. Flüssiger Wasserstoff muss in wärmegedämmten Tanks aufbewahrt werden. Ein Problem stellen dabei Wasserstoffverluste durch Verdampfen dar. Zudem muss bei beiden Speicherverfahren Energie aufgebracht werden.

Eine Alternative stellen Verfahren zur **chemischen Speicherung von Wasserstoff** dar. Manche Metalle wie z. B. Lithium, Natrium und Magnesium reagieren mit Wasserstoff zu Hydriden. Dies sind feste Ionenverbindungen, sodass sich die Lagerung und Speicherung gegenüber dem gasförmigen Wasserstoff erheblich erleichtert. Durch Erwärmen bei normalem Luftdruck lässt sich durch die Umkehr dieser Reaktion Wasserstoff wieder freisetzen.

5 Korrosion und Korrosionsschutz

Die **Korrosion** ist eine oberflächlich ausgehende, selbstablaufende und irreversible chemische Reaktion. Dabei kommt es zur Zerstörung von Metallen durch saure (**Säurekorrosion**) oder sauerstoffhaltige (**Sauerstoffkorrosion**) wässrige Lösungen. Stehen zwei unterschiedliche Metalle in elektrischem Kontakt, führt dies ebenfalls zu Korrosion, die in diesem Fall **Kontaktkorrosion** genannt wird. Die Bildung von **Rost** (einer Mischung aus Eisen(II)- und Eisen(III)-oxid mit Kristallwasser) ist ein Beispiel für die Korrosion von Eisen. Sie führt zu großem wirtschaftlichen Schaden.

Die Oberflächen unedler Metalle lassen sich durch Beschichtungen vor Korrosion schützen. Hierzu können beim **passiven Korrosionsschutz** dünne Schichten aus Lacken oder edleren bzw. korrosionsbeständigeren Metallen aufgetragen werden.

Beim **aktiven Korrosionsschutz** werden elektrochemische Vorgänge genutzt, um die Korrosion zu verhindern. Das Prinzip der **Opferanoden** basiert darauf, dass unedle Metalle Elektronen liefern und so die Oxidation des zu schützenden Metalls verhindern. Die zu schützende Konstruktion kann auch als Kathode an eine Gleichspannungsquelle angeschlossen und so vor Korrosion geschützt werden, z. B. beim **GALVANIsieren** und **Eloxieren**.

Zum Üben und Weiterdenken

A1 In einem Sachbuch finden Sie die Darstellung **B1** zur Veranschaulichung der Fotosynthese. Erörtern Sie die Vor- und Nachteile einer solchen Darstellung.

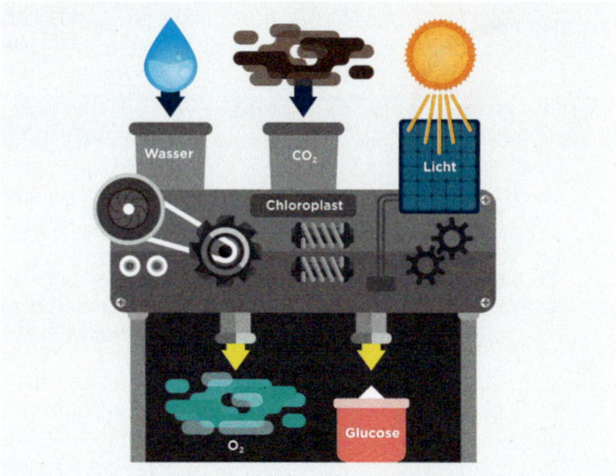

B1 Die Fotosynthese als Fabrik-Infografik

A2 Immer wieder hört man den Ratschlag: *„Es ist ungesund sein Schlafzimmer mit Pflanzen zu teilen."* Stellen Sie eine Hypothese auf, weshalb diese Sorge besteht, und prüfen Sie Ihre Hypothese im Anschluss mithilfe einer Internetrecherche.

A3 In über 2.000 Metern Meerestiefe leben Bakterien, die für die Synthese energiereicher Stoffe anstelle der Sonnenstrahlen schwache infrarote Wärmestrahlung heißer Quellen nutzen. Möglich wird dies durch das Bakterienchlorophyll (BChl), das bei 840 nm absorbiert. **B2** zeigt schematisch die lichtabhängigen Reaktionen dieser Schwefelbakterien. Heben Sie tabellarisch drei wesentliche Unterschiede zu den lichtabhängigen Reaktionen von Pflanzenzellen hervor.

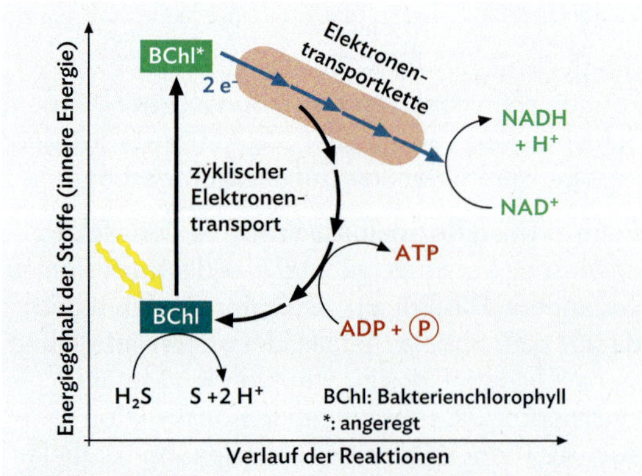

B2 Primärreaktionen von Schwefelbakterien in der Tiefsee

A4 Im Jahr 1939 isolierte der Chemiker ROBERT HILL intakte Chloroplasten aus Pflanzen und übertrug diese in ein Nährmedium. Dieser Lösung entzog er das Kohlenstoffdioxid vollständig und versetzte sie mit einer Eisen(III)-haltigen Ionenverbindung. Er konnte zeigen, dass bei Belichtung der Lösung so lange Sauerstoff produziert wurde, bis die Eisen(III)-Ionen vollständig reduziert waren:

$$4\,Fe^{3+}\,(aq) + 2\,H_2O\,(l) \xrightarrow[\text{Chloroplasten}]{\text{Licht}} 4\,Fe^{2+}\,(aq) + O_2\,(g) + 4\,H^+\,(aq)$$

So konnte bewiesen werden, dass der bei der Fotosynthese entstehende Sauerstoff nicht aus dem Kohlenstoffdioxid stammen kann. Erläutern Sie dies, indem Sie auf die Teilprozesse der Fotosynthese eingehen.

A5 In immer mehr Metropolen werden künstliche Metallbäume mit Algentank an dicht bebauten Plätzen errichtet. Mithilfe der enthaltenen Mikroalgen befreien diese sogenannten *Liquid Trees* die Luft von Kohlenstoffdioxid und geben Sauerstoff an die Umgebung ab. Ein solch künstlicher Baum soll einer Leistung von 368 echten Bäumen entsprechen. Formulieren Sie jeweils ein Pro- und ein Contra-Argument für den Einsatz von *Liquid Trees* in Großstädten. Legen Sie jedem Argument den betreffenden Wert zugrunde (z. B. Gesundheit oder Artenvielfalt).

A6 Wie die Natur Energie mithilfe der Fotosynthese gewinnt, ist für den Menschen nicht exakt künstlich nachahmbar. Dennoch wird die sogenannte künstliche Fotosynthese erforscht.
a) Stellen Sie anhand einer Skizze dar, welche Prozesse in einem Halbleiter ablaufen, und erklären Sie den Einfluss externer Energiequellen wie beispielsweise Sonnenlicht.
b) Vergleichen Sie die Rolle eines Halbleiters in der künstlichen Fotosynthese mit der Rolle des Chlorophylls in der natürlichen Fotosynthese.
c) Stellen Sie die Prozesse der künstlichen Fotosynthese in einem Flussdiagramm dar.

A7 Formulieren Sie eine Hypothese über die Beeinflussung der Sauerstoffkorrosion an einem Eisenblech, wenn dieses mit Kupfer verunreinigt ist.

A8 Besonders in der Seefahrt hatten die Menschen schon immer mit Korrosionserscheinungen zu kämpfen. Zu Zeiten von CHRISTOPH KOLUMBUS waren es Schiffsbohrmuscheln, die den Schiffsrumpf aus Holz stark beschädigten. In der heutigen Zeit hat die Schiffsbohrmuschel für die Schifffahrt keine große Bedeutung mehr, da die Rümpfe moderner Schiffe aus Stahl hergestellt werden. Doch ein großes Problem für die Stahlrümpfe stellt heute die elektrochemische Korrosion dar (**B3** oben). Um der Korrosion durch Schiffsbohrmuscheln vorzubeugen, begann man im Mittelalter Holzschiffe mit Kupferplatten zu bestücken, die mit Eisennägeln an die Rümpfe genagelt wurden. Die erzielten Erfolge waren dabei nur mäßig. Auch heute verwendet man zum Korrosionsschutz von Schiffsteilen immer noch Metallblöcke, die am Unterwasserteil des Rumpfes leitend befestigt werden. Diese müssen jedoch in regelmäßigen Abständen erneuert werden. Die Bergung von Wrackteilen moderner Schiffe wird daher immer wieder diskutiert, da vor allem Zink- und Kupfer-Ionen, die sich aus den Schiffsteilen lösen, eine stark gewässergefährdende Wirkung haben.

a) Geben Sie für die Korrosionsvorgänge an einem stählernen Schiffsrumpf eines im Mittelmeer schwimmenden Schiffes die Reaktionsgleichungen für die Teil-, Gesamt- sowie Folgereaktionen an.
b) Erklären Sie den mäßigen Erfolg der im Mittelalter angewandten Korrosionsschutzmaßnahme, Kupferplatten mit Eisennägeln an Holzschiffen zu befestigen.
c) Erläutern Sie den Einsatz von Zinkblöcken als Korrosionsschutzmaßnahme an modernen Stahlschiffen auch unter Angabe von Reaktionsgleichungen. Diskutieren Sie diese Maßnahme aus ökologischer und ökonomischer Sicht.

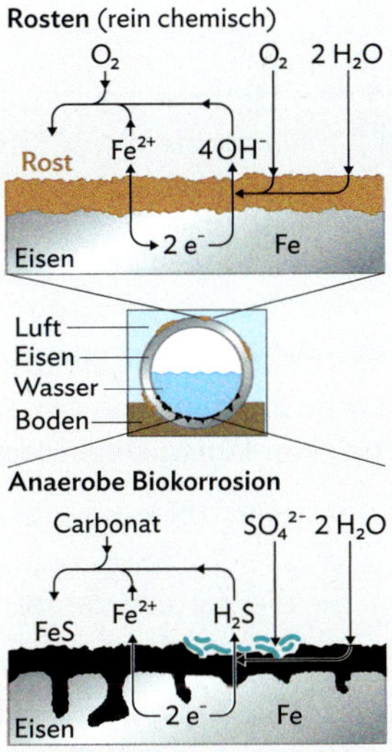

B3 Chemische Korrosion an Stahlteilen (oben) und anaerobe Biokorrosion (unten)

A9 Seit etwa 20 Jahren weiß man, dass u. a. Mikroorganismen in sauerstofffreier Atmosphäre ebenfalls Verursacher von Korrosion sein können. Diese anaerobe Biokorrosion (**B3** unten) richtet an besonders unzugänglichen Konstruktionen (z. B. an Spundwänden oder an Schiffsrümpfen ankernder Schiffe) erheblichen Schaden an. Sulfatreduzierende Bakterien wandeln Sulfat-Ionen zu Schwefelwasserstoff-Molekülen um. Dazu nutzen sie organische Produkte aus natürlichen Verwesungsprozessen, die zu Kohlenstoffdioxid abgebaut werden. Entstehender Schwefelwasserstoff kann sich mit Carbonat aus dem Wasser vermischen, Krusten bilden und greift so das Eisen an. Erkennbar ist diese Korrosion an einer Schwarzfärbung des Metalls. Vergleichen Sie die rein chemische Korrosion (**B3** oben), die Biokorrosion durch sulfatreduzierende Bakterien (**B3** unten) sowie die Korrosion an Holzschiffen anhand der folgenden Kriterien: Art des ablaufenden Prozesses bzw. der ablaufenden Reaktion, Ursache, Korrosionsschutzmaßnahmen sowie aktuelle wirtschaftliche Bedeutung in der Schifffahrt.

A10 In Lithium-Ionen-Akkus finden an den Elektroden oder sonstigen Bestandteilen aufgrund des im Elektrolyten befindlichen Lithiumnitrats $LiNO_3$ verschiedene elektrochemische Prozesse statt, die den Akkumulator beschädigen können.

a) Formulieren Sie die Reaktionsgleichungen für Korrosionsprozesse an Bestandteilen aus Kupfer, die aufgrund des sauren Elektrolyten ablaufen.
b) Leiten Sie zwei Folgen dieser Korrosionsprozesse für den Akkumulator ab.

A11 Ein Ultraleichtboot aus Aluminium ist über die Stromversorgung des Hafens mit anderen Booten, häufig aus Stahl, im Hafenbecken verbunden. Aufgrund eines Kurzschlusses in der Stromversorgung kam es innerhalb weniger Stunden zu schweren Beschädigungen an dem Ultraleichtboot. Erklären Sie anhand einer beschrifteten Skizze, Reaktionsgleichungen und den Standardpotenzialen die Schäden an dem Boot sowie die Tatsache, dass alle übrigen Boote unversehrt geblieben sind.

A12 Gibt man einen Bleistiftanspitzer mit magnesiumhaltigem Gehäuse und einer Stahlklinge in konzentrierte Natriumchloridlösung, so sind an der Stahlklinge sofort Bläschen zu beobachten. Am Gehäuse, welches sich zunehmend auflöst, bildet sich ein weißer Feststoff. Erklären Sie die Beobachtungen unter Angabe von Teilgleichungen.

Ziel erreicht?

Verfügen Sie über die Kompetenzen dieses Kapitels? Lösen Sie die entsprechenden Aufgaben auf dem Arbeitsblatt ➡ **QR 06043-080** und bewerten Sie sich mithilfe der Tabelle rechts unten.

06043-080

Unter ➡ **QR 06043-081** finden Sie außerdem eine Lernanwendung zur digitalen Überprüfung der geforderten Kompetenzen.

06043-081

KOMPETENZ A: Das Grundprinzip der Fotosynthese beschreiben

A1 Die Gesamtreaktionsgleichung der Fotosynthese wird oft folgendermaßen angegeben:

$$6\ CO_2\ (g) + 6\ H_2O\ (l) \rightarrow C_6H_{12}O_6\ (s) + 6\ O_2\ (g)$$

a) Veranschaulichen Sie an dieser Reaktionsgleichung, welches Edukt reduziert und welches oxidiert wird.
b) Beurteilen Sie die fachliche Richtigkeit dieser Reaktionsgleichung zur Fotosynthese. Gehen Sie dabei kurz auf den Prozess der Fotosynthese und die Herkunft der Sauerstoff-Moleküle ein.

A2 Ein Zeitungsartikel titelt: *„Fotosynthese – Wie die Pflanze aus Sonne Zucker macht.“* Diese Aussage ist fachsprachlich misszuverstehen. Stellen Sie den richtigen Zusammenhang her, indem Sie die Begriffe Stoff- und Energieumwandlung verwenden.

A3 Die Abbildung **B1** zeigt schematisch und stark vereinfacht die gekoppelten Teilreaktionen der Fotosynthese. Ergänzen Sie die Lücken.

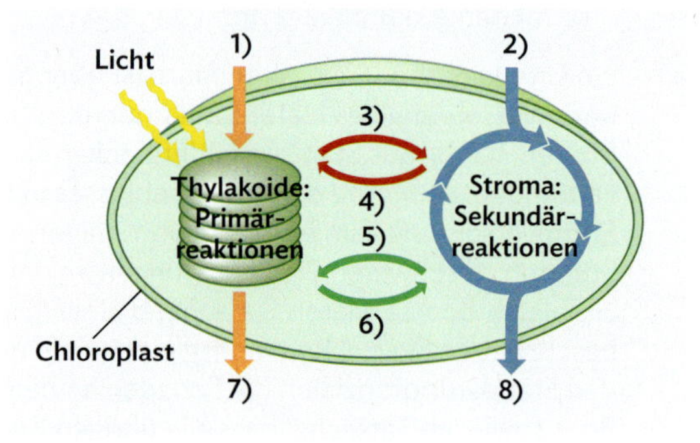

B1 Teilreaktionen der Fotosynthese

KOMPETENZ B: Die elektrochemische und fotokatalytische Spaltung von Wasser-Molekülen zur Realisierung einer künstlichen Fotosynthese beurteilen

B1 Wasserstoff kann u. a. durch die Zerlegung von Wasser-Molekülen gewonnen werden. Erläutern Sie die Vorteile der fotokatalytischen Spaltung gegenüber der elektrochemischen Spaltung.

B2 Die Bionik ist ein Forschungsbereich, in dem Prinzipien der Natur in die Technik übertragen werden. Man könnte z. B. den wasserspaltenden Komplex der grünen Pflanzen zur Synthese energiereicher Stoffe verwenden. Dies ist jedoch nicht auf einfache Weise möglich. Nennen Sie mögliche Gründe dafür.

B3 Die großtechnische Wasserspaltung mithilfe von Elektrolyseuren wie z. B. die Protonen-Austauschmembran-Elektrolyse erfordert den Einsatz spezieller Materialien. Nennen Sie zwei dieser Materialien und geben Sie deren Einsatzzweck an.

B4 Solarenergie wird häufig außerhalb Deutschlands in Ländern erzeugt, die eine höhere Sonneneinstrahlung aufweisen. Sofern ein Transport der Energie über elektrische Leitungen, z. B. aus Kostengründen, nicht möglich ist, kann sie auf chemischem Wege zwischengespeichert werden. Schlagen Sie eine dafür geeignete Technologie vor.

KOMPETENZ C: Die Vorgänge bei der Sauerstoff-, Säure- und Kontaktkorrosion auf Teilchenebene erläutern

C1 Erklären Sie den Begriff „Korrosion" und beschreiben Sie, wie Sauerstoffkorrosion auf Teilchenebene abläuft. Gehen Sie dabei auf die Rolle von Wasser- und Sauerstofff-Molekülen sowie Metall-Ionen ein.

C2 Nennen Sie am Beispiel der Reaktion von salzsaurer Lösung mit Zink die chemischen Reaktionen, die während der Säurekorrosion stattfinden.

C3 Erläutern Sie Bedingungen unter denen Kontaktkorrosion auftreten kann. Gehen Sie dabei auf die Rolle der unterschiedlichen Standardpotenziale der jeweiligen Metalle ein.

C4 Ein Liebesschloss ist ein Vorhängeschloss, das von verliebten Paaren an Brücken, Zäunen oder ähnlichen festen Strukturen angebracht wird, um ihre ewige Liebe symbolisch zu besiegeln (**B2**). Erstellen Sie mögliche Kombinationen an Materialien, die in diesem Beispiel zu Kontaktkorrosion führen können, und erklären Sie, inwiefern diese Kombinationen problematisch sind. Recherchieren Sie dazu gegebenenfalls nach geeigneten Internetquellen.

B2 Liebesschloss

C5 In einer Heizung wird kontinuierlich Wasser durch die Stahlrohre gepumpt. Begründen Sie, weshalb es dennoch kaum zu Korrosionsvorgängen in den Rohren kommt und erläutern Sie dazu den Einfluss des Entlüftens.

KOMPETENZ D: Unterschiedliches Korrosionsverhalten erklären und die Verwendung von Metallen beurteilen

D1 Wenn ein Metalleimer aus Eisen mit einem Henkel aus Kupfer ausgestattet wird, kommt es zu einer schnellen Rostbildung am Eimer. Erklären Sie dieses Phänomen mithilfe einer Skizze.

D2 Recherchieren Sie die Standardpotenziale der ausgewählten Metalle und erklären Sie, welches der Metalle in der jeweiligen Kombination als Anode und welches als Kathode reagiert.
a) Zink und Kupfer
b) Aluminium und Stahl (Fe)
c) Titan und Aluminium

KOMPETENZ E: Maßnahmen zum Korrosionsschutz erläutern und die Bedeutung von Korrosionsschutz bewerten

E1 Um Offshore-Windkraftanlagen vor Korrosion zu schützen, wird das Verfahren der *Impressed Current Cathodic Protection* (ICCP) angewandt. Dabei wird an das zu schützende Metall eine externe Stromquelle angelegt, die dadurch als Kathode fungiert. Beschreiben Sie eine weitere Methode des kathodischen Korrosionsschutzes.

E2 Erläutern Sie weitere Maßnahmen zum Korrosionsschutz.

E3 Korrosionsschutz spielt eine entscheidende Rolle in verschiedenen Bereichen der Industrie, Technik und im täglichen Leben. Bewerten Sie die Bedeutung des Korrosionsschutzes unter ökonomischen und ökologischen Aspekten.

Vergleichen Sie Ihre Antworten mit den Lösungen auf den Seiten 204 ff. und kreuzen Sie auf dem Arbeitsblatt an.

Kompetenz	ja	nein	zum Nachlesen
A Das Grundprinzip der Fotosynthese beschreiben	---	---	S. 166 – 169
B Die elektrochemische und fotokatalytische Spaltung von Wasser-Molekülen zur Realisierung einer künstlichen Fotosynthese beurteilen	---	---	S. 170 – 175
C Die Vorgänge bei der Sauerstoff-, Säure- und Kontaktkorrosion auf Teilchenebene erläutern	---	---	S. 176 – 179
D Unterschiedliches Korrosionsverhalten erklären und die Verwendung von Metallen beurteilen	---	---	S. 176 – 181
E Maßnahmen zum Korrosionsschutz erläutern und die Bedeutung von Korrosionsschutz bewerten	---	---	S. 180 – 181

Abi-Training: Nachhaltige Energieversorgung

AUFGABEN

Um eine Energieversorgung ohne fossile Brennstoffe aufzubauen, ist Wasserstoff ein wichtiger Aspekt. „Grüner Wasserstoff" ist einer der Energieträger von morgen. Er soll klimaneutral aus Ökostrom erzeugt werden und könnte in Regionen mit viel Wind, Sonne und Wasser produziert und von dort exportiert werden. Wasserstoff kann die Industrie mit Wärme bei hohen Temperaturen versorgen, Brennstoffzellen antreiben und gilt als immer wichtiger werdender Energiespeicher.

		BE
A1	Beschreiben Sie eine möglichst praktikable Vorgehensweise zur Speicherung von Sonnen- und Windenergie mithilfe des „Power-to-Gas"-Verfahrens (**M1**) und nennen Sie zwei wichtige Vorteile des Verfahrens.	6
A2	Beschreiben Sie drei Faktoren, die die Lagerung von Wasserstoff erschweren. Stellen Sie neben **M1** zwei weitere Methoden zur Speicherung von Wasserstoff dar.	6
A3	Vergleichen Sie die in **M2** dargestellten Verfahren zur Wasserstoffgewinnung unter Nutzung selbstgewählter Kriterien.	6
A4	Stellen Sie die durch verschiedene Farben gekennzeichneten „Wasserstoffarten" aus **M2** in einem Diagramm dar. Tragen Sie dafür die Nachhaltigkeit gegen die Treibhausgasbelastung auf.	4
A5	Erklären Sie den Begriff elektrochemische Korrosion. Vergleichen Sie unter Verwendung von Reaktionsgleichungen die Säure- und Sauerstoffkorrosion von Eisen. Ordnen Sie in **M3** die Metallüberzüge aus Zink und Zinn begründet zu und geben Sie die Teilgleichungen für die abgelaufenen Reaktionen an.	8

MATERIAL

M1 Power-to-Gas

Bei der Verbrennung fossiler Energieträger entsteht Kohlenstoffdioxid, welches in der Atmosphäre den Treibhauseffekt verursacht. PAUL SABATIER und JEAN BAPTISTE SENDERENS war dieser Effekt noch nicht bekannt. Sie erfanden jedoch bereits 1902 ein Verfahren, bei dem Kohlenstoffdioxid und Wasserstoff mithilfe eines Katalysators (Nickel oder Ruthenium) zu Methan und Wasser umgesetzt werden können. Dabei ist die Ausbeute sehr hoch.

Beim modernen „Power-to-Gas"-Verfahren, das u. a. das SABATIER-Verfahren als einen Teilschritt beinhaltet, wird überschüssige elektrische Energie aus Solar-, Wind-, oder Wasserkraft zur Herstellung von Methan verwendet. Der Ausgangspunkt dieser sogenannten Methanisierung bildet dabei die Elektrolyse von Wasser, bei der Sauerstoff und hochreaktiver Wasserstoff hergestellt werden (**B1**). Dieser lässt sich anschließend mit Kohlenstoffdioxid aus der Luft zu Methan umsetzen:

$$4\,H_2\,(g) + CO_2\,(g) \rightarrow CH_4\,(g) + 2\,H_2O\,(l)$$

Das Methangas wird gespeichert und bei Bedarf dazu verwendet, Gasturbinen anzutreiben und wieder elektrische Energie bereitzustellen.

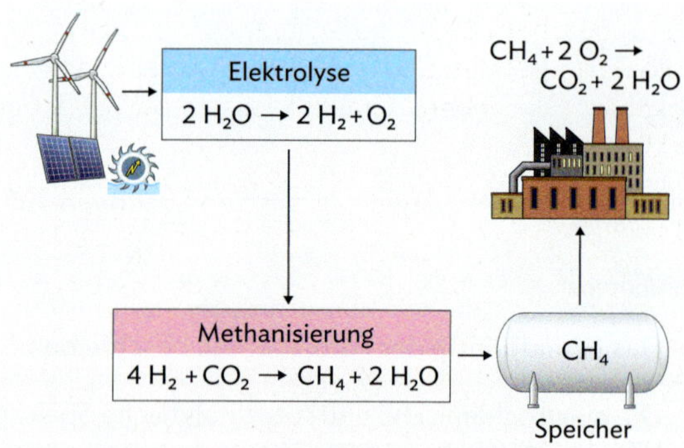

B1 Reaktionsgleichungen der Methanherstellung

Bei der Herstellung von Methan nach diesem Verfahren setzt eine konventionelle Power-to-Methan-Industrieanlage rund 54 % der elektrischen Energie aus erneuerbarem Strom in chemische Energie des Brennstoffs Methan um. Mit dieser Methode lässt sich bereits ein Wirkungsgrad von 76 % erreichen.

M2 Wasserstoffgewinnung

Wasserstoff kann mithilfe einer Elektrolyse aus Wasser gewonnen werden. Wird für dessen Erzeugung Strom aus erneuerbaren Energiequellen wie Windkraft, Wasserkraft oder Sonnenenergie verwendet (Power-to-Gas-Technologie), wird er als „Grüner Wasserstoff" bezeichnet. Seine Herstellung ist CO_2-neutral, jedoch zurzeit noch mit hohem Energieaufwand verbunden. Auch die fotolytische Erzeugung durch Mikroorganismen mittels Sonnenlicht liefert „Grünen Wasserstoff" (**B2** a).

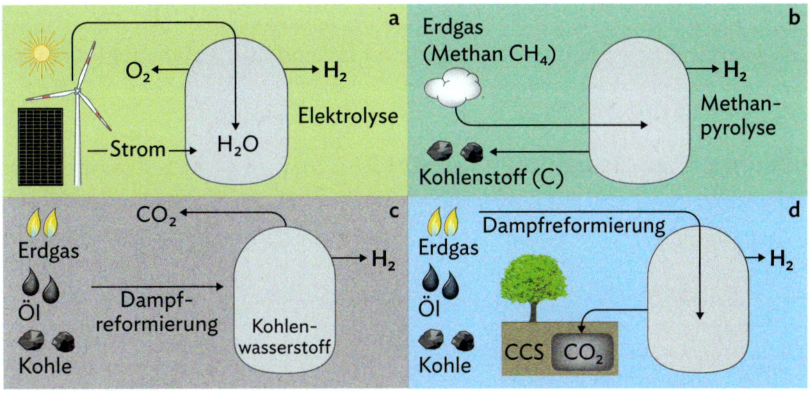

B2 Verschiedene Arten der Wasserstoffgewinnung

Ein durch Methanpyrolyse hergestellter Wasserstoff wird als „Türkiser Wasserstoff" bezeichnet (**B2** b). Dabei wird das Methan im Erdgas in Wasserstoff und festen Kohlenstoff gespalten. Fester Kohlenstoff ist ein Granulat, das z. B. in alten Bergwerksstollen sicher gelagert und später wiederverwendet werden kann. „Türkiser Wasserstoff" ist nur dann CO_2-neutral, wenn die zur Methanpyrolyse benötigte Wärme aus erneuerbaren Energiequellen stammt. Jedoch muss bedacht werden, dass Erdgas ein fossiler und somit endlicher Rohstoff ist.
Auch „Grauer Wasserstoff" wird aus fossilen Rohstoffen wie Erdgas, Kohle oder Erdöl erzeugt (**B2** c). Diese werden bei der Dampfreformierung unter starker Wärmezufuhr und hohem Druck zu Wasserstoff und Kohlenstoffdioxid umgesetzt. Das Gas wird anschließend in die Atmosphäre abgegeben. „Grauer Wasserstoff" ist daher nicht klimaneutral.
„Blauer Wasserstoff" wird ebenfalls durch Dampfreformierung gewonnen (**B2** d). Der Unterschied zwischen den beiden Zuordnungen ist, dass das entstandene Kohlenstoffdioxid beim „Blauen Wasserstoff" unterirdisch gelagert wird. Hierbei kommt das Verfahren CCS (*carbon capture and storage*) zum Einsatz. Es dient der Abscheidung und Speicherung von Kohlenstoffdioxid im Erdboden.
„Weißer Wasserstoff" ist in natürlichen Lagerstätten vorkommender molekularer Wasserstoff. Dieser natürliche Wasserstoff wird in zahlreichen Gesteinen gefunden und entsteht, wenn unterirdisches Wasser mit Eisenverbindungen (eisenhaltige Mineralien, Eisenerz) bei hohen Temperaturen und hohem Druck reagiert. Das bedeutet, dass die Vorräte an weißem Wasserstoff ständig erneuert werden könnten. Damit wäre er nachhaltig. Es ist noch nicht bekannt, ob er sich so schnell und in ausreichender Menge anreichert, sodass er kommerziell nutzbar wäre. Natürlicher Wasserstoff kann potenziell eine kostengünstigere Erzeugung im Vergleich zu industriellem Wasserstoff ermöglichen. Die Umweltbilanz ist aber noch unbekannt.

M3 Schutz vor Korrosion

Viele Gegenstände des täglichen Lebens bestehen aus Metall. Beispiele dafür sind u. a. Dachrinnen, Autos oder auch Brennstoffzellen, die E-Fahrzeuge antreiben. Korrosionsvorgänge an diesen Gegenständen führen häufig zu erheblichen wirtschaftlichen Schäden. Außerdem kann es zu kompletten Funktionsausfällen bei Beschädigungen kommen. Um dies zu verhindern, werden heutzutage verschiedene Möglichkeiten genutzt.
Eine Brennstoffzelle im Auto befindet sich zum Schutz in einem Stahlgehäuse. Um dieses Gehäuse vor Korrosion zu schützen, werden beispielsweise Zink oder Zinn benutzt. Dabei wird das Stahlgehäuse in einem technischen Verfahren mit einer Schicht aus Zink oder Zinn überzogen (**B3**).

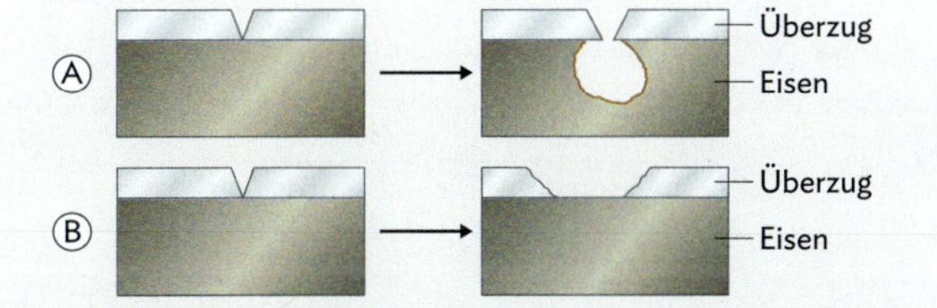

B3 Korrosionsvorgänge an Eisenblechen mit verschiedenen Überzügen (Zink bzw. Zinn)

Die folgenden Seiten enthalten die Lösungen zu den Aufgaben aller „Startklar?“- und „Ziel erreicht?“-Seiten. Verbessern Sie Ihre Lösungen und bewerten Sie sie anhand der angegebenen Punkte (**BE**) neben jeder Aufgabe. Addieren Sie die Punkte für jeden Kompetenzbereich und vergleichen Sie mit den Auswertungstabellen der „Startklar?“-Seiten. Diese zeigen Ihnen, wie gut Sie die Kompetenzerwartungen erfüllen. Beachten Sie, dass es sich hier um erweiterte **Lösungsansätze** handelt, die teilweise sehr umfassend bzw. erklärend gestaltet sind.

Lösungen zu „Startklar?“ Kapitel 2

KOMPETENZ A

2 BE A1 Folgende Aussagen treffen auf das Energiestufenmodell zu:
- Die Atomhülle ist aus mehreren Energieniveaus aufgebaut.
- Elektronen in der Atomhülle besitzen nur ganz diskrete Energiebeträge.

8 BE A2

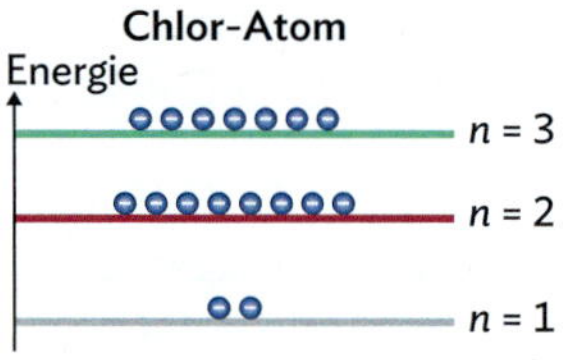

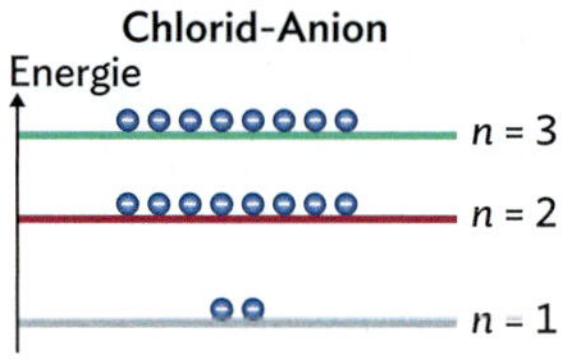

KOMPETENZ B

2 BE B1 Alkali- und Erdalkalimetall-Ionen können nachgewiesen werden. Dazu werden Salze in etwas Wasser gelöst und in die Flamme gesprüht. Diese verfärbt sich metallspezifisch.

4 BE B2

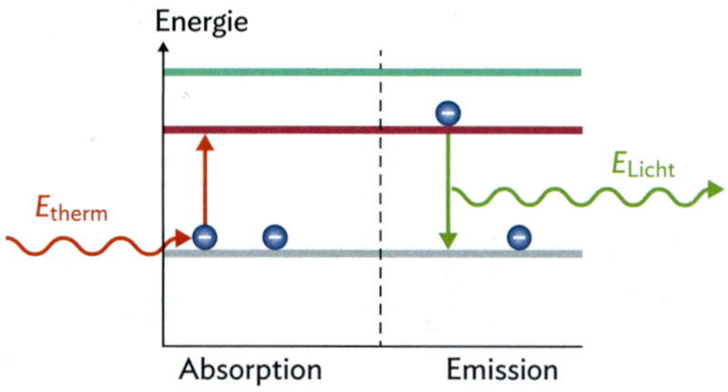

B3 Dies lässt sich mit dem Energiestufenmodell begründen: Die Abstände der Energiestufen sind elementspezifisch. **4 BE**
Der energetische Abstand der zwei Energiestufen, zwischen denen das Elektron hin- und herwechselt, bestimmt die Wellenlänge und damit die Farbe des ausgesendeten Lichts. Da diese Energiestufen exakt bzw. diskret sind, wird auch nur Licht einer exakten Wellenlänge ausgesendet.

B4 a) Oben in **B1** ist ein kontinuierliches Spektrum gezeigt, wohingegen die unteren Spektren jeweils nur „Ausschnitte“ des Spektrums in Form senkrechter, schmaler Linien darstellen. Die unteren Spektren unterscheiden sich in der Anzahl und Position der Spektrallinien. Diese sind jeweils spezifisch für die dargestellten Elemente. **10 BE**

b) In der Stoffprobe sind die Elemente Kalium und Cäsium enthalten. Das Linienspektrum der Stoffprobe enthält die spezifischen Linienspektren der beiden Atomarten. Durch Vergleich der Lage der einzelnen Linien kann auf die zwei Elemente in der Stoffprobe rückgeschlossen werden.

c) Li: 5, Rb: 3, K: 4, Cs: 6, Sr: 2, Ba: 1

KOMPETENZ C

C1 Bevor ein Elektronenübergang stattfindet, befinden sich die Elektronen zunächst im Grundzustand. Durch Zufuhr von Energie gelangen sie durch Absorption in einen angeregten Zustand. Nach kurzer Zeit fallen die Elektronen wieder in den Grundzustand zurück, wobei Licht einer bestimmten Wellenlänge emittiert wird. Der Zusammenhang zwischen den Elektronenübergängen und den Wellenlängen des emittierten Lichts besteht darin, dass der Betrag der Energiedifferenz zwischen den Elektronenübergängen gerade dem Energiebetrag entspricht, den das emittierte Licht hat. Gemäß der Formel $\Delta E = h \cdot \nu = h \cdot c/\lambda$ ist die Energiedifferenz zwischen den Elektronenübergängen umgekehrt proportional zur Wellenlänge des emittierten Lichts. **4 BE**

4 BE C2

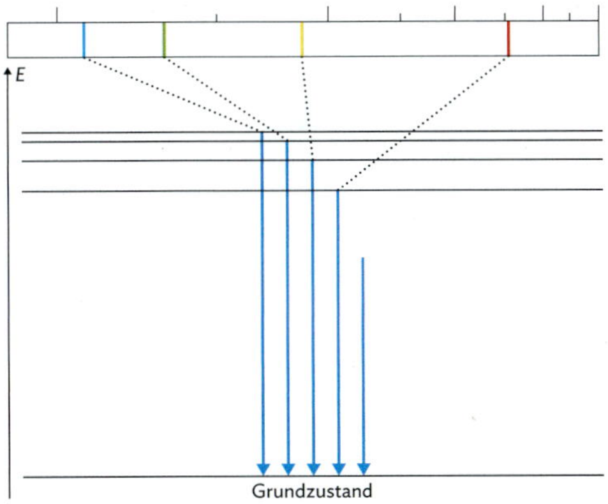

Elektronen können durch Energieaufnahme in verschiedene angeregte Zustände überführt werden. Abhängig von den Energieniveaus der angeregten Zustände werden beim Zurückfallen in den Grundzustand unterschiedliche Energiebeträge frei. Diese Energie kann beispielsweise als Licht freigesetzt werden. Die verschiedenen Energiebeträge bestimmen dabei die Wellenlänge des emittierten Lichts und somit dessen Farbe.

4 BE C3 Die Farbigkeit von Stoffen beruht auf deren Fähigkeit einen Teil des Lichts aus dem Spektrum des sichtbaren Lichts zu absorbieren. Diese Stoffe erscheinen dann im sichtbaren, weißen Licht farbig. Die gesehene Farbe kommt durch die Überlagerung der nicht absorbierten Farben zustande. Bei der Lichtemission, bei welcher Leuchtfarben entstehen, wird elektromagnetische Strahlung des sichtbaren Bereichs des Lichts durch einen Stoff ausgestrahlt. Bei der Emission von Licht gehen die Teilchen des Stoffes aus dem elektronisch angeregten Zustand in den Grundzustand über und emittieren Licht in einer exakt festgelegten Wellenlänge, welche in Form von Licht einer bestimmten Farbe wahrgenommen wird.

KOMPETENZ D

3 BE D1 Als UV-Strahlung wird die Strahlung im Wellenlängenbereich von ca. 100 – 380 nm bezeichnet. Diese weist einen höheren Energieinhalt als das sichtbare Licht auf. Ein UV-Filter muss also Strahlung in diesem Wellenlängenbereich möglichst breit absorbieren. Es eignen sich also z. B. 2292 Eusolex in Kombination mit 9020 Eusolex als UV-Breitbandfilter.

Lösungen zu „Ziel erreicht?“ Kapitel 2

KOMPETENZ A

A1 a) additive Farbmischung: Die Grundfarben sind Rot, Grün und Blau. Alle anderen Farben sind durch Mischung dieser drei Farben zu erhalten (Sekundärfarben). Die erhaltenen Farben sind im Farbkreis in Farbfeldern zwischen den drei Grundfarben angegeben. Die Mischung von jeweils zwei der drei Grundfarben ergibt die folgenden Farben:

Rot + Grün = Gelb
Grün + Blau = Cyan
Rot + Blau = Magenta

Eine Mischung der drei Grundfarben ergibt die Farbe Weiß:

Rot + Grün + Blau = Weiß

subtraktive Farbmischung: Die Grundfarben sind Cyan, Magenta und Gelb. Alle anderen Farben sind durch Mischung dieser drei Farben zu erhalten. Die erhaltenen Farben sind im Farbkreis in den Farbfeldern zwischen den drei Grundfarben angegeben.

Eine Mischung der drei Grundarben ergibt die Farbe Schwarz.

b) Die Grundfarben der additiven und der subtraktiven Farbmischung liegen sich im Farbkreis einander gegenüber. Sie sind Komplementärfarben zueinander. Ihre „Entstehung“ basiert auf zueinander komplementären Prozessen.

Die Farbe Rot kann durch zwei verschiedene Farbmischungsprozesse im Auge entstehen. Einerseits kann Licht der Farbe Rot ins Auge des Betrachters fallen. Dieses Licht ist durch keine anderen Farben mischbar, es ist eine Grundfarbe der additiven Farbmischung. Andererseits erscheint farbloses Licht, welches durch einen Farbfilter für die Farben Gelb und Magenta fällt, ebenfalls rot. Dies ist die subtraktive Farbmischung.

In der additiven Farbmischung werden die Farben einzeln als Licht gemischt, bei der subtraktiven Farbmischung werden dem (alle Farben enthaltenden farblosen) Licht einzelne Farbkomponenten entnommen.

A2 Es handelt sich dabei um eine subtraktive Farbmischung, da weißes Licht auf das Display fällt, einzelne Bestandteile davon absorbiert werden und die übrigen Wellenlängen ins Auge des Betrachters reflektiert werden. Der Farbeindruck entsteht also durch die „Löschung“ eines Teils des Spektrums, das auf das Display trifft.

A3 additive Farbmischung: jedes selbstleuchtende Farbdisplay
subtraktive Farbmischung: Druckerzeugnisse, *E-Paper-Displays*

KOMPETENZ B

B1 a) Der Farbstoff absorbiert die Farbe Blau. Alle anderen Farben (Violett, Grünblau, Blaugrün ... Purpur) werden gestreut.

b) 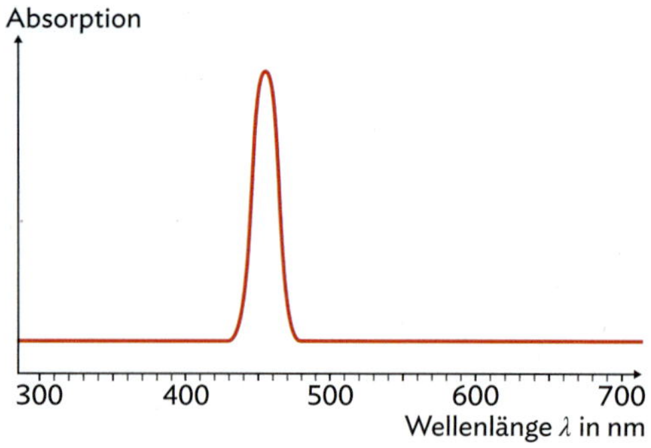

B2 Der HOMO-LUMO-Abstand kann auch dafür sorgen, dass Teile des elektromagnetischen Spektrums absorbiert werden, die vom menschlichen Auge nicht wahrgenommen werden können. Diese Bestandteile sind für den Farbeindruck nicht relevant, er ändert sich also nicht durch eine Absorption im extrem ultravioletten oder infraroten Bereich.

B3 Zur Anregung im Spektrum außerhalb des für Menschen sichtbaren Spektrums ist eine Erweiterung des Spektrums in der Aufnahme erforderlich. Glühlampen emittieren jedoch nur ein begrenztes Spektrum, sodass andere Leuchtmittel insbesondere am UV-Rand eingesetzt werden, um auch in diesem Bereich zuverlässige Ergebnisse in der Spektralmessung zu erhalten.

KOMPETENZ C

C1 a) 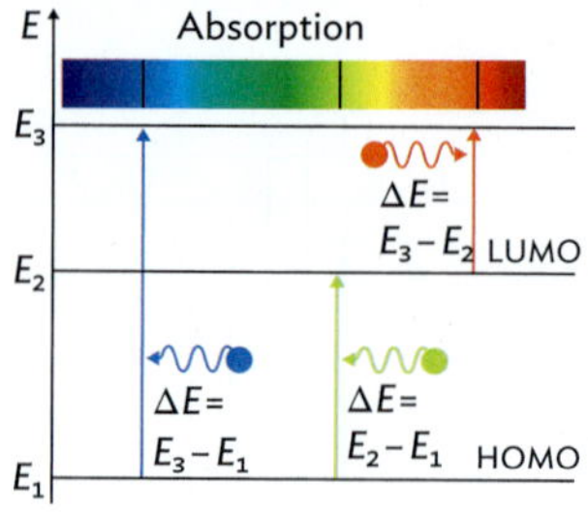

b) Ein gelber Farbstoff absorbiert die Farbe Blau des sichtbaren Lichts. Dieses Licht ist sehr energiereich. Der energetische Abstand zwischen HOMO und LUMO muss also relativ groß sein, um die großen Energieportionen zur Elektronenanregung zu nutzen.
Ein blauer Farbstoff absorbiert dagegen gelbes Licht. Dieses ist weniger energiereich. Die beiden Energieniveaus liegen also näher beieinander.

C2 Der energetische Abstand von HOMO und LUMO begründet das Absorptionsverhalten. Durch eine Veränderung des Abstands, z. B. durch Einbringen weiterer funktioneller Gruppen oder durch eine Ausdehnung des Elektronensystems, kann die Farbigkeit eines neuen Farbstoffs beeinflusst werden.

KOMPETENZ D

D1 Die Farbigkeit eines Stoffes kann durch die Analyse seines Absorptionsspektrums erklärt werden. Das Absorptionsspektrum zeigt, welche Wellenlängen des Lichts von einem farbigen Stoff absorbiert und welche reflektiert oder transmittiert werden. Der unbekannte Farbstoff absorbiert Licht im folgenden Wellenlängenbereich:
im blauen und grünen Bereich (ca. 450 – 550 nm). Man erkennt in diesem Bereich einen Hauptpeak. Dies bedeutet, dass die Wellenlängen, die in diesem Bereich liegen, vom Farbstoff absorbiert werden, während die Wellenlängen, die nicht absorbiert werden, im roten Wellenlängenbereich liegen.
Die Absorption von Licht im blauen und grünen Bereich und die Reflexion im roten Bereich führen dazu, dass der Farbstoff, zu dem dieses Absorptionsspektrum gehört, eine rote Farbe aufweist.

D2 Bromthymolblau ist ein pH-Indikator, der häufig in chemischen und biologischen Experimenten verwendet wird, um den pH-Wert einer Lösung anzuzeigen. Es hat die Fähigkeit, seine Farbe in Abhängigkeit vom pH-Wert zu ändern, was auf Veränderungen im energetischen Abstand zwischen dem HOMO und dem LUMO zurückzuführen ist.
Bei einem saurem pH-Wert liegt das Bromthymolblau-Molekül hauptsächlich in seiner protonierten Form vor. In dieser Form ist das Molekül stabiler und der energetische Abstand zwischen HOMO und LUMO ist relativ klein. Dies führt dazu, dass die Absorption im sichtbaren Bereich bei einer bestimmten Wellenlänge erfolgt, die typischerweise eine gelbe Farbe zeigt.
Bei einem hohen bzw. basischen pH-Wert wird das Molekül deprotoniert. Diese Deprotonierung führt zu einer Stabilitätsänderung und einer Erhöhung des energetischen Abstands zwischen HOMO und LUMO. In dieser Form absorbiert das Molekül Licht in einem anderen Bereich des Spektrums, was zu einer blauen Farbe führt.
Wenn der Abstand zwischen HOMO und LUMO größer ist, wird Licht mit höherer Energie (kürzere Wellenlängen) benötigt, um Elektronen von HOMO nach LUMO zu befördern. Dies führt zu einem Farbwechsel von gelb (bei niedrigem pH) zu blau (bei hohem pH).

D3 In einer sauren Lösung kommt es zu einem gelben Farbeindruck, in einer basischen Lösung zu einem blauen. In einer sauren Lösung liegt das Molekül in einer Form vor, die im blauen und grünen Bereich des sichtbaren Spektrums absorbiert. In einer basischen Lösung liegt das Molekül in einer Form vor, die im roten Bereich des sichtbaren Spektrums absorbiert. Daraus ergeben sich die die verschiedenen Farbeindrücke der verschiedenen Bromthymolblaulösungen bei unterschiedlichen pH-Werten.

KOMPETENZ E

E1 a) Effektivität: Wird das Ziel erreicht?
Effizienz: Wird weniger Aufwand investiert als Nutzen entsteht?
Nachhaltigkeit: Ist die Maßnahme dauerhaft wirksam?
Legalität: Ist die Umsetzung rechtlich möglich?
Es sind auch noch weitere Werte möglich.

b) Einleitung: Aufgabe einordnen mit den Leitfragen „Wer?“, „Was?“, „Wann?“.
Analyse: Zielanalyse, Stakeholder-Analyse (Stakeholder sind alle Personen, Gruppen oder Organisationen, die direkt oder indirekt von den Aktivitäten, Entscheidungen oder Ergebnissen eines Projekts betroffen sind oder darauf Einfluss nehmen können.)
Werturteil: Zustimmung oder Ablehnung in Bezug auf den zu analysierenden Wert

E2 individuelle Perspektive: Auswirkungen bzw. Interessen von mir selbst oder meinem direkten sozialen Umfeld?
öffentliche Perspektive: Blickwinkel und Werteverständnis anderer Akteure?
systemische Perspektive: Welche für das übergeordnete Ziel des Funktionieren des Gesamtsystems relevanten Werte sollen einfließen?

E3 Unternehmen nutzen oft die individuelle Perspektive, um den Einsatz von chemisch erzeugten Substanzen als effektiv darzustellen – das Ziel ein Produkt möglichst effizient herzustellen und zu vermarkten und damit das Wachstum des eigenen Unternehmens zu beschleunigen ist oft Triebfeder eines Unternehmens.
Umweltverbände hingegen nutzen meist eine öffentliche Perspektive, um den Einsatz in weniger gutem Licht erscheinen zu lassen, da die negativen Einflüsse auf die Umwelt oder den Menschen in den Vordergrund gerückt werden. Mitunter wird auch die systemische Perspektive gewählt, insbesondere dann, wenn die Gewinnung der Rohstoffe unter menschenunwürdigen Bedingungen geschieht – das Gesamtwohl der Menschheit kann damit in Frage gestellt werden.

E4 a) E 122 steht für den Farbstoff Azorubin, der zur Stoffklasse der Azofarbstoffe gehört. Dieser Farbstoff kann die Aktivität und Aufmerksamkeit von Kindern beeinträchtigen. Ein entsprechender Warnhinweis ist auf Nahrungsmitteln, die mit diesem Farbstoff gefärbt werden, anzubringen.

b) Der Senf enthält den Farbstoff Azorubin. Durch die Färbung erreicht der Kunde mit Sicherheit den gewünschten Effekt der Attraktivität des Senfs für (einige) Kinder. Da der Farbstoff Azorubin jedoch die Aktivität und Aufmerksamkeit von Kindern beeinträchtigen kann, ist ein lebensmitteltechnisch unnötiger Zusatz dieses Farbstoffes völlig ungeeignet und im Hinblick auf die Gesundheit von Kindern ist Senf ohne diesen Farbstoff eindeutig vorzuziehen.

E5 Der gelbe Farbstoff Tartrazin ist als „*Colorante*“ in Spanien frei verkäuflich im Gewürzregal zu finden. Er ersetzt dort häufig das wesentlich teurere Safran zur Färbung des Nationalgerichts Paella. In Deutschland muss jedes Lebensmittel mit diesem Farbstoff gekennzeichnet werden mit dem Satz „Kann die Aktivität und Aufmerksamkeit von Kindern beeinträchtigen.“. Im deutschen Handel ist das Produkt kaum zu finden, stattdessen kommen andere Farbstoffe zum Einsatz.
Die Hersteller nutzen in Deutschland also andere Farbstoffe als z. B. in Spanien, da die Kennzeichnung eine negative Kundenreaktion erwarten lässt. Die Verfügbarkeit von weniger beeinflussenden Farbstoffen ist als gegeben zu sehen. Der Einsatz von Tartrazin in Lebensmitteln jeder Form ist unnötig und sollte zum Wohle der Gesundheit von Kindern auch in anderen Ländern reduziert werden.

Lösungen zu „Startklar?“ Kapitel 3

KOMPETENZ A

5 BE **A1** a) richtig
b) In jeder basischen Lösung sind Hydroxid-Ionen die charakteristischen Teilchen.
c) Thymolphthalein ist geeignet, um eine pH-Änderung von 7 nach 9 zu überwachen.
d) richtig
e) In einem Liter Lösung mit einem pH-Wert von 3 liegen 10^{-3} mol Oxonium-Ionen vor.

10 BE **A2** a) *Stoffebene:* Zwischen der sauren und der basischen Lösung findet eine Neutralisationsreaktion statt. Die Lösung ist nach der Reaktion neutral.

Teilchenebene: Die Oxonium-Ionen der sauren Lösung reagieren mit den Hydroxid-Ionen der basischen Lösung. Als Produkt entstehen Wasser-Moleküle.

Reaktionsgleichung:
$H_3O^+ (aq) + Cl^- (aq) + Na^+ (aq) + OH^- (aq) \longrightarrow Na^+ (aq) + Cl^- (aq) + 2\ H_2O\ (l)$

b) Der pH-Wert der entstehenden neutralen Lösung beträgt 7. In einer neutralen Lösung nehmen die beiden genannten Indikatoren die folgenden Farben an:
Bromthymolblau: grün
Universalindikator: grün
c) Bei Eindampfen der Lösung bleibt ein weißer Feststoff zurück. Bei diesem Feststoff handelt es sich um Natriumchlorid mit der Verhältnisformel NaCl.

A3 Vor dem Einleiten des Ammoniakgases weist reines Wasser nur eine sehr geringe elektrische Leitfähigkeit auf. Mit dem Einleiten des Gases steigt die elektrische Leitfähigkeit, da sich aufgrund der ablaufenden Protolysereaktion immer mehr Ionen bilden. Diese fungieren als Ladungsträger und sorgen so für die elektrische Leitfähigkeit. 4 BE

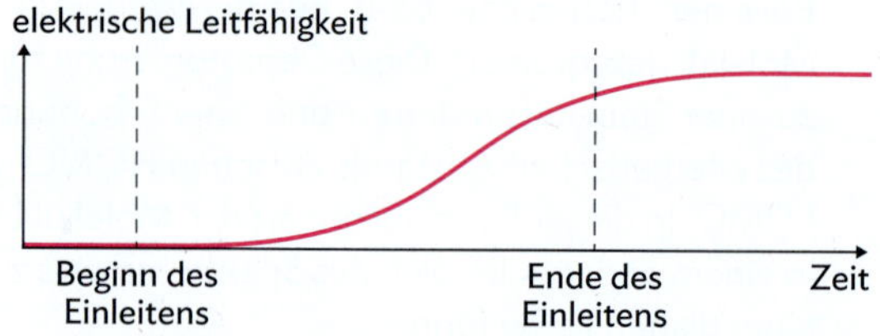

KOMPETENZ B

B1 a) $HCl + H_2O \rightleftharpoons H_3O^+ + Cl^-$ 4 BE
Säure Base

b) $NH_4^+ + OH^- + H_3O^+ + NO_3^-$
Base Säure
$\rightleftharpoons NH_4^+ + NO_3 + 2\ H_2O$

c) $CH_3COOH + H_2O \rightleftharpoons CH_3COO^- + H_3O^+$
Säure Base

d) $Na^+ + HSO_4^- + H_2O \rightleftharpoons H_3O^+ + Na^+ + SO_4^{2-}$
Säure Base

B2 Das rot markierte Wasserstoff-Atom wird als Proton abgespalten, da die Bindung zum Sauerstoff-Atom aufgrund der hohen Elektronegativität des Sauerstoff-Atoms sowie der des Carbonyl-Sauerstoff-Atoms sehr stark polarisiert ist. 4 BE

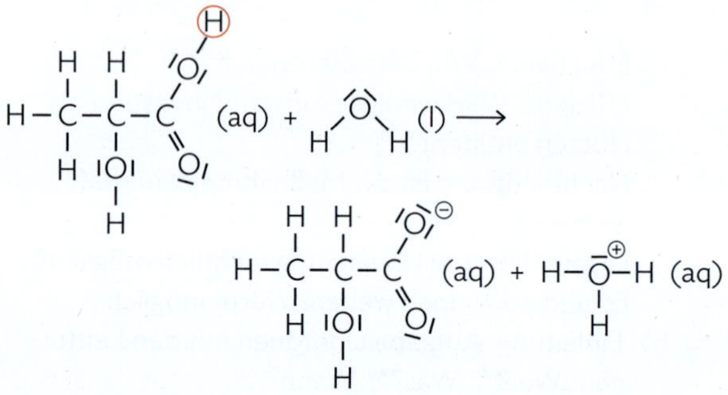

KOMPETENZ C

5 BE C1 Butan-1-ol-Molekül < Butansäure-Molekül < 2-Chlorbutansäure-Molekül

Die Acidität der Moleküle steigt in dieser Reihenfolge, da das Wasserstoff-Atom, das abgespalten wird, zunehmend immer stärker positiv polarisiert und somit immer leichter abspaltbar ist. Die stärkere positive Polarisierung in dieser Reihenfolge ist auf das Vorhandensein von stark elektronegativen Atomen zurückzuführen.
2-Chlorbutansäure-Molekül: zusätzliches Sauerstoff-Atom der Carboxy-Gruppe und zusätzlich ein Chlor-Atom im Molekül
Butansäure-Molekül: zusätzliches Sauerstoff-Atom der Carboxy-Gruppe
Butan-1-ol-Molekül: nur Sauerstoff-Atom der Hydroxy-Gruppe

3 BE C2 Ein Ampholyt ist ein Teilchen, das sowohl als Säure, also als Protonendonator, als auch als Base, also als Protonenakzeptor, reagieren kann.
Beispiele:
$HCl + H_2O \longrightarrow H_3O^+ + Cl^-$
(Wasser-Molekül reagiert hier als Base)

$NH_3 + H_2O \longrightarrow NH_4^+ + OH^-$
(Wasser-Molekül reagiert hier als Säure)

4 BE C3 OH^-: Ampholyt; O^{2-}, H_2O
NH_4^+: kein Ampholyt, da kein nichtbindendes Elektronenpaar vorhanden
HSO_4^-: Ampholyt; SO_4^{2-}, H_2SO_4
O^{2-}: kein Ampholyt, da kein positiv polarisiertes Wasserstoff-Atom

4 BE C4 Der Mitschüler hat die Begriffe Säure und Base mit den Begriffen saure und basische Lösung vertauscht. Lösungen, die Oxonium-Ionen enthalten, sind saure Lösungen. Lösungen, die Hydroxid-Ionen enthalten, sind basische Lösungen. Säuren sind nach BRØNSTED Teilchen, die Protonen abgeben, also Protonendonatoren. Basen hingegen sind nach BRØNSTED Teilchen, die Protonen aufnehmen, also Protonenakzeptoren.

2 BE C5 An der Elektronendichteoberfläche erkennt man die Sauerstoff-Atome (rote Bereiche), die aufgrund ihrer starken Elektronegativität für eine positive Polarisierung des Wasserstoff-Atoms der Carboxy-Gruppe (großer blauer Bereich) sorgen. Aufgrund dieser positiven Polarisierung kann das Wasserstoff-Atom leicht als Proton abgespalten werden.

KOMPETENZ D

D1 h, d, j, k, b, l, f, n, c, g, a, e, i, m **4 BE**

D2 a) $c(\text{HCl (aq)}) = \frac{n(\text{HCl (aq)})}{V(\text{HCl (aq)})} = \frac{\frac{V(\text{HCl (g)})}{V_m}}{1{,}00\ \text{L}}$ **10 BE**

$= \frac{\frac{5{,}00\ \text{L}}{22{,}4\ \text{L/mol}}}{1{,}00\ \text{L}} \approx 0{,}223\ \text{mol/L}$

b) $Ca(OH)_2\ (aq) + 2\ HCl\ (aq) \longrightarrow 2\ H_2O\ (l) + Ca^{2+}\ (aq) + 2\ Cl^-\ (aq)$

$n(Ca(OH)_2) = \frac{1}{2}\ n(\text{HCl (aq)})$

$n(\text{HCl (aq)}) = c(\text{HCl (aq)}) \cdot V(\text{HCl (aq)}) = 0{,}223\ \text{mol/L} \cdot 0{,}0125\ \text{L} = 0{,}0027875\ \text{mol}$

$n(Ca(OH)_2) = 0{,}00139375\ \text{mol}$

$\longrightarrow c(Ca(OH)_2) = \frac{n(Ca(OH)_2)}{V(Ca(OH)_2)} = \frac{0{,}00139375\ \text{mol}}{0{,}0250\ \text{L}} = 0{,}05575\ \text{mol/L}$

c) $c(Ca^{2+}) = c(Ca(OH)_2) = 0{,}05575\ \text{mol/L}$

$N(Ca^{2+}\ \text{pro Liter}) = c(Ca^{2+}) \cdot N_A = 0{,}05575\ \text{mol/L} \cdot 6{,}022 \cdot 10^{23}\ 1/\text{mol} \approx 3{,}357 \cdot 10^{22}\ 1/\text{L}$

Pro Liter Probelösung liegen $3{,}357 \cdot 10^{22}$ Calcium-Ionen in der Lösung vor.

Lösungen zu „Ziel erreicht?“ Kapitel 3

KOMPETENZ A

A1 a) $CH_3COOH\ (l) + H_2O\ (l) \rightleftharpoons CH_3COO^-\ (aq) + H_3O^+\ (aq)$

Das Gleichgewicht liegt fast vollständig auf der Eduktseite. Es sind weniger Oxonium-Ionen vorhanden, der pH-Wert ist dementsprechend höher.

$HCl\ (g) + H_2O\ (l) \rightleftharpoons Cl^-\ (aq) + H_3O^+\ (aq)$

Das Gleichgewicht liegt fast vollständig auf der Produktseite. Es sind mehr Oxonium-Ionen vorhanden, der pH-Wert ist dementsprechend niedriger.

b) Die salzsaure Lösung reagiert schneller mit Magnesium, da mehr Oxonium-Ionen als Reaktionspartner für die Magnesium-Atome zur Verfügung stehen im Vergleich zur essigsauren Lösung:

$Mg\ (s) + 2\ H_3O^+\ (aq) \longrightarrow Mg^{2+}\ (aq) + H_2\ (g) + 2\ H_2O\ (l)$

A2 a)

Name und Formel	Beispiele für Einsatzgebiete
Salpetersäure HNO_3	Düngemittelproduktion, Metallverarbeitung
Trifluoressigsäure CF_3COOH	organische Synthese, pharmazeutische Industrie
Pyridin C_5H_5N	Lösemittel, Arzneimittelherstellung
Methylamin CH_3NH_2	chemische Synthese, Herstellung von Farbstoffen
Dimethylethanolamin $C_4H_{11}NO$	Farbstoffindustrie, Kosmetikindustrie

b) steigende Säurestärke:
Moleküle von Trifluoressigsäure ($pK_S = 0{,}23$)
< Moleküle von Salpetersäure ($pK_S = -1{,}37$)

steigende Basenstärke:
Moleküle von Pyridin ($pK_B = 8{,}77$) < Moleküle von Dimethylethanolamin ($pK_B = 4{,}77$)
< Moleküle von Methylamin ($pK_B = 3{,}34$)
< Hydroxid-Ion ($pK_B = 0$)

KOMPETENZ B

B1 $H_2O\ (l) + H_2O\ (l) \rightleftharpoons H_3O^+\ (aq) + OH^-\ (aq)$

$$K_c = \frac{c_{GG}(H_3O^+) \cdot c_{GG}(OH^-)}{c^2_{GG}(H_2O)} = 3{,}258 \cdot 10^{-18};\ \vartheta = 25\ °C$$

$$K_w = K_c \cdot c^2_{GG}(H_2O) = c_{GG}(H_3O^+) \cdot c_{GG}(OH^-) = 10^{-14}\ \frac{mol^2}{L^2};\ \vartheta = 25\ °C$$

B2 Der Wert für K_W steigt mit zunehmender Temperatur, d. h. die Konzentration der Produkte nimmt bei steigender Temperatur zu. Das stärkere Aufleuchten der Kontroll-LED findet daher bei 90 °C statt, da dort das Ionenprodukt des Wassers und somit auch die Konzentration der Ionen höher ist. Das führt zu einer stärkeren Leitfähigkeit und demnach zu einem stärkeren Aufleuchten der LED.

B3 Anhand von K_W kann die Hydroxid-Ionenkonzentration in der jeweiligen Natriumhydroxidlösung berechnet werden:

für pH 8: $c(OH^-) = 10^{-6}$ mol/L

für pH 11: $c(OH^-) = 10^{-3}$ mol/L

Die Konzentration der Hydroxid-Ionen bei pH 11 ist also 1.000-mal höher als bei pH 8:

$$\frac{10^{-3}}{10^{-6}} = 10^3 = 1.000$$

Die Aussage ist nicht korrekt. Tatsächlich ist die Lösung mit pH 11 1.000-mal basischer als die Lösung mit pH 8, basierend auf der Konzentration der Hydroxid-Ionen. Die Aussage missinterpretiert die logarithmische Skalierung des pH-Wertes.

KOMPETENZ C

C1 a) Das Salpetersäure-Molekül ist eine starke Säure.

Daher gilt: $c(H_3O^+) = c_0(HNO_3)$.

Der pH-Wert berechnet sich daher wie folgt:
$pH = -\lg \{c_0(HNO_3)\} = -\lg 0{,}050 = 1{,}3$.

b) Natriumhydroxidlösung ist eine starke basische Lösung.

Daher gilt: $c(OH^-) = c_0(NaOH)$.

Der pOH-Wert berechnet sich daher wie folgt:
$pOH = -\lg \{c_0(NaOH)\} = -\lg 1{,}0 = 0$
$pH = 14 - pOH = 14 - 0 = 14$.

c) Das Essigsäure-Molekül ist eine schwache Säure.

Daher gilt:
$c(CH_3COOH) = c_0(CH_3COOH)$
$c(CH_3COO^-) = c(H_3O^+)$.

Der pH-Wert berechnet sich daher wie folgt:

$$pH = \frac{1}{2} \cdot (pK_S - \lg \{c_0(CH_3COOH)\}) = \frac{1}{2} \cdot (4{,}75 - \lg 0{,}50) \approx 2{,}5.$$

C2 Berechnung mit der Gleichung:

$$pH = \frac{1}{2} \cdot (pK_S - \lg \{c_0(CH_3COOH)\})$$
$$3{,}1 = \frac{1}{2} \cdot (4{,}75 - \lg \{c_0(CH_3COOH)\})$$
$$\Leftrightarrow 6{,}2 - 4{,}75 = -\lg \{c_0(CH_3COOH)\}$$
$$\Leftrightarrow -1{,}45 = \lg \{c_0(CH_3COOH)\}$$
$$\Leftrightarrow c_0(CH_3COOH) = 10^{-1{,}45} \approx 0{,}035$$

Die Anfangskonzentration c_0 der Essigsäure in der Lösung beträgt ca. 0,035 mol/L.

KOMPETENZ D

D1 a) Ethansäure-Molekül:
$CH_3COOH\ (l) + H_2O\ (l)$
$\rightleftharpoons CH_3COO^-\ (aq) + H_3O^+\ (aq)$

Hydroxyethansäure-Molekül:
$CH_2OHCOOH\ (s) + H_2O\ (l)$
$\rightleftharpoons CH_2OHCOO^-\ (aq) + H_3O^+\ (aq)$

Pentansäure-Molekül:
$C_4H_9COOH\ (l) + H_2O\ (l)$
$\rightleftharpoons C_4H_9COO^-\ (aq) + H_3O^+\ (aq)$

b) Je kleiner der pK_S-Wert ist, desto stärker ist die Säure:
Moleküle von: Pentansäure < Ethansäure < Hydroxyethansäure

c) Bei allen Molekülen sind die mesomeren Effekte identisch und haben deshalb keinen Einfluss auf die unterschiedlichen pK_S-Werte.
Alkyl-Reste haben einen +I-Effekt, also einen „elektronenschiebenden" Einfluss auf die Carboxy-Gruppe. Damit wird die O-H-Bindung weniger polar und die Abgabe eines Protons ist erschwert. Pentansäure-Moleküle haben aus diesem Grund eine geringere Acidität als Ethansäure-Moleküle.
Die Hydroxy-Gruppe verstärkt aufgrund des –I-Effektes, also einem „elektronenziehenden" Einfluss auf die Carboxy-Gruppe, die Polarisierung der O-H-Bindung und erleichtert somit die Abgabe eines Protons. Hydroxyethansäure-Moleküle haben aus diesem Grund eine höhere Acidität als Ethansäure-Moleküle.

D2 Die Moleküle von 3-Aminopropen besitzen eine Amino-Gruppe, die aufgrund des nichtbindenden Elektronenpaares am Stickstoff-Atom ein Proton aufnehmen kann. Der +I-Effekt der Alkenyl-Gruppe erhöht die Elektronendichte am Stickstoff-Atom und somit die Basenstärke. Eine wässrige Lösung von 3-Aminopropen reagiert daher basisch.

KOMPETENZ E

E1 Eine definierte Menge an Essig wird als Vorlage verwendet und mit einigen Tropfen eines geeigneten Indikators versetzt. Als Maßlösung wird eine Lösung verwendet, die als starke Base das Hydroxid-Ion enthält. Da es sich um die Titration einer Lösung einer schwachen Säure mit einer Lösung einer starken Base handelt, liegt der Äquivalenzpunkt im basischen Bereich. Als Indikator bietet sich daher z. B. Phenolphthalein an. Die Probelösung wird nun mit der Maßlösung bekannter Stoffmengenkonzentration durch tropfenweises Hinzufügen aus einer Bürette titriert. Sobald der Äquivalenzpunkt erreicht wird, ändert der Indikator die Farbe von farblos zu pink und die Titration ist beendet.

E2 a) Äquivalenzpunkt; Säure
b) Halb; pK_S-Wert; korrespondierenden Base; gleich groß
c) unvollständig
d) Puffer; kaum
e) basisch
f) 13

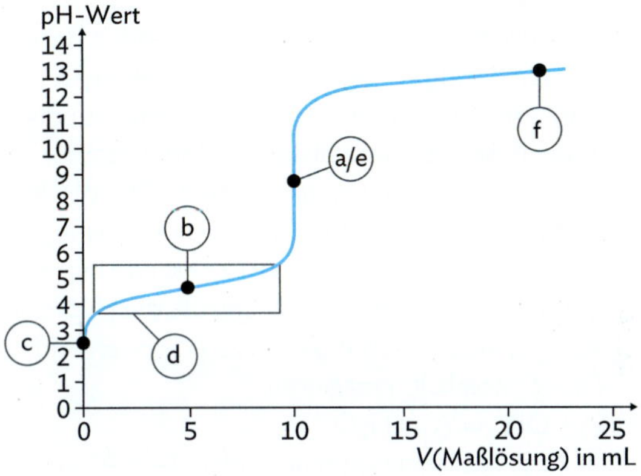

KOMPETENZ F

F1 Die zu bestimmende Lösung einer schwachen Säure wird mit der Maßlösung, einer Lösung einer starken Base bekannter Konzentration, bis zum Farbwechsel des Indikators titriert und somit der Äquivalenzpunkt bestimmt. Bei der Hälfte des benötigten Volumens befindet sich der Halbäquivalenzpunkt. An diesem Punkt gilt:
$pH = pK_S$.

F2

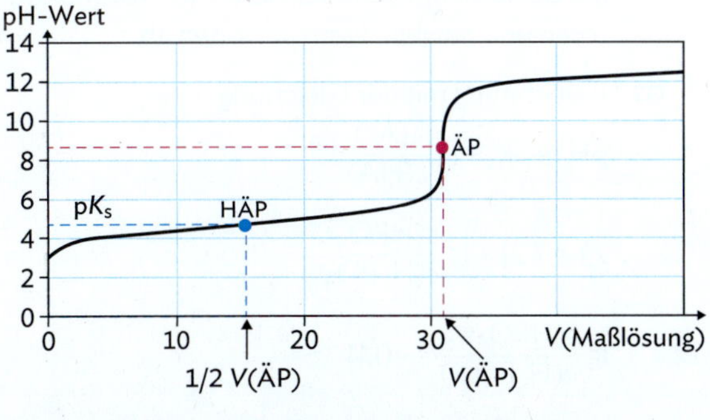

Der pK_S-Wert entspricht dem pH-Wert am Halbäquivalenzpunkt und beträgt ca. 5.

KOMPETENZ G

G1 In einer Pufferlösung steht eine schwache Säure mit ihrer korrespondierenden Base im Gleichgewicht:
$HA + H_2O \rightleftharpoons H_3O^+ + A^-$
Bei Zugabe von Oxonium-Ionen (aus einer sauren Lösung) fangen die A^--Ionen die Oxonium-Ionen ab, indem sie mit diesen zu Säure- und Wasser-Molekülen reagieren. Hierbei läuft also die Rückreaktion verstärkt ab. Die Konzentration der Säure- und Wasser-Moleküle wird dadurch erhöht. Die Konzentration der korrespondierenden Base wird gleichzeitig geringer. Da die zugegebenen Oxonium-Ionen mit den Ionen der korrespondierenden Base reagieren, bleibt die Konzentration der Oxonium-Ionen nahezu unverändert. Der pH-Wert bleibt annähernd konstant. Werden der Lösung Hydroxid-Ionen (aus einer basischen Lösung) hinzugefügt, fangen die Säure-Moleküle die Hydroxid-Ionen ab, indem sie mit diesen zu A^--Ionen und Wasser-Molekülen reagieren:
$HA + OH^- \rightleftharpoons A^- + H_2O$
Der Anteil der korrespondierenden Base A^- und der Wasser-Moleküle nimmt beim Abpuffern von Hydroxid-Ionen zu, im gleichen Maße nimmt der Anteil der Säure HA und der Hydroxid-Ionen ab. Auch hier ändert sich der pH-Wert kaum.
Ein Puffersystem kann auch aus einer schwachen Base und ihrer korrespondierenden Säure bestehen. Ein Beispiel hierfür ist der Ammoniak-Ammonium-Puffer. Bei diesem Puffersystem fangen Ammoniak-Moleküle hinzugegebene Oxonium-Ionen ab, indem sie mit diesen zu Ammonium-Ionen und Wasser-Molekülen reagieren. Ammonium-Ionen auf der anderen Seite reagieren als Protonendonatoren und fangen Hydroxid-Ionen ab.

G2 Berechnung mit der Gleichung

$$pH = pK_s + \lg \frac{c(A^-)}{c(HA)}$$

$$7{,}1 = 7{,}21 + \lg \frac{c(HPO_4^{2-})}{c(H_2PO_4^-)}$$

$$\lg \frac{c(HPO_4^{2-})}{c(H_2PO_4^-)} = -0{,}11$$

$$\frac{c(HPO_4^{2-})}{c(H_2PO_4^-)} = 10^{-0{,}11} = 0{,}78$$

Das Konzentrationsverhältnis zwischen $c(A^-)$ und $c(HA)$ muss 0,78 : 1 betragen.

Lösungen zu „Startklar?“ Kapitel 4

KOMPETENZ A

A1 **8 BE**
a) funktionelle Gruppe: Hydroxy-Gruppe; Stoffklasse: Alkohole
b) funktionelle Gruppe: Aldehyd-Gruppe; Stoffklasse: Aldehyde
c) funktionelle Gruppe: Keto-Gruppe; Stoffklasse: Ketone
d) funktionelle Gruppe: Carboxy-Gruppe; Stoffklasse: Carbonsäuren

A2 **6 BE**
a)
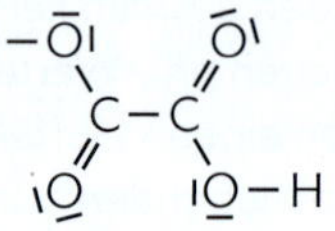

b)
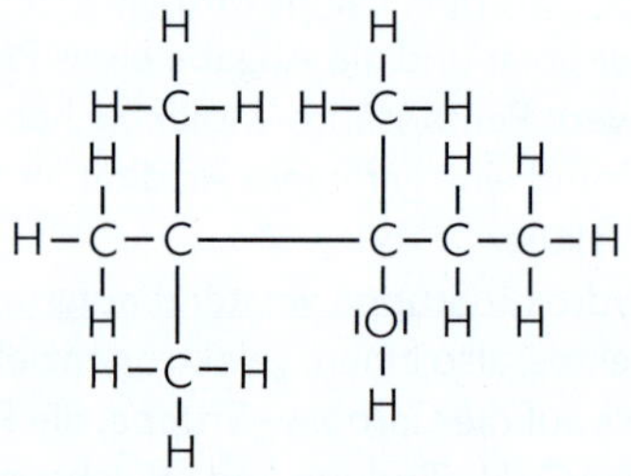

c)
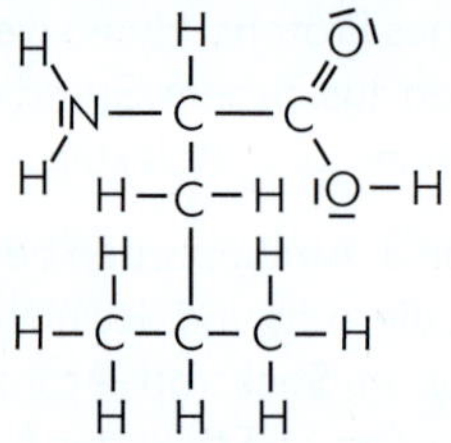

A3 **2 BE**
a) Buta-1,3-dien
b) 4-Methylpenta-1,2,4-triol

A4 **3 BE**
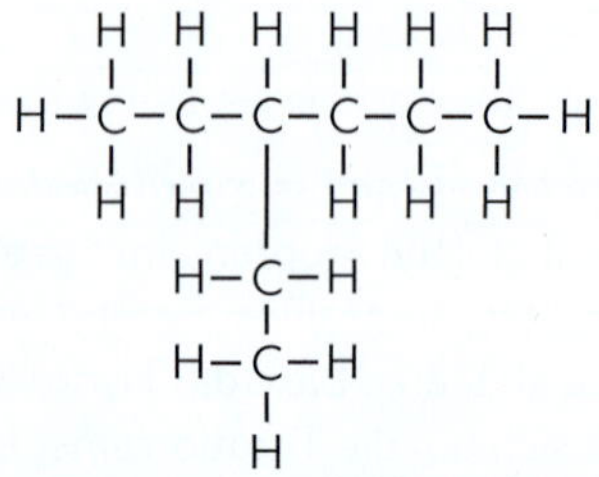

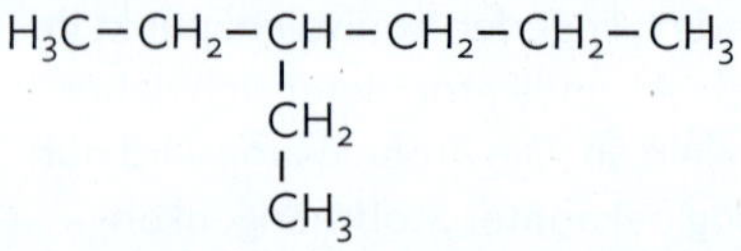

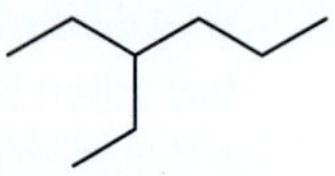

KOMPETENZ B

6 BE B1 Bei den Aminocarbonsäure-Molekülen ist eine Amino-Gruppe jeweils an das Kohlenstoff-Atom gebunden, das der Carboxy-Gruppe benachbart ist. Dieses Kohlenstoff-Atom wird als 2-Kohlenstoff-Atom bezeichnet. Die entsprechend gebauten Aminocarbonsäuren nennt man 2-Aminocarbonsäuren.

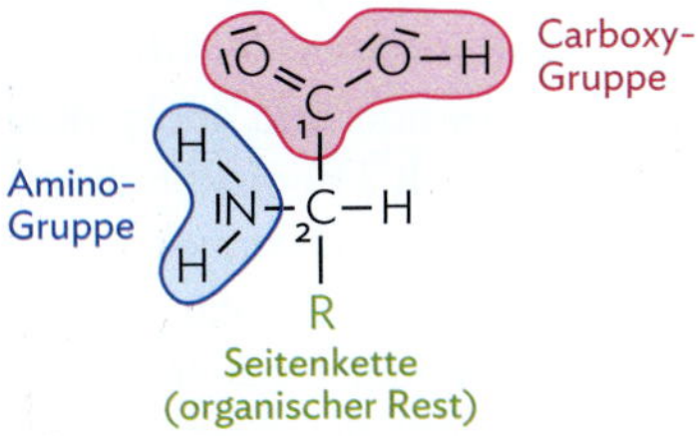

2 BE B2 Essenzielle Aminocarbonsäuren können vom Körper nicht selbst hergestellt werden. Sie müssen mit der Nahrung aufgenommen werden.

KOMPETENZ C

3 BE C1 Kondensationsreaktion: Chemische Reaktion, bei der zwei Moleküle unter Abspaltung eines kleinen Moleküls (z. B. Wasser-Molekül) miteinander reagieren und sich verbinden (z. B. Esterbildung). Umkehrreaktion: Hydrolyse

2 BE C2 Stoffklasse der Alkohole und der Carbonsäuren

4 BE C3

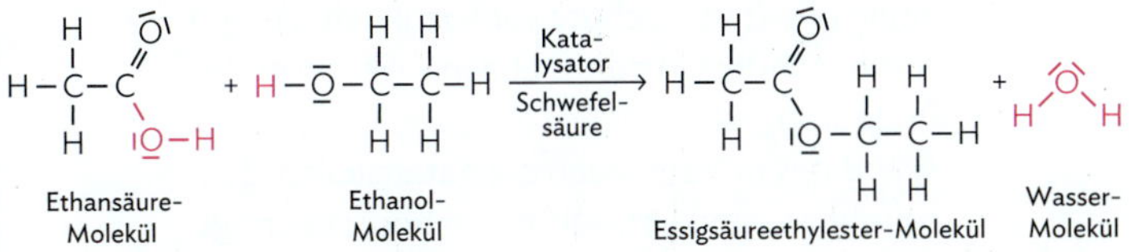

KOMPETENZ D

3 BE D1 Verschiedene Nennungen sind möglich. Im Folgenden sind die gängigsten intermolekularen Wechselwirkungen nach absteigender Stärke aufgelistet:

Ion-Dipol-Wechselwirkungen > Wasserstoffbrücken > Dipol-Dipol-Wechselwirkungen > LONDON-Dispersionswechselwirkungen

8 BE D2 Ⓐ: Wasserstoffbrücken → starke zwischenmolekulare Wechselwirkungen → weißer Feststoff ④

Ⓑ: Dipol-Dipol-Wechselwirkungen aufgrund der polaren Carbonyl-Gruppe → schwache zwischenmolekulare Wechselwirkungen → farblose Flüssigkeit und leicht flüchtig ③

Ⓒ: Wasserstoffbrücken und LONDON-Dispersionswechselwirkungen → mittelstarke zwischenmolekulare Wechselwirkungen → farblose Flüssigkeit und geringe Viskosität ①

Ⓓ: mehrere Wasserstoffbrücken, da zwei Hydroxy-Gruppen, und LONDON-Dispersionswechselwirkungen durch die Kohlenstoff-Kette → starke bis leichte zwischenmolekulare Wechselwirkungen → farblose Flüssigkeit und viskos ②

D3 Es lassen sich verschiedene Experimente durchführen, um die Alkohole zu identifizieren. **6 BE**

1. Löslichkeitstest in Wasser:
   Ethanol, Propan-1-ol, Propan-1,2,3-triol und Butan-1-ol sollten sich gut in Wasser lösen, da über die Hydroxy-Gruppen in ihren Molekülen jeweils Wasserstoffbrücken mit den Molekülen des Wassers eingegangen werden können.
   Die Moleküle von Pentan-1-ol besitzen zwar auch eine Hydroxy-Gruppe, hier ist aber der unpolare Rest schon so lang, dass die unpolaren Wechselwirkungen (LONDON-Dispersionswechselwirkungen) die Wasserstoffbrücken überwiegen. Die Löslichkeit in Wasser sollte bei diesem Alkohol am schlechtesten sein.

2. Siedepunktbestimmung:
   Der Siedepunkt sollte über die Reihe Ethanol, Propan-1-ol, Butan-1-ol und Pentan-1-ol stetig steigen. Alle Moleküle besitzen eine Hydroxy-Gruppe und können daher Wasserstoffbrücken ausbilden. Mit zunehmender Länge des unpolaren Rests steigen jedoch auch die unpolaren Wechselwirkungen (LONDON-Dispersionswechselwirkungen) zwischen den Molekülen an.
   Aus diesem Grund steigt der Siedepunkt in der homologen Reihe der Alkanole an.
   Die Moleküle von Propan-1,2,3-triol besitzen drei Hydroxy-Gruppen und können daher die meisten Wasserstoffbrücken ausbilden. Der Siedepunkt von Propan-1,2,3-triol liegt dadurch von allen zu untersuchenden Alkoholen am höchsten.

3. Löslichkeit in Heptan
   Die Alkohole werden in Heptan schlecht löslich sein, aber ihre relative Löslichkeit kann Aufschluss über ihre Struktur geben (z. B. könnte Propan-1,2,3-triol aufgrund seiner hohen Polarität noch weniger löslich sein).

Eine Kombination aus diesen Experimenten sollte die einzelnen Alkohole identifizieren.

KOMPETENZ E

2 BE E1 Die Bezeichnung „natürliche Inhaltsstoffe ohne Chemie“ sollte mit Vorsicht betrachtet werden. Verbraucherinnen und Verbraucher sollten sich über die Inhaltsstoffe genau informieren, die Etiketten lesen und verstehen, dass „natürlich“ nicht immer gleichbedeutend mit „sicher“ oder „wirksam“ ist. Eine kritische Auseinandersetzung mit den eigenen Bedürfnissen und eine informierte Auswahl sind entscheidend, um die besten Produkte für die individuelle Haarpflege zu finden.

10 BE E2 a) Die Hypothese lautet: Desinfektionsmittel mit Inhaltsstoffen wie z. B. Ethanol, Isopropanol und Benzalkoniumchlorid wirken, indem sie die Zellen bzw. Zellmembranen von Krankheitserregern destabilisieren und deren Proteine denaturieren, was zur Zerstörung von Bakterien, Viren und Pilzen führt.

b) Ethanol und Isopropanol:
Schutz vor Krankheitserregern: Beide Alkohole sind wirksam gegen eine Vielzahl von Krankheitserregern, einschließlich Bakterien, Viren und Pilzen, was sie zu effektiven Mitteln zur Infektionskontrolle macht.
Einfacher Gebrauch: Beide Alkohole sind leicht zu handhaben und können in verschiedenen Konzentrationen verwendet werden.
Verfügbarkeit: Beide Alkohole sind weit verbreitet und in vielen Handelsprodukten erhältlich.

Benzalkoniumchlorid:
Langzeitwirkung: Der Stoff ermöglicht es, Oberflächen länger desinfiziert zu halten.
Vielfältige Anwendung: Benzalkoniumchlorid wird häufig in Wischdesinfektionsmitteln und Hautdesinfektionsmitteln eingesetzt.

c) Ethanol:
Gesundheit: Kann Hautreizungen verursachen, insbesondere bei empfindlicher Haut. In höheren Konzentrationen kann es auch Augenreizungen hervorrufen.
Umwelt: Ethanol ist biologisch abbaubar, jedoch können hohe Konzentrationen in Gewässern schädlich für Wasserorganismen sein.
Sicherheit: hochentzündlich; Dämpfe können in hohen Konzentrationen gesundheitsschädlich sein und eine Explosionsgefahr darstellen.

Isopropanol:
Gesundheit: Kann Haut- und Augenreizungen verursachen. Bei Inhalation hoher Dosen können Schwindel und Kopfschmerzen auftreten.
Umwelt: Ebenfalls biologisch abbaubar, jedoch können Rückstände schädlich für aquatische Lebensräume sein.
Sicherheit: Hochentzündlich; die Dämpfe sind gesundheitsschädlich und können bei hoher Exposition toxisch wirken.

Benzalkoniumchlorid:
Gesundheit: Kann Hautreizungen und allergische Reaktionen hervorrufen. Langfristiger Kontakt kann zu sensibilisierenden Effekten führen.
Umwelt: weniger biologisch abbaubar als Ethanol und Isopropanol; Rückstände können sich in der Umwelt anreichern und aquatische Organismen schädigen.
Sicherheit: Geringere Entzündlichkeit, aber die Dämpfe können bei hohen Konzentrationen irritierend wirken.

d) Die Gesamtwirkung der Inhaltsstoffe Ethanol, Isopropanol und Benzalkoniumchlorid ist aufgrund ihrer Wirksamkeit gegen eine Vielzahl von Krankheitserregern und ihrer einfachen Handhabung positiv zu bewerten. Sie bieten einen effektiven Schutz vor Krankheitserregern, was besonders in der heutigen Zeit von großer Bedeutung ist.
Allerdings müssen auch die potenziellen Gesundheits- und Umweltrisiken berücksichtigt werden. Während Ethanol und Isopropanol schnell abbaubar sind, hat Benzalkoniumchlorid ein höheres Gefährdungspotenzial bezüglich der Umwelt und der Gesundheit.
Insgesamt sollten diese Desinfektionsmittel mit Bedacht eingesetzt werden, um ihre Vorteile zu maximieren und gleichzeitig die Risiken zu minimieren. Eine angemessene Verwendung ist entscheidend für die sichere Anwendung dieser Produkte.

Lösungen zu „Ziel erreicht?“ Kapitel 4

KOMPETENZ A

A1 a) Asparaginsäure gehört zu den sauren Aminocarbonsäuren. Daher gehört der gemessene pH-Wert von 6,3 zu der Asparaginsäurelösung. Lysin gehört zu den basischen Aminocarbonsäuren. Daher gehört der gemessene pH-Wert von 8,5 zu der Lysinlösung.
b) Beide Lösungen leiten den elektrischen Strom, da die Aminocarbonsäuren hier überwiegend als Anionen bzw. Kationen vorliegen und die Lösungen außerdem Oxonium- bzw. Hydroxid-Ionen enthalten, welche alle frei beweglich sind.

A2 a)

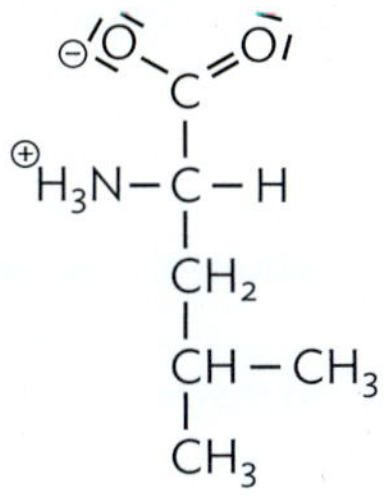

b) Bei pH = 1 gilt pH < IEP. Daher liegt Leucin bei diesem pH-Wert überwiegend als Kation vor:

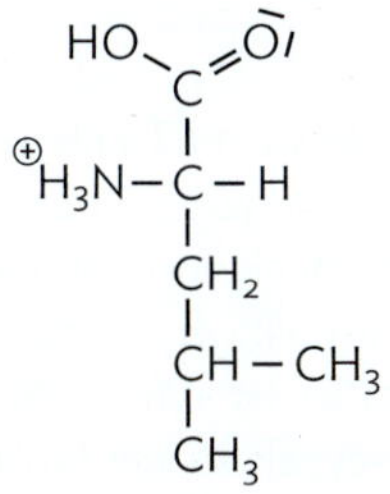

c) Bei pH = 14 gilt pH > IEP. Daher liegt Leucin bei diesem pH-Wert überwiegend als Anion vor:

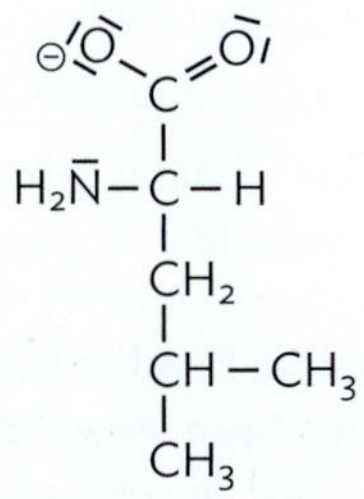

KOMPETENZ B

B1 a) falsch, Aminocarbonsäuresequenz
b) falsch, N-H-Gruppe und C=O-Gruppe
c) richtig
d) richtig

B2 a) Ionenbindungen zwischen positiv und negativ geladenen Atomen in Seitenketten
b) Disulfidbrücken über Elektronenpaarbindungen von Schwefel-Atomen zweier Cystein-Reste
c) Wasserstoffbrücken zwischen polaren Seitenketten
d) LONDON-Dispersionswechselwirkungen zwischen unpolaren Seitenketten

KOMPETENZ C

C1 a)

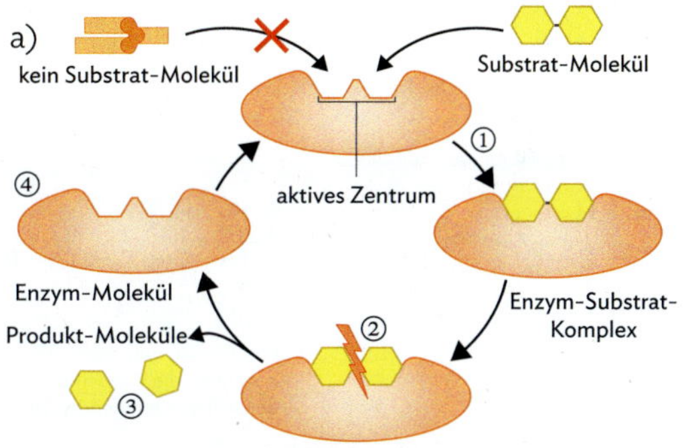

b) Eine enzymkatalysierte Reaktion lässt sich in vier Phasen einteilen:
①: Die Bindung von einem oder mehreren Substrat-Molekülen an das aktive Zentrum des Enzym-Moleküls
②: Die eigentliche chemische Reaktion
③: Die Freisetzung eines oder mehrerer Produkt-Moleküle
④: Das Enzym-Molekül ist anschließend wieder für weitere Reaktionen verfügbar.

C2 Aus dem Schlüssel-Schloss-Prinzip geht hervor, dass Enzym-Moleküle meist nur mit einer bestimmten Art von Substrat-Molekülen wechselwirken und diese umsetzen können. Man spricht daher von der Substratspezifität. Das Enzym Urease kann z. B. nur die Hydrolyse von Harnstoff, nicht aber die von *N*-Methylharnstoff katalysieren.
Außerdem setzen Enzym-Moleküle ein Substrat-Molekül immer auf eine bestimmte Weise um.
So wird Brenztraubensäure von einem Enzym zu Alanin und von einem anderen Enzym zu Milchsäure umgesetzt. Diese Eigenschaft nennt man Wirkungsspezifität.

KOMPETENZ D

D1

1. Radikalbildung:

$$R-R \xrightarrow{\text{Licht}} 2\,R\cdot$$

└ Abkürzung für das Startradikal

2. Kettenstart (Erzeugung von Monomer-Radikalen):

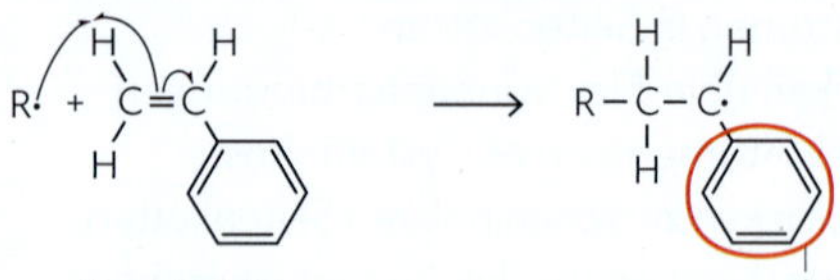

Styrol-Molekül

Aus Platzgründen wird im Folgenden der Kohlenstoff-Ring mit R_1 abgekürzt.

3. Kettenwachstum (Verlängerung der „Radikalkette“):

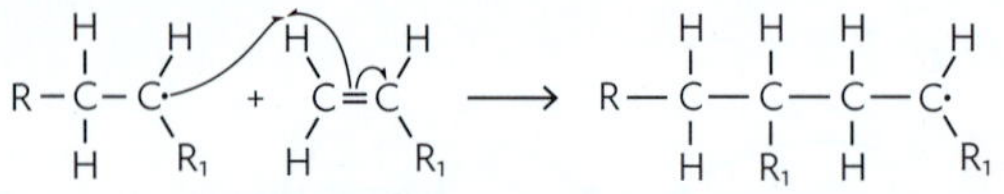

Styrol-Molekül

4. Kettenabbruch (Vernichtung von Radikalen):

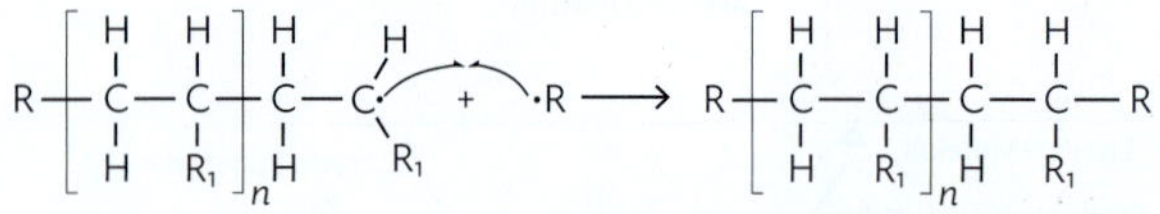

Polymerisat: Polystyrol (PS)
n steht für die Wiederholungszahl der sich wiederholenden Einheit

Sich wiederholende Struktureinheit des Polymers Polystyrol (PS):

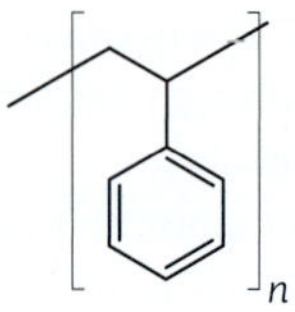

KOMPETENZ E

E1 a) (1): Thermoplast
Lineare oder wenig verzweigte Makromoleküle, die hauptsächlich durch zwischenmolekulare Wechselwirkungen zusammengehalten werden. Beim Erhitzen werden diese überwunden und die Polymer-Ketten sind gegeneinander beweglich. Auf Stoffebene wird der Kunststoff weich und formbar. Beim Abkühlen treten die zwischenmolekularen Wechselwirkungen an den neuen Positionen wieder auf und die Polymer-Ketten sind nicht mehr beweglich. Deshalb behält der Kunststoff beim Abkühlen die neue Form bei.

(2): Duroplast
Engmaschige und dreidimensionale Vernetzung über kovalente Bindungen. Diese sind stärker als die zwischenmolekularen Wechselwirkungen, deshalb können die Makromoleküle auch beim Erwärmen nicht aneinander vorbei gleiten. Duroplaste sind enorm formstabil.

(3): Elastomer
Weitmaschiges Netzwerk aus dreidimensional vernetzten Makromolekülen. Die Vernetzungen erfolgen über kovalente Bindungen. Im entspannten Zustand liegen die Makromoleküle verknäult vor. Wird auf den Kunststoff Zug ausgeübt, werden die Molekülstränge gestreckt. Die weiten Maschen ermöglichen ein Strecken, ohne die Molekülstruktur zu beschädigen. Sobald die Krafteinwirkung nachlässt ordnen sich die Molekülstränge wieder im verknäulten Zustand an. Der Kunststoff nimmt seine ursprüngliche Form an.

b) Thermoplast: Schuhsole, Schutzbrille, Trinkflaschen etc.
Duroplast: Schutzhelme, Topfgriffe, Herdleisten etc.
Elastomer: Haargummis, Einmalhandschuhe, Kondome etc.

KOMPETENZ F

F1 Getränkeflaschen aus PET fallen in sehr großen Mengen an und sind zudem nur wenig verunreinigt. Die Wirtschaftlichkeit von optimalen Recyclingprozessen ist deshalb vergleichsweise groß. Das Polykondensat PET ist außerdem gut geeignet, um werkstofflich recycelt zu werden, da das Rezyklat qualitativ noch hochwertig genug ist, um es erneut in Getränkeflaschen zu verarbeiten, oder alternativ für andere Produkte wie Textilien (Upcycling) oder Parkbankbohlen (Downcycling) zu verwenden.

F2 Werkstoffliches Recycling verändert das jeweilige Polymer nicht, die Qualität wird jedoch verringert. Rohstoffliches Recycling hingegen zerlegt die Polymere in die jeweiligen Monomere, Oligomere oder kleinere, molekulare Bruchstücke. Diese können erneut für die Synthese verwendet werden. Für das werkstoffliche Recycling eignen sich besonders möglichst reine, thermoplastische Abfälle. Für rohstoffliche Verwertung eignen sich besonders vermischte, verunreinigte Kunststoffabfälle.

Lösungen zu „Startklar?“ Kapitel 5

KOMPETENZ A

8 BE A1 Gasaustausch bei Pflanzen:

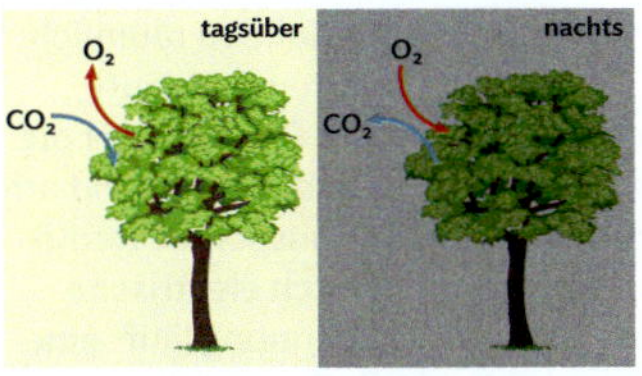

Tagsüber kann die Pflanze mithilfe des Sonnenlichtes Fotosynthese betreiben. Der Stoffumsatz ist dabei höher als bei der Zellatmung, die die Pflanze zur Aufrechterhaltung ihrer Lebensvorgänge betreiben muss. Daher kann sie tagsüber Sauerstoff abgeben und muss Kohlenstoffdioxid aufnehmen. Nachts betreibt sie nur Zellatmung.

Fotosynthese:
$6\ CO_2\ (g) + 6\ H_2O\ (l) \xrightarrow{\text{Licht}} 6\ O_2\ (g) + C_6H_{12}O_6\ (s)$

Zellatmung:
$6\ O_2\ (g) + C_6H_{12}O_6\ (s) \longrightarrow 6\ CO_2\ (g) + 6\ H_2O\ (l)$

KOMPETENZ B

4 BE B1 Die Oxidation ist ein Vorgang, bei dem ein Teilchen (= Elektronendonator) Elektronen abgibt, die Reduktion ist ein Vorgang, bei dem ein Teilchen (= Elektronenakzeptor) Elektronen aufnimmt. Die beiden Vorgänge laufen zeitgleich ab, da die vom Elektronendonator abgegebenen Elektronen in einer Redoxreaktion (= Elektronenübertragungsreaktion) auf den Elektronenakzeptor übertragen werden.

10 BE B2 a) Die Natrium-Atome geben je ein Elektron ab (Elektronendonator) und erlangen als Kationen Edelgaskonfiguration. Die Chlor-Atome nehmen je ein Elektron auf (Elektronenakzeptor) und erlangen als Anionen Edelgaskonfiguration.

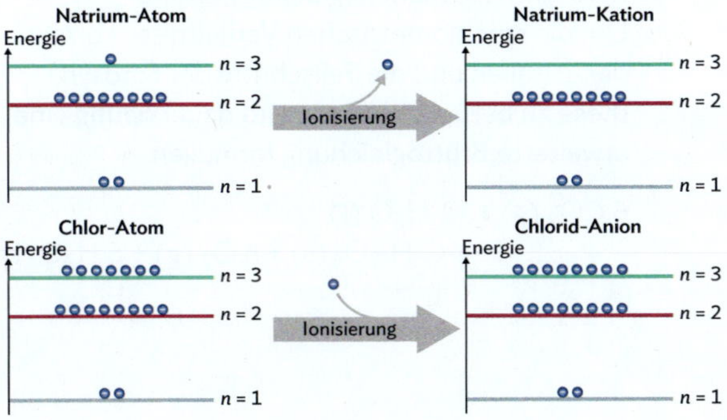

b) Oxidation: $Na \rightarrow Na^+ + e^-$ | · 2
Reduktion: $Cl_2 + 2\ e^- \rightarrow 2\ Cl^-$
Redoxreaktion: $2\ Na\ (s) + Cl_2\ (g) \rightarrow 2\ NaCl\ (s)$

c) stark exotherm

B3 a) Magnesium und Aluminium: Es handelt sich um unedlere Metalle als Zink. Ihr Bestreben, als Elektronendonatoren zu wirken, ist größer als beim edleren Zink. Die Zink-Ionen im Zinkoxid-Ionengitter werden durch die Atome der unedleren Metalle zu Zink-Atomen reduziert. **6 BE**

b) und c)

Oxidation (Mg → Mg^{2+})
$Mg + Zn^{2+}O^{2-} \rightarrow Mg^{2+}O^{2-} + Zn$
Reduktion (Zn^{2+} → Zn)

Oxidation (Al → Al^{3+})
$2\ Al + 3\ Zn^{2+}O^{2-} \rightarrow (Al^{3+})_2(O^{2-})_3 + 3\ Zn$
Reduktion (Zn^{2+} → Zn)

B4 a) I) Oxidation: Ein Aluminium-Atom gibt drei Elektronen ab und wird dadurch zu einem Aluminium-Kation oxidiert. **5 BE**

II) Reduktion: Ein Kupfer-Kation nimmt zwei Elektronen auf und wird dadurch zu einem Kupfer-Atom reduziert.

b) I) $Al \rightarrow Al^{3+} + 3\ e^-$ | · 2
$2\ Al \rightarrow 2\ Al^{3+} + 6\ e^-$

II) $Cu^{2+} + 2\ e^- \rightarrow Cu$ | · 3
$3\ Cu^{2+} + 6\ e^- \rightarrow 3\ Cu$

Gesamtgleichung: $2\ Al\ (s) + 3\ Cu^{2+}\ (aq) \rightarrow 2\ Al^{3+}\ (aq) + 3\ Cu\ (s)$

B5 a) Reduktion: $Zn^{2+} + 2\ e^- \rightarrow Zn$ **8 BE**
Oxidation: $2\ I^- \rightarrow I_2 + 2\ e^-$
Redoxreaktion: $ZnI_2\ (aq) \rightarrow Zn\ (s) + I_2\ (aq)$

b)

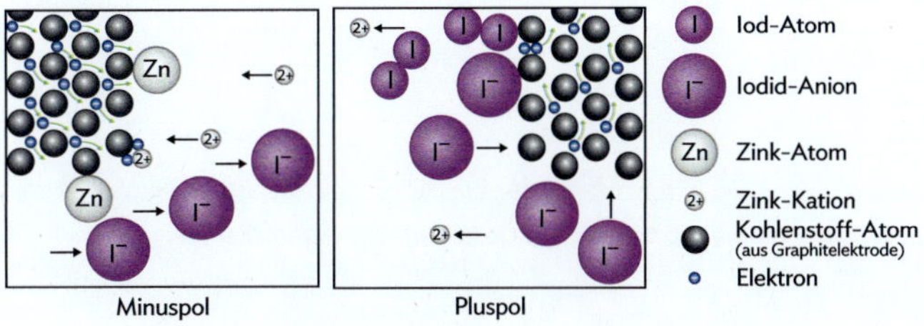

c) Es muss dauerhaft elektrischer Strom aufgewendet werden, die Reaktion ist also endotherm.

KOMPETENZ C

8 BE C1 Protonen – Protonendonator (= Säure) – Protonenakzeptor (= Base) – Elektronen – Elektronendonator – Elektronenakzeptor

6 BE C2 a) $2\,\overset{0}{Li}\,(s) + 2\,\overset{+I\;-II}{H_3O^+}\,(aq) \rightarrow$

$2\,\overset{+I}{Li^+}\,(aq) + \overset{0}{H_2}\,(g) + 2\,\overset{+I\;-II}{H_2O}\,(l)$;

OZ ändern sich, Redoxreaktion

b) $\overset{+I\;+IV\;-II}{K_2CO_3}\,(aq) + 2\,\overset{+I\;-II}{H_3O^+}\,(aq) \rightarrow$

$2\,\overset{+I}{K^+}\,(aq) + \overset{+IV\;-II}{CO_2}\,(g) + 3\,\overset{+I\;-II}{H_2O}\,(l)$;

OZ unverändert, keine Redoxreaktion

4 BE C3 Ox.: $2\,\overset{-I}{Cl^-} \rightarrow \overset{0}{Cl_2} + 2\,e^- \quad |\cdot 5$

Red.: $\overset{+VII}{MnO_4^-} + 5\,e^- + 8\,H_3O^+ \rightarrow \overset{+II}{Mn^{2+}} + 12\,H_2O \quad |\cdot 2$

Redox: $10\,Cl^- + 2\,MnO_4^- + 16\,H_3O^+ \rightarrow$

$5\,Cl_2 + 2\,Mn^{2+} + 24\,H_2O$

KOMPETENZ D

7 BE D1 a) Minuspol: $Cu^{2+} + 2\,e^- \rightleftharpoons Cu$

Pluspol: $2\,Cl^- \rightleftharpoons Cl_2 + 2\,e^-$

b) Reduktion ($Cu^{2+} \rightarrow Cu$)

$Cu^{2+}\,(aq) + 2\,Cl^-\,(aq) \rightarrow Cu\,(s) + Cl_2\,(g)$

Oxidation ($Cl^- \rightarrow Cl_2$)

Oxidationsmittel: Cu^{2+}

Reduktionsmittel: Cl^-

c) Am Minuspol scheidet sich ein rötlicher Feststoff ab, es entsteht elementares Kupfer. Am Pluspol entstehen Gasbläschen und es ist ein Chlorgeruch wahrnehmbar, was auf die Entstehung von Chlor hindeutet.

D2 **8 BE**

GALVANISCHE Zelle	Elektrolyse
▪ Es findet eine Redoxreaktion statt, bei der die Oxidation von der Reduktion räumlich getrennt abläuft. ▪ Am Pluspol läuft die Reduktion ab und am Minuspol die Oxidation. ▪ Innere Energie wird in elektrische Energie umgewandelt. ▪ Die Redoxreaktion läuft freiwillig ab.	▪ Es findet eine Redoxreaktion statt, bei der die Oxidation von der Reduktion räumlich getrennt abläuft. ▪ Am Pluspol läuft die Oxidation ab und am Minuspol die Reduktion. ▪ Durch elektrische Spannung läuft eine Redoxreaktion ab. ▪ Die Redoxreaktion wird erzwungen.

Lösungen zu „Ziel erreicht?“ Kapitel 5

KOMPETENZ A

A1 a) Reduktion ($CO_2 \rightarrow C_6H_{12}O_6$)

$6\,CO_2\,(g) + 6\,H_2O\,(l) \rightarrow C_6H_{12}O_6\,(s) + 6\,O_2\,(g)$

Oxidation ($H_2O \rightarrow O_2$)

b) Die Fotosynthese läuft in zwei Teilprozessen ab: Zunächst erfolgt die Zerlegung der Wasser-Moleküle mithilfe von Lichtenergie (Fotolyse), wobei Sauerstoff gebildet wird. In diesen lichtabhängigen Reaktionen werden zudem ATP und NADPH als energiereiche Zwischenspeicher bzw. Reduktionsmittel gebildet. Diese liefern Energie und Elektronen für die Reduktion der Kohlenstoffdioxid-Moleküle in den anschließenden lichtunabhängigen Reaktionen, wobei schließlich Glucose-Moleküle gebildet werden. Die bei der Fotosynthese gebildeten Sauerstoff-Moleküle stammen demnach aus den Wasser-Molekülen und nicht aus den Kohlenstoffdioxid-Molekülen. Diese Tatsache kann aus der (gekürzten) Gesamtreaktionsgleichung der Fotosynthese nicht abgeleitet werden.
Um die stöchiometrischen Verhältnisse korrekt darzustellen und die Teilschritte der Fotosynthese zu berücksichtigen, wird daher häufig eine erweiterte Bruttogleichung formuliert:

$6\,CO_2\,(g) + 12\,H_2O\,(l)$
$\rightarrow C_6H_{12}O_6\,(s) + 6\,O_2\,(g) + 6\,H_2O\,(l)$

A2 Bei der Fotosynthese handelt es sich um eine chemische Reaktion, welche durch Stoff- und Energieumwandlung gekennzeichnet ist.
Stoffumwandlung: Edukte (Wasser und Kohlenstoffdioxid) werden zu Produkten (Glucose und Sauerstoff) umgesetzt.
Energieumwandlung: Fotosynthesebetreibende Zellen wandeln die Energie des Sonnenlichts in chemische Energie um.
Der Zeitungstitel suggeriert fälschlicherweise, dass die Sonne ein Edukt ist.

A3 1) Wasser
2) Kohlenstoffdioxid
3) ADP + Ⓟ
4) $NADP^+$
5) ATP
6) $NADPH + H^+$
7) Sauerstoff
8) Glucose

KOMPETENZ B

B1 Zur elektrochemischen Spaltung von Wasser wird elektrische Energie benötigt. Im Idealfall stammt diese aus Fotovoltaik- oder Windkraftanlagen, sie kann jedoch auch aus fossilen Brennstoffen stammen und damit eine hohe Umweltbelastung darstellen. Die fotokatalytische Spaltung erfolgt hingegen auf direktem Wege durch das Sonnenlicht als Energiequelle. Dieses stellt in vielen Regionen der Welt eine nachhaltige und ergiebige Energiequelle dar. Dadurch steigt die Energieeffizienz und der apparative Aufwand sinkt.
Die Verwendung von Sonnenlicht kann langfristig kostengünstiger sein, da die Betriebskosten für die Erzeugung von Strom aus erneuerbaren Quellen (wie Solarenergie) tendenziell niedriger sind als die Kosten für den Betrieb von Elektrolyseuren, die Strom benötigen.
Fotokatalytische Systeme können in einfacheren und kompakteren Designs realisiert werden, da sie keine komplexen Elektrolyseure oder zusätzliche Komponenten wie Membranen erfordern. Dies kann die Installation und Wartung erleichtern.

B2 Die Fotosynthese ist ein hochkomplexer Prozess, der in den Chloroplasten abläuft und viele verschiedene Moleküle, Enzyme und Cofaktoren umfasst. Das Nachahmen dieser komplexen Interaktionen in einem technischen System ist schwierig.
Natürliche Systeme haben sich über Millionen von Jahren entwickelt und optimiert, um unter spezifischen Bedingungen effizient zu arbeiten. Die Effizienz der natürlichen Fotosynthese ist oft höher als die der derzeitigen technischen Ansätze zur Energieumwandlung.
Die biologischen Katalysatoren (Enzyme) sind nur schwer und zu einem hohen Preis in großen Mengen herstellbar. Zudem sind sie empfindlich gegen äußere Einflüsse und können unter den Bedingungen, die für technische Prozesse erforderlich sind, instabil sein. Die Entwicklung stabiler synthetischer Katalysatoren, die die gleiche Effizienz und Selektivität wie ihre natürlichen Vorbilder erreichen, ist eine große Herausforderung.
Die Bedingungen, unter denen die Fotosynthese stattfindet (z. B. Temperatur, pH-Wert, Lichtintensität), sind sehr spezifisch. Technische Systeme müssen oft unter anderen Bedingungen arbeiten, was die Übertragung der natürlichen Prozesse erschwert.

B3 Platin, Iridium- und Rutheniumoxid wirken bei der Elektrolyse als Katalysatoren.

B4 Power-to-Gas-Technologie: Herstellung von Ammoniak mit dem HABER-BOSCH-Verfahren; am Zielort Zerlegung in Wasserstoff und Stickstoff; Nutzung des Wasserstoffs als Brenngas oder in Brennstoffzellen

KOMPETENZ C

C1 Korrosion bezeichnet den chemischen und physikalischen Prozess, bei dem Metalle, durch chemische Reaktionen mit ihrer Umgebung abgebaut oder beschädigt werden.
Wasser wirkt als Elektrolyt und erleichtert den Transport von Ionen. In Gegenwart von Wasser kann Sauerstoff in gelöster Form vorliegen und mit dem Metall reagieren.
Teilchenebene:
Oxidation des Metalls: Metall-Atome geben Elektronen ab und werden zu Metall-Ionen oxidiert. Zum Beispiel können Eisen-Atome zu Eisen(II)-Ionen oxidiert werden:
$2\,Fe \rightarrow 2\,Fe^{2+} + 4\,e^-$

Reduktion des Sauerstoffs:
$O_2 + 4\,e^- + 2\,H_2O \rightarrow 4\,OH^-$
Die Eisen(II)-Ionen reagieren weiter mit Hydroxid-Ionen und bilden unlösliche Korrosionsprodukte wie Eisen(II)-hydroxid $Fe(OH)_2$ oder Eisen(III)-oxid Fe_2O_3.

C2 **Oxidation von Zink-Atomen:** Zink-Atome geben Elektronen ab und werden zu Zink-Kationen oxidiert.
$Zn \rightarrow Zn^{2+} + 2\,e^-$
Reduktion von Oxonium-Ionen: Die Oxonium-Ionen aus der salzsauren Lösung nehmen die bei der Oxidation gebildeten Elektronen auf und werden zu Wasserstoff-Molekülen reduziert.
$2\,H_3O^+ + 2\,e^- \rightarrow H_2 + 2\,H_2O$

C3 **Verschiedene Metalle:** Kontaktkorrosion tritt auf, wenn zwei unterschiedliche Metalle miteinander in Kontakt kommen. Beispiele sind die Verbindung von Kupfer und Stahl oder Zink und Eisen.
elektrolytische Umgebung: Eine korrosive Umgebung ist notwendig, um die elektrochemischen Reaktionen zu ermöglichen. Dies kann Wasser (insbesondere, wenn es ionisch verunreinigt ist), Feuchtigkeit oder andere Elektrolyte umfassen.
elektrischer Kontakt: Die beiden Metalle müssen physisch miteinander verbunden sein, um einen elektrischen Stromfluss zu ermöglichen. Dies kann durch direkte Berührung oder durch einen leitenden Stoff geschehen.
unterschiedliche Standardpotenziale: Jedes Metall hat ein spezifisches Standardpotenzial, das seine Neigung zur Oxidation oder Reduktion beschreibt. Metalle mit einem höheren Standardpotenzial sind weniger anfällig für Oxidation, während Metalle mit einem niedrigeren Standardpotenzial eher oxidiert werden.
Wenn zwei verschiedene Metalle in Kontakt stehen, kann sich eine GALVANIsche Zelle bilden. Die Atome des Metalls mit dem niedrigeren Standardpotenzial (Anode) werden oxidiert und geben Elektronen ab, während die Atome des Metalls mit dem höheren Standardpotenzial (Kathode) die Elektronen aufnehmen und reduziert werden.

C4 **Zink und Kupfer:** Zink hat ein niedrigeres Standardpotenzial als Kupfer, wodurch es als Anode fungiert. In einer feuchten Umgebung werden die Zink-Atome oxidiert und das Metall korrodiert schneller, während Kupfer geschützt bleibt. Dies kann zu einem schnellen Abbau von Zinkbeschichtungen auf Stahl führen.
Messing und Eisen: Messing ist eine Legierung aus Kupfer (mindesten 50 %) und Zink. Messing hat ein höheres Standardpotenzial als Eisen. Wenn diese Materialien in Kontakt kommen, oxidieren die Atome des Eisens und das Metall korrodiert schneller. Dies kann in Wasserleitungen oder anderen Anwendungen problematisch sein, in denen Messingarmaturen mit Eisenrohren verbunden sind.
Edelstahl und Kohlenstoffstahl: Edelstahl hat ein höheres Standardpotenzial als Kohlenstoffstahl. Wenn diese beiden Materialien in einer feuchten Umgebung in Kontakt kommen, kann der Kohlenstoffstahl als Anode wirken und korrodieren, während der Edelstahl geschützt bleibt.

C5 Korrosionsprozesse in Heizungsrohren sind abhängig von der Menge des gelösten Sauerstoffs im Heizwasserkreislauf (Sauerstoffkorrosion).
Sobald der Sauerstoff im Heizungssystem verbraucht ist, finden kaum weitere Korrosionsprozesse statt. Um die Korrosionsrate weiterhin gering zu halten, müssen ungewollte Sauerstoffeinträge vermieden werden. Dies kann z. B. durch manuelles Lüften an Heizkörpern erfolgen oder durch Heizungsbauteile wie Schnellentlüfter und Lufteintrittssperren.

KOMPETENZ D

D1 Die Verbindung von Eisen mit Kupfer führt zur Ausbildung einer Kontaktzelle. Die Elektronen wandern zum edleren Metall Kupfer. Durch die elektrische Leitfähigkeit von Kupfer, werden die Elektronen an Sauerstoff und Wasser in der Umgebung weitergeleitet. Es kommt zur Kontaktkorrosion.

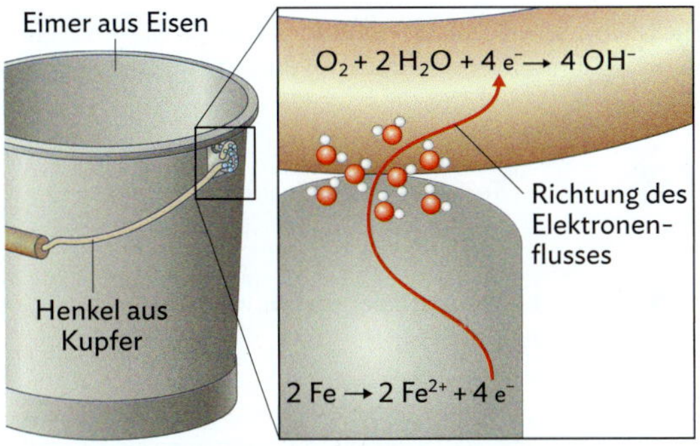

D2 a) Standardpotenziale:
Zink: E^0 = −0,76 V
Kupfer (Cu^{2+}): E^0 = +0,34 V
Anode: Zink
Zink hat ein niedrigeres Standardpotenzial und die Zink-Atome werden oxidiert:
$Zn \rightarrow Zn^{2+} + 2\,e^-$
Kathode: Kupfer
Kupfer hat ein höheres Standardpotenzial und die Kupfer-Ionen werden reduziert:
$Cu^{2+} + 2\,e^- \rightarrow Cu$

b) Standardpotenziale:
Aluminium: E^0 = −1,66 V
Stahl (Eisen): E^0 = −0,45 V
Anode: Aluminium
Aluminium hat ein niedrigeres Standardpotenzial und die Aluminium-Atome werden oxidiert:
$Al \rightarrow Al^{3+} + 3\,e^-$
Kathode: Stahl (Eisen)
Eisen hat ein höheres Standardpotenzial und die Eisen-Ionen werden reduziert:
$Fe^{2+} + 2\,e^- \rightarrow Fe$

c) Standardpotenziale:
Titan: E^0 = −1,63 V
Aluminium: E^0 = −1,66 V
Anode: Aluminium
Aluminium hat ein niedrigeres Standardpotenzial und die Aluminium-Atome werden oxidiert:
$Al \rightarrow Al^{3+} + 3\,e^-$
Kathode: Titan
Titan hat ein höheres Standardpotenzial und die Titan-Ionen werden reduziert:
$Ti^{2+} + 2\,e^- \rightarrow Ti$

KOMPETENZ E

E1 Opferanoden: Anbringen von unedleren Metallen (z.B. Zink oder Magnesium), die korrodieren und das zu schützende Metall vor Korrosion bewahren.

E2
- Beschichtungen: Farben, Lacke, Pulverbeschichtung
- korrosionsbeständige Legierungen
- Galvanisieren – Verzinken von Metalloberflächen
- Anodisierung (Eloxal-Verfahren): elektrochemischer Prozess, der eine schützende Oxidschicht auf Aluminium und anderen Metallen erzeugt
- Umgebungsbedingungen kontrollieren, z. B. Reduzierung von Feuchtigkeit oder Salzen

E3
- Erhöhung der Lebensdauer von Materialien → weniger Reparatur und Austausch nötig
- Sicherheit, z. B. Brücken, Pipelines etc.
- Kosteneinsparung
- Umweltschutz, z. B. Schutz vor Leckagen
- Erhalt der Ästhetik
- Wettbewerbsfähigkeit durch Erhalt der Qualität
- Erfüllung bzw. Einhaltung von Vorschriften

GHS – Das international gültige System zur Kennzeichnung von Gefahrstoffen

Es gibt viele verschiedene Länder auf der Welt, die alle mit Gefahrstoffen arbeiten und mit diesen untereinander Handel treiben. Um weltweit sichere Handhabung, Transport und Entsorgung zu gewährleisten, wurde das international gültige GHS-System ins Leben gerufen. Inzwischen sind die GHS-Angaben auf allen Chemikalienverpackungen Pflicht, die in den Verkauf gebracht werden, egal ob es Reinstoffe sind oder ob es sich um Stoffgemische handelt.
Eine Pflicht zur Umettiketierung von dem zuvor in Deutschland gültigen System existiert nicht. Es dürfen jedoch nicht beide Systeme auf ein und derselben Verpackung verwendet werden.
Die Gefahrstoffkennzeichnungen erfolgen über Piktogramme, ein Signalwort sowie über H- und P-Sätze, die über die Gefahren (Hazards) und Sicherheitsmaßnahmen (Precautions) Auskunft geben, wobei letztere ebenfalls über Piktogramme erfolgen können.

Piktogramme

GHS 1
Instabile explosive Stoffe und Gemische
Explosive Stoffe/Gemische und Erzeugnisse mit Explosivstoff
Selbstzersetzliche Stoffe und Gemische
Organische Peroxide

GHS 2
Entzündbare Gase/Aerosole/Flüssigkeiten/Feststoffe
Selbstzersetzliche Stoffe und Gemische
Pyrophore Flüssigkeiten/Feststoffe
Selbsterhitzungsfähige Stoffe und Gemische
Stoffe und Gemische, die bei Berührung mit Wasser entzündbare Gase abgeben
Organische Peroxide

GHS 3
Oxidierende Gase/Flüssigkeiten/Feststoffe

GHS 4
Gase unter Druck: verdichtete Gase/verflüssigte Gase/tiefgekühlt verflüssigte Gase/gelöste Gase

GHS 5
Auf Metalle korrosiv wirkend
Hautätzend
Schwere Augenschädigung

GHS 6
Akute Toxizität (oral, dermal, inhalativ)

GHS 7
Akute Toxizität (oral, dermal, inhalativ)
Reizung der Haut
Augenreizung
Sensibilisierung der Haut
Spezifische Zielorgan-Toxizität (einmalige Exposition)
Atemwegsreizung
Narkotisierende Wirkungen

GHS 8
Sensibilisierung der Atemwege
Keimzellmutagenität
Karzinogenität
Reproduktionstoxizität
Spezifische Zielorgan-Toxizität (einmalige Exposition)
Spezifische Zielorgan-Toxizität (wiederholte Exposition)
Aspirationsgefahr

GHS 9
Gewässergefährdend
— akut gewässergefährdend
— chronisch gewässergefährdend

Signalwörter
Die oben angegebenen Piktogramme werden mit Signalwörtern unterstützt, die eine relative Abstufung der von dem Stoff/der Mixtur ausgehenden Gefahr angeben sollen. Diese Wörter können jedoch auch ohne Piktogramm auftauchen:
Achtung warnt vor weniger schwerwiegenden Gefahrenkategorien, z. B. gesundheitsschädlich.
Gefahr warnt vor schwerwiegenden Gefahrenkategorien, z. B. giftig.

Hazard-Statements (H-Sätze, Gefahrensätze)
Die Gefahrsätze besitzen einen Code, der bereits bei den R- und S-Sätzen Verwendung fand. So sind jegliche H-Sätze mit dem Buchstaben H und einer dreistelligen Nummer versehen, wobei die erste Ziffer den Typ der Gefahr angibt. Sätze, die mit H2 beginnen, beziehen sich somit auf physikalische Gefahren (Explosionen, Feuergefahr etc.), Sätze, die mit H3 beginnen, auf gesundheitliche Gefahren (giftig, krebserregend etc.) und Sätze, die mit H4 beginnen, bezeichnen Umweltgefahren. Kombinationen der H-Sätze werden durch ein Plus-Zeichen angegeben (z. B. H312+H332).

Precautionary-Statements (P-Sätze, Sicherheitssätze)
Ähnlich wie bei den Hazard-Statements findet sich auch hier ein dreistelliger Code. Die erste Ziffer gibt dabei an, um was für einen Typ dieser Sicherheitssätze es sich handelt. Beginnend mit P1(Allgemeines) sind generelle Angaben, beginnend mit P2(Prävention) sind Sätze, die Vorbeugung und Vermeidung von Gefahren beschreiben. P3(Reaktion)-Sätze beschreiben Vorgehensweisen, wie auf bestehende Gefahren zu reagieren ist (Metallbrände mit Sand löschen). P4(Aufbewahrung)-Sätze bezeichnen Maßnahmen zur sicheren Lagerung und P5(Entsorgung)-Sätze beschreiben Maßnahmen zur Entsorgung. Kombinationen der P-Sätze werden durch ein Plus-Zeichen angegeben (z. B. P402+P404).

Gebotszeichen

Schutzbrille

Schutzhandschuhe

Abzug

Lüftungsmaßnahmen

Entsorgung von Gefahrstoffabfällen

Nach einem Experiment hat man neben den Reaktionsprodukten häufig auch noch Reste der Edukte vorliegen. Selbst wenn nur einer dieser Stoffe zu den Gefahrstoffen gehört, darf der Abfall nicht einfach in den Ausguss oder in die Restmülltonne gegeben werden. Diese Abfälle werden in speziell gekennzeichneten Behältern (**B1**) gesammelt und müssen von Entsorgungsunternehmen abgeholt werden.
Aus Umwelt- und Kostengründen sollte die Entstehung unnötiger Gefahrstoffabfälle vermieden werden.

B1 Fässer zum Sammeln von Gefahrstoffabfällen

Auf den **Versuche und Material**-Seiten in diesem Buch werden bei jedem Versuch entsprechende Entsorgungshinweise in Form von Kürzeln gegeben. Die folgende Übersicht erklärt deren Bedeutung:

A: Ausguss

Ungefährliche und wasserlösliche Stoffe dürfen über den Ausguss dem kommunalen Abwassernetz zugeführt werden.
Beispiele: Zucker, Natriumchloridlösung, Rotkohlsaft, Backpulver, Lebensmittel wie Milch oder Tee

R: Restmüll

Unproblematische und ungefährliche Feststoffe werden im Restmüll entsorgt.
Beispiele: Filterpapier, Indikatorpapier, Sand, Aluminiumfolie

G1: Gefäß für saure und basische Lösungen

In diesem Gefäß werden saure und basische Lösungen gesammelt. Bevor der Behälter vollständig gefüllt ist, muss der Inhalt von der Lehrkraft neutralisiert werden.
Beispiele: salzsaure Lösung, Natriumhydroxidlösung

G2: Gefäß für giftige anorganische Stoffe

Gifte und umweltschädliche Chemikalien, z. B. Schwermetallsalze und deren Lösungen, werden in Gefäß 2 gesammelt, das basisch gehalten werden muss.
Beispiele: Kupfer(II)-sulfat, Kupfer(II)-sulfid, Zinksulfid, Zinkoxid

G3: Gefäß für halogenfreie organische Stoffe

In diesem Gefäß werden wasserlösliche und wasserunlösliche organische Stoffe gesammelt, die keine Halogene enthalten.
Beispiele: Brennspiritus, Octan, Benzin

G4: Gefäß für halogenhaltige organische Stoffe

Organische Verbindungen, die Halogene enthalten, werden in Gefäß 4 bis zur endgültigen Entsorgung durch ein Unternehmen aufbewahrt.
Beispiele: Bromheptan, Polyvinylchlorid (PVC)

H200-Reihe: Physikalische Gefahren

H200 Instabil, explosiv.
H201 Explosiv, Gefahr der Massenexplosion.
H202 Explosiv; große Gefahr durch Splitter, Spreng- und Wurfstücke.
H203 Explosiv; Gefahr durch Feuer, Luftdruck oder Splitter, Spreng- und Wurfstücke.
H204 Gefahr durch Feuer oder Splitter, Spreng- und Wurfstücke.
H205 Gefahr der Massenexplosion bei Feuer.
H206 Gefahr durch Feuer, Druckstoß oder Sprengstücke; erhöhte Explosionsgefahr, wenn das Desensibilisierungsmittel reduziert wird
H207 Gefahr durch Feuer oder Sprengstücke; erhöhte Explosionsgefahr, wenn das Desensibilisierungsmittel reduziert wird
H208 Gefahr durch Feuer; erhöhte Explosionsgefahr, wenn das Desensibilisierungsmittel reduziert wird
H220 Extrem entzündbares Gas.
H221 Entzündbares Gas.
H222 Extrem entzündbares Aerosol.
H223 Entzündbares Aerosol.
H224 Flüssigkeit und Dampf extrem entzündbar.
H225 Flüssigkeit und Dampf leicht entzündbar.
H226 Flüssigkeit und Dampf entzündbar.
H228 Entzündbarer Feststoff.
H229 Behälter steht unter Druck: kann bei Erwärmung bersten.
H230 Kann auch in Abwesenheit von Luft explosionsartig reagieren.
H231 Kann auch in Abwesenheit von Luft bei erhöhtem Druck und/oder erhöhter Temperatur explosionsartig reagieren.
H240 Erwärmung kann Explosion verursachen.
H241 Erwärmung kann Brand oder Explosion verursachen.
H242 Erwärmung kann Brand verursachen.
H250 Entzündet sich in Berührung mit Luft von selbst.
H251 Selbsterhitzungsfähig; kann in Brand geraten.
H252 In großen Mengen selbsterhitzungsfähig; kann in Brand geraten.
H260 In Berührung mit Wasser entstehen entzündbare Gase, die sich spontan entzünden können.
H261 In Berührung mit Wasser entstehen entzündbare Gase.
H270 Kann Brand verursachen oder verstärken; Oxidationsmittel.
H271 Kann Brand oder Explosion verursachen; starkes Oxidationsmittel.
H272 Kann Brand verstärken; Oxidationsmittel.
H280 Enthält Gas unter Druck; kann bei Erwärmung explodieren.
H281 Enthält tiefgekühltes Gas; kann Kälteverbrennungen oder -verletzungen verursachen.
H290 Kann gegenüber Metallen korrosiv sein.

H300-Reihe: Gesundheitsgefahren

H300 Lebensgefahr bei Verschlucken.
H301 Giftig bei Verschlucken.
H302 Gesundheitsschädlich bei Verschlucken.
H304 Kann bei Verschlucken und Eindringen in die Atemwege tödlich sein.
H310 Lebensgefahr bei Hautkontakt.
H311 Giftig bei Hautkontakt.
H312 Gesundheitsschädlich bei Hautkontakt.
H314 Verursacht schwere Verätzungen der Haut und schwere Augenschäden.
H315 Verursacht Hautreizungen.
H317 Kann allergische Hautreaktionen verursachen.
H318 Verursacht schwere Augenschäden.
H319 Verursacht schwere Augenreizung.
H330 Lebensgefahr bei Einatmen.
H331 Giftig bei Einatmen.
H332 Gesundheitsschädlich bei Einatmen.
H334 Kann bei Einatmen Allergie, asthmaartige Symptome oder Atembeschwerden verursachen.
H335 Kann die Atemwege reizen.
H336 Kann Schläfrigkeit und Benommenheit verursachen.
H340 Kann genetische Defekte verursachen <Expositionsweg angeben, sofern schlüssig belegt ist, dass diese Gefahr bei einem anderen Expositionsweg besteht>.
H341 Kann vermutlich genetische Defekte verursachen <Expositionsweg angeben, sofern schlüssig belegt ist, dass diese Gefahr bei keinem anderen Expositionsweg besteht>.
H350 Kann Krebs erzeugen <Expositionsweg angeben, sofern schlüssig belegt ist, dass diese Gefahr bei keinem anderen Expositionsweg besteht>.
H350i Kann bei Einatmen Krebs erzeugen.
H351 Kann vermutlich Krebs erzeugen <Expositionsweg angeben, sofern schlüssig belegt ist, dass diese Gefahr bei keinem anderen Expositionsweg besteht>.
H360 Kann die Fruchtbarkeit beeinträchtigen oder das Kind im Mutterleib schädigen <konkrete Wirkung angeben, sofern bekannt> <Expositionsweg angeben, sofern schlüssig belegt ist, dass die Gefahr bei keinem anderen Expositionsweg besteht>.
H360F Kann die Fruchtbarkeit beeinträchtigen.
H360D Kann das Kind im Mutterleib schädigen.
H360FD Kann die Fruchtbarkeit beeinträchtigen. Kann das Kind im Mutterleib schädigen.
H360Fd Kann die Fruchtbarkeit beeinträchtigen. Kann vermutlich das Kind im Mutterleib schädigen
H360Df Kann das Kind im Mutterleib schädigen. Kann vermutlich die Fruchtbarkeit beeinträchtigen.
H361 Kann vermutlich die Fruchtbarkeit beeinträchtigen oder das Kind im Mutterleib schädigen <konkrete Wirkung angeben sofern bekannt> <Expositionsweg angeben, sofern schlüssig belegt ist, dass die Gefahrbei keinem anderen Expositionsweg besteht>.
H361f Kann vermutlich die Fruchtbarkeit beeinträchtigen.
H361d Kann vermutlich das Kind im Mutterleib schädigen.
H361fd Kann vermutlich die Fruchtbarkeit beeinträchtigen, kann vermutlich das Kind im Mutterleib schädigen
H362 Kann Säuglinge über die Muttermilch schädigen.
H370 Schädigt die Organe <oder alle betroffenen Organe nennen, sofern bekannt> <Expositionsweg angeben, sofern schlüssig belegt ist, dass diese Gefahr bei keinem anderen Expositionsweg besteht>.
H37 Kann die Organe schädigen <oder alle betroffenen Organe nennen, sofern bekannt> <Expositionsweg angeben, sofern schlüssig belegt ist, dass diese Gefahr bei keinem anderen Expositionsweg besteht>.
H372 Schädigt die Organe <alle betroffenen Organe nennen> bei längerer oder wiederholter Exposition <Expositionsweg angeben, wenn schlüssig belegt ist, dass diese Gefahr bei keinem anderen Expositionsweg besteht>.
H373 Kann die Organe schädigen <alle betroffenen Organe nennen, sofern bekannt> bei längerer oder wiederholter Exposition <Expositionsweg angeben, wenn schlüssig belegt ist, dass diese Gefahr bei keinem anderen Expositionsweg besteht>.

H300+H310 Lebensgefahr bei Verschlucken oder Hautkontakt
H300+H330 Lebensgefahr bei Verschlucken oder Einatmen
H310+H330 Lebensgefahr bei Hautkontakt oder Einatmen
H300+H310 +H330 Lebensgefahr bei Verschlucken, Hautkontakt oder Einatmen
H301+H311 Giftig bei Verschlucken oder Hautkontakt
H301+H331 Giftig bei Verschlucken oder Einatmen
H311+H331 Giftig bei Hautkontakt oder Einatmen
H301+H311 +H331 Giftig bei Verschlucken, Hautkontakt oder Einatmen
H302+H312 Gesundheitsschädlich bei Verschlucken oder Hautkontakt
H302+H332 Gesundheitsschädlich bei Verschlucken oder Einatmen
H312+H332 Gesundheitsschädlich bei Hautkontakt oder Einatmen
H302+H312 +H332 Gesundheitsschädlich bei Verschlucken, Hautkontakt oder Einatmen

H400-Reihe: Umweltgefahren
H400 Sehr giftig für Wasserorganismen.
H410 Sehr giftig für Wasserorganismen mit langfristiger Wirkung.
H411 Giftig für Wasserorganismen, mit langfristiger Wirkung.
H412 Schädlich für Wasserorganismen, mit langfristiger Wirkung.
H413 Kann für Wasserorganismen schädlich sein, mit langfristiger Wirkung.
H420 Schädigt die öffentliche Gesundheit und die Umwelt durch Ozonabbau in der äußeren Atmosphäre.

P100-Reihe: Allgemeines
P101 Ist ärztlicher Rat erforderlich, Verpackung oder Kennzeichnungsetikett bereithalten.
P102 Darf nicht in die Hände von Kindern gelangen.
P103 Vor Gebrauch Kennzeichnungsetikett lesen.

P200-Reihe: Prävention
P201 Vor Gebrauch besondere Anweisungen einholen.
P202 Vor Gebrauch alle Sicherheitshinweise lesen und verstehen.
P210 Von Hitze, heißen Oberflächen, Funken, offenen Flammen und anderen Zündquellen fernhalten. Nicht rauchen.
P211 Nicht gegen offene Flamme oder andere Zündquelle sprühen.
P220 Von Kleidung und anderen brennbaren Materialien fernhalten.
P221 Mischen mit brennbaren Stoffen /... unbedingt verhindern. (Gestrichen mit der 8. ATP)
P222 Keinen Kontakt mit Luft zulassen.
P223 Keinen Kontakt mit Wasser zulassen.
P230 Feucht halten mit ...
P231 Inhalt unter inertem Gas /... handhaben und aufbewahren.
P232 Vor Feuchtigkeit schützen.
P233 Behälter dicht verschlossen halten.
P234 Nur im Originalbehälter aufbewahren.
P235 Kühl halten.
P240 Behälter und zu befüllende Anlage erden.
P241 Explosionsgeschützte elektrische Betriebsmittel / Lüftungsanlagen / Beleuchtung / ... verwenden.
P242 Nur funken freies Werkzeug verwenden.
P243 Maßnahmen gegen elektrostatische Entladungen treffen.
P244 Ventile und Ausrüstungsteile öl- und fettfrei halten.
P250 Nicht schleifen / stoßen /... / reiben.
P251 Nicht durchstechen oder verbrennen, auch nicht nach Gebrauch.
P260 Staub / Rauch / Gas / Nebel / Dampf / Aerosol nicht einatmen.
P261 Einatmen von Staub / Rauch / Gas / Nebel / Dampf / Aerosol vermeiden.
P262 Nicht in die Augen, auf die Haut oder auf die Kleidung gelangen lassen.
P263 Berührung während der Schwangerschaft und der Stillzeit vermeiden.
P264 Nach Gebrauch ... gründlich waschen.
P270 Bei Gebrauch nicht essen, trinken oder rauchen.
P271 Nur im Freien oder in gut belüfteten Räumen verwenden.
P272 Kontaminierte Arbeitskleidung nicht außerhalb des Arbeitsplatzes tragen.
P273 Freisetzung in die Umwelt vermeiden.
P280 Schutzhandschuhe / Schutzkleidung / Augenschutz / Gesichtsschutz tragen.
P282 Schutzhandschuhe mit Kälteisolierung und zusätzlich Gesichtsschild oder Augenschutz tragen.
P283 Schwer entflammbare / flammhemmende Kleidung tragen.
P284 [Bei unzureichender Belüftung] Atemschutz tragen.
P231 + P232 Unter inertem Gas handhaben. Vor Feuchtigkeit schützen.
P235 + P410 Kühl halten. Vor Sonnenbestrahlung schützen.

P300-Reihe: Reaktion
P301 BEI VERSCHLUCKEN:
P302 BEI BERÜHRUNG MIT DER HAUT:
P303 BEI BERÜHRUNG MIT DER HAUT (oder dem Haar):
P304 BEI EINATMEN:
P305 BEI KONTAKT MIT DEN AUGEN:
P306 BEI KONTAMINIERTER KLEIDUNG:
P308 BEI EXPOSITION ODER FALLS BETROFFEN:
P310 Sofort GIFTINFORMATIONSZENTRUM / Arzt ... anrufen.
P311 GIFTINFORMATIONSZENTRUM / Arzt ... anrufen.
P312 Bei Unwohlsein GIFTINFORMATIONSZENTRUM / Arzt ... anrufen.
P313 Ärztlichen Rat einholen / ärztliche Hilfe hinzuziehen.
P314 Bei Unwohlsein ärztlichen Rat einholen / ärztliche Hilfe hinzuziehen.
P315 Sofort ärztlichen Rat einholen / ärztliche Hilfe hinzuziehen.
P320 Besondere Behandlung dringend erforderlich (siehe ... auf diesem Kennzeichnungsetikett).
P321 Besondere Behandlung (siehe ... auf diesem Kennzeichnungsetikett).
P330 Mund ausspülen.
P331 KEIN Erbrechen herbeiführen.
P332 Bei Hautreizung:
P333 Bei Hautreizung oder -ausschlag:
P334 In kaltes Wasser tauchen / nassen Verband anlegen.
P335 Lose Partikel von der Haut abbürsten.
P336 Vereiste Bereiche mit lauwarmem Wasser auftauen. Betroffenen Bereich nicht reiben.
P337 Bei anhaltender Augenreizung:
P338 Eventuell vorhandene Kontaktlinsen nach Möglichkeit entfernen. Weiter ausspülen.
P340 Die Person an die frische Luft bringen und für ungehinderte Atmung sorgen.
P342 Bei Symptomen der Atemwege:
P351 Einige Minuten lang behutsam mit Wasser ausspülen.
P352 Mit viel Wasser / ... waschen.
P353 Haut mit Wasser abwaschen [oder duschen].
P360 Kontaminierte Kleidung und Haut sofort mit viel Wasser abwaschen und danach Kleidung ausziehen.
P361 Alle kontaminierten Kleidungsstücke sofort ausziehen.
P362 Kontaminierte Kleidung ausziehen.
P363 Kontaminierte Kleidung vor erneutem Tragen waschen.
P364 Und vor erneutem Tragen waschen.
P370 Bei Brand
P371 Bei Großbrand und großen Mengen:

P372 Explosionsgefahr.
P373 KEINE Brandbekämpfung, wenn das Feuer explosive Stoffe / Gemische / Erzeugnisse erreicht.
P374 Brandbekämpfung mit üblichen Vorsichtsmaßnahmen aus angemessener Entfernung.
P375 Wegen Explosionsgefahr Brand aus der Entfernung bekämpfen.
P376 Undichtigkeit beseitigen, wenn gefahrlos möglich.
P377 Brand von ausströmendem Gas: Nicht löschen, bis Undichtigkeit gefahrlos beseitigt werden kann.
P378 ... zum Löschen verwenden.
P380 Umgebung räumen.
P381 Bei Undichtigkeit alle Zündquellen entfernen.
P390 Verschüttete Mengen aufnehmen, um Materialschäden zu vermeiden.
P391 Verschüttete Mengen aufnehmen.
P301 + P310 BEI VERSCHLUCKEN: Sofort GIFTINFOMATIONSZENTRUM / Arzt ... anrufen.
P301 + P312 BEI VERSCHLUCKEN: Bei Unwohlsein GIFTINFORMATIONSZENTRUM / Arzt ... anrufen.
P301 + P330 + P331 BEI VERSCHLUCKEN: Mund ausspülen. KEIN Erbrechen herbeiführen.
P302 + P334 BEI KONTAKT MIT DER HAUT: In kaltes Wasser tauchen / nassen Verband anlegen.
P302 + P335 + P334 BEI BERÜHRUNG MIT DER HAUT Lose Partikel von der Haut abbürsten. In kaltes Wasser tauchen [oder nassen Verband anlegen].
P302 + P352 BEI KONTAKT MIT DER HAUT: Mit viel Wasser / ... waschen.
P303 + P361 + P353 BEI KONTAKT MIT DER HAUT (oder dem Haar): Alle kontaminierten Kleidungsstücke sofort ausziehen. Haut mit Wasser abwaschen oder duschen.
P304 + P312 BEI EINATMEN: Bei Unwohlsein GIFTINFORMATIONZENTRUM oder Arzt anrufen.
P304 + P340 BEI EINATMEN: Die Person an die frische Luft bringen und für ungehinderte Atmung sorgen.
P305 + P351 + P338 BEI KONTAKT MIT DEN AUGEN: Einige Minuten lang behutsam mit Wasser spülen. Vorhandene Kontaktlinsen nach Möglichkeit entfernen. Weiter spülen.
P306 + P360 BEI KONTAKT MIT DER KLEIDUNG: Kontaminierte Kleidung und Haut sofort mit viel Wasser abwaschen und danach Kleidung ausziehen.
P308 + P311 Bei Exposition oder falls betroffen: GIFTINFORMATIONSZENTRUM / Arzt ... anrufen.
P308 + P313 Bei Exposition oder falls betroffen: Ärztlichen Rat einholen / ärztliche Hilfe hinzuziehen.
P332 + P313 Bei Hautreizung: Ärztlichen Rat einholen / ärztliche Hilfe hinzuziehen.
P333 + P313 Bei Hautreizung oder -ausschlag: Ärztlichen Rat einholen / ärztliche Hilfe hinzuziehen.
P335 + P334 Lose Partikel von der Haut abbürsten. In kaltes Wasser tauchen / nassen Verband anlegen.
P336 + P315 Vereiste Bereiche mit lauwarmem Wasser auftauen. Betroffenen Bereich nicht reiben. Sofort ärztlichen Rat einholen/ärztliche Hilfe hinzuziehen.
P337 + P313 Bei anhaltender Augenreizung: Ärztlichen Rat einholen / ärztliche Hilfe hinzuziehen.
P342 + P311 Bei Symptomen der Atemwege: GIFTINFORMATIONSZENTRUM / Arzt ... anrufen.
P361 + P364 Alle kontaminierten Kleidungsstücke sofort ausziehen und vor erneutem Tragen waschen.
P362 + P364 Kontaminierte Kleidung ausziehen und vor erneutem Tragen waschen.
P370 + P376 Bei Brand: Undichtigkeit beseitigen, wenn gefahrlos möglich.
P370 + P378 Bei Brand: ... zum Löschen verwenden.
P370 + P380 Bei Brand: Umgebung räumen.
P370 + P380 + P375 Bei Brand: Umgebung räumen. Wegen Explosionsgefahr Brand aus der Entfernung bekämpfen.
P370 + P372 + P380 + P373 Bei Brand: Explosionsgefahr. Umgebung räumen. KEINE Brandbekämpfung, wenn das Feuer explosive Stoffe/ Gemische/Erzeugnisse erreicht.
P370 + P380 + P375 + P378 Bei Brand: Umge bung räumen. Wegen Explosionsgefahr Brand aus der Entfernung bekämpfen. [... zum Löschen ... verwenden.]
P371 + P380 + P375 Bei Großbrand und großen Mengen: Umgebung räumen. Wegen Explosionsgefahr Brand aus der Entfernung bekämpfen.

P400-Reihe: Aufbewahrung

P401 ... aufbewahren.
P402 An einem trockenen Ort aufbewahren.
P403 An einem gut belüfteten Ort aufbewahren.
P404 In einem geschlossenen Behälter aufbewahren.
P405 Unter Verschluss aufbewahren.
P406 In korrosionsbeständigem /... Behälter mit korrosionsbeständiger Innenauskleidung aufbewahren.
P407 Luftspalt zwischen Stapeln / Paletten lassen.
P410 Vor Sonnenbestrahlung schützen.
P411 Bei Temperaturen nicht über ... °C / ... aufbewahren.
P412 Nicht Temperaturen über 50 °C aussetzen.
P413 Schüttgut in Mengen von mehr als ... kg bei Temperaturen nicht über ... °C aufbewahren
P420 Getrennt aufbewahren.
P422 Inhalt in / unter ... aufbewahren
P402 + P404 In einem geschlossenen Behälter an einem trockenen Ort aufbewahren.
P403 + P233 An einem gut belüfteten Ort aufbewahren. Behälter dicht verschlossen halten.
P403 + P235 An einem gut belüfteten Ort aufbewahren. Kühl halten.
P410 + P403 Vor Sonnenbestrahlung geschützt an einem gut belüfteten Ort aufbewahren.
P410 + P412 Vor Sonnenbestrahlung schützen. Nicht Temperaturen über 50 °C aussetzen.
P411 + P235 Kühl und bei Temperaturen von nicht mehr als ... °C aufbewahren.

P500-Reihe: Entsorgung

P501 Inhalt / Behälter ... zuführen.
P502 Informationen zur Wiederverwendung/Wiederverwertung beim Hersteller/Lieferanten erfragen.

2-Hydroxypropionsäure
$CH_3CH(OH)COOH$
H314, H318, EUH071
P280, P301+P330+P311, P303+P361+P353, P305+P351+P338, P310
GEFAHR

2-Hydroxypropionsäure, c = 0,1 mol/L
$CH_3CH(OH)COOH$ (aq)
H315, H318
P280, P305+P351+P338
GEFAHR

2-Hydroxypropionsäure, c = 1 mol/L
$CH_3CH(OH)COOH$ (aq)
H315, H318
P280, P305+P351+P338
GEFAHR

Aceton, s. Propan-2-on

Adipinsäuredichlorid
$C_6H_8Cl_2O_2$
H314, EUH014
P280, P308+P310, P301+P330+P331, P305+P351+P338
GEFAHR

Ammoniak, Gas
NH_3
H221, H331, H314, H400, EUH071
P210, P260, P280, P273, P304+P340, P303+P361+P353, P305+P351+P338, P315, P377, P381
GEFAHR

Ammoniaklösung, s. Azanlösung

Ascorbinsäurelösung, c = 0,1 mol/L
$C_6H_8O_6$ (aq)
kein Gefahrstoff nach GHS

Asparagin
kein Gefahrstoff nach GHS

Azanlösung, konzentriert, w = 30 %
NH_3 (aq)
H314, H335, H410
P261, P271, P273, P280, P303+P361+P353, P305+P351+P338
GEFAHR

Blätter, Tulpe, Schnittlauch
kein Gefahrstoff nach GHS

Bonbons, farbig
kein Gefahrstoff nach GHS

Bromthymolblaulösung, w = 0,1 % in Ethanol
H225, H319
P210, P240, P403+P235, P305+P351+P338
GEFAHR

Butan-1-ol
C_4H_9OH
H226, H302, H318, H315, H335, H336
P280, P302+P352, P305+P351+P338, P313, P304+P340, P210
GEFAHR

Calciumcarbonat, Pulver
$CaCO_3$
kein Gefahrstoff nach GHS

Calciumhydroxid, w = 10 %
$Ca(OH)_2$ (aq)
H315, H318
P280, P305+P351+P338
GEFAHR

CD
kein Gefahrstoff nach GHS
Wiederverwendung

Chlorethansäure, c = 1 mol/L
$ClCH_2COOH$
H314, H330, H335, H400, H301+H311
P260, P273, P280, P303+P361+P353, P304+P340+P310, P305+P351+P338
GEFAHR

Chlortrimethylsilan
C_3H_9ClSi
H225, H301+H331, H312, H314, EUH014, EUH071
P301+P310, P304+P340, P305+P351+P338, P405, P210, P403+P235
GEFAHR

Chlorwasserstofflösung, c < 0,1 mol/L
HCl (aq)
kein Gefahrstoff nach GHS

Chlorwasserstofflösung, c = 0,1 mol/L
HCl (aq)
H290
ACHTUNG

Chlorwasserstofflösung, c = 1 mol/L
HCl (aq)
H290
ACHTUNG

Chlorwasserstofflösung, konzentriert, w = 35 %
HCl (aq)
H290, H314, H335
P260, P280, P303+P361+P353, P304+P340+P310, P305+P351+P338
GEFAHR
G1

Cystein
$C_3H_7NO_2S$
kein Gefahrstoff nach GHS

Dichlordimethylsilan
$C_2H_6Cl_2Si$
H225, H302, H331, H314, EUH014, EUH071
P210, P261, P280, P305+P351+P338, P310
GEFAHR
G4

Edelstahl, Stab, Elektrode
kein Gefahrstoff nach GHS
Wiederverwendung

EDTA, Dinatriumethylendiamintetraessigsäure
H319, H332, H373
P280, P304+P340, P312, P305+P351+P338, P337+P313
ACHTUNG
G4

Eiklar, Eiklarpulver
kein Gefahrstoff nach GHS

Eisen, Nagel
Fe
kein Gefahrstoff nach GHS
Wiederverwendung

Essigsaure Lösung, s. Ethansäurelösung

Essigsäure, s. Ethansäure

Essigsäurelösung, s. Ethansäurelösung

Ethanol
C_2H_5OH
H225, H319
P210, P240, P305+P351+P338, P403+P233
GEFAHR

Ethanol, c = 1 mol/L
C_2H_5OH (aq)
H226, H319
P210, P240, P403+P233, P305+P351+P338
ACHTUNG

Ethansäure
CH_3COOH
H226, H314
P210, P280, P301+P330+P331, P303+P361+P353, P305+P351+P338
GEFAHR
G1

Ethansäurelösung, c = 1 mol/L
CH_3COOH (aq)
H290
ACHTUNG

Ethansäurelösung, $c \leq 0,1$ mol/L
CH_3COOH (aq)
kein Gefahrstoff nach GHS

Ethansäurelösung, konzentriert, w = 60 %
CH_3COOH (aq)
H290, H314
P280, P308+P310, P301+P330+P331, P303+P361+P353, P305+P351+P338
GEFAHR
G1

Ethansäurelösung, w = 25 %
CH_3COOH (aq)
H290, H314
P280, P308+P310, P301+P330+P331, P303+P361+P353, P305+P351+P338
GEFAHR

Ethylviologen, 1,1'-Diethyl-4,4'-bipyridiniumdibromid
H302+H312, H315, H319
P501, P270, P264, P280, P337+P313, P302+P352+P312
ACHTUNG
G4

Glucose
$C_6H_{12}O_6$
kein Gefahrstoff nach GHS

Glutaminsäure
kein Gefahrstoff nach GHS

Glycerin
kein Gefahrstoff nach GHS

Glycin, Aminoethansäure
NH_2CH_2COOH
kein Gefahrstoff nach GHS

Glycinlösung, c = 0,1 mol/L
NH_2CH_2COOH (aq)
kein Gefahrstoff nach GHS

Graphit, Stab, Elektrode
C
kein Gefahrstoff nach GHS
Wiederverwendung

Harnstofflösung, w = 2 %
NH_2CONH_2 (aq)
kein Gefahrstoff nach GHS

Härterpaste
Gefahrstoffangaben des Herstellers beachten
Gesonderte Entsorgung

Hefe
kein Gefahrstoff nach GHS

Hexan-1,6-diamin
$NH_2(CH_2)_6NH_2$
H314, H335, H302+H312
P260, P270,
P280, P301+P312,
P303+P361+P353,
P305+P351+P338
GEFAHR

Indigocarmin
H317
P261, P272, P280,
P302+P352, P333+P313,
P362+P364
ACHTUNG

Kaliumhexacyanidoferrat(III)
$K_3[Fe(CN)_6]$
H319, H411, EUH032
P264, P273, P280,
P391, P337+P313,
P305+P351+P338
ACHTUNG

Kalkwasser, s. Calciumhydroxid w = 10 %

Kochsalz, s. Natriumchlorid

Kochsalzlösung, s. Natriumchloridlösung

Kunststoffgegenstände, z. B. Plastiklöffel, Joghurtbecher
kein Gefahrstoff nach GHS
Kunststoffentsorgung („gelber Sack“)

Kunststoffproben
kein Gefahrstoff nach GHS
Wiederverwendung

Kupfer(II)-sulfatlösung, w = 2 %
$CuSO_4$ (aq)
H319, H411
P273, P337+P313
ACHTUNG

Kupfer(II)-sulfat-Pentahydrat
$CuSO_4 \cdot 5\,H_2O$
H302, H318, H410
P273, P280, P313,
P305+P351+P338
GEFAHR

Kupfer, Draht
Cu
kein Gefahrstoff nach GHS
Wiederverwendung

Kupfer, Stab
Cu
kein Gefahrstoff nach GHS
Wiederverwendung

Leucin
kein Gefahrstoff nach GHS

Lysin
kein Gefahrstoff nach GHS

Magerquark
kein Gefahrstoff nach GHS

Magnesium, Band
Mg
H228, H252, H261
P210, P223
GEFAHR
In kleinsten Mengen abbrennen, nicht aufbewahren.

Magnesium, Pulver
Mg
H228, H251, H261
P210, P223, P231+P232,
P235, P240, P403
GEFAHR
In kleinsten Mengen abbrennen, nicht aufbewahren.

Magnesium, Stab
Mg
kein Gefahrstoff nach GHS
Wiederverwendung

Methansäurelösung, c = 0,1mol/L
HCOOH (aq)
kein Gefahrstoff nach GHS

Methionin
kein Gefahrstoff nach GHS

Methylenblau
H302
P301+P312
ACHTUNG

Methylmethacrylat
$CH_2C(CH_3)COOCH_3$
H225, H315, H317, H335
P210, P233, P280,
P302+P352, P304+P340,
P403+P235
GEFAHR

Milchsäure, s. 2-Hydroxypropionsäure

Mineralwasser
H_2O
kein Gefahrstoff nach GHS

Natriumacetatlösung, c = 0,1 mol/L
CH_3COONa (aq)
kein Gefahrstoff nach GHS

Natriumcarbonatlösung, c = 0,1 mol/L
Na_2CO_3 (aq)
GEFAHR
H314
P280, P303+P361+P353, P304+P340+P310, P305+P351+P338

Natriumchlorid
NaCl
kein Gefahrstoff nach GHS

Natriumchloridlösung, c = 0,1 mol/L
NaCl (aq)
kein Gefahrstoff nach GHS

Natriumchloridlösung, gesättigt
NaCl (aq)
kein Gefahrstoff nach GHS

Natriumdihydrogenphosphat
$NaH_2PO_4 \cdot H_2O$
kein Gefahrstoff nach GHS

Natriumdihydrogenphosphatlösung, c = 0,1 mol/L
NaH_2PO_4 (aq)
kein Gefahrstoff nach GHS

Natriumdithionit
$Na_2S_2O_4$
GEFAHR
H251, H302, H319, EUH031
P264, P235+P410, P301+P312, P305+P351+P338

Natriumhydrogenphosphat
$Na_2HPO_4 \cdot 12\ H_2O$
kein Gefahrstoff nach GHS

Natriumhydrogenphosphatlösung, c = 0,1 mol/L
Na_2HPO_4 (aq)
kein Gefahrstoff nach GHS

Natriumhydroxid, Plätzchen
NaOH
GEFAHR
H290, H314
P280, P308+P310, P301+P330+P331, P305+P351+P338

Natriumhydroxidlösung, w = 10 %
NaOH (aq)
GEFAHR
H290, H314
P280, P308+P310, P303+P361+P353, P305+P351+P338

Natriumhydroxidlösung, c = 0,1 mol/L
NaOH (aq)
ACHTUNG
H290

Natriumhydroxidlösung, c = 1 mol/L
NaOH (aq)
GEFAHR
H290, H314
P280, P303+P361+P353, P305+P351+P338

Natriumhydroxidlösung, konzentriert, w = 40 %
NaOH (aq)
GEFAHR
H290, H314
P280, P308+P310, P303+P361+P353, P305+P351+P338

Natrium-Kalium-Tartrat
$C_4H_6KNaO_6$
kein Gefahrstoff nach GHS

Natriumlaurylsulfat
GEFAHR
H228, H315, H318, H335, H412, H302+H332
P280, P370+P378, P301+P312+P330, P305+P351+P338+P310

Natriumsulfat
Na_2SO_4
kein Gefahrstoff nach GHS

Natronlauge, s. Natriumhydroxidlösung

Ninhydrin
$C_9H_6O_4$
ACHTUNG
H302, H315, H319
P301+P312+P330, P305+P351+P338

N-Methylharnstoff, w = 2 %
$C_2H_6N_2O$
kein Gefahrstoff nach GHS

Octan, n
C_8H_{18}
H225, H304, H315,
H336, H410
P210, P233, P273,
P301+P310+P331,
P303+P361+P353
GEFAHR
G3

Pentan-1-ol
$C_5H_{11}OH$
H226, H315, H318,
H332, H335
P210, P233, P280,
P303+P361+P353,
P304+P340+P312,
P305+P351+P338
GEFAHR
G3

Pepsin
H315, H319, H334, H335
P261, P284,
P304+P340, P342+P311,
P305+P351+P338
GEFAHR
G3

Phenolphthaleinlösung,
w < 1 % in Ethanol
H225, H319
P201, P210,
P305+P351+P338
GEFAHR

Platin, Drahtt
Pt
kein Gefahrstoff nach GHS
Wiederverwendung

Plexiglas®
kein Gefahrstoff nach GHS
Wiederverwendung

Polyamid-Nylon, Faden
Gefahrstoff nach GHS
Wiederverwendung

Polycarbonat
$(C_{16}H_{14}O_3)_n$
kein Gefahrstoff nach GHS
Wiederverwendung

Polyethen, PE
$(C_2H_4)_n$
kein Gefahrstoff nach GHS
Kunststoff-
entsorgung
(„gelber Sack")

Polyethylenterephthalat, PET
$(C_{10}H_8O_4)_n$
kein Gefahrstoff nach GHS
Kunststoff-
entsorgung
(„gelber Sack")

Polyglycolsäure, Faden
kein Gefahrstoff nach GHS

Polystyrol, Faden
kein Gefahrstoff nach GHS
Wiederverwendung

Propan-2-on, Aceton
C_3H_6O
H225, H319, H336, EUH066
P210, P240,
P305+P351+P338,
P403+P233
GEFAHR
G3

Propan-2-onlösung,
c = 0,1 mol/L
C_3H_6O (aq)
H226, EUH066
P210
ACHTUNG
G3

Propansäure, c = 0,1 mol/L
C_2H_5COOH (aq)
kein Gefahrstoff nach GHS

Propansäure, c = 1 mol/L
C_2H_5COOH (aq)
kein Gefahrstoff nach GHS

Provlavin, 3,6-Diamino-
acridinhemisulfat
H315, H319, H335
P261, P305+P351+P338
ACHTUNG

Pyrrol
C_4H_5N
H226, H301, H318, H332
P210, P280, P310,
P304+P340,
P303+P361+P353,
P305+P351+P338
GEFAHR
G3

Salpetersaure Lösung, s. Salpetersäurelösung

Salpetersäurelösung,
konzentriert, w = 53 %
HNO_3 (aq)
H290, H314, H331, EUH071
P260, P280, P310,
P303+P361+P353,
P305+P351+P338
GEFAHR
Anorganische Säuren und deren Anhydride ggf. zunächst verdünnen (vorsichtig in Eiswasser einrühren, pH 6 – 8), dann in
G1

Salzsaure Lösung, s. Chlorwasserstofflösung

Sand
kein Gefahrstoff nach GHS

Schwefel, Pulver
S_8
H228, H315
P210, P240, P241, P264,
P280, P302+P352
ACHTUNG
Kleinmengen im Abzug abbrennen (Achtung: Schwefeldioxidentstehung)

Silber(I)-nitratlösung, c = 0,1 mol/L
$AgNO_3$ (aq)
H290, H315, H319, H410
P273, P280, P302+P352, P305+P351+P338
ACHTUNG – G2

Silikonöl
kein Gefahrstoff nach GHS
G3

Spülmaschinentabs
Gefahrstoffangaben des Herstellers beachten

Stahlblech
kein Gefahrstoff nach GHS
Wiederverwendung

Stärke, Weizen, Reis, Kartoffel, Pulver
$(C_6H_{10}O_5)_n$
kein Gefahrstoff nach GHS

Styropor®, Polystyrol
$(C_8H_8)_n$
kein Gefahrstoff nach GHS
Kunststoffentsorgung („gelber Sack“)

Thymolphthaleinlösung, w = 0,1 % in Ethanol
H225, H319
P210, P240, P403+P233, P305+P351+P338
GEFAHR

Tinte
kein Gefahrstoff nach GHS

TOLLENS-Reagenz
H290, H315, H319, H410
P273, P302+P352, P305+P351+P338
ACHTUNG – G2

Trichlormethylsilan
CH_3Cl_3Si
H225, H315, H319, H335, EUH014
P302+P352, P304+P340, P305+P351+P338, P403+P235
GEFAHR
Vorsichtig unter Rühren in eisgekühlte 10 %-ige Natronlauge eintropfen, dann in G1

Universalindikatorlösung 113
P210, P233
GEFAHR

Urease
H315, H319, H334, H335
P261, P264, P271, P280, P302+P352, P305+P351+P338
GEFAHR – G3

Wäschesäckchen
Gefahrstoffangaben des Herstellers beachten

Waschmittel, verschiedene
Gefahrstoffangaben des Herstellers beachten

Waschmiwttelkapseln
Gefahrstoffangaben des Herstellers beachten

Wasser, demineralisiert
kein Gefahrstoff nach GHS

Wasser, destilliert
kein Gefahrstoff nach GHS

Wasserfarben
kein Gefahrstoff nach GHS
Wiederverwendung

Wasserpest
kein Gefahrstoff nach GHS

Wollfaden
kein Gefahrstoff nach GHS

Zink, Stab
Zn
kein Gefahrstoff nach GHS
Wiederverwendung

Zinn(II)-chlorid
$SnCl_2$
H290, H302, H332, H314, H317, H335, H373, H412
P280, P304+P340, P301+P330+P331, P303+P361+P353, P305+P351+P338, P310
GEFAHR – G2

Die Daten sind überwiegend den Angaben namhafter Chemikalienanbieter entnommen. Daten für Stoffgemische, zu denen keine offiziellen Datenblätter vorlagen, wurden mit dem GisChem-Gemischrechner der BG RCI-Berufsgenossenschaft Rohstoffe und chemische Industrie bestimmt. Grundsätzlich sind die P-Sätze der Kategorien dringend empfohlen und empfohlen angegeben. Bei einigen Stoffen waren keine P-Sätze verfügbar. Sollten Herstellerangaben vorliegen, sind diese vorzuziehen.

Haftungshinweis: Die Chemikalienliste wurde sorgfältig geprüft. Da sich Verordnungen zur Kennzeichnung ändern und Fehler nie ganz ausgeschlossen werden können, übernehmen der Verlag sowie die Autorinnen und Autoren keine Haftung für Folgen veralteter oder fehlerhafter Einträge.

A

Abbruchreaktion: Die Reaktion, die eine Kettenreaktion zum Erliegen bringt, indem zwei Radikale zu einem Molekül reagieren, wird Abbruchreaktion oder Kettenabbruch genannt.

Absorption: Die Absorption von Licht ist der Prozess, bei dem Lichtenergie von einem Material aufgenommen wird, wodurch die Energie in andere Formen, wie Wärme oder chemische Energie, umgewandelt wird. Dieser Prozess hängt von den Eigenschaften des Materials und der Wellenlänge des Lichts ab. Materialien absorbieren unterschiedliche Wellenlängen unterschiedlich stark, was zu ihrer charakteristischen Farbe führt.

Absorptionsbande: Eine Absorptionsbande ist ein Spektralbereich, in dem ein Material Licht bestimmter Wellenlängen absorbiert. Dieser Prozess erfolgt durch elektronische Übergänge in Atomen oder Molekülen. Absorptionsbanden sind charakteristisch für verschiedene Stoffe und dienen der chemischen Analyse.

Absorptionsspektrum: Ein Absorptionsspektrum ist ein Diagramm, das die Absorption eines Stoffes in Abhängigkeit der Wellenlänge darstellt, wobei charakteristische Intensitätsänderungen die Wellenlängen anzeigen, die vom Material absorbiert werden.

Acidität: Die Acidität ist ein Maß für die Fähigkeit eines Moleküls, ein Proton abzugeben. Quantifizierbar wird diese Größe über die Säurekonstante (K_S) oder den pK_S-Wert ausgedrückt.

Additionsreaktion: Eine Additionsreaktion ist die Anlagerung von Atomen oder Atomgruppen an die Atome einer Doppelbindung. Die Doppelbindung wird dabei aufgespalten und als Produkt entsteht eine gesättigte Verbindung.

Adsorption: Die Adsorption beschreibt die Anlagerung von Atomen, Molekülen, Flüssigkeiten oder Gasen an feste Oberflächen.

aktives Zentrum: Als aktives oder katalytisches Zentrum bezeichnet man den Bereich im Enzym, an dem sich das Substrat anlagert und umgesetzt wird.

Aktivierungsenergie: Auf der Stoffebene versteht man unter der Aktivierungsenergie die einem System anfänglich zuzuführende Wärme, um darin eine Reaktion auszulösen. Auf der Teilchenebene kann die Aktivierungsenergie als Differenz zwischen der mittleren Energie der „aktiven" Teilchen und der mittleren Energie aller Teilchen gedeutet werden.

Aldehyde: Aldehyde sind eine organische Stoffklasse, deren Moleküle eine oder mehrere Aldehyd-Gruppen –CHO als funktionelle Gruppen enthalten.

Alkane: Alkane sind Kohlenwasserstoffe, deren Kohlenstoff-Atome in den Molekülen ausschließlich durch Einfachbindungen verknüpft sind. Sie gehören deshalb zu den gesättigten Kohlenwasserstoffen. Die allgemeine Summenformel lautet: C_nH_{2n+2}.

Alkene: Alkene sind Kohlenwasserstoffe, deren Kohlenstoff-Atome in den Molekülen mindestens eine C=C-Doppelbindung aufweisen. Sie gehören deshalb zu den ungesättigten Kohlenwasserstoffen. Die allgemeine Summenformel lautet: C_nH_{2n}.

Alkine: Alkine sind Kohlenwasserstoffe, deren Kohlenstoff-Atome in den Molekülen mindestens eine C≡C-Dreifachbindung aufweisen. Sie gehören deshalb zu den ungesättigten Kohlenwasserstoffen. Die allgemeine Summenformel lautet: C_nH_{2n-2}.

Alkohole: Alkohole sind organische Verbindungen, deren Moleküle eine oder mehrere Hydroxy-Gruppen –OH enthalten, die an einen Kohlenwasserstoff-Rest gebunden sind.

Aminocarbonsäure: Aminocarbonsäuren sind Verbindungen mit mindestens je einer Carboxy- und Amino-Gruppe im Molekül. Von besonderer Bedeutung sind die 22 α-Aminocarbonsäuren $H_2NCHRCOOH$, aus denen in Organismen die körpereigenen Proteine synthetisiert werden.

Aminocarbonsäuresequenz: siehe Primärstruktur.

amorph: Stoffe werden als amorph bezeichnet, wenn sie keine regelmäßige, kristalline Struktur aufweisen, sondern ihre Atome oder Moleküle in ungeordneten Anordnungen vorkommen.

Ampholyt: Ein Ampholyt kann sowohl als Säure (Protonendonator) als auch als Base (Protonenakzeptor) wirksam werden. Der wichtigste Ampholyt ist das Wasser-Molekül.

amphoter: Moleküle, die sowohl Protonen aufnehmen als auch abgeben können, werden als amphoter bezeichnet.

Anfangskonzentration c_0: Die Anfangskonzentration ist die Konzentration der Edukte und Produkte zu Beginn einer chemischen Gleichgewichtsreaktion.

angeregter Zustand: Sobald ein System eine Energie besitzt, die größer ist, als die niedrigst mögliche, befindet es sich in einem angeregten Zustand.

Anionen-Austauschmembran-Elektrolyse: Die Anionen-Austauschmembran-Elektrolyse ist ein elektrochemischer Prozess, bei dem Anionen durch eine selektive Membran transportiert werden, während Kationen nicht passieren können. Die Anionen-Austauschmembran ermöglicht eine effiziente Trennung der Produkte und unterstützt die Regeneration der Elektrolytlösung.

Anode: Die Anode bezeichnet die Elektrode, bei der eine Oxidation abläuft. Bei der Elektrolyse bildet die Anode den Pluspol, bei der GALVANIschen Zelle den Minuspol.

Antikörper: Antikörper sind Proteine des Immunsystems. Sie bestehen aus vier Polypeptid-Ketten und haben eine Y-förmige Struktur.

Äquivalenzpunkt: Beim Äquivalenzpunkt einer Säure-Base-Titration sind die Stoffmengen der titrierten Säure (Base) und der Base (Säure) aus der Maßlösung gleich. (*Hinweis:* Das bis zum Äquivalenzpunkt verbrauchte Volumen an Maßlösung geht in die rechnerische Auswertung der Titration ein. Da beim Äquivalenzpunkt die Lösung des Salzes aus der titrierten Säure (Base) und der Base (Säure) aus der Maßlösung vorliegt, kann der pH-Wert im neutralen, sauren oder basischen Bereich liegen.)

Atomorbital: Ein Atomorbital wird durch die räumliche Wellenfunktion eines Elektrons beschrieben und stellt modellhaft, die Bereiche, in denen sich Elektronen mit einer Wahrscheinlichkeit von ungefähr 90 % aufhalten, dar. Durch die Quantenzahlen n, l und m_l können sie charakterisiert werden.

Autoprotolyse des Wassers: Die Autoprotolyse ist ein Protonenübergang zwischen gleichartigen Teilchen, z. B. zwischen Wasser-Molekülen.

B

Basenkonstante K_B: Die Basenkonstante K_B ist eine Gleichgewichtskonstante, die angibt, in welchem Maße eine Base in Wasser basisch reagiert. Sie setzt sich mathematisch aus dem Quotienten des Produkts der Konzentrationen der Hydroxid-Ionen $c(OH^-)$ und der Ionen der korrespondierenden (konjugierten) Säure $c(HB^+)$ durch die Konzentration der Base $c(B)$ zusammen. Je größer der K_B-Wert ist, desto stärker ist die Base.
Basizität: Die Basizität ist ein Maß für die Fähigkeit eines Moleküls, ein Proton aufzunehmen. Quantifizierbar wird diese Größe über die Basenkonstante (K_B) oder den pK_B-Wert ausgedrückt.
Baustoff: Baustoffe sind Proteine, die als strukturelle Komponenten in Zellen und Geweben fungieren und deren Stabilität und Form unterstützen.
Beschichtung: siehe Korrosionsschutz.
bioabbaubarer Kunststoff: Bioabbaubare Kunststoffe sind Materialien, die durch biologische Prozesse in umweltfreundliche Substanzen wie Wasser und Kohlenstoffdioxid abgebaut werden können. Sie werden aus nachwachsenden Rohstoffen oder biologisch abbaubaren Polymeren hergestellt und stellen eine nachhaltige Alternative zu herkömmlichen Kunststoffen dar.
Biokatalysator: Biokatalysatoren sind biologische Moleküle, meist Enzyme, die chemische Reaktionen in lebenden Organismen beschleunigen, indem sie die Aktivierungsenergie senken. Siehe Katalysator.
Biologisierung: Biologisierung bezeichnet den Prozess, bei dem biologische Konzepte, Prinzipien oder Methoden in verschiedenen Bereichen, wie der Technik, Wirtschaft oder Bildung, angewendet werden. Ziel ist es, nachhaltige Lösungen zu entwickeln, die sich an natürlichen Systemen orientieren und ökologisches Gleichgewicht fördern.
Blindprobe: In der qualitativen chemischen Analytik bezeichnet man eine Probe, die die Tauglichkeit einer gewählten Nachweismethode sicherstellen soll, als Blindprobe. Dabei unterscheidet man zwischen der positiven und der negativen Blindprobe. Bei der positiven wird der nachzuweisende Analyt zugegeben, um zu überprüfen, ob mit den eingesetzten Reagenzien ein positiver Nachweis herbeigeführt werden kann. Bei der negativen werden nur die Reagenzien ohne Analyt getestet. Tritt trotzdem ein positiver Nachweis ein, sind die Reagenzien unbrauchbar.
Botenstoff: Botenstoffe sind Moleküle, die Informationen zwischen Zellen oder innerhalb von Organismen übertragen und damit physiologische Prozesse regulieren.
Brennstoffzelle: Eine Brennstoffzelle ist eine GALVANIsche Zelle, die die innere Energie des zugeführten Brennstoffs (z.B. Wasserstoff oder Methanol) und Sauerstoffs direkt in elektrische Energie umwandelt.
Bromonium-Kation: Organische Verbindungen, die ein positiv geladenes Brom-Ion enthalten, werden als Bromonium-Kation bezeichnet.
Bromwasserprobe: Die Bromwasserprobe beschreibt die Addition von Brom-Atomen an Atome einer Doppelbindung. Dabei wir die braune Bromwasserlösung entfärbt. Das bromierte organische gesättigte Produkt ist farblos. Diese Probe dient zum Nachweis von Mehrfachbindungen.

C

Carbenium-Ion: Organische Ionen, die ein dreibindiges, positiv geladenes Kohlenstoff-Atom mit Elektronensextett enthalten, werden als Carbenium-Ion bezeichnet.
Carbonfaser: Carbonfasern sind moderne Verbundwerkstoffe, die in ein Polymer (z.B. Polyester) eingebettete Kohlefasern enthalten. Dadurch werden mechanische Eigenschaften des Materials verbessert.
Carbonsäuren: Carbonsäuren sind organische Verbindungen, deren Moleküle eine oder mehrere Carboxy-Gruppen –COOH enthalten, die an einen Kohlenwasserstoff-Rest gebunden sind.
chemische Wasserstoffspeicherung: Bei der chemischen Wasserstoffspeicherung wird Wasserstoff in chemischen Verbindungen wie Ammoniak oder Metallhydriden gespeichert.
chemisches Gleichgewicht: Im Zustand des chemischen Gleichgewichts liegen Reaktionsprodukte und Ausgangsstoffe in bestimmten, konstanten Konzentrationen nebeneinander vor. Stoff- und Energieumsatz sind nicht beobachtbar. Der Zustand kann nur in einem geschlossenen System eingenommen werden, in dem die Reaktion, die zur Ausbildung des Gleichgewichtszustandes führt, auch umkehrbar (reversibel) ist. Auf der Teilchenebene herrscht beim chemischen Gleichgewicht kein Stillstand; sowohl die Hin- als auch die Rückreaktion laufen weiter ab, aber ihre Reaktionsraten sind gleich. Das chemische Gleichgewicht ist also ein dynamisches Gleichgewicht.
Copolymerisat: Ein Copolymerisat bezeichnet eine makromolekulare Verbindung, die durch Polymerisation zweier (oder mehrerer) verschiedener Monomere erhalten wird, beispielsweise das Copolymerisat ETFE (aus Ethen- und Tetrafluorethen-Einheiten).

D

DANIELL-Element: Das DANIELL-Element ist eine GALVANIsche Zelle bestehend aus einer Halbzelle mit dem Redoxpaar Zn/Zn^{2+} und einer Halbzelle mit dem Redoxpaar Cu/Cu^{2+}. Sie liefert unter Standardbedingungen eine Leerlaufspannung von $U = 1{,}1$ V.
delokalisierte Elektronen: Delokalisierte Elektronen sind dadurch gekennzeichnet, dass sie über mehr als zwei Atome verteilt sind. Das trifft für Elektronenpaare aus konjugierten Doppelbindungen (und gegebenenfalls freien Elektronenpaaren aus benachbarten Heteroatomen) zu.
Denaturierung: Die Denaturierung ist eine strukturelle Veränderung von Biomolekülen wie zum Beispiel von Proteinen. Dabei wird durch bestimmte äußere Einflüsse die Proteinstruktur verändert. Das betrifft insbesondere die Sekundärstruktur, Tertiärstruktur und zum Teil auch die Quartärstruktur der Proteine.
Dipol(-Molekül): Dipole sind Moleküle mit asymmetrischer Ladungsverteilung. Dabei wird zwischen permanenten und temporären Dipolen unterschieden. Wenn in einem Molekül polare Elektronenpaarbindungen vorkommen und die dadurch auftretenden positiven und negativen Ladungsschwerpunkte nicht zusammenfallen, spricht man von permanenten Dipolen. Ein temporärer Dipol ist ein Dipol, der nur vorübergehend existiert. Er entsteht durch eine kurzzeitige Ungleichverteilung von Elektronen in einem Molekül oder Atom.
Dipol-Dipol-Wechselwirkungen: Dipol-Dipol-Wechselwirkungen sind intermolekulare Wechselwirkungen, bei denen zwei permanente Dipole aufeinander einwirken. Sie sind schwächer als Wasserstoffbrücken aber stärker als LONDON-Dispersionswechselwirkungen.
Donator-Akzeptor-Prinzip: Das Donator-Akzeptor-Prinzip findet Anwendung bei Säure-Base-Reaktionen und Redox-

reaktionen. In beiden Fällen werden bestimmte Teilchen (Protonen bzw. Elektronen) übertragen, d. h. es gibt jeweils einen Reaktionspartner, der das Teilchen abgibt (Donator), während der andere Reaktionspartner dieses Teilchen aufnimmt (Akzeptor).

Dotierung: Dotierung bezeichnet den Prozess, bei dem gezielt Zusatzstoffe in ein Material eingeführt werden, um dessen physikalische oder chemische Eigenschaften zu verändern, häufig um die elektrische Leitfähigkeit zu erhöhen oder zu steuern.

Downcycling: Downcycling bezeichnet die Wiederverwendung von Materialien in geringerer Qualität oder Wertigkeit als im Original.

Duroplast: Duroplaste sind feste Kunststoffe, die auch beim Erwärmen formstabil und fest bleiben. Bei hohen Temperaturen zersetzen sie sich thermisch. Sie bestehen aus engmaschigen, dreidimensional dicht vernetzten Makromolekülen.

E

Elastomer: Elastomere sind Kunststoffe mit elastischen Eigenschaften, d. h. Materialien, die sich bei Krafteinwirkung verformen und danach wieder ihre ursprüngliche Form einnehmen. Elastomere bestehen aus linearen Makromolekülen mit einer relativ geringen Anzahl von Quervernetzungen zwischen den Makromolekülen.

Elektrode: Als Elektrode bezeichnet man in der Elektrochemie einen Elektronenleiter (Metalle, Graphit), der in einen Elektrolyten eintaucht und dessen Teilchen Elektronen aufnehmen oder abgeben können.

Elektrolumineszenz: Elektrolumineszenz ist die Lichtemission, die entsteht, wenn ein Material durch elektrischen Strom oder ein elektrisches Feld angeregt wird.

Elektrolyse: Die Elektrolyse ist eine Reaktion, die bei fortlaufender Zufuhr von elektrischer Energie durch eine elektrische Energiequelle, abläuft. Dabei erhöht sich die innere Energie der Produkte. Die positiv geladenen Ionen (Kationen) werden am Minuspol (Kathode) durch Aufnahme von Elektronen reduziert, die negativ geladenen Ionen (Anionen) am Pluspol (Anode) durch Abgabe von Elektronen oxidiert.

Elektrolyseur: Ein Elektrolyseur ist ein Gerät, das elektrische Energie verwendet, um Redoxreaktionen entgegen ihrer freiwilligen Richtung ablaufen zu lassen.

Elektrolyt: Ein Elektrolyt leitet den elektrischen Strom durch bewegliche Ionen. Als Elektrolyte fungieren Lösungen und Schmelzen, die Ionen enthalten, z. B. Salzlösungen und -schmelzen.

Elektronenkonfiguration: Die Elektronenkonfiguration eines Atoms ist die Verteilung seiner Elektronen auf die verschiedenen Energieniveaus. Sie kann auf verschiedene Weisen dargestellt werden. Halb- und vollbesetzte Energieniveaus sind dabei stets energetisch stabiler.

Elektronenpaarbindung: Bei der Elektronenpaarbindung in Molekülen werden die Atome durch ein bis drei gemeinsame Elektronenpaare zusammengehalten. Nach dem Orbitalmodell verschmelzen dabei je Elektronenpaarbindung zwei mit je einem Elektron besetzte Atomorbitale so miteinander, dass ein mit zwei Elektronen besetztes Molekülorbital entsteht. Dabei wird die Bindungsenergie freigesetzt und die Atome erreichen in Molekülen die stabile Edelgaskonfiguration. Man unterscheidet zwischen polaren und unpolaren Elektronenpaarbindungen.

Elektrophil: Ein Elektrophil ist ein Molekül oder eine funktionelle Gruppe mit Elektronenpaarlücken, positiven Ladungen oder Partialladungen. Elektrophil bedeutet „elektronenliebend" und bezeichnet so die Eigenschaft, dass diese Moleküle oder funktionellen Gruppen ein Elektronendefizit aufweisen und bevorzugt mit Teilchen hoher Elektronendichte reagieren.

elektrophile Addition: Die elektrophile Addition ist eine Reaktion, bei der eine Atomgruppe an ein Molekül angelagert wird, wobei der langsamste, geschwindigkeitsbestimmende Schritt der Reaktion eine elektrophile („elektronenliebende", „elektronensuchende") Anlagerung eines Teilchens an das Molekül, an das die Addition erfolgt, ist. Elektrophile Additionen (z. B. von Halogenen, Halogenwasserstoffen und Wasser) sind typische Reaktionen bei Alkenen.

Eloxieren: Eloxieren ist ein elektrochemischer Prozess zur Bildung einer schützenden Aluminiumoxidschicht auf der Oberfläche von Aluminium und seinen Legierungen, die die Korrosionsbeständigkeit und Härte erhöht.

Emissionsspektrum: Als Emissionsspektrum wird die Gesamtheit aller elektromagnetischen Wellen verstanden, die von Atomen, Molekülen oder Stoffen ohne Anregung von außen abgestrahlt wird.

Energiestufenmodell: Das Energiestufenmodell besagt, dass Elektronen in Molekülen nur bestimmte erlaubte Energiestufen (Energieniveaus) besetzen können. Die erlaubten Energiestufen werden mit je einem Elektronenpaar „von unten nach oben" aufgefüllt. Durch Absorption eines Energiequants geeigneter Energie kann ein Elektron aus der höchsten besetzten (HOMO) in die niedrigste unbesetzte (LUMO) Energiestufe angehoben werden. Das Molekül geht dabei aus dem Grundzustand in den elektronisch angeregten Zustand über.

Enzym: Enzyme sind Biokatalysatoren. In der Regel sind es Proteine, die Reaktionen in Organismen katalysieren. Viele Enzyme katalysieren nur einen bestimmten Reaktionstyp (z. B. Hydrolysen) und nur die Reaktion eines bestimmten Stoffes (Substrats).

Enzym-Substrat-Komplex: Ein Enzym-Substrat-Komplex ist die temporäre Struktur, wenn ein Substrat an das aktive Zentrum eines Enzyms bindet.

Erdgas: Erdgas ist ein brennbares, natürlich entstandenes Gasgemisch mit Methan als Hauptbestandteil. Es kommt oft gleichzeitig mit Erdöl in unterirdischen Lagerstätten vor.

Erdöl: Erdöl ist ein gelblich bis schwarzes, hauptsächlich aus Kohlenwasserstoffen bestehendes Stoffgemisch. Es hat sich in Millionen Jahren aus abgestorbenen Pflanzen und Tieren tief unter der Oberfläche der Erde gebildet.

erneuerbare Energie: Energie aus sich schnell regenerierenden Quellen, die im menschlichen Zeitkontext unbegrenzt zur Verfügung steht, wird als erneuerbare Energie bezeichnet.

Ester: Ester sind organische Verbindungen, deren Moleküle eine oder mehrere Ester-Gruppen –COO– enthalten. Ester entstehen durch die Reaktion von Carbonsäuren mit Alkoholen.

F

Farbigkeit: Die Farbigkeit von Stoffen beruht auf deren Fähigkeit einen Teil des Lichts aus dem Spektrum des sichtbaren Lichts zu absorbieren. Diese Stoffe erscheinen dann im sichtbaren, weißen Licht farbig. Die gesehene Farbe kommt durch die Überlagerung der nicht absorbierten Farben zustande. Neben dieser Art von Farbigkeit, die durch Lichtabsorption entsteht, gibt es auch Leuchtfarben, die durch Lichtemission zustande kommen.

Farbmischung: Eine Farbmischung erfolgt additiv oder subtraktiv. Im RGB-Farbraum erfolgt die Mischung additiv, die drei Grundfarben ergeben zusammen Weiß. Im CMYK-Farbraum erfolgt die Farbmischung subtraktiv, die Grundfarben ergeben zusammen Schwarz.

Farbraum (RGB und CMYK): Ein Farbraum ist ein definiertes System zur Darstellung und Beschreibung von Farben, das die möglichen Farben und deren Beziehungen zueinander in einem bestimmten Kontext festlegt. Bekannte Farbräume sind unter anderem der RGB-Farbraum für die additive Farbmischung von Licht für Bildschirmtechnologien oder der CMYK-Farbraum für die subtraktive Farbmischung für Druckfarben.

Faser: Eine Faser ist ein dünner, flexibler Strang aus natürlichen (Baumwolle oder Seide) oder synthetischen (Polyester oder Nylon) Materialien, der in der Regel eine längliche Form hat. Fasern zeichnen sich durch ihre Festigkeit, Dehnbarkeit und Leichtigkeit aus.

faserverstärkter Kunststoff: Faserverstärkte Kunststoffe sind Verbundmaterialien bestehend aus einer Polymermatrix kombiniert mit Fasern wie z. B. Glas-, Kohlenstoff- oder Naturfasern, die zur Verbesserung der Stabilität beitragen.

Feuerverzinkung: Die Feuerverzinkung ist eine Methode zum Korrosionsschutz, bei dem z. B. Eisen mit geschmolzenem Zink beschichtet wird. Siehe Korrosionsschutz.

fossiler Energieträger: Ein fossiler Energieträger ist ein Brennstoff, der sich in Millionen von Jahren aus abgestorbenen Pflanzen oder Kleinstlebewesen tief unter der Oberfläche der Erde gebildet hat. Dazu gehören Kohle, Erdgas und Erdöl.

Fotokatalysator: Ein Fotokatalysator ist ein Stoff (oder ein Stoffsystem), der eine Reaktion durch die Absorption von Licht beschleunigt, ohne dabei verbraucht zu werden. Siehe Katalysator.

Fotosynthese: Die Fotosynthese ist ein mehrstufiger, endothermer Stoffwechselprozess, der aus vielen Redoxreaktionen besteht und in Primär- und Sekundärreaktionen unterteilt wird. Dabei wird aus Kohlenstoffdioxid und Wasser mithilfe von Lichtenergie Glucose und Sauerstoff hergestellt.

Funktionalität: Die Funktionalität von Monomeren bezieht sich auf die Anzahl der reaktiven funktionellen Gruppen eines Monomers (1 = mono, 2 = bi, 3 = tri, usw.). Diese Gruppen bestimmen, wie das Monomer an Polymerisationsreaktionen teilnehmen kann und beeinflussen den Verzweigungsgrad des resultierenden Polymers.

funktionelle Gruppe: Eine funktionelle Gruppe ist ein Atom oder eine Atomgruppe im Molekül, die die Eigenschaften der entsprechenden organischen Stoffklasse maßgeblich bestimmt.

G

GALVANIsche Zelle: Die GALVANIsche Zelle ist ein Energiewandler, der innere Energie in elektrische Energie umwandelt. Sie liefert Gleichstrom. In einer GALVANIschen Zelle laufen die Oxidation und die Reduktion von Teilchen in räumlich getrennten, durch eine Elektrolytbrücke oder poröse Wand verbundenen, Halbzellen ab.

GALVANIsieren: Beim GALVANIsieren wird zum Schutz vor Korrosion durch eine Elektrolyse eine Schicht eines edleren Metalles auf ein Substrat aufgebracht. Siehe Korrosionsschutz.

gesättigte Kohlenwasserstoffe: Gesättigte Kohlenwasserstoffe sind Kohlenwasserstoffe, in denen alle Bindungen zwischen den Kohlenstoff-Atomen eines Moleküls Einfachbindungen sind (Alkane).

geschlossenes System: Das geschlossene System ist ein System, in welchem ein Energieaustausch, aber kein Stoffaustausch mit der Umgebung stattfindet.

Gleichgewichtskonstante K_c: Die Gleichgewichtskonstante K_c ist eine charakteristische Größe für das chemische Gleichgewicht einer reversiblen Reaktion bei einer bestimmten Temperatur. Sie nimmt den Wert des Massenwirkungsquotienten beim chemischen Gleichgewicht ein.

Gleichgewichtsreaktion (Hin- und Rückreaktion): Die Gleichgewichtsreaktion ist eine umkehrbare, chemische Reaktion, bei der die Hinreaktion (Bildung von Produkten) und die Rückreaktion (Rückbildung der Edukte) gleichzeitig und mit gleicher Geschwindigkeit ablaufen.

Grundzustand: Ein System das in seiner niedrigstmöglichen Energie vorliegt, befindet sich im Grundzustand.

grüner Wasserstoff: Grüner Wasserstoff ist Wasserstoff, der durch Elektrolyse von Wasser unter Verwendung umweltfreundlicher, erneuerbarer Energiequellen, wie Wind- oder Solarenergie, erzeugt wird und damit keine Treibhausgasemissionen verursacht.

H

Halbäquivalenzpunkt: Der Halbäquivalenzpunkt ist bei einer Säure-Base-Titration der Punkt, bei dem man die Hälfte einer bestimmten Stoffmenge Säure (Base) mit der entsprechenden Stoffmenge Base (Säure) neutralisiert hat, die zur vollständigen Neutralisation geführt hätte. Bei schwachen Basen ist der Punkt gleich dem pK_S-Wert der konjugierten Säure (und umgekehrt).

Halbstrukturformel: Die Halbstrukturformel ist eine vereinfachte Darstellung der Valenzstrichformel. Sie fasst Teile des Moleküls zusammen. Die Verknüpfung zwischen den Kohlenstoff-Atomen bleibt klar erkennbar (Beispiel: $CH_3–(CH_2)_3–CH_3$).

Halbtitration: Die Halbtitration ist ein quantitatives Verfahren zur Bestimmung des pK_S-Wertes einer schwachen Säure.

Halbzelle: Eine Halbzelle ist ein Bestandteil einer GALVANIschen Zelle. Sie besteht aus einer Metallelektrode, die in ihre entsprechende Metallsalzlösung als Elektrolyt eintaucht.

Halogenalkan: Bei der Stoffgruppe der Halogenalkane sind ein oder mehrere Wasserstoff-Atome im Alkan-Molekül durch Halogen-Atome ersetzt.

HENDERSON-HASSELBALCH-Gleichung: Die HENDERSON-HASSELBALCH-Gleichung beschreibt ein Säure-Base-Gleichgewicht einer teilweise protolysierten, also schwachen Säure oder Base in wässriger Lösung, mit der der pH-Wert einer solchen Lösung berechnet werden kann.

heterogene Katalyse: Bei der heterogenen Katalyse liegen bei einer chemischen Reaktion Katalysator und Edukte in unterschiedlichen Phasen bzw. Aggregatzuständen vor.

Hinweis: Ein Hinweis ist ein Resultat der qualitativen Analyse, das noch keine konkrete Aussage über einen speziellen Analyten liefert, sondern nur Anhaltspunkte.

homolytisch: Homolytisch bezeichnet die gleiche Auftrennung der Bindungselektronen zwischen zwei Bindungspartnern.

Hybridisierung: Die Hybridisierung ist eine mathematische Operation zur Berechnung von Bindungsverhältnissen in Molekülen. Sie ist nur bei sich gut überlappenden Orbitalen einsetzbar.

Hybridorbital: Hybridorbitale ergeben sich durch Wechselwirkung und Durchmischung von Atomorbitalen.

Hydrolyse: Die Hydrolyse ist die Spaltung einer chemischen Verbindung durch Reaktion mit Wasser. Die Umkehrung der Hydrolyse ist eine Kondensationsreaktion.

Hydrophobierung: Hydrophobierung bezeichnet den Prozess, bei dem Materialien oder Oberflächen so behandelt werden, dass sie wasserabweisende Eigenschaften erhalten.

I

Indikator: Säure-Base-Indikatoren sind Stoffe, die durch ihre Farbe anzeigen, ob eine saure oder basische Lösung vorliegt. Säure-Base-Indikatoren enthalten eine Indikatorsäure HInd und ihre korrespondierende (konjugierte) Indikatorbase Ind^-, deren Farben unterschiedlich sind. Zwischen ihnen stellt sich ein Protolysegleichgewicht ein, bei dem je nach pH-Wert der Lösung, in die der Indikator gegeben wird, die Farbe von HInd oder die von Ind^- vorherrscht. Jeder Indikator hat einen charakteristischen Umschlagsbereich, der sich über ca. zwei pH-Einheiten erstreckt.

induktiver Effekt (I-Effekt): Der induktive Effekt beschreibt, wie die Elektronendichte in einer chemischen Bindung von Atomen oder Atomgruppen verschiedener Elektronegativität beeinflusst wird. Ein negativer −I-Effekt, der die Elektronendichte verringert, tritt bei elektronenziehenden Gruppen auf, während ein +I-Effekt die Elektronendichte an benachbarten Atomen erhöht. Die I-Effekte beeinflussen die Reaktivität und Stabilität organischer Moleküle.

Infrarotstrahlung: Die für das menschliche Auge nicht wahrnehmbare Infrarotstrahlung ist Teil des elektromagnetischen Spektrums im Wellenlängenbereich von 700 nm – 1 mm.

Ion-Dipol-Wechselwirkungen: Ion-Dipol-Wechselwirkungen entstehen aufgrund elektrostatischer Anziehungskräfte zwischen den positiven und negativen Ionen oder den positiv und negativ polarisierten Polen eines Dipol-Moleküls.

Ionenbindung: Die räumlich ungerichtete, starke Anziehung zwischen Kationen und Anionen wird als Ionenbindung bezeichnet.

Ionenprodukt des Wassers K_W: Das Ionenprodukt des Wassers K_W ist das Produkt der Konzentrationen der Oxonium- und Hydroxid-Ionen, $K_W = c(H_3O^+) \cdot c(OH^-)$. In verdünnten wässrigen Lösungen nimmt es bei einer Temperatur von $\vartheta = 25$ °C folgenden Wert an: $K_W = 10^{-14}\ mol^2/L^2$.

isoelektrischer Punkt: Der isoelektrische Punkt IEP einer Aminocarbonsäure ist der pH-Wert, bei dem die Konzentrationen der Aminocarbonsäure-Kationen und -Anionen gleich sind, also praktisch alle Aminocarbonsäure-Moleküle in Form eines Zwitterions vorliegen.

isoliertes/abgeschlossenes System: Das isolierte System ist ein System, in welchem weder Energieaustausch noch Stoffaustausch mit der Umgebung stattfindet.

K

Katalysator: Ein Katalysator ist ein Stoff (oder ein Stoffsystem), der eine Reaktion beschleunigt, ohne dabei verbraucht zu werden. In Gegenwart eines Katalysators verläuft die Reaktion über einen anderen Reaktionsweg mit niedrigerer Aktivierungsenergie. Dabei geht der Katalysator mit dem Edukt (den Edukten) Zwischenverbindungen ein und versetzt es (sie) so in einen reaktionsfähigen Zustand. Der Katalysator liegt nach der Reaktion wieder unverändert vor.

Kathode: Die Kathode bezeichnet die Elektrode, bei der eine Reduktion abläuft. Bei der Elektrolyse bildet die Kathode den Minuspol, bei der GALVANIschen Zelle den Pluspol.

Ketone: Ketone sind organische Verbindungen, deren Moleküle eine oder mehrere Carbonyl-Gruppen >C=O enthalten, die an zwei Kohlenwasserstoff-Reste gebunden sind.

Kettenabbruch: Die Kettenabbruchsreaktion oder Rekombination bezeichnet die Reaktion zweier Radikale zu einem stabilen Produkt, die zu einem Ende der Kettenreaktion führt.

Kettenreaktion: Die Kettenreaktion ist eine chemische Reaktion, die nach einer Startreaktion weitere Reaktionen gleicher Art auslöst, indem z. B. ein Produkt einer Einzelreaktion als ein Edukt der nächsten Reaktion dient.

Klebstoff: Klebstoffe werden verwendet, um Oberflächen miteinander zu verbinden. Es kann zwischen physikalischen und chemischen Klebstoffen unterschieden werden.

Kohle: Kohle ist einein schwarzes Sedimentgestein aus toten Pflanzenteilen. Kohle gehört wie Erdöl oder Erdgas zu den fossilen Energieträgern.

Komplementärfarben: Als Komplementärfarben bezeichnet man Farbreize, die sich additiv zu weiß oder neutralem Grau mischen lassen. Absorbiert ein Stoff eine Farbe des sichtbaren Lichts, erscheint er für das menschliche Auge in seiner Komplementärfarbe.

Kompostierung: Kompostierung ist der biologische Prozess, bei dem organische Abfälle durch (Mikro-)Organismen und andere Organismen in nährstoffreichen Kompost umgewandelt werden. Dieser Prozess trägt zur Reduzierung von Abfall, zur Verbesserung der Bodenqualität und zur Förderung eines nachhaltigen Nährstoffkreislaufs bei.

Kondensation: Die Kondensation ist eine Reaktion, bei der sich zwei Moleküle unter Abspaltung eines Wasser-Moleküls (oder eines anderen Moleküls) miteinander verbinden.

konjugierte C=C-Doppelbindung: Konjugierte Doppelbindungen entstehen aus mehreren alternierenden Einfach- und Doppelbindungen. Dabei kommt es zu delokalisierten Elektronen, bei denen die Doppelbindungselektronen über den gesamten Bereich der konjugierten Doppelbindungen verteilt sind.

Kontaktkorrosion: Eine Kontaktkorrosion kann auftreten, wenn unterschiedliche Metalle in elektrischem Kontakt stehen. Dabei wird das unedlere Metall schneller zersört.

Kontaktzelle: Eine Kontaktzelle ist eine GALVANIsche Zelle, bei der die beiden Elektroden in Kontakt oder über einen metallischen Leiter kurzgeschlossen sind. Bei einer Kontaktzelle wird das unedlere Metall oxidiert und schützt das edlere Metall vor Korrosion.

Konzentrationszelle: Eine Konzentrationszelle ist eine GALVANIsche Zelle, bei der die beiden Halbzellen die gleichen Redoxpaare enthalten und sich nur durch die Konzentrationen der gelösten, an den Redoxreaktionen beteiligten Teilchenarten (i. d. R. Ionen) unterscheiden.

korrespondierendes Redoxpaar: Ein korrespondierendes Redoxpaar besteht aus einem Reduktionsmittel und dem daraus durch Abgabe von z Elektronen gebildeten Oxidationsmittel, z. B. Zn/Zn^{2+}, Ag/Ag^+, $2\ Cl^-/Cl_2$.

korrespondierendes Säure-Base-Paar: Ein korrespondierendes Säure-Base-Paar besteht aus einer Säure und der bei der Abgabe eines Protons daraus gebildeten Base, z. B. HCl/Cl^-, HSO_4^-/SO_4^{2-}.
Korrosion: Die Korrosion ist die Zerstörung eines Werkstoffes durch chemische Prozesse. Metalle werden durch Oxidationsprozesse korrodiert, bei denen Metall-Atome zu Metall-Kationen oxidiert werden. Das Rosten von Eisen und Stahl ist das bekannteste und wirtschaftlich relevanteste Beispiel von Korrosion.
Korrosionsschutz: Der Korrosionsschutz bezeichnet ganz allgemein den Schutz vor Korrosion. Beim passiven Korrosionsschutz überzieht man die Metalloberfläche mit einer vor korrosiven Medien schützenden Schicht, beim aktiven Korrosionsschutz erzeugt man z. B. mit Opferanoden oder durch Verbindung mit dem Minuspol einer Gleichstromquelle elektrochemische Kontaktzellen.
kristallin: Eine Substanz ist kristallin, wenn ihre Moleküle im festen Zustand in einer regelmäßigen, geordneten Struktur vorkommen.
Kunstfaser: Kunstfasern sind Fasern, die aus synthetischen Materialien bestehen. Siehe Fasern.
künstliche Fotosynthese: Die künstliche Fotosynthese ist ein Prozess, der versucht, die natürlichen Mechanismen der Pflanzenfotosynthese nachzuahmen, um Sonnenlicht in chemische Energie umzuwandeln.
Kunststoff: Kunststoffe sind synthetische makromolekulare Verbindungen (z. B. Polyethen (PE), Polypropen (PP), Polystyrol (PS), Polyethylenterephthalat (PET), Polyvinylchlorid (PVC)).

L

Lack: Lack ist eine flüssige Oberflächenbeschichtung mit Farbpigmenten zum Schutz oder zum Zweck der Veredelung.
LAMBERT-BEERsches Gesetz: Nach dem LAMBERT-BEER-Gesetz ist die Extinktion E einer gelösten, lichtabsorbierenden Verbindung proportional zur Konzentration c der Lösung. Es lautet: $E = \varepsilon \cdot d \cdot c$.
Lebensmittelfarbstoff: Lebensmittelfarbstoffe sind chemische Substanzen, die Lebensmitteln hinzugefügt werden, um deren Farbe zu verändern oder zu verbessern.
Lichtabsorption: Die Lichtabsorption bezeichnet die Aufnahme von elektromagnetischer Strahlung aus dem sichtbaren Bereich des Lichts durch einen Stoff, was die Farbigkeit des Stoffes bewirkt. Bei der Lichtabsorption werden die Teilchen des Stoffes elektronisch angeregt, wobei i. d. R. ein Elektron aus der höchsten besetzten Energiestufe in die niedrigste unbesetzte Energiestufe angehoben wird. Wenn die Energie des absorbierten Lichts vom Stoff in Wärme umgewandelt wird, erscheint er in der Farbe, die sich durch Überlagerung der nicht absorbierten Teile des weißen Lichts ergibt.
Lichtemission: Die Lichtemission bezeichnet die Ausstrahlung von elektromagnetischer Strahlung aus dem sichtbaren Bereich des Lichts durch einen Stoff. Bei der Emission von Licht gehen die Teilchen des Stoffes aus dem elektronisch angeregten Zustand in den Grundzustand über.
Linienspektrum: Ein Linienspektrum ist ein (Emissions-)Spektrum, das voneinander trennbare, diskrete Intensitätsänderungen, sogenannte Spektrallinien, aufzeigt.
LONDON-Dispersionswechselwirkungen: Die LONDON-Dispersionswechselwirkungen sind schwache intermolekulare Wechselwirkungen, die zwischen unpolaren Molekülen auftreten. Diese schwachen Anziehungskräfte wirken aufgrund von temporären Dipolen in einem Molekül, die eine ungleiche Ladungsverteilung, einen induzierten Dipol, in einem Nachbarmolekül bewirken.

M

Makromolekül: Makromoleküle sind sehr große Moleküle mit Molekülmassen von mehreren Tausend atomaren Masseneinheiten. Aus Makromolekülen bestehen sowohl Naturstoffe wie Cellulose, Stärke, Proteine und Nucleinsäuren als auch Kunststoffe wie Polyethen, Polyester und Polyamide.
Maßlösung: Eine Maßlösung ist eine Lösung mit einer genau definierten Konzentration, die zur genauen Durchführung von chemischen Analysen und Experimenten verwendet wird.
Massenwirkungsgesetz MWG: Das Massenwirkungsgesetz MWG ist eine mathematische Gleichung, die den Zusammenhang zwischen den Gleichgewichtskonzentrationen c der Reaktionsteilnehmer beim chemischen Gleichgewicht und der Gleichgewichtskonstante K_c ausdrückt. Für eine Reaktionsgleichung mit verschiedenen Stöchiometriefaktoren gilt:

$$a\,A + b\,B \rightleftharpoons c\,C + d\,D$$

$$K_c = \frac{c^c(C) \cdot c^d(D)}{c^a(A) \cdot c^b(B)}$$

Matrix: Die Grundsubstanz oder das Medium, in das andere Elemente eingebettet sind, wird Matrix genannt.
mesomerer Effekt: Der mesomere Effekt beschreibt die Auswirkung der Elektronendichte delokalisierter Elektronen in Molekülen, die durch Resonanzstrukturen entsteht. Er hat Einfluss auf die Stabilität sowie Reaktivität von Molekülen.
Mesomerie: Mesomerie liegt dann vor, wenn die Elektronenverteilung in einem Atomverband (Molekül oder Ion) nicht durch eine einzige Valenzstrichformel dargestellt werden kann, sondern zwischen mehreren mesomeren Grenzstrukturen liegt.
Metallhydridspeicher: siehe chemische Wasserstoffspeicherung.
Methanisierung: Als Methanisierung bezeichnet man die Umwandlung von Wasserstoff und Kohlenstoffdioxid zu Methan und Wasser.
Mikroplastik: Mikroplastik sind winzige Kunststoffpartikel (< 5 mm), die aus dem Zerfall größerer Plastikgegenstände stammen. Gelangen sie in die Umwelt, gefährden sie Ökosysteme sowie die Gesundheit von Tieren und Menschen.
Molekülorbital (HOMO/LUMO): Molekülorbitale entstehen durch Linearkombinationen von Atomorbitalen (vgl. end-on- und side-on-Überlagerung). Bei der Besetzung der Molekülorbitale wird zwischen dem energetisch höchstliegenden, besetzten Orbital (HOMO) und dem energetisch niedrigstliegenden, unbesetzten Orbital (LUMO) unterschieden.
Molekülpolarität: Die Molekülpolarität bezeichnet die Bildung getrennter Ladungsschwerpunkte eines Moleküls. Diese können permanent oder temporär sein.
Monomer: Monomere sind Stoffe, deren Moleküle bei der Synthese von Kunststoffen zu Makromolekülen (Polymeren) reagieren. Beispiele: Ethen ist das Monomer von Polyethen, das durch Polymerisation von Ethen entsteht. 1,6-Diaminohexan und Hexandisäure sind die Monomere von Nylon 6.6, das durch Polykondensation der beiden Monomere gebildet wird.

N

nachhaltiger Rohstoff: Nachhaltige Rohstoffe sind Rohstoffe mit denen eine langfristige Nutzung ohne Ressourcenerschöpfung oder Umweltschäden ermöglicht wird. Dies sind z. B. nachwachsende Rohstoffe aber auch recycelte Materialien.

Nachhaltigkeit: Nachhaltigkeit bezeichnet die dauerhafte Entwicklung menschlicher Tätigkeiten mit dem Ziel, die heutigen Bedürfnisse zu befriedigen, ohne dabei die Bedürfnisse zukünftiger Generationen zu beeinträchtigen.

nachwachsender Rohstoff: Nachwachsende Rohstoffe sind Rohstoffe aus pflanzlichen Produkten wie Cellulose, Stärke, Saccharose, Fette und Öle, die als Rohstoffe in der Industrie verwendet werden.

Nachweis: Ein Nachweis ist ein Resultat der qualitativen Analyse, das eine konkrete Aussage über einen speziellen Analyten liefert.

Näherungsformel: Eine Näherungsformel ist eine mathematische oder physikalische Gleichung, die verwendet wird, um ein komplexes Problem durch eine vereinfachte Darstellung zu lösen.

Nanopartikel: Nanopartikel sind winzige Partikel mit einer Größe typischerweise zwischen 1 – 100 nm. Aufgrund ihrer geringen Größe zeigen sie einzigartige physikalische und chemische Eigenschaften.

Nanotechnologie: Die Nanotechnologie beschäftigt sich mit den Eigenschaften von Nanomaterialien (1 – 100 nm) zur Entwicklung neuer Technologien in Bereichen der Medizin, Elektronik und Umwelt.

Natrium-Doppellinie: Die Natrium-Doppellinie bezeichnet das charakteristische Doppellinienmuster des Linienspektrums einer Natriumflamme, bei dem zwei gelbe Spektrallinien bei ca. 589 nm zu erkennen sind.

Naturfaser: Naturfasern sind Fasern aus natürlichen Quellen wie Pflanzen, Tiere oder Mineralien. Sie sind häufig biologisch abbaubar. Siehe Fasern.

Neutralisation: Die Neutralisation ist eine chemische Reaktion, bei der sich basische und saure Eigenschaften gegenseitig aufheben, weil die Oxonium-Ionen aus der sauren Lösung mit den Hydroxid-Ionen der basischen Lösung zu Wasser-Molekülen reagieren. Wasser reagiert neutral.

Nukleophil: Ein Nukleophil ist ein Molekül oder eine funktionelle Gruppe mit negativen Ladungen oder Partialladungen. Nukleophil bedeutet „kernliebend" und bezeichnet so die Eigenschaft, dass diese Moleküle oder funktionellen Gruppen einen Elektronenüberschuss aufweisen und bevorzugt mit Teilchen niedriger Elektronendichte reagieren.

O

offenes System: Das offene System ist ein System, in welchem sowohl Energieaustausch als auch Stoffaustausch mit der Umgebung stattfindet.

Opferanode: Eine Opferanode ist ein Metallstück, das zum Korrosionsschutz edler Metalle bzw. metallischer Werkstücke oxidiert wird. Siehe Korrosionsschutz.

Orbital: Ein Orbital stellt räumlich dar, wo sich ein Elektron um einen oder um mehrere Atomkerne befinden kann.

Oxidation: Die Oxidation ist nach dem erweiterten Redoxkonzept die Veränderung eines Systems, bei der Elektronen abgegeben werden.

Oxidationsmittel: Das Oxidationsmittel ist ein Elektronenakzeptor.

Oxidationszahl: Die Oxidationszahl ist ein Hilfsmittel, um festzustellen, ob ein System oxidiert oder reduziert wird. Bei Atom-Ionen entspricht sie der Ladungszahl des Ions. Die Oxidationszahl von Atomen in Molekülen entspricht der Ladungszahl, die man durch formale Zerlegung des Moleküls oder Molekül-Ions erhalten kann. Bei dieser formalen Zerlegung des jeweiligen Teilchens in fiktive Atom-Ionen werden die Valenzelektronen nach Maßgabe der Elektronegativitäten zugeordnet.

P

Partialladung: Die durch eine ungleiche Verteilung von Elektronen (Elektronegativität) hervorgerufene unterschiedliche Teilladung innerhalb eines Moleküls oder Molekül-Ions wird als Partialladung bezeichnet. Die Partialladungen werden, wenn nötig, bei chemischen Formeln oberhalb des Atomartensymbols mit δ^- und δ^+ symbolisiert.

partieller Doppelbindungscharakter: Partieller Doppelbindungscharakter beschreibt eine Einfachbindung, die aufgrund der delokalisierten Elektronendichte in konjugierten Systemen Eigenschaften einer Doppelbindung zeigt. Dies führt zu einer stärkeren und kürzeren Bindung im Vergleich zu typischen Einfachbindungen.

Peptid: Peptide sind Kondensationsprodukte von Aminocarbonsäuren, die über die Peptid-Gruppe –NH–CO– verknüpft sind. Sie entsteht durch die Abspaltung eines Wasser-Moleküls bei einer Reakiton zwischen einer Amino-Gruppe und einer Carboxy-Gruppe. Sie ist die Repetiereinheit in Peptid-, Protein- und Polyamid-Makromolekülen.

Photo-Blue-Bottle: Die Photo-Blue-Bottle-Reaktion ist ein Modellexperiment zur Fotosynthese. Beim Schütteln oder Belüften ändert die Lösung ihre Farbe von blau nach gelb und bei Bestrahlung zurück zu blau, was die Wechselwirkungen zwischen Licht, Sauerstoff und den chemischen Reaktionen symbolisiert, die auch in der natürlichen Fotosynthese stattfinden.

Photosynthese: alternative Schreibweise für Fotosynthese.

pH-Wert: Der pH-Wert ist der negative dekadische Logarithmus aus dem Betrag der Konzentration der Oxonium-Ionen in einer Lösung: $pH = -lg\,\{c(H_3O^+)\}$. Er dient zur Kennzeichnung saurer, neutraler und basischer Lösungen.

physikalische Wasserstoffspeicherung: Die physikalische Wasserstoffspeicherung basiert auf physikalischen Methoden wie einer Druck- oder Temperaturveränderung.

planar: Planar beschreibt eine flache, zweidimensionale Struktur, bei der sich alle Atome in einer Ebene befinden.

pOH-Wert: Der pOH-Wert ist der negative dekadische Logarithmus aus dem Betrag der Konzentration der Hydroxid-Ionen einer Lösung: $pOH = -lg\,\{c(OH^-)\}$. Es gilt: $pH + pOH = 14$

polar: Ein polares Molekül ist ein Molekül, bei dem sich aufgrund der Struktur die Bindungspolaritäten nicht aufheben. Es besteht Molekülpolarität.

Polarisierung: Eine Ladungsverschiebung aufgrund externer Einflüsse wird als Polarisierung bezeichnet.

Polyamid: Polyamide sind synthetische Polymere aus Aminocarbonsäuren oder aus Dicarbonsäuren und Diaminen.

Polyester: Polyester sind synthetische Polymere aus Carbonsäuren und Alkoholen, die über eine Esterbindung verknüpft sind.

Polykondensation: Die Polykondensation ist ein Reaktionstyp zur Erzeugung von Makromolekülen aus verschiedenen oder identischen bifunktionellen Monomeren, wobei jeweils aus zwei Monomer-Molekülen ein kleines Molekül abgespalten wird. Beispiele: Polyamid aus einem Diamin-Molekül und einem Dicarbonsäure-Molekül, Polymilchsäure aus Hydroxypropansäure.

Polylactid: Polylactid (PLA) ist ein biologisch abbaubares Polymer aus Milchsäure.

Polymer: Polymere sind streng genommen Makromoleküle, die nur aus einer Art Monomer-Einheit aufgebaut sind, z. B. Polyethen, Polystyrol, Polymethylmethacrylat, Poly-ε-aminocapronsäure, Polymilchsäure u. a. Die Bezeichnung Polymer wird aber häufig auch allgemein für synthetische Makromoleküle verwendet, selbst wenn sie aus mehreren verschiedenen Monomer-Einheiten aufgebaut sind.

Polymerisation: Die Polymerisationen ist eine Reaktion, bei der gleiche Monomer-Moleküle, i. d. R. Moleküle mit Doppelbindungen, miteinander zu Makromolekülen reagieren, ohne dass dabei andere kleine Moleküle abgespalten werden. Polymerisationen können über radikalische, kationische oder anionische Interdukte (reaktive Zwischenstufen) verlaufen.

Potenzialdifferenz: Die Potenzialdifferenz bei einer GALVANIschen Zelle kennzeichnet den Unterschied der Standardpotenziale zwischen den Redoxpaaren in den beiden Halbzellen. Daraus ergibt sich die Leerlaufspannung der Zelle.

Power-to-Gas-Verfahren: Beim Power-to-Gas-Verfahren wird Strom in speicherbare Gase, u. a. Wasserstoff, umgewandelt. So wird der überschüssige Strom in Form von Gas nutzbar.

Power-to-Liquid-Verfahren: Power-to-Liquid ist ein Verfahren zur Umwandlung von überschüssiger elektrischer Energie, häufig aus erneuerbaren Quellen, in flüssige Brennstoffe (E-Fuels).

Primärstruktur: Die Primärstruktur eines Protein-Moleküls wird durch die Art, Anzahl und Verknüpfungsfolge (die Sequenz) der Aminocarbonsäure-Reste festgelegt.

Prinzip vom kleinsten Zwang (Prinzip von LE CHATELIER): Das Prinzip vom kleinsten Zwang besagt, dass sich bei der Einwirkung eines äußeren Zwangs (z. B. einer Temperatur-, Konzentrations- oder Druckänderung) auf ein chemisches Gleichgewicht eine neue Gleichgewichtslage einstellt, in der die Wirkung des ausgeübten Zwangs so klein wie möglich gehalten wird.

Protein: Proteine sind Polypeptide, die aus mehr als 100 Aminocarbonsäure-Einheiten zusammengesetzt sind. Proteine dienen in Organismen als Bausubstanz, Enzyme, Hormone und Antikörper.

proteinogen: Aminocarbonsäuren werden als proteinogen bezeichnet, wenn sie Proteine bilden können.

Protolysegleichgewicht: Protolysegleichgewichte stellen sich zwischen reversiblen Protolysen, d. h. Reaktionen mit Protonenübergängen zwischen den Teilchen ein. Protolysegleichgewichte zwischen korrespondierenden (konjugierten) Säure-Base-Paaren bilden die Grundlage der Vorgänge bei Puffersystemen, Indikatoren und Titrationen.

Protolysereaktion: Die Protolyse ist eine Reaktion, bei der ein Proton von einer BRØNSTED-Säure auf eine BRØNSTED-Base übertragen wird.

Protonenakzeptor: Protonenakzeptoren sind Teilchen, die Protonen H^+ aufnehmen.

Protonendonator: Protonendonatoren sind Teilchen, die Protonen H^+ abgeben.

Puffersystem: Ein Puffersystem ist i. d. R. eine Lösung, die bei Säure- oder Basezugabe ihren pH-Wert nur geringfügig ändert. Das Puffersystem in einer Pufferlösung besteht aus einer schwachen Säure (Puffersäure) und ihrer korrespondierenden Base (Pufferbase). Beispiel: $H_2PO_4^-/HPO_4^-$ (Dihydrogenphosphat-Hydrogenphosphat-Puffer).

Pufferbereich: Der Pufferbereich ist der pH-Bereich, in dem ein Puffer effektiv in der Lage ist, den pH-Wert einer Lösung stabil zu halten.

Pufferkapazität: Die Pufferkapazität ist ein Maß für die Fähigkeit den pH-Wert einer Lösung stabil zu halten. Sie ist abhängig von der Konzentration der Pufferkomponenten.

Pyrolyse: Pyrolyse ist ein thermochemischer Prozess, bei dem organische Materialien durch Erhitzen in Abwesenheit von Sauerstoff zersetzt werden.

Q

Quartärstruktur: Die Quartärstruktur von Proteinen ist die vollständige dreidimensionale Anordnung, die sich bei der Zusammenlagerung mehrerer Protein-Makromoleküle (oft auch zusätzlicher Einheiten, die nicht Polypeptide sind) ergibt.

R

Radikal: Ein Radikal ist ein Teilchen mit einem ungepaarten Elektron, das bei der symmetrischen Spaltung von Elektronenpaarbindungen entsteht (homolytische Spaltung).

Radikalische Polymerisation: siehe Polymerisation.

radikalische Substitution: Die radikalische Substitution ist eine Reaktion, bei der ein Atom oder eine Atomgruppe an einem Molekül durch ein anderes Atom oder eine andere Atomgruppe ersetzt wird, wobei als Interdukte (reaktive Zwischenprodukte) Radikale, d. h. Atome oder Atomgruppen mit einem ungepaarten Elektron, auftreten. Radikalische Substitutionen verlaufen oft kettenartig. Dabei werden in der Startreaktion hoch reaktive Radikale gebildet, die in der Kettenreaktion weiterreagieren. In Abbruchreaktionen werden die reaktiven Radikale wieder zu Molekülen abgebaut. Typische radikalische Substitutionen sind die Halogenierungen von Alkanen.

Reaktionsgeschwindigkeit: Die mittlere Reaktionsgeschwindigkeit ist die Änderung der Stoffmenge Δn eines Reaktionsteilnehmers (Edukts oder Produkts) in einem Zeitintervall Δt. Bezieht man sich auf immer kürzere Zeitintervalle, so entspricht der Grenzwert der Stoffmengenänderung für gegen null gehende Zeitintervalle der momentanen Reaktionsgeschwindigkeit. Bei Reaktionen, die in Lösung ablaufen, wird die Stoffmengenänderung Δn durch die Konzentrationsänderung Δc des entsprechenden Reaktionsteilnehmers ersetzt.

Reaktionsmechanismus: Der Reaktionsmechanismus ist eine modellhafte Darstellung über den detaillierten Verlauf einer chemischen Reaktion in allen Teilschritten (Übergangszustände und Zwischenprodukte).

Recycling: Beim Recycling werden Abfallmaterialien in den Produktionszyklus zurückgeführt, indem sie gesammelt, aufbereitet und wiederverwendet werden. Damit sollen Ressourcen geschont, die Umweltbelastung reduziert und der Energieverbrauch gesenkt werden.

Redoxreaktion: Die Redoxreaktion stellt die Kombination einer Reduktion und Oxidation dar. Dabei findet eine Übertragung von Elektronen von einem Elektronendonator (Reduktionsmittel) auf einen Elektronenakzeptor (Oxidationsmittel) statt.

Redoxreihe der Metalle: Die Redoxreihe der Metalle ist eine Tabelle, die korrespondierende Redoxpaare, deren Anzahl ausgetauschter Elektronen und oft ihre Standardpotenziale auflistet.

Redoxstandardpotenzial E^0 (Standardelektrodenpotenzial): Das Standardelektrodenpotenzial E^0 eines Redoxpaares Me/Me^{z+} ist die Potenzialdifferenz zwischen einer Standardwasserstoffhalbzelle mit $E^0(H_2/2\ H^+)$ = 0,0 V und einer Halbzelle bei Standardbedingungen (c = 1 mol/L, p = 1.013 hPa, ϑ = 25 °C).

Reduktion: Die Reduktion ist nach dem erweiterten Redoxkonzept die Veränderung eines Systems, bei der Elektronen aufgenommen werden.

Reduktionsmittel: Das Reduktionsmittel ist ein Elektronendonator.

Rekombination: Die Rekombination ist eine chemische Reaktion, bei der sich zwei Radikale unter Ausbildung einer kovalenten Bindung zu einem Molekül verbinden.

reversible Reaktion: Eine reversible Reaktion kann in beide Richtungen, d.h. von den Edukten zu den Produkten und umgekehrt ablaufen.

RGT-Regel: Die RGT-Regel ist eine Faustregel, die die Abhängigkeit der Reaktionsgeschwindigkeit von der Temperatur beschreibt. Laut der Regel verdoppelt sich die Reaktionsgeschwindigkeit bei einer Temperaturerhöhung von 10 °C.

Rosten: Rosten ist ein elektrochemischer Prozess, bei dem Eisen mit Sauerstoff und Wasser reagieren, wodurch Eisenoxid (Rost) entsteht.

Rückseitenangriff: Bei einem Rückseitenangriff ist die vordere Seite eines Bromonium-Kations durch das positiv geladene Brom-Ion blockiert, sodass nur die Rückseite des Moleküls von einem Bromid-Ion angegriffen wird.

S

Sauerstoffkorrosion: Die Sauerstoffkorrosion ist eine Art der Korrosion. Bei Anwesenheit von Sauerstoff und Wasser in neutraler oder basischer Lösung findet im Gegensatz zur Säurekorrosion die Sauerstoffkorrosion statt. Dabei werden Sauerstoff-Moleküle zu Hydroxid-Ionen reduziert. Rostbildung tritt insbesondere bei der Sauerstoffkorrosion auf.

Säure-Base-Titration: Die Säure-Base-Titration ist ein quantitatives Verfahren, bei dem der Gehalt einer Lösung an einer Säure oder an einer Base durch Neutralisation mit einer Lösung bekannter Konzentration einer Base bzw. Säure (Maßlösung) ermittelt wird.

Säurekonstante K_S: Die Säurekonstante K_S ist eine Gleichgewichtskonstante, die angibt, in welchem Maße eine Säure in Wasser sauer reagiert. Sie setzt sich mathematisch aus dem Quotienten des Produkts der Konzentrationen der Oxonium-Ionen $c(H_3O^+)$ und der Ionen der korrespondierenden (konjugierten) Base $c(A^-)$ durch die Konzentration der Säure $c(HA)$ zusammen. Je größer der K_S-Wert ist, desto stärker ist die Säure.

Säurekorrosion: Die Säurekorrosion ist eine Art der Korrosion. Bei der Säurekorrosion werden die Elektronen, die von Metall-Atomen bei der Bildung von Metall-Ionen abgegeben werden, von Oxonium-Ionen aus einer sauren Lösung aufgenommen.

Schlüssel-Schloss-Prinzip: Mit dem Schlüssel-Schloss-Prinzip wird beschrieben, wie Enzyme und Substrate interagieren. Nur der passende Schlüssel (Substrat) passt in das Schloss (Enzym).

schwache Säure: Schwache Säuren sind schlechte Protonendonatoren, sie liegen beim Protolysegleichgewicht nur zu einem sehr geringen Anteil protolysiert vor. In Berechnungen stuft man Säuren mit $pK_S > 1{,}5$ als schwach ein.

Schwimm-Sink-Verfahren: Mit dem Schwimm-Sink-Verfahren werden Materialien aufgrund ihrer Dichteunterschiede getrennt.

Seide: Seide ist eine Naturfaser, die aus den Kokons von Seidenspinnerraupen gewonnen wird.

Seitenkette: Eine Seitenkette ist eine Gruppe von Atomen oder Molekülen, die an ein Hauptgerüst eines Moleküls gebunden sind. Bei Aminocarbonsäuren ist die Seitenkette der variable Teil, der an das zentrale Kohlenstoff-Atom gebunden ist.

Sekundärstruktur: Die Sekundärstruktur der Protein-Moleküle bezeichnet deren dreidimensionale Struktur (Konformation), die sich durch die Wasserstoffbrücken zwischen den Peptid-Gruppen innerhalb einer Kette (α-Helixstruktur) oder zwischen benachbarten Ketten (β-Faltblattstruktur) ergibt.

sichtbares Licht: Der Spektralbereich des Lichts, den das menschliche Auge wahrnehmen kann, nennt man sichtbares Licht. Es umfasst die Wellenlängen von 380 – 780 nm.

Silikon: Silikone oder Polysiloxane sind Polymere, in denen Silicium-Atome über Sauerstoff-Atome verbunden sind.

Spannungsreihe/Redoxreihe: In der Spannungsreihe sind die Redoxpaare nach ihrem Standardelektrodenpotenzial E^0 geordnet.

Spektrometer: Mit einem Spektrometer lässt sich die Intensität von elektromagnetischer Strahlung in Abhängigkeit von der Wellenlänge messen.

Standardbedingungen: Die Standardbedingungen sind regional spezifische Angaben für Druck (1.013 hPa) und Temperatur (298,15 K = 25 °C), zur Vergleichbarkeit von Experimenten.

Standardwasserstoffhalbzelle: Die Standardwasserstoffhalbzelle enthält das Redoxpaar $H_2/2\ H^+$ (vereinfacht für $H_2/2\ H_3O^+$) bei Standardbedingungen (c = 1 mol/L, p = 1.013 hPa, ϑ = 25 °C). Sie besteht aus einer Salzsäurelösung (c = 1 mol/L, ϑ = 25 °C), in die eine mit Wasserstoff (p = 1.013 hPa) umspülte Platinelektrode eintaucht. Für diese Halbzelle wurde festgelegt: E^0 = 0,0 V.

starke Säure: Starke Säuren sind gute Protonendonatoren, sie liegen beim Protolysegleichgewicht in hohem Anteil protolysiert vor. In Berechnungen stuft man Säuren mit $pK_S \leq 1{,}5$ als stark ein.

Startreaktion: Die Startreaktion ist eine chemische Reaktion und die erste Reaktion der radikalischen Substitution. Dabei werden Starter-Moleküle (oft Halogene) homolytisch in zwei Radikale gespalten, die die Reaktion beginnen.

Streuung: Bei der Streuung von Licht, werden die elektromagnetischen Strahlen an Streuzentren ungerichtet abgelenkt.

Substituent: Ein Substituent ist ein Atom (z.B. Brom-Atom, Chlor-Atom) oder eine Atomgruppe (Alkyl-Rest oder sonstiger Rest), der in einem Molekül jeweils ein Wasserstoff-Atom ersetzt, dieses also substituiert.

Substrat: Ein Substrat ist ein Molekül, das von einem Enzym oder Katalysator erkannt und zur Reaktion gebracht wird.

Substratspezifität: Die Substratspezifität beschreibt die Eigenschaft von Enzymen gezielt mit einem bestimmten Substrat oder einer Gruppe bestimmter Substrate zu interagieren.

Substitutionsreaktion: Bei Substitutionsreaktionen werden in einem Molekül Atome oder Atomgruppen durch andere Atome oder Atomgruppen ersetzt.

superhydrophob: Oberflächen sind superhydrophob, wenn sie stark wasserabweisend sind. Wassertropfen liegen auf ihnen nahezu kugelförmig vor.

T

Tertiärstruktur: Die Tertiärstruktur der Protein-Moleküle bezeichnet deren vollständige dreidimensionale Struktur (Konformation), die sich aus der Primär- und Sekundärstruktur und den Wechselwirkungen zwischen den Aminocarbonsäure-Resten (Wasserstoffbrücken, Ionenbindungen, LONDON-Dispersionswechselwirkungen und Disulfidbrücken) ergibt.
Thermoplast: Thermoplaste sind Kunststoffe, die beim Erwärmen verformbar sind und nach dem Abkühlen die Form, in die sie gebracht wurden, beibehalten.
Transmission: Die Transmission ist der Anteil des Lichts, der durch ein Material hindurchtritt. Sie kann als das Verhältnis der durchgelassenen Lichtintensität und der einfallenden Lichtintensität ausgedrückt werden.
Transportstoff: Transportstoffe sind spezielle Proteine, die Moleküle oder Ionen durch Zellmembranen oder durch den Organismus transportieren.
Treibhauseffekt: Der Treibhauseffekt beruht auf der Absorption von Wärmeenergie durch Treibhausgase. Neben dem natürlichen Treibhauseffekt, der überhaupt erst Leben auf der Erde möglich macht, kommt es durch Emissionen von Treibhausgasen zum anthropogenen Treibhauseffekt, der zur übermäßigen Erwärmung der Atmosphäre führt.
Treibhausgas: Treibhausgase wie Kohlenstoff- oder Stickstoffdioxid, Methan, FCKWs und viele mehr sind gasförmige Bestandteile der Erdatmosphäre, die am Treibhauseffekt beteiligt sind.

U

ultraviolette (UV-)Strahlung: Die für das menschliche Auge nicht wahrnehmbare, energiereiche UV-Strahlung ist Teil des elektromagnetischen Spektrums im Wellenlängenbereich von 100 nm – 350 nm.
Umschlagsbereich: Der Umschlagsbereich ist der Bereich z. B. bei einer Säure-Base-Titration, der bei Verwendung von Farbindikatoren im pH-Sprung einen Farbwechsel anzeigt.
ungesättigte Kohlenwasserstoffe: Ungesättigte Kohlenwasserstoffe sind Kohlenwasserstoffe, in denen mindestens eine C=C-Doppelbindung oder eine C≡C-Dreifachbindung vorkommt.
Upcycling: Als Upcycling wird der Prozess bezeichnet, aus Abfallmaterialien neue, hochwertige Gegenstände herzustellen.

V

Verbundwerkstoff: Ein Verbundwerkstoff besteht aus mindestens zwei Komponenten. Oft wird eine Matrix wie Kunststoff mit Verstärkungselementen wie Fasern kombiniert, um verbesserte Eigenschaften zu erhalten.
Verhältnisformel: Die Verhältnisformel ist eine Darstellung, die das Zahlenverhältnis der Atom- oder Ionensorten einer chemischen Verbindung angibt.
Verwertung von Kunststoffabfällen: Kunststoffabfälle können durch Werkstoffrecycling (z. B. durch Schreddern und Pressen von neuen Formteilen), Rohstoffrecycling (z. B. durch Rückgewinnung der Monomere durch Depolymerisation oder anderer Chemikalien durch Pyrolyse des recycelten Kunststoffs), energetisch (z. B. durch Energienutzung bei der Verbrennung der Kunststoffabfälle) oder mittels Kompostierung verwertet werden.
Vorlage: Die Vorlage bei der Säure-Base-Titration beschreibt eine Lösung unbekannter Konzentration, die mit der Maßlösung titriert wird.

W

Wasserstoffbrücken: Als Wasserstoffbrücken bezeichnet man die besonders starken elektrostatischen Anziehungskräfte zwischen Molekülen. Diese Wechselwirkungen liegen zwischen einem partiell positiv (δ^+) geladenen Wasserstoff-Atom und einem nichtbindenden Elektronenpaar eines partiell stark negativ (δ^-) geladenen Sauerstoff-, Stickstoff- oder Fluor-Atoms eines anderen Moleküls vor.
Wasserstoffspeicherung: siehe Power-to-Gas-Verfahren, Power-to-Liquid-Verfahren, physikalische Wasserstoffspeicherung und chemische Wasserstoffspeicherung.
Wirkungsspezifität: Die Wirkungsspezifität beschreibt die Eigenschaft von Enzymen bestimmte Arten an Reaktionen, z. B. Oxidationen oder Hydrolysen, zu katalysieren.
Wolle: Wolle ist eine Naturfaser, die aus dem Haar verschiedener Tiere gewonnen wird.

Z

zwischenmolekulare Wechselwirkungen: Zwischenmolekulare Wechselwirkungen ist ein Sammelbegriff für die Interaktionen von Molekülen miteinander. Darunter fallen die Wasserstoffbrücken, Dipol-Dipol-Wechselwirkungen und die LONDON-Dispersionswechselwirkungen.
Zwischenprodukt: Ein Zwischenprodukt ist ein Reaktionsprodukt, das bei einer chemischen Reaktion entsteht und weiterverarbeitet wird.
Zwitterion: Zwitterionen sind Teilchen mit elektrisch positiver und negativer Ladung. Aminocarbonsäure-Moleküle haben Zwitterionenstruktur, die durch intramolekulare Protolyse zwischen der Carboxy-Gruppe und der Amino-Gruppe zustande kommt.

α

α-Helix: Die α-Helix ist eine Ausprägung der Sekundärstruktur eines Proteins. Die Helix hat die Form einer gedehnten, linksgängigen Spirale.

β

β-Faltblatt: Das β-Faltblatt ist eine Ausprägung der Sekundärstruktur von Proteinen, bei dem verschiedene Polypeptidstränge in gestreckter Form nebeneinanderliegen. Wasserstoffbrücken stabilisieren die Struktur durch Verbindung zwischen den >C=O-Gruppen und den -N-H-Gruppen der Peptidbindungen benachbarter Aminocarbonsäurestränge. Benachbarte Stränge eines Faltblatts können sowohl dieselbe (parallele) als auch die entgegengesetzte Richtung (antiparallele) Faltblattstruktur aufweisen.

Stichwortverzeichnis

Bildnachweis

AdobeStock / Anachalee – S. 76; - / Anna – S. 60; - / Yani Aulia – S. 10, 162/163; - / beats – S. 102; - / ByyNrr – S. 166; - / eyewave – S. 150; - / Jan Felber – S. 76; - / Yulia Furman – S. 118; - / industrieblick – S. 120; - / Migrenart – S. 146; - / norrabhudit – S. 8, 98/99; - / nuzza11 – S. 112; - / ON-Photography – S. 143; - / Pete – S. 176; - / Petr – S. 72; - / S. Prasath – S. 40; - / Grzegorz Targosz – S. 77; - / wachiwit – S. 144; Alamy Stock Photo / BSIP SA – S. 40; - / hanohkirf – S. 176; - / imageBROKER.com – S. 177; - / Suzanne Long – S. 124; - / Panther Media Global – S. 180; - / RossHelen editorial – S. 31; - / Science History Images – S. 32; - / Science Photo Library – S. 6, 26/27, 120; - / STERKL – S. 30; - / Westend61 GmbH – S. 124; Claudia Bohrmann-Linde, Wuppertal – S. 54, 66, 82; Dominik Diekemper, Germering – S. 138, 142; Michaela Dobeneck, Adelsdorf – S. 114; EUFIC - European Food Information Council – S. 116; Florian Gärtner, Wesel – S. 130; Getty Images Plus / Hemera, Ulrich Müller – S. 209; - / iStockphoto, Arijuhani – S. 114; - / iStockphoto, ArisSu – S. 7, 52/53, 60; - / iStockphoto, BlackMagic – S. 56; - / iStockphoto, DisobeyArt – S. 149; - / iStockphoto, kzenon – S. 232; - / iStockphoto, lenta – S. 71; - / iStockphoto, Nataba – S. 156; - / iStockphoto, Mohammed Haneefa Nizamudeen – S. 84; - / iStockphoto, rudall30 - S. 165; - / iStockphoto, Schad1953 – S. 72; - / iStockphoto, tommaso79 – S. 146; - / iStockphoto, ttsz – S. 110; iStockphoto / VectorMine – S. 184; Richard Kremer – S. 171; Klaus Dieter Krüger, Friedland – S. 110; Mauritius Images / Alamy Stock Photo, Art Phaneuf – S. 176; - / Alamy Stock Photo, Peter J. Hatcher – S. 64; - / Alamy Stock Photo, Historic Images – S. 58; - / Alamy Stock Photo, Violeta Meletis – S. 187; - / Alamy Stock Photo, Pixel-shot – S. 42; - / Alamy Stock Photo, VPales – S. 48; - / Alamy Stock Photo, Zoonar GmbH – S. 150; Science Photo Library / Andrew Lambert Photography – S. 107, 177; - / Biografx, Kenneth Edward – S. 122; - / Martyn F. Chillmaid – S. 29 (3); - / E.R. Degginger – S. 29 (2); - / DK IMAGES – S. 161; EYE OF SCIENCE – S. 140; - / Mauro Fermariello – S. 107; - / Laguna Design – S. 130; - / Charles D. Winters – S. 29; Shutterstock / © 2023 chemical industry – S. 64; - / muratart – S. 170; - / Pressmaster – S. 233; - / Raimundo79 – S. 117; Harald Steinhofer, Walpertskirchen – S. 82; Umweltbundesamt 2025 / eigene Zusammenstellung mit Daten der CONVERSIO Market & Strategy GmbH - Stoffstrombild Kunststoffe in Deutschland 2023 – S. 148; www.wikimedia.org / Marie Franzen, CC BY-SA 3.0 – S. 50; Zentrum für Schulqualität und Lehrerbildung / Maisenbacher, Spektren von Bromthymolblau-Lösungen – S. 49 (3).

Mediencodes

Science Photo Library / Martyn F. Chillmaid (3); Science Photo Library / Charles D. Winters; Science Photo Library / E.R. Degginger (2) – S. 28 (06043-005);
Mauritius Images / Alamy Stock Photo, VPales – S. 48 (06043-011);
Claudia Bohrmann-Linde, Wuppertal – S. 54 (06043-014);
Hans-Jürgen Jäger, Kaiserslautern – S. 60 (06043-018);
Getty Images Plus / iStockphoto, Daniel Lundgren – S. 116 (06043-048);
AdobeStock / denboma – S. 122 (06043-053);
Getty Images Plus / iStockphoto, chonticha wat; Getty Images Plus / iStockphoto, ArisSu – S. 126 (06043-057);
Stefanie Neu, Straubenhardt – S. 130 (06043-058);
Getty Images Plus / iStockphoto, inside-studio – S. 135 (06043-060);
Getty Images Plus / iStockphoto, rudall30 – S. 164 (06043-070);
Mauritius Images / Alamy Stock Photo, Violeta Meletis- S. 186 (06043-080).

Chemische Berufe

Es gibt viele Berufe im Bereich der Chemie, die entweder in einer Ausbildung oder über das Studium an einer Hochschule bzw. Universität erlernt werden können. Wenn Sie eine besondere Begeisterung an dieser Naturwissenschaft haben, informieren Sie sich hier! Weitergehende Informationen können Sie z. B. bei der Agentur für Arbeit erhalten.

Chemielaborantin / Chemielaborant und Chemisch-technische Assistentin / Chemisch-technischer Assistent

Inhaltlich sind diese drei Ausbildungen vergleichbar. Der wesentliche Unterschied liegt darin, dass die dreieinhalbjährige Ausbildung zur Chemielaborantin bzw. zum Chemielaboranten dual ist. Das heißt, sie findet im Betrieb und in der Berufsschule statt und wird vergütet. Die CTA-Ausbildung erfolgt nur an einer Berufsfachschule und dauert zwei Jahre. Die Ausbildungszeit verlängert sich beim Anstreben weiterer Zusatzqualifikationen. Zu den Aufgaben in beiden Berufen gehört das Untersuchen von Stoffen und Produkten chemischer Reaktionen und weiterhin das Herstellen von Stoffgemischen sowie das Entwickeln und Optimieren von Syntheseverfahren. Die Versuchsdurchführung wird dabei selbstständig überwacht und digital protokolliert. In der Ausbildung wird auch das Warten von Laborgeräten, die Überwachung des Lagerbestands und die fachgerechte Entsorgung von Gefahrstoffen erlernt. Eine dreieinhalbjährige Ausbildung zur Chemikantin oder zum Chemikanten ist technischer orientiert. Inhalte sind die Herstellung von Grundchemikalien (z. B.: Farben, Lacke, Kunststoffe), Kontrolle, Wartung und Bedienung von Fertigungsstraßen. Qualitätsprüfungen, sowie Analyse von Stichproben zählen ebenso zu den Aufgaben, wie das Protokollieren von Daten und die Gewährleistung von Sicherheit und Umweltschutz im Unternehmen.

Arbeitsplätze:
- Chemische, pharmazeutische und Kunststoffindustrie
- Nahrungsmittel- und Kosmetikindustrie
- Medizinische und naturwissenschaftliche Institute und Untersuchungslabore
- Umweltämter

Umweltigenieurin / Umweltingenieur

Umweltschutz und Nachhaltigkeit werden in Zeiten des voranschreitenden anthropogenen Klimawandels immer wichtiger. Umweltingenieurinnen und -ingenieure sind gefragt wie nie zuvor. Sie befassen sich mit der Prävention, Kontrolle und Minimierung der negativen Auswirkungen des Menschen auf die Umwelt. Dafür entwickeln sie technische Lösungen (z. B. zur Reduktion von Schadstoffen, zum Müllrecycling bzw. -entsorgung, zur Wasseraufbereitung). Sie überwachen und beraten Unternehmen und Betriebsabläufe bezüglich einer umweltfreundlichen und ressourcenschonenden Produktion bzw. zur Einhaltung von Entsorgungs- und Umweltbestimmungen. Die Grundlagen können dabei im Studiengang Umweltingenieurswesen erlangt werden. Neben naturwissenschaftlichen Basics warten auch Themen der Geophysik, der Umweltchemie und Ökologie auf die Studierenden. Diese können mit technischem Wissen aus Bionik, Ingenieurswesen und Verfahrenstechnik kombiniert werden.

Arbeitsplätze:
- Umweltämter, Prüf- und Beratungsstellen und Institute
- jegliche Unternehmen (z. B. Chemie- oder Pharmaunternehmen)
- Umweltorganisationen

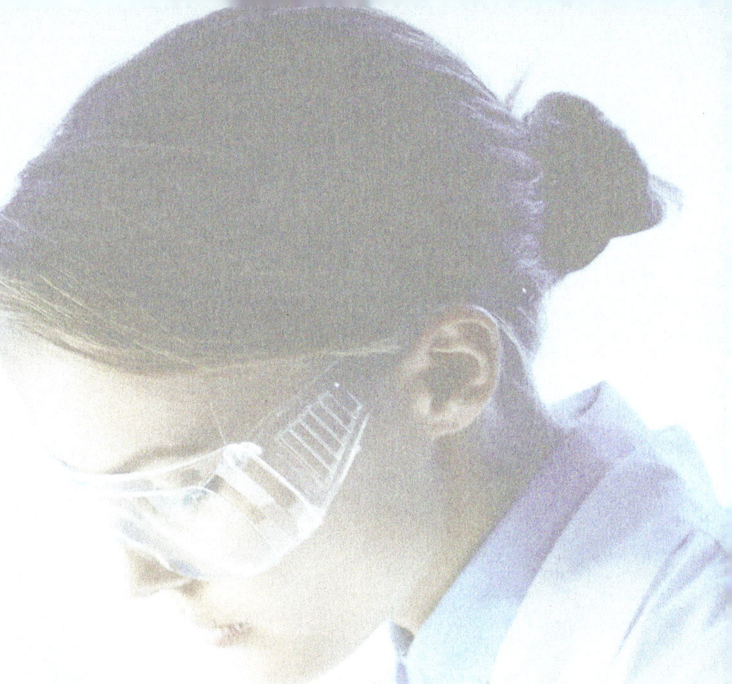

Ingenieurin / Ingenieur in Chemie-, Verfahrens- oder Werkstofftechnik

Ein Studium in diesem Bereich ermöglicht die Arbeit in vielfältigen Zweigen der Forschung und Entwicklung, auch um z. B. Herausforderungen wie die Energiewende oder die Klimaproblematik zu meistern. Ausgefeilte Kenntnisse der chemischen Analytik helfen hier beispielsweise bei der Analyse von Boden- oder Gewässerproben unter Zuhilfenahme modernster Verfahrenstechnik. Außerdem zählen zu den möglichen Tätigkeiten der Betrieb und die Optimierung von komplexen Produktionsanlagen, aber auch die Organisation und Überwachung bei wichtigen Einrichtungen wie z. B. Behörden. Ingenieure und Ingenieurinnen der Verfahrens- und Werkstofftechnik sind auch gefragt in den Feldern der petrochemischen Industrie, die sich mit der Verarbeitung und Entwicklung von erdölbasierten Produkten beschäftigt. Werkstofftechniker und -technikerinnen befassen sich u. a. mit der Prüfung von Werkstoffen und bedienen sich dabei verschiedener Messmethoden.

Arbeitsplätze:
- Chemische und pharmazeutische Industrie sowie Energiesektor
- Kunststoff- und Automobilindustrie
- Universitäten und Institute
- Behörden, Organisationen und Verbände

Lebensmittelchemikerin / Lebensmittelchemiker

Im Studium der Lebensmittelchemie werden zahlreiche chemische Grundlagen sowie vertiefende Kenntnisse zur Zusammensetzung und Analyse von Lebensmitteln vermittelt. Lebensmittelchemikerinnen und -chemiker analysieren die Zusammensetzung von Lebensmitteln und führen Qualitätskontrollen durch. Auch die Kontrolle der Lebensmittelechtheit von Verpackungsmaterialien gehört zu den Aufgaben einer Lebensmittelchemikerin bzw. eines -chemikers. Die (Weiter-)Entwicklung von Lebensmitteln (z. B. vegane Fleischalternativen) ist ein spannendes und zukunftsträchtiges Feld der Lebensmittelchemie.

Arbeitsplätze:
- Lebensmittelindustrie und chemische Industrie
- Prüfstellen und Aufsichtsbehörden
- Medizinische und naturwissenschaftliche Institute und Untersuchungslabore

Pharmazeutin / Pharmazeut

Für diesen Beruf werden ein Studium der Pharmazie und eine sogenannte pharmazeutische Prüfung benötigt. Zu den Tätigkeitsfeldern gehört das Erforschen und Herstellen neuer Wirkstoffe gegen Krankheiten sowie die großtechnische Produktion dieser Wirkstoffe mithilfe von Maschinen und Anlagen. Ein anderes Tätigkeitsfeld ist die Arbeit als Apothekerin bzw. Apotheker. Diese versorgen die Bevölkerung mit medizinischem Rat und Fertigarzneimitteln. Bei Bedarf stellen sie selbst Salben und Lösungen her.

Arbeitsplätze:
- Chemische und pharmazeutische Industrie
- Nahrungsmittel- und Kosmetikindustrie
- Naturwissenschaftliche und medizinische Institute von Hochschulen
- Apotheken

Chemielehrerin / Chemielehrer

Ein abgeschlossenes Hochschulstudium mit einem zweiten Unterrichtsfach sowie eine abschließende stark praxisorientierte Ausbildung an den verschiedenen Schularten sind dafür nötig. Zu den Aufgaben gehört das Begeistern von Kindern und Heranwachsenden für die Welt der Stoffe und deren Reaktionen. Mithilfe von anschaulichen Experimenten führen sie ihre Schülerinnen und Schüler an den naturwissenschaftlichen Erkenntnisweg heran und meistern dabei pädagogische und entwicklungspsychologische Herausforderungen wie z. B. die Pubertät.

Arbeitsplätze:
- Verschiedene schulische Einrichtungen
- Behörden

Umgang mit Operatoren

Zum Lösen einer Aufgabe muss der Operator beachtet werden. Dies ist das Verb zu Beginn der Aufgabenstellung. Er gibt an, was in welchem Umfang zu tun ist. Wichtig ist aber auch das exakte Erfassen der Informationen, die die Aufgabenstellung enthält. Das betrifft den Text sowie Abbildungen, Schemata oder Diagramme.

Operator	Erläuterung
ableiten	Ziehen Sie sachgerechte Schlüsse auf der Grundlage von vorgegebenen Daten oder Erkenntnissen.
abschätzen	Geben Sie eine begründete Vermutung zu Größenwerten an.
analysieren	Entnehmen Sie dem gegebenen Material themenbezogene Informationen oder führen Sie Experimente durch und verwenden Sie diese zur Klärung des Sachverhalts.
aufstellen/formulieren	Stellen Sie chemische Formeln, Gleichungen, Reaktionsgleichungen oder Reaktionsmechanismen dar.
aufstellen von Hypothesen	Formulieren Sie auf Grundlage Ihrer bisherigen Erfahrungen und Kenntnisse eine begründete Vermutung zu einem Sachverhalt, die sich mit einem bzw. dem gegebenen Experiment überprüfen lässt.
angeben, nennen	Geben Sie Beispiele, Sachverhalte, Begriffe oder Daten ohne Wertung oder nähere Erläuterungen als Stichpunkte wieder.
auswerten	Bringen Sie Daten (z. B. Kurvenverlauf eines Diagramms) oder Sachverhalte, die in einem Schema gezeigt werden, in einen Zusammenhang und formulieren Sie ggf. eine Gesamtaussage.
begründen	Geben Sie Ursachen oder Argumente für eine Vorgehensweise oder einen Sachverhalt nachvollziehbar an.
berechnen	Finden Sie den Wert einer Größe mithilfe einer Rechnung.
beschreiben	Geben Sie einen Sachverhalt, eine Struktur oder einen Zusammenhang in eigenen Worten unter Berücksichtigung der Fachsprache wieder.
beurteilen	Geben Sie zu einer Aussage oder einem Sachverhalt ein mithilfe fachlicher Kriterien begründetes Sachurteil ab.
bewerten	Geben Sie zu einer Aussage oder einem Sachverhalt ein unter Berücksichtigung gesellschaftlicher Werte und Normen begründetes Werturteil ab.
darstellen	Geben Sie Sachverhalte bzw. Ergebnisse strukturiert wieder. Verwenden Sie geeignete Darstellungsformen wie z. B. Tabellen, Schemata oder Diagramme.
diskutieren	Stellen Sie unterschiedliche Positionen/Aussagen einander gegenüber und wägen Sie ab.
erklären	Stellen Sie einen Sachverhalt auf Grundlage von Regeln und Gesetzmäßigkeiten nachvollziehbar und verständlich dar.
erläutern	Stellen Sie einen Sachverhalt verständlich dar, indem Sie zusätzliche Informationen, Skizzen oder Analogien mit einbeziehen. Dabei müssen Sie einen konkreten, fachlichen Bezug zur Aufgabe herstellen.
ermitteln	Formulieren Sie einen Zusammenhang bzw. eine Lösung für ein gegebenes Problem.
herleiten	Stellen Sie auf Grundlage bekannter Gesetzmäßigkeiten einen Zusammenhang zwischen chemischen bzw. physikalischen Größen her.
interpretieren/deuten	Arbeiten Sie kausale Zusammenhänge im Hinblick auf Erklärungsmöglichkeiten für die in einem Diagramm oder Schema dargestellten Daten heraus und wägen Sie diese ab.